高等学校数学基础课教材

高 等 数 学

（生化医农类）

（修订版）

下 册

张锦炎　周建莹　编著

北京大学出版社
·北　京·

图书在版编目(CIP)数据

高等数学(下册).生化医农类/张锦炎,周建莹编著.—2版(修订版).—北京:北京大学出版社,2002.8
ISBN 978-7-301-05463-5

Ⅰ.高⋯ Ⅱ.①张⋯ ②周⋯ Ⅲ.高等数学-高等学校-教材 Ⅳ.O13

中国版本图书馆 CIP 数据核字(2001)第 084982 号

书　　　　名：	高等数学(生化医农类)(修订版)(下册)
著作责任者：	张锦炎　周建莹　编著
责 任 编 辑：	刘 勇
标 准 书 号：	ISBN 978-7-301-05463-5/O・0533
出 版 发 行：	北京大学出版社
地　　　　址：	北京市海淀区成府路 205 号　100871
网　　　　址：	http://www.pup.cn
电　　　　话：	邮购部 62752015　发行部 62750672　编辑部 62752021
	出版部 62754962
电 子 邮 箱：	zpup@pup.pku.edu.cn
印　　　刷　者：	河北滦县鑫华书刊印刷厂
经　　销　者：	新华书店
	850×1168　32 开本　10.375 印张　250 千字
	1985 年 12 月第 1 版　2002 年 8 月修订版
	2018 年 7 月第 9 次印刷(总第 18 次印刷)
定　　　　价：	18.00 元

未经许可,不得以任何方式复制或抄袭本书之部分或全部内容。
版权所有,侵权必究
举报电话:010-62752024　电子邮箱:fd@pup.pku.edu.cn

目 录

第七章 多元函数微分学 ································ (1)

§1 多元函数的基本概念 ································ (1)
    1. 多元函数的定义 ································ (1)
    2. 二元函数的几何表示：曲面与等高线 ················ (5)
    3. 二元函数的极限和连续性 ························ (7)
    习题 7.1 ·· (9)

§2 偏微商与全微分 ···································· (10)
    1. 偏微商(或偏导数) ······························ (10)
    2. 高阶偏微商 ···································· (13)
    3. 全微分 ·· (16)
    4. 全微分在近似计算中的应用 ······················ (19)
    习题 7.2 ·· (23)

§3 方向微商与梯度 ···································· (27)
    习题 7.3 ·· (31)

§4 复合函数及隐函数的微分法 ·························· (32)
    1. 复合函数的微分法 ······························ (32)
    2. 隐函数的微分法 ································ (39)
    3. 求复合函数及隐函数的高阶偏微商举例 ·············· (44)
    习题 7.4 ·· (47)

§5 空间曲线的切线与法平面·曲面的切平面与法线 ········ (50)
    1. 空间曲线的切线与法平面 ························ (50)
    2. 曲面的切平面与法线 ···························· (53)
    习题 7.5 ·· (58)

§6 多元函数微分学在极值问题中的应用 ……………… (59)
    1. 二元函数的极值 ……………………………… (59)
    2. 函数在区域 D 上的最大值与最小值 ………… (62)
    3. 用最小二乘法求经验公式 …………………… (64)
    4. 条件极值 ……………………………………… (67)
    习题 7.6 …………………………………………… (72)

第八章 重积分 ……………………………………………… (75)

§1 二重积分 ……………………………………………… (75)
    1. 二重积分的概念与定义 ……………………… (75)
    2. 二重积分的简单性质 ………………………… (78)
    3. 二重积分的计算方法 ………………………… (80)
    习题 8.1 …………………………………………… (97)

§2 三重积分 ……………………………………………… (101)
    1. 三重积分的概念与定义 ……………………… (101)
    2. 在直角坐标系中三重积分的计算 …………… (103)
    3. 在柱坐标系与球坐标系中三重积分的计算 … (108)
    习题 8.2 …………………………………………… (117)

§3 重积分的应用 ………………………………………… (120)
    1. 曲面的面积 …………………………………… (120)
    2. 物体的重心(质心) …………………………… (122)
    3. 物体的转动惯量 ……………………………… (123)
    习题 8.3 …………………………………………… (125)

第九章 曲线积分与曲面积分 ……………………………… (127)

§1 曲线积分 ……………………………………………… (127)
    1. 第一型曲线积分的定义 ……………………… (127)
    2. 第一型曲线积分的性质与计算方法 ………… (129)
    3. 第二型曲线积分的定义 ……………………… (131)
    4. 第二型曲线积分的性质与计算方法 ………… (133)
    习题 9.1 …………………………………………… (138)

§2　格林公式・曲线积分与路径无关的条件 …………… (141)
　　1. 格林公式 ……………………………………………… (141)
　　2. 曲线积分与路径无关的条件 ………………………… (144)
　　习题 9.2 …………………………………………………… (151)
§3　曲面积分 ………………………………………………… (154)
　　1. 第一型曲面积分 ……………………………………… (154)
　　2. 第二型曲面积分 ……………………………………… (156)
　　习题 9.3 …………………………………………………… (165)
§4　高斯公式与司托克斯公式 ……………………………… (167)
　　1. 高斯公式 ……………………………………………… (167)
　　2. 司托克斯公式 ………………………………………… (172)
　　3. 算子 ∇ ……………………………………………… (178)
　　习题 9.4 …………………………………………………… (179)

第十章　无穷级数 …………………………………………… (182)

§1　数项级数 ………………………………………………… (182)
　　1. 级数收敛与发散的概念 ……………………………… (182)
　　2. 级数的基本性质与收敛的必要条件 ………………… (185)
　　3. 正项级数的收敛判别法 ……………………………… (188)
　　4. 交错级数与莱布尼兹判别法 ………………………… (193)
　　5. 绝对收敛与条件收敛 ………………………………… (195)
　　习题 10.1 ………………………………………………… (197)
§2　幂级数与泰勒级数 ……………………………………… (201)
　　1. 幂级数的收敛半径 …………………………………… (201)
　　2. 幂级数的运算 ………………………………………… (204)
　　3. 初等函数的幂级数展开式——泰勒展开式 ………… (206)
　　4. 应用函数的幂级数展开作近似计算 ………………… (213)
　　习题 10.2 ………………………………………………… (215)
§3　傅氏级数与傅氏积分 …………………………………… (217)
　　1. 三角函数系的正交性 ………………………………… (218)

  2. 周期为 2π 的函数的傅氏系数与傅氏级数 ……(218)
  3. 奇、偶函数的傅氏系数与傅氏级数 ……(222)
  4. 傅氏级数的收敛性与傅氏展开式 ……(223)
  5. 周期为 $2l$ 的函数的傅氏级数 ……(225)
  6. 定义在 $[-l,l]$ 或 $[0,l]$ 上的函数的傅氏级数 ……(228)
  7. 傅氏级数的复数形式与频谱分析 ……(232)
  8. 傅氏积分与傅氏变换 ……(237)
  习题 10.3 ……(243)

第十一章 常微分方程 ……(246)

 §1 基本概念 ……(246)
 §2 一阶微分方程 ……(248)
  1. 可分离变量的微分方程 ……(249)
  2. 一阶线性微分方程 ……(251)
  3. 全微分方程 ……(254)
  4. 应用举例 ……(256)
  习题 11.1 ……(260)
 §3 二阶线性微分方程 ……(264)
  1. 二阶线性微分方程解的结构 ……(264)
  2. 二阶常系数线性微分方程的解法 ……(267)
  习题 11.2 ……(277)
 §4 微分方程的幂级数解法 ……(279)
  习题 11.3 ……(282)
 §5 微分方程的应用 ……(282)
  习题 11.4 ……(290)

习题答案与提示 ……(292)

第七章 多元函数微分学

一元函数微积分中研究的函数只有一个自变量.但是,许多问题中需要处理的函数有多个自变量.因此,需要研究多元函数的微积分.

多元函数微积分是一元函数微积分的推广和发展.

读者在学习这一部分内容时应该联系一元函数微积分中学过的相应的内容,弄清楚它们间的类似之处与不同之处.

本章介绍多元函数的微分学.

§1 多元函数的基本概念

1. 多元函数的定义

下面看几个几何、物理及化学中遇到的依赖于多个自变量的函数.

例1 矩形的面积 S 等于它的长度 a 乘宽度 b,即 $S=ab$. 根据此公式,如果知道矩形的长度为 a_1,宽度为 b_1,就能够确定它的面积为 $S_1=a_1b_1$.

例2 一摩尔理想气体的体积 v,压力强度 p 和绝对温度 T 之间有下述关系:

$$v = \frac{RT}{p},$$

其中 R 是常数.根据此公式,如果知道理想气体的绝对温度为 T_1,压力强度为 p_1,就能确定它的体积为 $v_1 = \frac{RT_1}{p_1}$.

例3 在合成氨的反应中:

$$3H_2 + N_2 \rightarrow 2NH_3.$$

氢与氮之间的化学反应速度 v 可按关系式 $v=kx^3y$ 来确定，其中 x 表示 H_2 的分子浓度，y 表示 N_2 的分子浓度，k 为反应速率常数。如果知道 H_2 及 N_2 的分子浓度为 x_1 及 y_1，则由上述关系式就能确定反应速度 $v_1=kx_1^3y_1$。

抽去以上各例子的实际内容，它们在研究数量关系方面的共同点是考虑三个变量 x,y 与 z 之间的关系。我们把 x,y 取作自变量，并且用 Oxy 平面上的一个点 $P(x,y)$ 来表示自变量的一对值 x,y。所谓变量 z 是 x 与 y 的二元函数是指变量 z 与点 (x,y) 之间有一种对应关系。确切的定义如下：

定义 1 一个过程中有三个变量 x,y 和 z。变量 z 随着变量 x,y 的变化而变化。已知变量 x,y 所表示的点 $P(x,y)$ 的变化域为 Oxy 平面上的某个点集合 D。如果对 D 中的每一个点 P，依照某一**对应规则**，变量 z 都有惟一的一个值与之对应，我们就说变量 z 是变量 x 和 y 的**二元函数**，记作

$$z=f(x,y),\quad (x,y)\in D.$$

有时简记作

$$z=f(P),\quad P\in D,$$

且称点 $P(x,y)$ 的变化域 D 为函数 $z=f(x,y)$ 的**定义域**。

将上面的三个例子与二元函数的定义相比较，我们可以说，矩形的面积 S 是长 a 与宽 b 的二元函数；理想气体的体积 v 是压强 p 与绝对温度 T 的二元函数；合成氨的反应速度 v 是氢与氮的分子浓度 x 与 y 的二元函数。

需要指出，实际问题中出现的函数的定义域当然由其实际意义来确定。如例 3 中函数的定义域 D 是 Oxy 平面上的第一象限，因为分子浓度 x 与 y 总是非负数。由分析式 $z=f(x,y)$ 给出的函数的定义域，如不特别加以说明，我们规定它是 Oxy 平面上使 $f(x,y)$ 有意义的一切点的集合 D。例如，函数 $z=\sqrt{1-x^2-y^2}$ 的

定义域是带边的单位圆 $x^2+y^2\leqslant 1$(参见图 7.1);函数 $z=\dfrac{1}{\sqrt{1-x^2-y^2}}$ 的定义域为不带边的单位圆 $x^2+y^2<1$(参见图 7.2);函数 $z=\ln(x+y-1)$ 的定义域为半平面 $x+y>1$(参见图 7.3);函数 $z=\arcsin\sqrt{x+y}$ 的定义域为一条带形区域 $0\leqslant x+y\leqslant 1$(参见图 7.4).

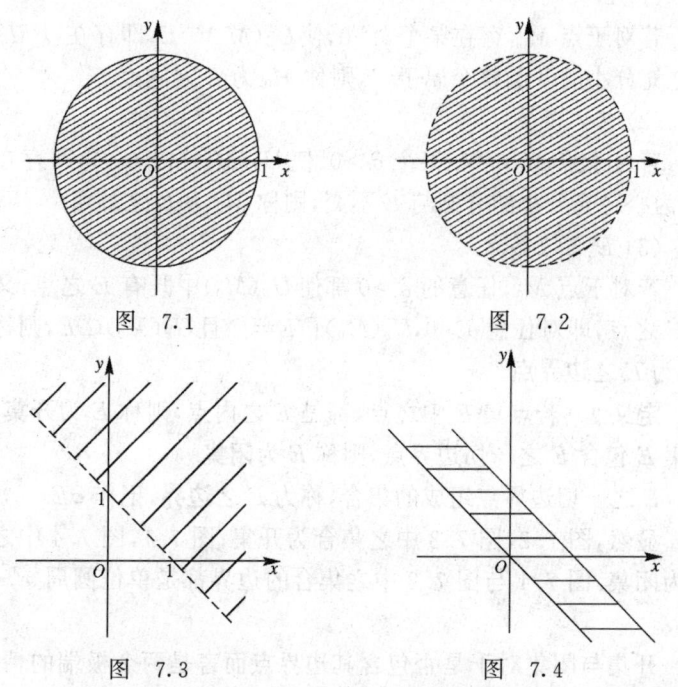

图 7.1　　　　　　　图 7.2

图 7.3　　　　　　　图 7.4

图 7.1 中的圆是包括它的边界单位圆周的;图 7.2 中的圆是不包括它的边界的.我们分别用实线与虚线画边界以示区别,且称不包括边界的圆叫开圆,包括边界的圆叫闭圆.

大家已经知道,一元函数的定义域是实数轴 $\boldsymbol{R}$ 上的点集合,它常是一个或多个区间.而多元函数的定义域是 Oxy 平面上,即 $\boldsymbol{R}^2$ 上的点集合,它常是一个或多个区域,与区间类似,区域也分为开区域,闭区域,等等.下面给出它们的定义.

Oxy 平面上的点 $M_0(x_0,y_0)$ 的 δ 邻域是指 Oxy 平面上一切与点 M_0 之距离小于 δ 的点的集合,记作 $U_\delta(M_0)$,即
$$U_\delta(M_0)=\{(x,y)\in \mathbf{R}^2 \mid \sqrt{(x-x_0)^2+(y-y_0)^2}<\delta\}.$$

给定平面上一个点集 E,对于 E 来说,平面上任一个点必为下列三种点之一:

(1) E 之内点

若对于点 M_0,存在某个 $\delta>0$,使 $U_\delta(M_0)\subset E$,即存在以 M_0 为心之充分小的开圆整个属于 E,则称 M_0 为 E 之**内点**.

(2) E 之外点

若对于点 M_0,存在某个 $\delta>0$,使 $U_\delta(M_0)\cap E=\varnothing$,即存在以 M_0 为心之充分小的开圆与 E 不交,则称 M_0 为 E 之**外点**.

(3) E 之边界点

若对于点 M_0,任意的 $\delta>0$ 都使 $U_\delta(M_0)$ 中既有 E 之点,又有非 E 之点,即对任意 $\delta>0$,$U_\delta(M_0)\cap E\neq\varnothing$ 且 $U_\delta(M_0)\not\subset E$,则称点 M_0 为 E 之**边界点**.

定义 2 若点集 E 中之点,都是 E 之内点,则称 E 为**开集**;若点集 E 包含 E 之一切边界点,则称 E 为**闭集**.

E 之一切边界点组成的集合,称为 E 之**边界**,记作 ∂E.

显然,图 7.2,图 7.3 中之集合为开集;图 7.1,图 7.4 中之集合为闭集. 图 7.1 与图 7.2 中之集合的边界都是单位圆周 $x^2+y^2=1$.

开集与闭集对于是否包含其边界点而言是两个极端的情况,显然有很多集合既非开集,也非闭集. 请读者自己举例.

定义 3 若集合 E 中任意两点可以由一条完全在 E 中之折线连接起来,则称 E 为**连通集**.

定义 4 称连通的非空开集 D 为**区域**. 区域 D 加上它的边界 ∂D 所成之集合称为**闭区域**.

图 7.2,7.3 中之点集合为 $\mathbf{R}^2$ 中之区域,图 7.1,7.4 中之点集合为 $\mathbf{R}^2$ 中之闭区域.

若按以上方法定义一维的区域与闭区域,很容易看出,一维的区域就是开区间;需要注意的是,一维的闭区域除去闭区间之外,还有区间$[a,+\infty),(-\infty,b]$与$(-\infty,+\infty)$.

定义 5 若对于集合 E,存在某个正数 ρ,使得 E 中一切点都在以原点为心以 ρ 为半径的圆之内,则称 E 为**有界集合**,否则称 E 为**无界集合**.

图 7.1,7.2 中之集合为有界集合;图 7.3,7.4 中之集合为无界集合.

综上所述,数轴(即 R^1)上之开区间与闭区间在平面上(即 R^2 上)的推广,分别是 R^2 上的区域与有界闭区域.

实际问题中可能遇到多于两个自变量的函数. 请读者类似地给出 n 个($n>2$)自变量的函数的定义. 下面的例 4 与例 5 分别是三元函数与四元函数的例子.

例 4 电流所作的功 W 是电路上的电阻 R,电流强度 I 及电流流过的时间 t 的函数. 其函数关系由公式 $W=I^2Rt$ 确定.

例 5 平面上两点 $A(x_1,y_1)$ 和 $B(x_2,y_2)$ 之间的距离 d 是坐标 x_1,y_1,x_2,y_2 的函数:
$$d=\sqrt{(x_1-x_2)^2+(y_1-y_2)^2}.$$

二元函数与自变量多于两个的函数统称为**多元函数**. 多元函数的自变量的数目可以不同,但是它们有许多共同的性质. 为了简单起见,今后我们主要对二元函数进行讨论,而这些讨论也适用于一般多元函数.

2. 二元函数的几何表示:曲面与等高线

利用空间直角坐标系,可以给出二元函数的几何表示. 在 Oxy 平面上的区域 D 内任取一点 $P(x,y)$,根据函数关系 $z=f(x,y)$,求出对应的函数值 z. 于是在三维空间中就可以确定出一个点 $M(x,y,z=f(x,y))$ 与 D 中的点 $P(x,y)$ 对应. 当点 $P(x,y)$ 在 D 中变动时,我们得出点 $M(x,y,z=f(x,y))$ 的轨迹. 一般说来它是一张曲面(图 7.5).因此二元函数可以用空间中的一张曲面表示.例如二元函数 $z=1-x-y$ 的图像是一张平面(图 7.6);二元函数 $z=x^2+y^2$ 的图像为一个圆抛物面(图 7.7).

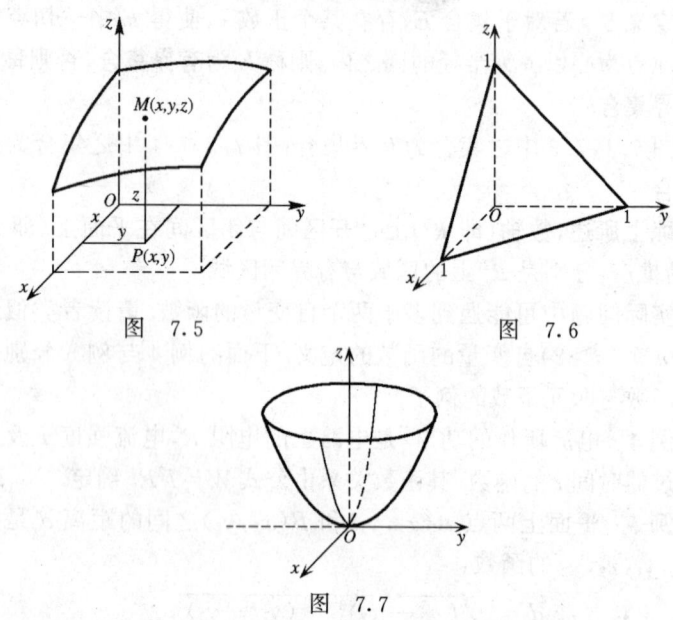

图 7.5　　　　　　图 7.6

图 7.7

对于二元函数,除了可以用空间的曲面表示它之外,还可以通过函数的**等高线**(也称等值线,等位线等)来了解函数的性质,这种方法在实际问题中常被采用.例如在地形学中用"水平等高线"表示地势高低的变化;在气象学中常常用等温线和等压线表示气温和气压的变化.下面我们给出二元函数的等高线的定义.

定义 6　使二元函数 $z=f(x,y)$ 取相同数值的点组成的曲线 L,称为函数 $z=f(x,y)$ 的**等高线**.

等高线的方程可以写成 $f(x,y)=C$(C 为常数).当 C 取一切可能值时,我们就得到一族等高线,它们构成等高线族.显然函数的等高线族充满函数的定义域.

例 6　函数 $z=x^2+y^2$ 的等高线族为 Oxy 平面上以原点为中

心的一族同心圆 $x^2+y^2=C$ 及点 $(0,0)$(图 7.8).

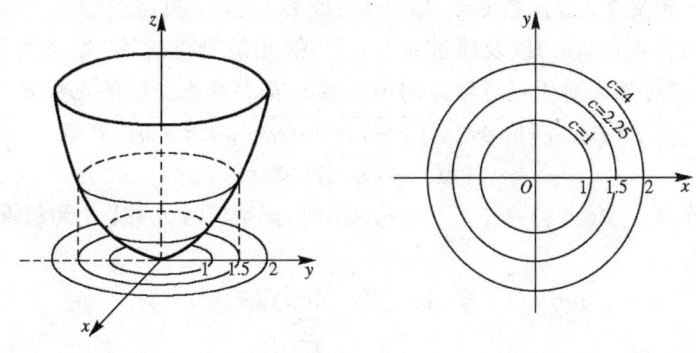

图 7.8

例7 函数 $z=x^2-y^2$ 的等高线族为一族等轴双曲线 $x^2-y^2=C$ 及坐标轴的两条平分角线 $y=\pm x$(图 7.9).

例8 由 $pv=RT$ 得知,理想气体的等温曲线族为双曲线族 $pv=C(C>0)$ 在第一象限中的分支(图 7.10).

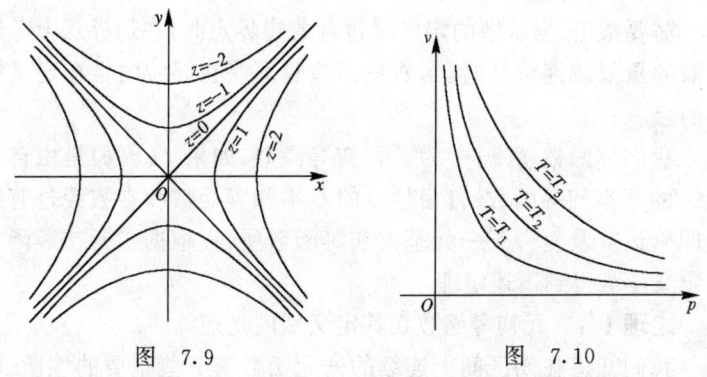

图 7.9　　　　　　　　图 7.10

请读者自己画出理想气体的等压曲线族.

3. 二元函数的极限和连续性

完全类似于一元函数的极限的定义,我们给出二元函数极限

7

的定义.

定义 7 设函数 $z=f(x,y)$ 在点 $P_0(x_0,y_0)$ 的某个邻域内(可以除去点 (x_0,y_0) 以及通过点 (x_0,y_0) 的几条曲线)有定义,A 为某一常数. 如果对于任意给定的小正数 ε,都存在充分小的正数 δ,使得当点 $P(x,y)$ 满足 $0<\sqrt{(x-x_0)^2+(y-y_0)^2}<\delta$ 时,就有
$$|f(x,y)-A|<\varepsilon,$$
则称当点 $P(x,y)$ 趋于点 $P_0(x_0,y_0)$ 时,函数 $f(x,y)$ **以 A 为极限**,记作
$$\lim_{P\to P_0}f(P)=A \quad \text{或} \quad \lim_{\substack{x\to x_0\\y\to y_0}}f(x,y)=A.$$

下面应用二元函数极限的定义给出二元函数连续的定义.

定义 8 如果函数 $f(x,y)$ 在点 $P_0(x_0,y_0)$ 处极限存在且为 $f(x_0,y_0)$,即有 $\lim\limits_{P\to P_0}f(P)=f(P_0)$,则称函数 $f(x,y)$ 在 $P_0(x_0,y_0)$ 处**连续**.

如果函数 $f(x,y)$ 在区域 D 内的每一点处都连续,则称函数 $f(x,y)$ **在 D 内连续**.

需要指出,当函数的定义域包含着边界点时,在边界点上考虑函数的极限或连续性时,当然只需检验那些在邻域内且在定义域内的点.

我们称函数 $f(x,y)$ 为二元初等函数,如果 $f(x,y)$ 是由自变量 x 的基本初等函数、自变量 y 的基本初等函数和常数经过有限次四则运算及复合于一元基本初等函数所得. 根据二元初等函数的定义不难得到下述定理.

定理 1 二元初等函数在其定义域内是连续的.

我们知道在闭区间上连续的一元函数有一些重要的性质. 现在指出,在有界闭区域上连续的二元函数也有类似的性质.

定理 2 若函数 $f(x,y)$ 在有界闭区域 D 上连续,则 $f(x,y)$ 在 D 上有界,即存在常数 $M>0$,使对任意 $(x,y)\in D$,有
$$|f(x,y)|\leqslant M.$$

定理 3　若函数 $f(x,y)$ 在有界闭区域 D 上连续,则 $f(x,y)$ 在 D 上达到最大值与最小值,即存在点 $P_1(x_1,y_1)$ 与点 $P_2(x_2,y_2)$ 属于 D,使对任意 $P(x,y)\in D$ 有
$$f(P)\leqslant f(P_1),\quad f(P)\geqslant f(P_2).$$

定理 4　若函数 $f(x,y)$ 在区域 D(不必是有界闭区域)内连续,P_1,P_2 为 D 内任意两点,且 $f(P_1)<f(P_2)$,则对于任意实数 $\eta,f(P_1)<\eta<f(P_2)$,在 D 内至少存在一点 P_0 使 $f(P_0)=\eta$.

习　题　7.1

1. 指出下列函数的定义域(作略图):

(1) $z=x+\sqrt{y}$;
(2) $z=\sqrt{1-x^2}+\sqrt{y^2-1}$;

(3) $z=\sqrt{(x^2+y^2-1)(4-x^2-y^2)}$;

(4) $z=\arcsin\dfrac{y}{x}$;
(5) $u=\sqrt{\sin(x^2+y^2)}$;

(6) $z=\sqrt{\dfrac{x^2+y^2-x}{2x-x^2-y^2}}$;
(7) $z=\sqrt{x-\sqrt{y}}$;

(8) $z=xy+\sqrt{\ln\dfrac{R^2}{x^2+y^2}}+\sqrt{x^2+y^2-R^2}$;

(9) $u=\dfrac{1}{\sqrt{x}}+\dfrac{1}{\sqrt{y}}+\dfrac{1}{\sqrt{z}}$;

(10) $u=\sqrt{R^2-x^2-y^2-z^2}+\dfrac{1}{\sqrt{x^2+y^2+z^2-r^2}}$ ($R>r$).

2. 试问第 1 题中各小题之定义域哪些是区域,闭区域,有界闭区域,不开不闭区域,或者不是任何一种区域.

3. 作出下列函数的等高线:

(1) $z=x+y$;
(2) $z=\dfrac{y}{x}$;

(3) $z=\dfrac{1}{x^2+2y^2}$;
(4) $z=(x-y)^2$;

(5) $z=x^y$ ($x>0$);
(6) $z=\sqrt{xy}$.

4. 作出下列函数的图形

(1) $z = x^2 + y^2$；　　　　　(2) $z = \sqrt{x^2 + y^2}$；

(3) $z = 1 - \sqrt{x^2 + y^2}$；　　(4) $z = \sqrt{2y - x^2 - y^2}$.

5. 求下列极限

(1) $\lim\limits_{\substack{x \to 0 \\ y \to 0}} \dfrac{xy}{\sqrt{xy+1}-1}$；　　(2) $\lim\limits_{\substack{x \to 1 \\ y \to 0}} \dfrac{\ln(x+e^y)}{\sqrt{x^2+y^2}}$；

(3) $\lim\limits_{(x,y) \to (1,1)} \dfrac{xy - y - 2x + 2}{x - 1}$；　　(4) $\lim\limits_{\substack{x \to 0 \\ y \to 1 \\ z \to 2}} e^{xy} \sin\left(\dfrac{\pi}{4} yz\right)$；

(5) $\lim\limits_{\substack{x \to 0 \\ y \to 2}} \dfrac{\sin xy}{x}$；　　(6) $\lim\limits_{(x,y) \to (0,0)} (x^2 + y^2) \sin \dfrac{1}{x} \cos \dfrac{1}{y}$.

6. 设 D 是平面上的有界闭区域, $P_0(x_0, y_0)$ 是 D 外之一点. 证明在 D 内一定存在一点与 P_0 最近, 也存在一点与 P_0 最远.

7. 设 $f(x,y)$ 在区域 D 上连续, $(x_i, y_i) \in D (i=1,2,\cdots,n)$. 证明在 D 内存在一点 (ξ, η), 使得

$$f(\xi, \eta) = \frac{1}{n}[f(x_1, y_1) + f(x_2, y_2) + \cdots + f(x_n, y_n)].$$

§2　偏微商与全微分

1. 偏微商(或偏导数)

定义1　令二元函数 $z = f(x,y)$ 的自变量 y 保持定值 y_0, 这时 z 就成为自变量 x 的一元函数. 如果这个一元函数 $z = f(x, y_0)$ 在 x_0 处的微商存在, 则称此微商为函数 $z = f(x,y)$ 在点 (x_0, y_0) 处对 x 的**偏微商**(或**偏导数**), 记作 $f_x(x_0, y_0)$, 或记作

$$z_x(x_0, y_0), \quad \left.\frac{\partial f}{\partial x}\right|_{(x_0, y_0)}, \quad \left.\frac{\partial z}{\partial x}\right|_{(x_0, y_0)}.$$

根据一元函数微商的定义, 函数 $z = f(x,y)$ 在点 (x_0, y_0) 处对 x 的偏微商也可以用下面的极限来定义:

$$f_x(x_0, y_0) = \lim_{\Delta x \to 0} \frac{f(x_0 + \Delta x, y_0) - f(x_0, y_0)}{\Delta x}.$$

同样可以定义函数在点 (x_0, y_0) 处对变量 y 的偏微商:

$$f_y(x_0, y_0) = \lim_{\Delta y \to 0} \frac{f(x_0, y_0 + \Delta y) - f(x_0, y_0)}{\Delta y}.$$

例如，函数 $z = x^2 + xy + y^2$ 在点 (x_0, y_0) 处对 x 的偏微商 $z_x(x_0, y_0)$ 就是一元函数 $z = x^2 + xy_0 + y_0^2$ 在 x_0 处的微商，即 $z_x(x_0, y_0) = 2x_0 + y_0$.

如果函数在区域 D 内每一点 (x, y) 处都有偏微商 $f_x(x, y)$，$f_y(x, y)$，则这两个偏微商也是 D 内 x 和 y 的二元函数。

根据偏微商的定义，在计算函数 $z = f(x, y)$ 对 x 的偏微商时，只要把变量 y 看做常量对变量 x 按一元函数微分法求出微商即可。同样也可以类似地计算 $z = f(x, y)$ 对 y 的偏微商。

例 1 求 $z = \arctan \dfrac{y}{x}$ 的偏微商。

解 $\dfrac{\partial z}{\partial x} = \dfrac{1}{1 + \left(\dfrac{y}{x}\right)^2} \cdot \left(-\dfrac{y}{x^2}\right) = -\dfrac{y}{x^2 + y^2}$；

$\dfrac{\partial z}{\partial y} = \dfrac{1}{1 + \left(\dfrac{y}{x}\right)^2} \cdot \dfrac{1}{x} = \dfrac{x}{x^2 + y^2}$.

例 2 求 $u = \dfrac{1}{\sqrt{x^2 + y^2 + z^2}}$ 的偏微商。

解 $\dfrac{\partial u}{\partial x} = -\dfrac{1}{2}(x^2 + y^2 + z^2)^{-\frac{3}{2}} \cdot 2x = \dfrac{-x}{(x^2 + y^2 + z^2)^{\frac{3}{2}}}$；

$\dfrac{\partial u}{\partial y} = \dfrac{-y}{(x^2 + y^2 + z^2)^{\frac{3}{2}}}$； $\dfrac{\partial u}{\partial z} = \dfrac{-z}{(x^2 + y^2 + z^2)^{\frac{3}{2}}}$.

例 3 理想气体的状态方程为 $pv = RT$（R 为常数），求 $\dfrac{\partial p}{\partial v}$，$\dfrac{\partial v}{\partial T}$，$\dfrac{\partial T}{\partial p}$，并验证热力学中的一个重要关系式：

$$\frac{\partial p}{\partial v} \cdot \frac{\partial v}{\partial T} \cdot \frac{\partial T}{\partial p} = -1.$$

解 $\dfrac{\partial p}{\partial v} = \dfrac{\partial}{\partial v}\left(\dfrac{RT}{v}\right) = -\dfrac{RT}{v^2}$； $\dfrac{\partial v}{\partial T} = \dfrac{\partial}{\partial T}\left(\dfrac{RT}{p}\right) = \dfrac{R}{p}$；

$\dfrac{\partial T}{\partial p} = \dfrac{\partial}{\partial p}\left(\dfrac{pv}{R}\right) = \dfrac{v}{R}$，

因此

$$\frac{\partial p}{\partial v} \cdot \frac{\partial v}{\partial T} \cdot \frac{\partial T}{\partial p} = -\frac{RT}{v^2} \cdot \frac{R}{p} \cdot \frac{v}{R} = -\frac{RT}{pv} = -1.$$

例 3 中的关系式明显地指出,偏微商的符号绝不能看成商或分数.

例 4 用偏微商表示流体的热膨胀系数 α 和压缩系数 β,并求理想气体的热膨胀系数和压缩系数.

解 流体的体积 v,压力强度 p 和温度 t 之间满足流体的状态方程,将 v 表为 p 和 t 的函数 $v=f(p,t)$.

根据流体的热膨胀系数的定义:"在压力强度不变的情况下,当温度增加 1℃ 时,单位体积流体的体积增加量"得出,在压力强度为 p,温度为 t 时流体的热膨胀系数为

$$\alpha = \lim_{\Delta t \to 0} \frac{1}{f(p,t)} \frac{f(p,t+\Delta t) - f(p,t)}{\Delta t} = \frac{1}{v} \frac{\partial v}{\partial t}.$$

同样根据流体的压缩系数的定义:"在温度不变的情况下,当压力强度增加 1 个单位时,单位体积流体的体积的减少量"得出,流体的压缩系数为

$$\beta = -\frac{1}{v} \frac{\partial v}{\partial p}.$$

对于理想气体有 $v=RT/p$,其中绝对温度 T 与摄氏温度 t 之间有关系 $T=273+t$,因此热膨胀系数为

$$\alpha = \frac{1}{v} \frac{\partial v}{\partial t} = \frac{p}{RT} \cdot \frac{\partial}{\partial t}\left[\frac{R(273+t)}{p}\right] = \frac{p}{RT} \cdot \frac{R}{p}$$

$$= \frac{1}{T} = \frac{1}{273+t}.$$

压缩系数为

$$\beta = \frac{-1}{v} \frac{\partial v}{\partial p} = -\frac{p}{RT} \frac{\partial}{\partial p}\left(\frac{RT}{p}\right) = \frac{-p}{RT} \cdot \left(-\frac{RT}{p^2}\right) = \frac{1}{p}.$$

特别得到:在摄氏零度时理想气体的热膨胀系数

$$\alpha = 1/273 (℃^{-1});$$

在 1 个 atm[①]时,理想气体的压缩系数 $\beta = 1\ \text{atm}^{-1}$.

二元函数 $z = f(x,y)$ 在点 $P_0(x_0,y_0)$ 处对 x 的偏微商 $f_x(x_0,y_0)$ 有很明显的几何意义. 它是曲面 $z = f(x,y)$ 与平面 $y = y_0$ 的交线在点 $M(x_0,y_0,f(x_0,y_0))$ 处的切线关于 x 轴的斜率,即切线 MT 与 x 轴所成的倾角 α 的正切 $\tan\alpha$. 也就是

$$f_x(x_0,y_0) = \tan\alpha$$

(图 7.11(a));同样,偏微商 $f_y(x_0,y_0)$ 表示曲面 $z = f(x,y)$ 与平面 $x = x_0$ 的交线在点 $M(x_0,y_0,f(x_0,y_0))$ 处的切线关于 y 轴的斜率,即 $f_y(x_0,y_0) = \tan\alpha'$ (图 7.11(b)).

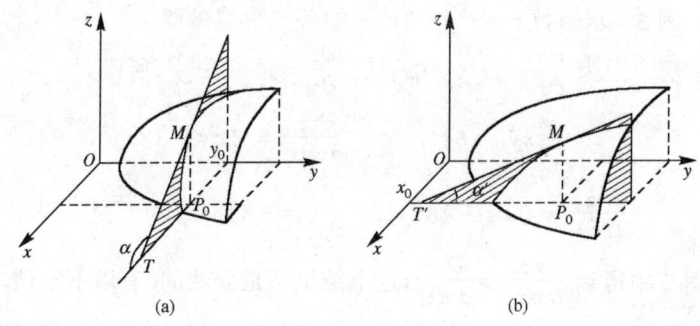

图 7.11

2. 高阶偏微商

前面已经指出,二元函数 $z = f(x,y)$ 的两个偏微商 $f_x(x,y)$ 和 $f_y(x,y)$ 仍然是 x 与 y 的二元函数. 如果将这两个偏微商再对 x 或 y 求偏微商,则得出函数 $z = f(x,y)$ 的二阶偏微商,显然二元函数的二阶偏微商共有四个,它们是

$$\frac{\partial}{\partial x}f_x(x,y),\ \frac{\partial}{\partial y}f_x(x,y),\ \frac{\partial}{\partial x}f_y(x,y),\ \frac{\partial}{\partial y}f_y(x,y).$$

也常用下列记号表示它们:

[①] $1\ \text{atm} = 1.01325 \times 10^5\ \text{Pa}$.

$$\frac{\partial^2 z}{\partial x^2} = \frac{\partial^2 f}{\partial x^2} = f_{xx}(x,y) = \frac{\partial}{\partial x} f_x(x,y),$$

$$\frac{\partial^2 z}{\partial x \partial y} = \frac{\partial^2 f}{\partial x \partial y} = f_{xy}(x,y) = \frac{\partial}{\partial y} f_x(x,y),$$

$$\frac{\partial^2 z}{\partial y \partial x} = \frac{\partial^2 f}{\partial y \partial x} = f_{yx}(x,y) = \frac{\partial}{\partial x} f_y(x,y),$$

$$\frac{\partial^2 z}{\partial y^2} = \frac{\partial^2 f}{\partial y^2} = f_{yy}(x,y) = \frac{\partial}{\partial y} f_y(x,y).$$

上面的第二个与第三个二阶偏微商中包含着对不同自变量的偏微商,这叫**混合偏微商**.

例5 求函数 $z = x^3 y - 3x^2 y^3$ 的各二阶偏微商.

解 因为 $\frac{\partial z}{\partial x} = 3x^2 y - 6xy^3$, $\frac{\partial z}{\partial y} = x^3 - 9x^2 y^2$,所以

$$\frac{\partial^2 z}{\partial x^2} = 6xy - 6y^3, \qquad \frac{\partial^2 z}{\partial y \partial x} = 3x^2 - 18xy^2,$$

$$\frac{\partial^2 z}{\partial x \partial y} = 3x^2 - 18xy^2, \qquad \frac{\partial^2 z}{\partial y^2} = -18x^2 y.$$

在例5中得到 $\frac{\partial^2 z}{\partial x \partial y} = \frac{\partial^2 z}{\partial y \partial x}$,这个结果不是偶然的.有以下定理.

定理1 如果函数 $z = f(x,y)$ 的两个混合偏微商 $\frac{\partial^2 z}{\partial x \partial y}$ 与 $\frac{\partial^2 z}{\partial y \partial x}$ 在区域 D 内连续,则在区域 D 内相等,即

$$\frac{\partial^2 z}{\partial x \partial y} = \frac{\partial^2 z}{\partial y \partial x}.$$

证明 设 (x_0, y_0) 是区域 D 内任意一点,$\Delta x, \Delta y$ 充分小.显然有等式

$$[f(x_0 + \Delta x, y_0 + \Delta y) - f(x_0 + \Delta x, y_0)]$$
$$- [f(x_0, y_0 + \Delta y) - f(x_0, y_0)]$$
$$= [f(x_0 + \Delta x, y_0 + \Delta y) - f(x_0, y_0 + \Delta y)]$$
$$- [f(x_0 + \Delta x, y_0) - f(x_0, y_0)].$$

作辅助函数

$$\varphi(x,y) = f(x, y+\Delta y) - f(x,y),$$
$$\psi(x,y) = f(x+\Delta x, y) - f(x,y),$$

则上面的等式表明

$$\varphi(x_0+\Delta x, y_0) - \varphi(x_0, y_0) = \psi(x_0, y_0+\Delta y) - \psi(x_0, y_0).$$

因为 $f(x,y)$ 在 (x_0,y_0) 的邻域内存在一阶偏微商，所以对于充分小的 Δx 与 Δy，$\varphi(x,y)$ 与 $\psi(x,y)$ 在 (x_0,y_0) 的邻域内存在一阶偏微商。在以上等式两端应用中值定理，就得到

$$\varphi_x(x_0+\theta_1\Delta x, y_0)\Delta x = \psi_y(x_0, y_0+\theta_2\Delta y)\Delta y,$$

其中 $0<\theta_1<1, 0<\theta_2<1$，也就是

$$[f_x(x_0+\theta_1\Delta x, y_0+\Delta y) - f_x(x_0+\theta_1\Delta x, y_0)]\Delta x$$
$$= [f_y(x_0+\Delta x, y_0+\theta_2\Delta y) - f_y(x_0, y_0+\theta_2\Delta y)]\Delta y.$$

因为混合偏微商存在，所以可再应用中值定理，就得到

$$f_{xy}(x_0+\theta_1\Delta x, y_0+\theta_3\Delta y)\Delta x\Delta y$$
$$= f_{yx}(x_0+\theta_4\Delta x, y_0+\theta_2\Delta y)\Delta x\Delta y,$$

其中 $0<\theta_3<1, 0<\theta_4<1$。消去等式两端的公因子 $\Delta x\Delta y$ 后，令 $\Delta x, \Delta y$ 同时趋于 0，在等式两端取极限，因 $f_{xy}(x,y)$ 与 $f_{yx}(x,y)$ 在 (x_0,y_0) 处都连续，就得到

$$f_{xy}(x_0,y_0) = f_{yx}(x_0,y_0).$$

因为 (x_0,y_0) 是区域 D 内任意一点，所以定理得证。

例 6 验证函数 $u = \dfrac{1}{\sqrt{x^2+y^2+z^2}}$ 满足偏微分方程：

$$\frac{\partial^2 u}{\partial x^2} + \frac{\partial^2 u}{\partial y^2} + \frac{\partial^2 u}{\partial z^2} = 0.$$

解 因为 $\dfrac{\partial u}{\partial x} = -x(x^2+y^2+z^2)^{-\frac{3}{2}}$，所以

$$\frac{\partial^2 u}{\partial x^2} = -(x^2+y^2+z^2)^{-\frac{3}{2}} + 3x^2(x^2+y^2+z^2)^{-\frac{5}{2}}.$$

令 $r = (x^2+y^2+z^2)^{\frac{1}{2}}$，则上面的结果可以记为

$$\frac{\partial^2 u}{\partial x^2} = -\frac{1}{r^3} + \frac{3x^2}{r^5}.$$

根据函数关系中变量 x, y, z 的地位的对称性,可知

$$\frac{\partial^2 u}{\partial y^2} = -\frac{1}{r^3} + \frac{3y^2}{r^5}, \quad \frac{\partial^2 u}{\partial z^2} = -\frac{1}{r^3} + \frac{3z^2}{r^5}.$$

将上面三个结果相加就得到所要验证的关系式:

$$\frac{\partial^2 u}{\partial x^2} + \frac{\partial^2 u}{\partial y^2} + \frac{\partial^2 u}{\partial z^2} = 0.$$

上述偏微分方程 $\frac{\partial^2 u}{\partial x^2} + \frac{\partial^2 u}{\partial y^2} + \frac{\partial^2 u}{\partial z^2} = 0$ 叫做**拉普拉斯方程**,它是数学物理方程中的一个重要方程. 为书写简单,有时将方程的左端记作 $\left(\frac{\partial^2}{\partial x^2} + \frac{\partial^2}{\partial y^2} + \frac{\partial^2}{\partial z^2}\right) u$. 或者,更进一步以符号 Δ 表示 $\left(\frac{\partial^2}{\partial x^2} + \frac{\partial^2}{\partial y^2} + \frac{\partial^2}{\partial z^2}\right)$,于是拉普拉斯方程就成为

$$\Delta u = 0.$$

请读者自己验证函数 $u = \ln\sqrt{x^2 + y^2}$ 满足平面上的拉普拉斯方程 $\frac{\partial^2 u}{\partial x^2} + \frac{\partial^2 u}{\partial y^2} = 0$.

3. 全微分

定义 2 设函数 $z = f(x, y)$ 在点 (x_0, y_0) 的某邻域内有定义,若自变量 x 与 y 各有增量 Δx 与 Δy,则称

$$\Delta z = f(x_0 + \Delta x, y_0 + \Delta y) - f(x_0, y_0)$$

为函数 $f(x, y)$ 在点 (x_0, y_0) 的**全增量**.

类似于一元函数的微分,对于多元函数有下述全微分的定义.

定义 3 设函数 $z = f(x, y)$ 在点 (x_0, y_0) 的某邻域内有定义,如果存在常数 A 与 B,使得函数在点 (x_0, y_0) 的全增量 Δz 可以表示为

$$\Delta z = A\Delta x + B\Delta y + o(\rho) \quad (\rho \to 0),$$

其中 $\rho = \sqrt{(\Delta x)^2 + (\Delta y)^2}$,则称 $A\Delta x + B\Delta y$ 为函数 $z = f(x, y)$ 在点 (x_0, y_0) 的**全微分**,记作

$$\mathrm{d}z \big|_{(x_0, y_0)} \quad 或 \quad \mathrm{d}f(x_0, y_0),$$

这时称函数 z 在点 (x_0,y_0) 处**可微**.

若函数在区域 D 内任一点处都可微,则称函数**在 D 内是可微的**.

由全微分的定义可见,函数在某点处可微则在该点连续. 另外,与一元函数的微分类似,全微分也有以下两个重要的性质:

(i) 全微分 $\mathrm{d}z$ 是自变量的增量 Δx 与 Δy 的线性函数;

(ii) 全微分 $\mathrm{d}z$ 与全增量 Δz 之差是比 $\rho=\sqrt{(\Delta x)^2+(\Delta y)^2}$ 高阶的无穷小,即

$$\Delta z = \mathrm{d}z + o(\rho) \quad (\rho = \sqrt{(\Delta x)^2 + (\Delta y)^2}).$$

对于一元函数,微商存在是可微的充分而又必要的条件. 对于多元函数,可微与偏微商存在之间有什么关系呢?

定理 2(可微的必要条件) 若函数 $f(x,y)$ 在点 (x_0,y_0) 处可微,则函数 $f(x,y)$ 在点 (x_0,y_0) 处的两个偏微商都存在,并且

$$\frac{\partial f(x_0,y_0)}{\partial x} = A, \quad \frac{\partial f(x_0,y_0)}{\partial y} = B,$$

其中 A,B 是全微分定义中的常数.

证 因为 $f(x,y)$ 在 (x_0,y_0) 处可微,所以

$$f(x_0+\Delta x, y_0+\Delta y) - f(x_0,y_0) = A\Delta x + B\Delta y + o(\rho).$$

在上式中取 $\Delta y=0$,于是 $\rho=|\Delta x|$,再以 Δx 除等式两端,并令 $\Delta x \to 0$,取极限就得到

$$\frac{\partial f(x_0,y_0)}{\partial x} = A.$$

同理可得

$$\frac{\partial f(x_0,y_0)}{\partial y} = B.$$

证毕.

由以上定理 2 可知,若函数 $f(x,y)$ 在 (x_0,y_0) 可微,则全微分

$$\mathrm{d}z = f_x(x_0,y_0)\Delta x + f_y(x_0,y_0)\Delta y.$$

定理 2 指出了偏微商存在是可微的必要条件. 下面的例子使我们看到它不是可微的充分条件.

例 7 考虑函数

$$f(x,y) = \begin{cases} \dfrac{xy}{\sqrt{x^2+y^2}}, & (x,y) \neq (0,0), \\ 0, & (x,y) = (0,0). \end{cases}$$

按定义计算此函数在点$(0,0)$处的两个偏微商立刻看到,它们都是零. 下面来看此函数在点$(0,0)$处是否可微. 若可微,则比值

$$\frac{\Delta z - (f_x(0,0)\Delta x + f_y(0,0)\Delta y)}{\rho} = \frac{\Delta x \cdot \Delta y}{(\Delta x)^2 + (\Delta y)^2}$$

当$\rho \to 0$时,应该以零为极限. 而当我们取$\Delta y = \Delta x$时(即令点$P(\Delta x, \Delta y)$沿着直线$y=x$趋于原点),比值恒为$1/2 \neq 0$,所以此函数在$(0,0)$处不可微.

定理3(可微的充分条件) 若函数$z = f(x,y)$的两个偏微商在点(x_0, y_0)处连续,则函数$f(x,y)$在点(x_0, y_0)处可微.

证明 函数的全增量

$$\begin{aligned}\Delta z &= f(x_0+\Delta x, y_0+\Delta y) - f(x_0, y_0) \\ &= [f(x_0+\Delta x, y_0+\Delta y) - f(x_0, y_0+\Delta y)] \\ &\quad + [f(x_0, y_0+\Delta y) - f(x_0, y_0)].\end{aligned}$$

在每个括号内应用中值定理,得到

$$\Delta z = f_x(x_0+\theta_1\Delta x, y_0+\Delta y)\Delta x + f_y(x_0, y_0+\theta_2\Delta y)\Delta y,$$

其中$0 < \theta_1 < 1, 0 < \theta_2 < 1$. 由于$f_x(x,y)$和$f_y(x,y)$在点$(x_0, y_0)$处连续,所以等式右端的两个偏微商可表为

$$f_x(x_0+\theta_1\Delta x, y_0+\Delta y) = f_x(x_0, y_0) + \alpha_1,$$
$$f_y(x_0, y_0+\theta_2\Delta y) = f_y(x_0, y_0) + \alpha_2,$$

其中α_1, α_2是当$\rho \to 0$时的无穷小. 代回等式得到

$$\Delta z = f_x(x_0, y_0)\Delta x + f_y(x_0, y_0)\Delta y + \alpha_1 \Delta x + \alpha_2 \Delta y.$$

而当$\rho \to 0$时,

$$\frac{\alpha_1 \Delta x + \alpha_2 \Delta x}{\rho} = \alpha_1 \frac{\Delta x}{\sqrt{\Delta x^2 + \Delta y^2}} + \alpha_2 \frac{\Delta y}{\sqrt{\Delta x^2 + \Delta y^2}} \to 0,$$

即$\alpha_1 \Delta x + \alpha_2 \Delta y = o(\rho)$,这就证明了函数$f(x,y)$在$(x_0, y_0)$处可微.

与一元函数的微分类似,自变量的全微分就等于它的改变量.

这是因为由函数 $z=f(x,y)=x$,可知 $dz=\Delta x$,而又有 $dz=dx$,所以 $dx=\Delta x$. 同理 $dy=\Delta y$.

这样一来,全微分公式又可以表为
$$dz = f_x(x,y)dx + f_y(x,y)dy.$$
下面举几个计算全微分的例子:

例 8 求函数 $z=\arctan\dfrac{y}{x}$ $(x\neq 0)$ 的全微分.

解 先求两个偏微商:
$$\frac{\partial z}{\partial x} = \frac{-y}{x^2+y^2}, \quad \frac{\partial z}{\partial y} = \frac{x}{x^2+y^2}.$$
它们在 $x\neq 0$ 处都连续,由定理 3 得全微分:
$$dz = \frac{-y}{x^2+y^2}dx + \frac{x}{x^2+y^2}dy.$$

例 9 设 $z=(x^2+y^2)^n$,求 dz.

解 因为 $\dfrac{\partial z}{\partial x}=2nx(x^2+y^2)^{n-1}$, $\dfrac{\partial z}{\partial y}=2ny(x^2+y^2)^{n-1}$,所以
$$dz = 2nx(x^2+y^2)^{n-1}dx + 2ny(x^2+y^2)^{n-1}dy.$$

例 10 设 $v=\dfrac{RT}{p}$,求 dv.

解 $dv=\dfrac{R}{p}dT-\dfrac{RT}{p^2}dp.$

4. 全微分在近似计算中的应用

因为全微分 dz 有性质(2),所以当 $\rho=\sqrt{\Delta x^2+\Delta y^2}$ 很小时,可以略去比 ρ 高阶的无穷小 $o(\rho)$,用 dz 近似地代替 Δz,即
$$\Delta z \approx dz.$$
也就是,当 $|\Delta x|$ 与 $|\Delta y|$ 都很小时有以下两个近似公式:

(i) $f(x_0+\Delta x, y_0+\Delta y) - f(x_0, y_0)$
$\approx f_x(x_0, y_0)\Delta x + f_y(x_0, y_0)\Delta y$;

(ii) $f(x_0+\Delta x, y_0+\Delta y)$
$\approx f(x_0, y_0) + f_x(x_0, y_0)\Delta x + f_y(x_0, y_0)\Delta y.$

下面我们应用这两个近似公式作近似计算.

(1) 计算函数值的近似值

如果 $f(x_0,y_0)$, $f_x(x_0,y_0)$ 及 $f_y(x_0,y_0)$ 的值容易算出,则可以应用近似公式(2)近似地算出函数 $f(x,y)$ 在点 (x_0,y_0) 附近的点的函数值 $f(x_0+\Delta x, y_0+\Delta y)$.

例 11　求 $\sqrt[3]{(2.02)^2+(1.97)^2}$ 的近似值.

解　对函数 $f(x,y)=\sqrt[3]{x^2+y^2}$ 取 $x_0=2, y_0=2, \Delta x=0.02, \Delta y=-0.03$. 容易算出

$$f(2,2)=\sqrt[3]{2^2+2^2}=2,$$

$$f_x(2,2)=\frac{2}{3}x(x^2+y^2)^{-\frac{2}{3}}\bigg|_{(2,2)}=\frac{4}{3}\cdot(4+4)^{-\frac{2}{3}}=\frac{1}{3},$$

$$f_y(2,2)=\frac{2}{3}y(x^2+y^2)^{-\frac{2}{3}}\bigg|_{(2,2)}=\frac{1}{3}.$$

于是由近似公式(ii)得到

$$\sqrt[3]{(2.02)^2+(1.97)^2}\approx 2+\frac{1}{3}\cdot 0.02+\frac{1}{3}\cdot(-0.03)$$

$$=2-\frac{0.01}{3}\approx 1.99667.$$

例 12　已知 1 mol 理想气体在 0℃、压力为 101325 Pa 时,体积为 22.4×10^{-3} m³. 求 1 mol 理想气体在 3℃、压力为 100000 Pa 时,体积为多少?

解　由理想气体的状态方程 $v=\dfrac{RT}{p}$ 得出

$$\mathrm{d}v=\frac{R}{p}\mathrm{d}T-\frac{RT}{p^2}\mathrm{d}p=\frac{RT}{p}\left(\frac{\mathrm{d}T}{T}-\frac{\mathrm{d}p}{p}\right)=v\left(\frac{\mathrm{d}T}{T}-\frac{\mathrm{d}p}{p}\right),$$

所以当 $T_0=273$ K, $p_0=101325$ Pa, $\Delta T=3$ K, $\Delta p=-1325$ Pa 时

$$\mathrm{d}v=22.4\times 10^{-3}\text{ m}^3\left(\frac{3\text{ K}}{273\text{ K}}-\frac{-1325\text{ Pa}}{101325\text{ Pa}}\right)$$

$$=22.4\times 10^{-3}\text{ m}^3(0.011+0.013)$$

$$=5.856\times 10^{-4}\text{ m}^3.$$

因为　　　　　　　　　$\Delta v\approx \mathrm{d}v,$

于是 1 mol 理想气体在 3℃、压力为 10^5 Pa 时,体积

$$v = v_0 + dv = 22.4 \times 10^{-3} \text{ m}^3 + 5.856 \times 10^{-4} \text{ m}^3$$
$$= 22.9856 \times 10^{-3} \text{ m}^3.$$

例 13 设 $|x|$,$|y|$ 很小,求 e^{x+y} 的近似公式.

解 考虑函数 $f(x,y) = e^{x+y}$. 当 $|x|$ 与 $|y|$ 很小时,由近似式
$$f(x,y) \approx f(0,0) + f_x(0,0)x + f_y(0,0)y$$
得
$$e^{x+y} \approx 1 + x + y.$$

例 14 设 $|x|$,$|y|$ 很小,求 $\arctan \dfrac{1+x+y}{1-x+y}$ 的近似公式.

解 考虑函数 $f(x,y) = \arctan \dfrac{1+x+y}{1-x+y}$,当 $|x|$ 与 $|y|$ 很小时,用上面之近似公式(ii),并注意到 $f_x(0,0)=1$,$f_y(0,0)=0$ 得
$$\arctan \frac{1+x+y}{1-x+y} = \frac{\pi}{4} + x.$$

(2) 估计函数值的误差

设函数 $z = f(x,y)$,如果测量得 x 和 y 之值分别为 x_0 和 y_0,已知测量时的误差分别为 Δx 和 Δy,则计算函数值时产生的绝对误差为
$$|\Delta z| = |f(x_0 + \Delta x, y_0 + \Delta y) - f(x_0, y_0)|.$$
当 x 和 y 的误差 Δx 和 Δy 都比较小时,应用近似公式(i)以微分 $dz = f_x(x_0,y_0)\Delta x + f_y(x_0,y_0)\Delta y$ 代替 Δz 来估计这个误差
$$|\Delta z| \approx |f_x(x_0,y_0)\Delta x + f_y(x_0,y_0)\Delta y|$$
$$\leqslant |f_x(x_0,y_0)\Delta x| + |f_y(x_0,y_0)\Delta y|.$$
如果用 δ_x 及 δ_y 分别表示 x 及 y 的最大绝对误差,那么
$$|\Delta z| \leqslant |f_x(x_0,y_0)|\delta_x + |f_y(x_0,y_0)|\delta_y,$$
即函数值的最大绝对误差为
$$\delta_z = |f_x(x_0,y_0)|\delta_x + |f_y(x_0,y_0)|\delta_y.$$
此时函数值的最大相对误差为
$$\frac{\delta_z}{|f(x_0,y_0)|} = \frac{|f_x(x_0,y_0)|\delta_x + |f_y(x_0,y_0)|\delta_y}{|f(x_0,y_0)|}.$$

例 15 用单摆测重力加速度 g 时按公式 $T=2\pi\sqrt{l/g}$ 进行计算. 设测量得摆长 $l=100\pm 0.1\text{ cm}$, 周期 $T=2\pm 0.004\text{ s}$, 求由于 l 与 T 的误差而引起的 g 的最大绝对误差.

解 由 $T=2\pi\sqrt{l/g}$ 解出 $g=4\pi^2 l/T^2$. 为估计绝对误差 $|\Delta g|$, 我们估计它的近似值 $|\mathrm{d}g|$ 即可. 因为

$$\mathrm{d}g = 4\pi^2\left(\frac{\mathrm{d}l}{T^2} - \frac{2l}{T^3}\mathrm{d}T\right),$$

所以
$$|\mathrm{d}g| \leqslant 4\pi^2\left(\left|\frac{\mathrm{d}l}{T^2}\right| + \left|\frac{2l\mathrm{d}T}{T^3}\right|\right)$$

$$\leqslant 4\pi^2\left(\frac{0.1}{4} + \frac{2\cdot 100\cdot 0.004}{8}\right)\text{cm/s}^2$$

$$= 0.5\ \pi^2\text{cm/s}^2 \approx 4.935\text{ cm/s}^2.$$

例 16 利用公式 $V=V_0(1+\alpha t)$ 计算气体体积时, 如果测量得气体在摄氏 0 度时的体积 $V_0=100\text{ cm}^3$, 气体的温度 $t=50\text{℃}$, 气体的体膨胀系数 $\alpha=0.004$, 已知测量 V_0, t 及 α 时的相对误差分别不超过 $1\%, 1\%$ 及 2%, 试求出体积 V 并估计它的相对误差.

解 计算出
$$V = 100(1+0.004\cdot 50) = 100(1+0.2)$$
$$= 120\text{ cm}^3.$$

由
$$\mathrm{d}V = (1+\alpha t)\mathrm{d}V_0 + V_0\alpha\mathrm{d}t + V_0 t\mathrm{d}\alpha$$

得相对误差

$$\left|\frac{\mathrm{d}V}{V}\right| = \left|\frac{\mathrm{d}V_0}{V_0} + \frac{\alpha}{1+\alpha t}\mathrm{d}t + \frac{t}{1+\alpha t}\mathrm{d}\alpha\right|$$

$$\leqslant \left|\frac{\mathrm{d}V_0}{V_0}\right| + \left|\frac{\alpha t}{1+\alpha t}\right|\left|\frac{\mathrm{d}t}{t}\right| + \left|\frac{\alpha t}{1+\alpha t}\right|\left|\frac{\mathrm{d}\alpha}{\alpha}\right|$$

$$\leqslant 0.01 + \frac{0.004\cdot 50}{1+0.004\cdot 50}(0.01+0.02)$$

$$= 0.01 + \frac{0.2}{1.2}\cdot 0.03 = 0.01 + 0.005$$

$$= 1.5\%.$$

所以在 50℃时气体体积为 120 cm³,其相对误差不超过 1.5%。

习 题 7.2

1. 求下列函数的一阶偏微商:

(1) $z = x^3 + 3x^2y - y^3$; (2) $z = \ln(x^2 + y^2)$;

(3) $z = \dfrac{xy}{x-y}$; (4) $z = \ln\left(\dfrac{1}{\sqrt[3]{x}} - \dfrac{1}{\sqrt[3]{y}}\right)$;

(5) $u = \arcsin(x\sqrt{y})$; (6) $u = xe^{-yx}$;

(7) $u = \dfrac{2x-t}{x+2t}$; (8) $z = (1+xy)^y$;

(9) $u = \dfrac{y}{x} + \dfrac{z}{y} - \dfrac{x}{z}$; (10) $u = x^{\frac{z}{y}}$;

(11) $u = \cos(ax - by)$ (a, b 常数);

(12) $z = \arcsin\dfrac{y}{x}$; (13) $u = \ln\sin(x - 2t)$;

(14) $z = \sin^2(x+y) - \sin^2 x - \sin^2 y$;

(15) $u = \dfrac{5z+y}{3y-2x}$; (16) $u = e^{\frac{xz}{y}}\ln y$;

(17) $z = x^{x^y}$; (18) $u = \sin(x^2 + y^2 + z^2)$;

(19) $z = (2x+y)^{2x+y}$;

(20) $z = (x^2+y^2)\dfrac{1-\sqrt{x^2+y^2}}{1+\sqrt{x^2+y^2}}$; (21) $u = \dfrac{k}{(x^2+y^2+z^2)^2}$.

2. $f(x,y) = x + y - \sqrt{x^2+y^2}$, 求 $f_x(3,4)$.

3. $z = \ln\left(x + \dfrac{y}{2x}\right)$, 求 $z_y\big|_{\substack{x=1 \\ y=0}}$.

4. $f(x,y) = x^2 + (y-1)\arcsin\sqrt{\dfrac{y}{x}}$, 求 $\dfrac{\partial f}{\partial x}\big|_{(2,1)}$.

5. $z = \dfrac{x}{\sqrt{x^2+y^2}}$, 求在点 $(-1,0)$ 处的一阶偏导数.

6. 函数

$$f(x,y) = \begin{cases} \dfrac{x^2}{\sqrt{x^2+y^2}}, & 当(x,y) \neq (0,0), \\ 0, & 当(x,y) = (0,0), \end{cases}$$

求 $f_x(0,0)$.

7. 函数
$$f(x,y) = \begin{cases} \dfrac{xy}{\sqrt{x^2+y^2}}, & \text{当}(x,y) \neq (0,0), \\ 0, & \text{当}(x,y) = (0,0), \end{cases}$$

求 $f_x(x,y), f_y(x,y)$.

8. 设 $x = \rho\cos\varphi, y = \rho\sin\varphi$,求雅可比行列式

$$\frac{D(x,y)}{D(\rho,\varphi)} = \begin{vmatrix} \dfrac{\partial x}{\partial \rho} & \dfrac{\partial x}{\partial \varphi} \\ \dfrac{\partial y}{\partial \rho} & \dfrac{\partial y}{\partial \varphi} \end{vmatrix}$$

的值.

9. 设 $x = \rho\sin\varphi\cos\theta, y = \rho\sin\varphi\sin\theta, z = \rho\cos\varphi$,求雅可比行列式

$$\frac{D(x,y,z)}{D(\rho,\varphi,\theta)} = \begin{vmatrix} \dfrac{\partial x}{\partial \rho} & \dfrac{\partial x}{\partial \varphi} & \dfrac{\partial x}{\partial \theta} \\ \dfrac{\partial y}{\partial \rho} & \dfrac{\partial y}{\partial \varphi} & \dfrac{\partial y}{\partial \theta} \\ \dfrac{\partial z}{\partial \rho} & \dfrac{\partial z}{\partial \varphi} & \dfrac{\partial z}{\partial \theta} \end{vmatrix}$$

的值.

10. 设 $z = \sqrt{x}\sin\dfrac{y}{x}$,证明 $x\dfrac{\partial z}{\partial x} + y\dfrac{\partial z}{\partial y} = \dfrac{z}{2}$.

11. 设 $u = x^y$,证明 $\dfrac{x}{y}\dfrac{\partial u}{\partial x} + \dfrac{1}{\ln x}\dfrac{\partial u}{\partial y} = 2u$.

12. 设 $u = \dfrac{e^{xy}}{e^x + e^y}$,证明 $\dfrac{\partial u}{\partial x} + \dfrac{\partial u}{\partial y} = (x+y-1)u$.

13. 正圆锥体之高为 h,底半径为 r.(1) 当 $r = 1\text{m}$ 保持不变,而高以每秒 2 cm 的速度增加,求当高 $h = 2\text{ m}$ 时圆锥体积的变化率.(2) 当高 $h = 2\text{m}$ 保持不变,而半径 r 以每秒 3 cm 的速度增加,求当 $r = 1\text{ m}$ 时体积的变化率.

14. 一动点沿椭圆抛物面 $z=\dfrac{x^2}{9}+\dfrac{y^2}{4}$,在平行于 Oxz 平面的平面上运动. x 增加的速率是 0.09 m/s,当 x 为 3 m 时,求(1) z 的变化率;(2) 动点的速度大小;(3) 动点运动的方向.

15. 求下列函数的二阶偏微商:

(1) $z=x^3+3x^2y-6xy^2-y^3$; (2) $z=\dfrac{x+y}{x-y}$;

(3) $z=e^x\cos y-e^y\cos x$; (4) $z=\dfrac{x}{y}$;

(5) $z=e^{xy}+ye^x+xe^y$; (6) $u=(x^2+2y^2+3z^2)^3$.

16. 证明函数 $u=\ln\sqrt{x^2+y^2}$ 满足平面拉普拉斯方程:
$$\frac{\partial^2 u}{\partial x^2}+\frac{\partial^2 u}{\partial y^2}=0.$$

17. 证明函数 $u=\dfrac{1}{2a\sqrt{\pi t}}e^{-\frac{(x-b)^2}{4a^2 t}}$ 满足热传导方程:
$$\frac{\partial u}{\partial t}=a^2\frac{\partial^2 u}{\partial x^2}.$$

18. 证明函数 $u(x,t)=e^{x+ct}+4\cos(3x+3ct)$ 满足波动方程:
$$\frac{\partial^2 u}{\partial t^2}=c^2\frac{\partial^2 u}{\partial x^2}.$$

19. 设 $z=x^3+x^2y+y^3$,求各三阶偏微商.

20. 设 $z=y^2\sqrt{x}$,求各三阶偏微商.

21. 设 $w=e^{xyz}$,求 $\dfrac{\partial^3 w}{\partial x\partial y\partial z}$. 22. 设 $z=\sin xy$,求 $\dfrac{\partial^3 z}{\partial x\partial y^2}$.

23. 设 $v=x^m y^n z^p$,求 $\dfrac{\partial^6 v}{\partial x\partial y^3\partial z^2}$.

24. 求下列函数的全微分:

(1) $z=x^2 y$; (2) $z=\dfrac{xy}{x-y}$;

(3) $u=e^{\frac{y}{x}}$; (4) $u=\sqrt{x^2+y^2+z^2}$;

(5) $u=y^{\sin x}$; (6) $u=\dfrac{z+y}{z-y}$.

25. 已知函数 $z=f(x,y)$ 的全微分为

$$\mathrm{d}z=(4x^3+10xy^3-3y^4)\mathrm{d}x+(15x^2y^2-12xy^3+5y^4)\mathrm{d}y,$$
求 $f(x,y)$ 之表达式.

26. 已知函数 $z=f(x,y)$ 的全微分为 $\mathrm{d}z=\left(x-\dfrac{y}{x^2+y^2}\right)\mathrm{d}x+\left(y+\dfrac{x}{x^2+y^2}\right)\mathrm{d}y$,求 $f(x,y)$ 之表达式.

27. 证明函数 $f(x,y)=\sqrt{|xy|}$ 在点 $(0,0)$ 处的两个一阶偏微商 $f_x(0,0)$ 与 $f_y(0,0)$ 都存在,但在点 $(0,0)$ 处不可微.

28. 利用全微分计算下列量的近似值:

(1) $(1.002)\cdot(2.003)^2\cdot(3.004)^3$;

(2) $\dfrac{(1.03)^2}{\sqrt[3]{0.98}\sqrt[4]{1.05^3}}$; (3) $\sqrt{(1.02)^3+(1.97)^3}$;

(4) $\sin 29°\cdot\tan 46°$; (5) $(0.97)^{1.05}$.

29. 有一半径 $r=5$ cm,高 $h=20$ cm 的金属圆柱体要在其表面镀一层镍,厚度为 0.05 cm,问约需要镍多少克?(镍的密度 8800 kg/m³)?

30. 当圆柱体的半径 R 由 2 m 增加到 2.05 m,而高 h 由 10 m 减少到 9.8 m 时,求体积改变量的近似值.

31. 设矩形的边 $x=6$ m 和 $y=8$ m,若第一边增加 2 mm,而第二边减少 5 mm,问矩形的面积与对角线分别改变多少?

32. 扇形的中心角 $\alpha=60°$ 增加 $\Delta\alpha=1°$,为了使面积仍然不变,则应把扇形的半径 $R=20$ mm 减少若干?

33. 造一长方形无盖铁盒,其内部的长、宽、高分别为 10 mm,8 mm,7 mm,盒子的厚度为 0.1 mm,求所用材料体积的近似值.

34. 利用 $s=\dfrac{1}{2}gt^2$ 计算重力加速度 g 时,如果测量时间 t 及距离 s 时的相对误差分别为 0.3% 及 0.2%,问计算 g 时的最大相对误差如何?

35. 当测量圆柱体半径 R 和高 H 时得出结果:$R=2.5$ m ± 0.1 m,$H=4.0$ m ± 0.2 m,试求由此计算圆柱体体积的绝对误差和相对误差.

36. 三角形的边 $a=200\text{ m}\pm 2\text{ m}, b=300\text{ m}\pm 5\text{ m}$,它们之间的角度 $\alpha=60°\pm 1°$,问计算三角形的第三边 c 时产生的绝对误差如何?

37. 已知电压 $V=(110\pm 2)\text{V}$,电流 $I=(20\pm 0.5)\text{A}$,求电阻 R 及计算的相对误差.

§3 方向微商与梯度

前面讨论过二元函数 $z=f(x,y)$ 的偏微商 $\dfrac{\partial z}{\partial x}$ 与 $\dfrac{\partial z}{\partial y}$,这两个偏微商给出了函数 $z=f(x,y)$ 沿 x 轴正方向与 y 轴正方向的变化率.为了讨论函数 $z=f(x,y)$ 沿其他方向的变化率,我们引进方向微商的概念.

定义 1 设函数 $z=f(x,y)$ 在点 $P_0(x_0,y_0)$ 的某一邻域内有定义,l 为过点 P_0 的一条有向直线,它与 x 轴及 y 轴的正方向的夹角分别为 α 及 β(图 7.12).设点 P 是 l 上的一个点(并位于 P_0 的邻域内),于是 $\overrightarrow{P_0P}=t(\cos\alpha,\cos\beta)$,即 $P=P(x_0+t\cos\alpha, y_0+t\cos\beta)$.当 P 沿着 l 趋向于 P_0 时,如果极限

$$\lim_{t\to 0}\frac{f(x_0+t\cos\alpha, y_0+t\cos\beta)-f(x_0,y_0)}{t}$$

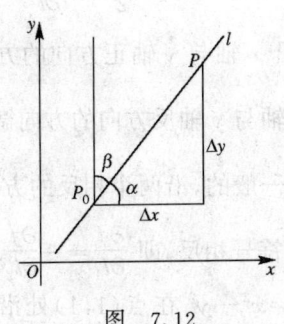

图 7.12

存在,则称此极限为函数 $z=f(x,y)$ 在点 $P_0(x_0,y_0)$ 处沿 l 方向的**方向微商**,记作 $\dfrac{\partial z}{\partial l}\bigg|_{(x_0,y_0)}$ 或 $\dfrac{\partial f}{\partial l}\bigg|_{(x_0,y_0)}$,即

$$\frac{\partial z}{\partial l}\bigg|_{(x_0,y_0)} = \lim_{t \to 0} \frac{f(x_0+t\cos\alpha, y_0+t\cos\beta)-f(x_0,y_0)}{t}.$$

函数 $f(x,y)$ 在点 $P(x,y)$ 处沿 l 方向的方向微商记作 $\dfrac{\partial f}{\partial l}$ 或 $\dfrac{\partial z}{\partial l}$.

定理 如果函数 $z=f(x,y)$ 在点 $P(x,y)$ 处可微,则函数 $z=f(x,y)$ 在点 $P(x,y)$ 处沿任一方向 l 的方向微商均存在,并且有以下关系式:

$$\frac{\partial f}{\partial l} = \frac{\partial f}{\partial x}\cos\alpha + \frac{\partial f}{\partial y}\cos\beta,$$

其中 $\cos\alpha, \cos\beta$ 是 l 的方向余弦.

证 因为函数 $f(x,y)$ 在点 $P(x,y)$ 处可微,故

$$f(x+t\cos\alpha, y+t\cos\beta) - f(x,y)$$
$$= \frac{\partial f}{\partial x}t\cos\alpha + \frac{\partial f}{\partial y}t\cos\beta + o(|t|),$$

于是

$$\frac{\partial f}{\partial l} = \frac{\partial f}{\partial x}\cos\alpha + \frac{\partial f}{\partial y}\cos\beta.$$

证毕.

根据这个定理,当 $\alpha=0, \beta=\dfrac{\pi}{2}$ 时,$\dfrac{\partial f}{\partial l}=\dfrac{\partial f}{\partial x}$;当 $\alpha=\dfrac{\pi}{2}, \beta=0$ 时,$\dfrac{\partial f}{\partial l}=\dfrac{\partial f}{\partial y}$. 也就是沿 x 轴与 y 轴正方向的方向微商分别是偏微商 $\dfrac{\partial f}{\partial x}$ 与 $\dfrac{\partial f}{\partial y}$. 至于沿 x 轴与 y 轴反方向的方向微商,不难看出,它们分别是 $-\dfrac{\partial f}{\partial x}$ 与 $-\dfrac{\partial f}{\partial y}$. 一般的,沿两个相反的方向 l_1 与 l_2 的方向微商 $\dfrac{\partial f}{\partial l_1}$ 与 $\dfrac{\partial f}{\partial l_2}$,大小相同符号相反,即 $\dfrac{\partial f}{\partial l_1} = -\dfrac{\partial f}{\partial l_2}$.

例 1 求函数 $z=x^2-y^2$ 在点 $(1,1)$ 处沿与 x 轴有倾角 $\alpha=\pi/3$ 的方向的方向微商.

解 因为 $z=x^2-y^2$ 在点 $(1,1)$ 处偏微商连续,所以可应用上述定理.因为

$$\frac{\partial z}{\partial x}\bigg|_{(1,1)} = 2, \quad \frac{\partial z}{\partial y}\bigg|_{(1,1)} = -2,$$

所以

$$\frac{\partial z}{\partial l}\bigg|_{(1,1)} = 2\cos\frac{\pi}{3} + (-2)\cos\frac{\pi}{6} = 1 - \sqrt{3}.$$

下面我们来讨论函数 $z=f(x,y)$ 在点 (x_0,y_0) 处沿什么方向的方向微商最大.

若函数 $z=f(x,y)$ 的偏微商在点 (x_0,y_0) 处连续,根据定理,沿 l 方向的方向微商为

$$\frac{\partial f}{\partial l}\bigg|_{(x_0,y_0)} = f_x(x_0,y_0)\cos\alpha + f_y(x_0,y_0)\cos\beta,$$

其中 $\cos\alpha,\cos\beta$ 所成的向量 $\boldsymbol{e}=\{\cos\alpha,\cos\beta\}$ 是 l 方向的单位向量.如果我们用 $\boldsymbol{g}$ 代表向量 $\{f_x(x_0,y_0),f_y(x_0,y_0)\}$,那么沿 l 的方向微商可表为两个向量的数量积(内积)

$$\frac{\partial f}{\partial l}\bigg|_{(x_0,y_0)} = \boldsymbol{g}\cdot\boldsymbol{e} = |\boldsymbol{g}|\cos(\boldsymbol{g},\boldsymbol{e})$$

$$= \sqrt{f_x^2(x_0,y_0)+f_y^2(x_0,y_0)}\cos(\boldsymbol{g},\boldsymbol{e}).$$

显然,当向量 $\boldsymbol{e}$ 与向量 $\boldsymbol{g}$ 的方向相同时,也就是当 l 沿着向量 $\{f_x(x_0,y_0),f_y(x_0,y_0)\}$ 的方向时,方向微商最大,并且最大的方向微商的值是

$$\sqrt{f_x^2(x_0,y_0)+f_y^2(x_0,y_0)}.$$

定义 2 设二元函数 $z=f(x,y)$ 的偏微商在点 $P(x,y)$ 处连续,则称二维向量 $\{f_x,f_y\}$ 为函数 $z=f(x,y)$ 在点 $P(x,y)$ 处的**梯度**,记作 $\mathrm{grad}f$,即

$$\mathrm{grad}f = \{f_x,f_y\} = \frac{\partial f}{\partial x}\boldsymbol{i} + \frac{\partial f}{\partial y}\boldsymbol{j}.$$

根据前面的讨论可知函数 $z=f(x,y)$ 在点 $P(x,y)$ 处的梯度

有两个重要的性质:

(i) 梯度的方向是使该点处的方向微商达到最大的方向;

(ii) 梯度的模是该点处的最大的方向微商.

上面两条性质刻画了梯度向量的方向与模,而一个向量由其方向与模惟一确定,所以也可以用这两条性质作为梯度的定义,其优点是与坐标系的选取无关,定义 2 的优点是同时给出了梯度的计算公式.

例 2 求 $z=\arctan\dfrac{y}{x}$ 在点 $(1,1)$ 处的梯度.

解 $\left.\dfrac{\partial z}{\partial x}\right|_{(1,1)} = -\left.\dfrac{y}{x^2+y^2}\right|_{(1,1)} = -\dfrac{1}{2}$,

$\left.\dfrac{\partial z}{\partial y}\right|_{(1,1)} = \left.\dfrac{x}{x^2+y^2}\right|_{(1,1)} = \dfrac{1}{2}.$

按定义

$$\left. \mathrm{grad}\, z \right|_{(1,1)} = -\dfrac{1}{2}\boldsymbol{i} + \dfrac{1}{2}\boldsymbol{j}.$$

应用梯度的概念与符号,函数 $z=f(x,y)$ 在点 $P(x,y)$ 处沿 l 方向的方向微商 $\dfrac{\partial f}{\partial l}$ 可以表示为

$$\dfrac{\partial f}{\partial l} = \mathrm{grad}\, f \cdot \boldsymbol{e},$$

其中 $\boldsymbol{e}=\{\cos\alpha,\cos\beta\}$ 是 l 方向的单位向量.由此得知沿 l 的方向微商等于**该点的梯度向量在 l 方向的投影**.因此立刻知道,沿着与梯度垂直的方向的方向微商为零,也就是梯度与等高线垂直(严格证明见 §4 之例 10);沿着与梯度反方向的方向微商最小,是 $-|\mathrm{grad}\, f|$.

对于三元函数 $u=f(x,y,z)$,可以完全类似地给出它在点 $P(x,y,z)$ 处沿 l 方向的方向微商 $\dfrac{\partial f}{\partial l}$ 与梯度 $\mathrm{grad}\, f$ 的定义.设 $\cos\alpha,\cos\beta,\cos\gamma$ 是 l 的方向余弦,定义:

$$\dfrac{\partial f}{\partial l} = \lim_{\rho\to 0}\dfrac{f(x+\rho\cos\alpha,y+\rho\cos\beta,z+\rho\cos\gamma)-f(x,y,z)}{\rho}.$$

三元函数的梯度定义为三维向量:

$$\text{grad} f = \frac{\partial f}{\partial x}\boldsymbol{i} + \frac{\partial f}{\partial y}\boldsymbol{j} + \frac{\partial f}{\partial z}\boldsymbol{k},$$

其中 $\frac{\partial f}{\partial x}, \frac{\partial f}{\partial y}, \frac{\partial f}{\partial z}$ 连续. 并且方向微商与梯度之间也有关系式:

$$\frac{\partial f}{\partial l} = \text{grad} f \cdot \boldsymbol{e},$$

其中 $\boldsymbol{e} = \{\cos\alpha, \cos\beta, \cos\gamma\}$, 是 l 方向的单位向量.

习 题 7.3

1. 求函数 $z = 3x^4 + xy + y^4$ 在点 $M(1,2)$ 沿 $\alpha = 135°$ 的方向的方向微商.

2. 求函数 $z = x^3 - 3x^2y + 3xy^2 + 2$ 在点 $M(3,1)$ 沿着从 $M(3,1)$ 到 $N(6,5)$ 的线段方向的方向微商.

3. 求函数 $z = \ln(x+y)$ 在点 $(1,2)$ 沿抛物线 $y = 2x^2$ 的切线方向的方向微商.

4. 求 $z = \sqrt{4+x^2+y^2}$ 在点 $(2,1)$ 处的梯度.

5. 求 $z = x^2 + 2xy + y^2$ 在点 $(1,2)$ 处的梯度.

6. 求 $z = \arctan \frac{y}{x}$ 在点 (x,y) 处的梯度.

7. 求函数 $f(x,y) = x(x-2y) + x^2y^2$ 在点 $(1,1)$ 处沿向量 $\{\cos\alpha, \cos\beta\}$ 的方向导数, 求出最大的与最小的方向导数, 它们各是什么方向.

8. 求函数 $z = xy$ 在点 $(2, 1/2), (1,1)$ 与 (x_0, y_0) 处的梯度, 又检验此函数在以上各点处的等高线的切线与梯度垂直.

9. 求函数 $z = \arctan \frac{y}{x}$ 在点 (x_0, y_0) 处的梯度, 并求沿向量 $\{x_0, y_0\}$ 的方向导数.

10. 若 $r = \sqrt{x^2+y^2}$, 求 $\text{grad}\, r$.

11. 求函数 $z = \ln(x^2+y^2)$ 在点 $M(x_0, y_0)$ 处沿与此点等高线垂直的方向的方向导数.

12. 求函数 $u = xyz$ 在点 $M_0(1,-1,1)$ 处沿着从 M_0 到

$M_1(2,3,1)$ 的方向的方向导数.

13. 求 $u=\arctan xy$ 在抛物线 $y=x^2$ 上点 $M_0(1,1)$ 处,沿着曲线切线方向(在横坐标增加的方向)的方向导数.

14. 求函数 $u=\sqrt{x^2+y^2}$ 和 $v=x+y+2\sqrt{xy}$ 在点 $M_0(1,1)$ 处梯度之间的夹角.

15. 求函数 $u=u(x,y,z)$ 沿函数 $v=v(x,y,z)$ 的梯度方向的方向导数;何时其方向导数等于零.

16. 设函数 u,v 一阶偏导数连续,证明梯度有下列运算规则:

(1) $\mathrm{grad}(u\pm v)=\mathrm{grad}u\pm\mathrm{grad}v$;

(2) $\mathrm{grad}(u\cdot v)=v\mathrm{grad}u+u\mathrm{grad}v$,

$\mathrm{grad}(cu)=c\mathrm{grad}u$,其中 c 为常数;

(3) $\mathrm{grad}\left(\dfrac{u}{v}\right)=\dfrac{1}{v^2}(v\mathrm{grad}u-u\mathrm{grad}v)$,当 $v\neq 0$;

(4) $\mathrm{grad}[f(u)]=f'(u)\mathrm{grad}u$,其中 $f'(u)$ 连续;

(5) $\mathrm{grad}[f(u,v)]=\dfrac{\partial f}{\partial u}\mathrm{grad}u+\dfrac{\partial f}{\partial v}\mathrm{grad}v$,其中 $\dfrac{\partial f}{\partial u}$ 与 $\dfrac{\partial f}{\partial v}$ 连续.

§4 复合函数及隐函数的微分法

1. 复合函数的微分法

类似于一元函数,如果函数 $z=f(u,v)$ 通过中间变量 $u=\varphi(x,y), v=\psi(x,y)$ 成为 x,y 的二元函数,那么复合函数 $z=f(\varphi(x,y),\psi(x,y))$ 对 x,y 的偏微商 $\dfrac{\partial z}{\partial x},\dfrac{\partial z}{\partial y}$ 可以通过 z 对中间变量 u,v 的偏微商与中间变量 u,v 对 x,y 的偏微商来求得.

定理 1 设函数 $u=\varphi(x,y)$ 和 $v=\psi(x,y)$ 的偏微商在点 (x,y) 处连续,函数 $z=f(u,v)$ 的偏微商在 (x,y) 对应的点 (u,v) 处连续,则复合函数 $z=f(\varphi(x,y),\psi(x,y))$ 在点 (x,y) 处存在连续的偏微商,并且有公式

$$\frac{\partial z}{\partial x}=\frac{\partial z}{\partial u}\frac{\partial u}{\partial x}+\frac{\partial z}{\partial v}\frac{\partial v}{\partial x}, \quad \frac{\partial z}{\partial y}=\frac{\partial z}{\partial u}\frac{\partial u}{\partial y}+\frac{\partial z}{\partial v}\frac{\partial v}{\partial y}.$$

这两个公式叫**锁链法则**.

证明 将 y 固定,给 x 以增量 Δx,则 u 及 v 有相应的增量 $\Delta u = \varphi(x+\Delta x, y) - \varphi(x,y)$ 及 $\Delta v = \psi(x+\Delta x, y) - \psi(x,y)$,从而 z 有相应的增量

$$\Delta z = f[\varphi(x+\Delta x, y), \psi(x+\Delta x, y)] - f[\varphi(x,y), \psi(x,y)]$$
$$= f(u+\Delta u, v+\Delta v) - f(u,v).$$

因为 $z = f(u,v)$ 的偏微商在 (u,v) 处连续,故可微,所以

$$\Delta z = \frac{\partial z}{\partial u}\Delta u + \frac{\partial z}{\partial v}\Delta v + o(\rho),$$

其中 $\rho = \sqrt{\Delta u^2 + \Delta v^2}$. 用 Δx 除等式两端,再令 $\Delta x \to 0$ 就得到

$$\frac{\partial z}{\partial x} = \lim_{\Delta x \to 0} \frac{\Delta z}{\Delta x} = \lim_{\Delta x \to 0}\left[\frac{\partial z}{\partial u}\frac{\Delta u}{\Delta x} + \frac{\partial z}{\partial v}\frac{\Delta v}{\Delta x} + \frac{o(\rho)}{\Delta x}\right].$$

注意上式右端最后一项

$$\frac{o(\rho)}{\Delta x} = \frac{o(\rho)}{\rho}\sqrt{\left(\frac{\Delta u}{\Delta x}\right)^2 + \left(\frac{\Delta v}{\Delta x}\right)^2},$$

因为 $u = \varphi(x,y), v = \psi(x,y)$ 的偏微商存在,故当 $\Delta x \to 0$ 时,

$$\frac{\Delta u}{\Delta x} \to \frac{\partial u}{\partial x}, \quad \frac{\Delta v}{\Delta x} \to \frac{\partial v}{\partial x},$$

还有 $\rho = \sqrt{\Delta u^2 + \Delta v^2} \to 0$,所以有

$$\frac{\partial z}{\partial x} = \frac{\partial z}{\partial u}\frac{\partial u}{\partial x} + \frac{\partial z}{\partial v}\frac{\partial v}{\partial x};$$

同样可以证明

$$\frac{\partial z}{\partial y} = \frac{\partial z}{\partial u}\frac{\partial u}{\partial y} + \frac{\partial z}{\partial v}\frac{\partial v}{\partial y}.$$

根据锁链法则,由于 $\frac{\partial z}{\partial u}, \frac{\partial z}{\partial v}; \frac{\partial u}{\partial x}, \frac{\partial u}{\partial y}$ 及 $\frac{\partial v}{\partial x}, \frac{\partial v}{\partial y}$ 都连续,所以 $\frac{\partial z}{\partial x}$ 与 $\frac{\partial z}{\partial y}$ 也连续. 证毕.

例1 求 $z = (x^2+y^2)^{xy}$ 的偏微商.

解 令 $u = x^2+y^2, v = xy$,则 $z = u^v$. 因为

$$\frac{\partial u}{\partial x} = 2x, \quad \frac{\partial u}{\partial y} = 2y; \quad \frac{\partial v}{\partial x} = y, \quad \frac{\partial v}{\partial y} = x;$$

$$\frac{\partial z}{\partial u} = vu^{v-1}, \quad \frac{\partial z}{\partial v} = u^v \ln u,$$

由锁链法则得

$$\frac{\partial z}{\partial x} = \frac{\partial z}{\partial u}\frac{\partial u}{\partial x} + \frac{\partial z}{\partial v}\frac{\partial v}{\partial x} = vu^{v-1} \cdot 2x + u^v \ln u \cdot y$$

$$= (x^2 + y^2)^{xy}\left[\frac{2x^2 y}{x^2 + y^2} + y\ln(x^2 + y^2)\right];$$

$$\frac{\partial z}{\partial y} = \frac{\partial z}{\partial u}\frac{\partial u}{\partial y} + \frac{\partial z}{\partial v}\frac{\partial v}{\partial y} = vu^{v-1} \cdot 2y + u^v \ln u \cdot x$$

$$= (x^2 + y^2)^{xy}\left[\frac{2xy^2}{x^2 + y^2} + x\ln(x^2 + y^2)\right].$$

为解此题不必一定要用锁链法则,因为,将 z 表示为 $z = e^{xy\ln(x^2+y^2)}$ 后,直接求其偏微商即可. 但下面的例子就必须应用锁链法则了.

例 2 函数 $z = f(x, y)$ 通过 $x = r\cos\theta, y = r\sin\theta$ 表示为极坐标 r, θ 的函数. 如果 $z = f(x, y)$ 的偏微商连续,证明

$$\left(\frac{\partial z}{\partial x}\right)^2 + \left(\frac{\partial z}{\partial y}\right)^2 = \left(\frac{\partial z}{\partial r}\right)^2 + \frac{1}{r^2}\left(\frac{\partial z}{\partial \theta}\right)^2.$$

解 因为

$$\frac{\partial z}{\partial r} = \frac{\partial z}{\partial x}\frac{\partial x}{\partial r} + \frac{\partial z}{\partial y}\frac{\partial y}{\partial r} = \frac{\partial z}{\partial x}\cos\theta + \frac{\partial z}{\partial y}\sin\theta,$$

$$\frac{\partial z}{\partial \theta} = \frac{\partial z}{\partial x}\frac{\partial x}{\partial \theta} + \frac{\partial z}{\partial y}\frac{\partial y}{\partial \theta} = -\frac{\partial z}{\partial x}r\sin\theta + \frac{\partial z}{\partial y}r\cos\theta,$$

即

$$\frac{1}{r}\frac{\partial z}{\partial \theta} = -\frac{\partial z}{\partial x}\sin\theta + \frac{\partial z}{\partial y}\cos\theta.$$

所以

$$\left(\frac{\partial z}{\partial r}\right)^2 + \frac{1}{r^2}\left(\frac{\partial z}{\partial \theta}\right)^2 = \left(\frac{\partial z}{\partial x}\right)^2 + \left(\frac{\partial z}{\partial y}\right)^2.$$

多元复合函数求微商或偏微商的锁链法则公式中常不止一项,为了计算时不致遗漏,可以先将变量间的关系作图表出,然后再写公式. 例如,$z = f(u, v)$ 通过中间变量 $u = \varphi(x, y), v = \psi(x, y)$

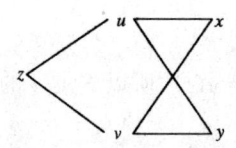

图 7.13

成为 x, y 的函数,可以作图如图 7.13 所示. 由图可见,复合之后,z 是 x, y 的二元函数,因此有两个偏微商公式.而对 x 或对 y 的偏微商都要通过两个中间变量 u 和 v,所以每一个偏微商公式中都有两项,一项是通过中间变量 u,另一项是通过中间变量 v. 按照上述分析写出来的公式,正是上面定理 1 中的锁链法则.

下面借助于变量关系图(图 7.14)再写出几种复合函数的锁链法则.

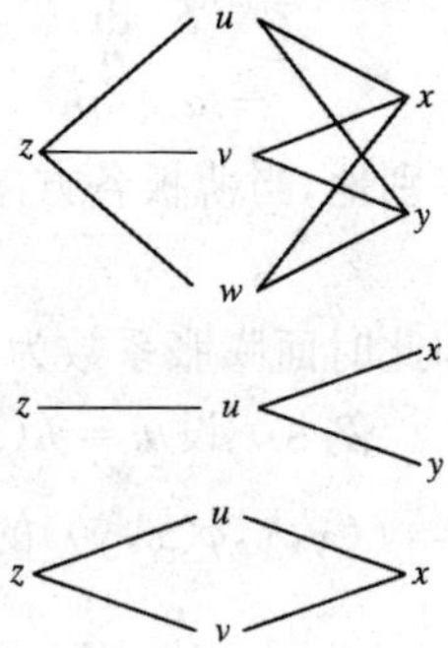

(i) 若 $z = f(u, v, w)$,其中 $u = \varphi(x, y), v = \psi(x, y), w = \chi(x, y)$,则

$$\frac{\partial z}{\partial x} = \frac{\partial z}{\partial u}\frac{\partial u}{\partial x} + \frac{\partial z}{\partial v}\frac{\partial v}{\partial x} + \frac{\partial z}{\partial w}\frac{\partial w}{\partial x},$$

$$\frac{\partial z}{\partial y} = \frac{\partial z}{\partial u}\frac{\partial u}{\partial y} + \frac{\partial z}{\partial v}\frac{\partial v}{\partial y} + \frac{\partial z}{\partial w}\frac{\partial w}{\partial y}.$$

(ii) 若 $z = f(u)$,其中 $u = \varphi(x, y)$,则

$$\frac{\partial z}{\partial x} = \frac{\mathrm{d}z}{\mathrm{d}u}\frac{\partial u}{\partial x}, \quad \frac{\partial z}{\partial y} = \frac{\mathrm{d}z}{\mathrm{d}u}\frac{\partial u}{\partial y}.$$

图 7.14

(iii) 若 $z = f(u, v)$,其中 $u = \varphi(x), v = \psi(x)$,则

$$\frac{\mathrm{d}z}{\mathrm{d}x} = \frac{\partial z}{\partial u}\frac{\mathrm{d}u}{\mathrm{d}x} + \frac{\partial z}{\partial v}\frac{\mathrm{d}v}{\mathrm{d}x}.$$

例 3 $u = f(r), r = \sqrt{x^2 + y^2 + z^2}$,求 $\frac{\partial u}{\partial x}, \frac{\partial u}{\partial y}, \frac{\partial u}{\partial z}$.

解 $\frac{\partial u}{\partial x} = \frac{\mathrm{d}u}{\mathrm{d}r}\frac{\partial r}{\partial x} = f'(r)\frac{x}{r}$. 由变量 x, y, z 的地位的对称性,

$$\frac{\partial u}{\partial y} = \frac{y}{r}f'(r), \quad \frac{\partial u}{\partial z} = \frac{z}{r}f'(r).$$

例 4 设有一矩形薄板,其长度 x 与宽度 y 均为温度 t 的函数,已知薄板长度方向及宽度方向的膨胀系数分别为 α 及 β,试求薄板的面膨胀系数 δ 与 α, β 之间的关系.

解 根据面膨胀系数 δ 的定义,有

$$\delta = \frac{1}{S}\frac{dS}{dt},$$

其中 $S=xy$ 为薄板的面积. 由于 $x=x(t), y=y(t)$, 所以 S 是 t 的函数, 由锁链法则

$$\frac{dS}{dt} = \frac{\partial S}{\partial x}\frac{dx}{dt} + \frac{\partial S}{\partial y}\frac{dy}{dt} = y\frac{dx}{dt} + x\frac{dy}{dt}.$$

因此

$$\delta = \frac{1}{S}\frac{dS}{dt} = \frac{1}{xy}\left[y\frac{dx}{dt} + x\frac{dy}{dt}\right] = \frac{1}{x}\frac{dx}{dt} + \frac{1}{y}\frac{dy}{dt}$$
$$= \alpha + \beta.$$

特别地, 当薄板各方向膨胀均匀时 ($\alpha=\beta$), 则有

$$\delta = 2\alpha,$$

即此时面膨胀系数为线膨胀系数的两倍.

例 5 设 $u=f(x,y,z)$, 其中 $z=\varphi(x,y)$, 现在求复合函数 $u=f(x,y,\varphi(x,y))$ 的偏微商 $\left(\dfrac{\partial u}{\partial x}\right)_y$ 和 $\left(\dfrac{\partial u}{\partial y}\right)_x$.

解 先作变量关系图, 由图 7.15 看到复合之前 u 是 x,y,z 的三元函数, 复合之后 u 是 x,y 的二元函数, 因此符号 $\dfrac{\partial u}{\partial x}, \dfrac{\partial u}{\partial y}$ 的含意不清,

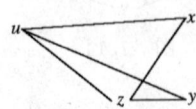

图 7.15

为明确起见我们用符号 $\left(\dfrac{\partial u}{\partial x}\right)_y$ 表示 u 作为 x,y 的二元函数对 x 求偏微商, 用符号 $\left(\dfrac{\partial u}{\partial x}\right)_{yz}$ 表示 u 作为 x,y,z 的三元函数对 x 求偏微商等. 下面采用这种符号写出微商公式:

$$\left(\frac{\partial u}{\partial x}\right)_y = \left(\frac{\partial u}{\partial x}\right)_{yz} + \left(\frac{\partial u}{\partial z}\right)_{xy} \cdot \frac{\partial z}{\partial x},$$

$$\left(\frac{\partial u}{\partial y}\right)_x = \left(\frac{\partial u}{\partial y}\right)_{xz} + \left(\frac{\partial u}{\partial z}\right)_{xy} \cdot \frac{\partial z}{\partial y}.$$

如果对符号 $\dfrac{\partial u}{\partial x}, \dfrac{\partial u}{\partial y}$ 未加下标以示区别, 这时需要依靠前后文来判断其含意.

我们也还可以利用函数关系的符号 f 与 φ 来写微商公式:

$$\frac{\partial u}{\partial x} = \frac{\partial f}{\partial x} + \frac{\partial f}{\partial z}\frac{\partial \varphi}{\partial x}, \quad \frac{\partial u}{\partial y} = \frac{\partial f}{\partial y} + \frac{\partial f}{\partial z}\frac{\partial \varphi}{\partial y}.$$

一元函数的一阶微分有形式不变性,多元函数的一阶全微分也有形式不变性,我们有以下定理.

定理 2 设 $z=f(u,v)$,中间变量 $u=\varphi(x,y), v=\psi(x,y)$,若 $f(u,v), \varphi(x,y), \psi(x,y)$ 都有连续偏微商,则复合函数 $z=f(\varphi(x,y),\psi(x,y))$ 在点 (x,y) 处的全微分仍有以下形式:

$$\mathrm{d}z = \frac{\partial z}{\partial u}\mathrm{d}u + \frac{\partial z}{\partial v}\mathrm{d}v.$$

证明 根据定理 1,复合函数 $z=f(\varphi(x,y),\psi(x,y))$ 在 (x,y) 处有连续偏微商,所以全微分

$$\mathrm{d}z = \frac{\partial z}{\partial x}\mathrm{d}x + \frac{\partial z}{\partial y}\mathrm{d}y.$$

由复合函数微商的锁链法则得

$$\frac{\partial z}{\partial x} = \frac{\partial z}{\partial u}\frac{\partial u}{\partial x} + \frac{\partial z}{\partial v}\frac{\partial v}{\partial x}, \quad \frac{\partial z}{\partial y} = \frac{\partial z}{\partial u}\frac{\partial u}{\partial y} + \frac{\partial z}{\partial v}\frac{\partial v}{\partial y}.$$

代入上式得

$$\begin{aligned}\mathrm{d}z &= \left(\frac{\partial z}{\partial u}\frac{\partial u}{\partial x} + \frac{\partial z}{\partial v}\frac{\partial v}{\partial x}\right)\mathrm{d}x + \left(\frac{\partial z}{\partial u}\frac{\partial u}{\partial y} + \frac{\partial z}{\partial v}\frac{\partial v}{\partial y}\right)\mathrm{d}y \\ &= \frac{\partial z}{\partial u}\left(\frac{\partial u}{\partial x}\mathrm{d}x + \frac{\partial u}{\partial y}\mathrm{d}y\right) + \frac{\partial z}{\partial v}\left(\frac{\partial v}{\partial x}\mathrm{d}x + \frac{\partial v}{\partial y}\mathrm{d}y\right) \\ &= \frac{\partial z}{\partial u}\mathrm{d}u + \frac{\partial z}{\partial v}\mathrm{d}v.\end{aligned}$$

证毕.

因此对于二元函数 $z=f(u,v)$,不论 u,v 是自变量还是中间变量,函数的全微分都可表为同样的形式:

$$\mathrm{d}z = \frac{\partial z}{\partial u}\mathrm{d}u + \frac{\partial z}{\partial v}\mathrm{d}v.$$

将这一性质称为**一阶全微分的形式不变性**.我们先利用一阶全微分的形式不变性来得出全微分的几个运算公式.设 u,v 是多元函数,则

(i) $d(u \pm v) = du \pm dv$;

(ii) $d(cu) = cdu$;

(iii) $d(uv) = udv + vdu$;

(iv) $d\left(\dfrac{u}{v}\right) = \dfrac{vdu - udv}{v^2}$ $(v \neq 0)$;

(v) $df(u) = f'(u)du$.

证明都很容易,我们只来验算(iii). 因为全微分有形式不变性,所以

$$d(uv) = \frac{\partial(uv)}{\partial u}du + \frac{\partial(uv)}{\partial v}dv = vdu + udv.$$

利用全微分的运算公式计算全微分往往比较方便.

例 6 设 $z = \arctan \dfrac{y}{x}$,求 dz.

解 这是 §2 的例 8,那时应用 §2 的定理 3 求出 dz. 现在,应用上面的运算公式(v),无需先求偏微商就得到全微分.

$$dz = \frac{1}{1+\left(\dfrac{y}{x}\right)^2} d\frac{y}{x} = \frac{1}{1+\left(\dfrac{y}{x}\right)^2} \cdot \frac{xdy - ydx}{x^2}$$

$$= \frac{xdy - ydx}{x^2 + y^2}.$$

下面的例子利用全微分来求偏微商.

例 7 设 $z = (x^2 + y^2)^n$,求 $\dfrac{\partial z}{\partial x}, \dfrac{\partial z}{\partial y}$.

解 对 z 求全微商:

$$dz = n(x^2+y^2)^{n-1} d(x^2+y^2) = n(x^2+y^2)^{n-1}(2xdx + 2ydy),$$

因此

$$\frac{\partial z}{\partial x} = 2nx(x^2+y^2)^{n-1}, \quad \frac{\partial z}{\partial y} = 2ny(x^2+y^2)^{n-1}.$$

例 8 设 $u = f(r), r = \sqrt{x^2+y^2+z^2}$,求 $\dfrac{\partial u}{\partial x}, \dfrac{\partial u}{\partial y}, \dfrac{\partial u}{\partial z}$.

解 $du = f'(r)dr = f'(r)\dfrac{1}{2}\dfrac{1}{r}(2xdx + 2ydy + 2zdz)$,所以

$$\frac{\partial u}{\partial x} = f'(r)\frac{x}{r}, \quad \frac{\partial u}{\partial y} = f'(r)\frac{y}{r}, \quad \frac{\partial u}{\partial z} = f'(r)\frac{z}{r}.$$

2. 隐函数的微分法

在一元函数或多元函数的关系式中,如果函数是用自变量的分析式子明显地表示出来的,则称此函数关系是显函数,例如 $y=\sin x, z=xy, u=x^2+y^2+z^2$ 等都是**显函数**,一般记为 $y=f(x)$, $z=f(x,y), u=f(x,y,z)$ 等. 如果函数不是由自变量的分析式子明显地表示出来的,则称这种函数关系为**隐函数**. 例如方程 $y^2=1-x^2$ 及 $x^2+y^2+z^2=z$ 在某些条件下确定 y 为 x 的一元函数及 z 为 x,y 的二元函数,它们都是隐函数关系. 一般记作 $F(x,y)=0$, $F(x,y,z)=0$ 等(我们总可以把等式右边的项移到左边而写成这种形式).

下面分别讨论各种隐函数的微商的计算方法.

(1) 设方程 $F(x,y)=0$ 确定出函数 $y=f(x)$

此时若将函数 $y=f(x)$ 代回原方程,必得到 x 的恒等式:
$$F(x,f(x)) \equiv 0.$$
而在 x 的恒等式两端同时对 x 求微商后仍然是 x 的恒等式. 因此为求隐函数 $y=f(x)$ 的微商,只要将方程 $F(x,y)=0$ 中的 y 看成函数 $y=f(x)$,再在等式两端求微商即可. 这是我们学习一元函数微分法时采用过的方法. 现在应用多元函数的复合函数的微商公式得到关系式:
$$\frac{\partial F}{\partial x} + \frac{\partial F}{\partial y}\frac{\mathrm{d}y}{\mathrm{d}x} = 0.$$
当 $\frac{\partial F}{\partial y} \neq 0$ 时,隐函数 $y=f(x)$ 的微商就由隐函数所满足的方程 $F(x,y)=0$ 的左端函数 $F(x,y)$ 的两个偏微商表示出来了:
$$\frac{\mathrm{d}y}{\mathrm{d}x} = -\frac{F_x}{F_y}.$$

例9 方程 $\ln\sqrt{x^2+y^2} = \arctan\frac{y}{x}$ 确定隐函数 $y=y(x)$,求

$\dfrac{\mathrm{d}y}{\mathrm{d}x}$.

解 两边对 x 微商（其中 y 是方程确定的隐函数 $y=y(x)$）得

$$\frac{1}{2}\frac{2x+2yy'}{x^2+y^2}=\frac{1}{1+\left(\dfrac{y}{x}\right)^2}\cdot\frac{xy'-y}{x^2}.$$

化简得
$$x+yy'=xy'-y.$$

解得
$$y'=\frac{x+y}{x-y}.$$

也可以应用上面得到的公式来求 $\mathrm{d}y/\mathrm{d}x$. 因为此时方程为
$$F(x,y)=\ln\sqrt{x^2+y^2}-\arctan\frac{y}{x}=0,$$

所以
$$\frac{\partial F}{\partial x}=\frac{x}{x^2+y^2}+\frac{y}{x^2+y^2},\quad \frac{\partial F}{\partial y}=\frac{y}{x^2+y^2}-\frac{x}{x^2+y^2},$$

得到
$$\frac{\mathrm{d}y}{\mathrm{d}x}=-\frac{x+y}{y-x}=\frac{x+y}{x-y}.$$

例 10 证明函数 $z=f(x,y)$ 在一点的梯度 $\mathrm{grad}\,f$ 与函数 $z=f(x,y)$ 在该点的等高线 $f(x,y)=C$ 垂直.

解 设等高线 $f(x,y)=C$ 的切线与 x 轴的交角为 α，由微商的几何意义，$\tan\alpha=\dfrac{\mathrm{d}y}{\mathrm{d}x}$. 应用上面的公式，得到

$$\tan\alpha=-\frac{f_x}{f_y}.$$

于是等高线的切线有方向向量：
$$\boldsymbol{e}=\frac{\partial f}{\partial y}\boldsymbol{i}-\frac{\partial f}{\partial x}\boldsymbol{j}.$$

显然它与梯度 $\mathrm{grad}\,f=\dfrac{\partial f}{\partial x}\boldsymbol{i}+\dfrac{\partial f}{\partial y}\boldsymbol{j}$ 垂直.

(2) 设方程 $F(x,y,z)=0$ 确定出二元函数 $z=f(x,y)$

当方程 $F(x,y,z)=0$ 中的 z 就是此二元函数 $z=f(x,y)$ 时，方程成为 x 与 y 的恒等式. 因此可以在方程两端同时对 x 或对 y 求微商. 应用复合函数微商公式得到

$$\frac{\partial F}{\partial x} + \frac{\partial F}{\partial z}\frac{\partial z}{\partial x} = 0, \quad \frac{\partial F}{\partial y} + \frac{\partial F}{\partial z}\frac{\partial z}{\partial y} = 0.$$

当 $\frac{\partial F}{\partial z} \neq 0$ 时,可解得隐函数 $z = f(x,y)$ 的两个偏微商:

$$\frac{\partial z}{\partial x} = -\frac{F_x}{F_z}, \quad \frac{\partial z}{\partial y} = -\frac{F_y}{F_z}.$$

例 11 $z = z(x,y)$ 由方程 $\mathrm{e}^{-xy} - 2z + \mathrm{e}^z = 0$ 所确定,求 $\frac{\partial z}{\partial x}$, $\frac{\partial z}{\partial y}$.

解 令 $F(x,y,z) \equiv \mathrm{e}^{-xy} - 2z + \mathrm{e}^z = 0$,有

$$\frac{\partial F}{\partial x} = -y\mathrm{e}^{-xy}, \quad \frac{\partial F}{\partial y} = -x\mathrm{e}^{-xy}, \quad \frac{\partial F}{\partial z} = \mathrm{e}^z - 2.$$

应用上面的公式,得到

$$\frac{\partial z}{\partial x} = \frac{y\mathrm{e}^{-xy}}{\mathrm{e}^z - 2}, \quad \frac{\partial z}{\partial y} = \frac{x\mathrm{e}^{-xy}}{\mathrm{e}^z - 2}.$$

也可以在方程的两端对 x 求偏微商,注意 z 是 x 与 y 的函数,得到

$$-y\mathrm{e}^{-xy} - 2z_x + \mathrm{e}^z z_x = 0,$$

解得

$$z_x = \frac{y\mathrm{e}^{-xy}}{\mathrm{e}^z - 2};$$

两端对 y 求偏微商,得到

$$z_y = \frac{x\mathrm{e}^{-xy}}{\mathrm{e}^z - 2}.$$

例 12 在方程 $F(x,y,z) = 0$ 中,任一变量都可以看做是其他两个变量的函数. 试证明

$$\frac{\partial z}{\partial x} \cdot \frac{\partial x}{\partial y} \cdot \frac{\partial y}{\partial z} = -1.$$

解 因为

$$\frac{\partial z}{\partial x} = -\frac{F_x}{F_z}, \quad \frac{\partial x}{\partial y} = -\frac{F_y}{F_x}, \quad \frac{\partial y}{\partial z} = -\frac{F_z}{F_y},$$

所以

$$\frac{\partial z}{\partial x} \cdot \frac{\partial x}{\partial y} \cdot \frac{\partial y}{\partial z} = \left(-\frac{F_x}{F_z}\right) \cdot \left(-\frac{F_y}{F_x}\right) \cdot \left(-\frac{F_z}{F_y}\right) = -1.$$

这题是§2中例3的一般化,它又一次指出符号 $\frac{\partial z}{\partial x}, \frac{\partial x}{\partial y}$ 等不是商.

例13 函数 $z=z(x,y)$ 是由方程 $F(x-y, y-z)=0$ 所确定的,求 $\frac{\partial z}{\partial x}, \frac{\partial z}{\partial y}$.

解 应用公式

$$\frac{\partial z}{\partial x} = -\frac{F_x}{F_z}, \qquad \frac{\partial z}{\partial y} = -\frac{F_y}{F_z}$$

求偏微商,需要求出 F_x, F_y 与 F_z. 为了表达清楚,令 $u=x-y, v=y-z$, 于是方程成为 $F(u,v)=0$, 应用锁链法则,得到

$$F_x = F_u \cdot u_x + F_v \cdot v_x = F_u,$$
$$F_y = F_u \cdot u_y + F_v \cdot v_y = -F_u + F_v,$$
$$F_z = F_u \cdot u_z + F_v \cdot v_z = -F_v.$$

于是

$$\frac{\partial z}{\partial x} = \frac{F_u}{F_v}, \qquad \frac{\partial z}{\partial y} = \frac{-F_u + F_v}{F_v},$$

其中 $u=x-y, v=y-z$.

为了省去引进变量 u 与 v, 可以采用符号 F'_1 与 F'_2 分别表示对 F 中第一个变量 $x-y$ 与 F 中第二个变量 $y-z$ 的偏微商.下面直接在方程两端对 x, 对 y 求偏微商,就得到

$$F'_1 + F'_2(-z_x) = 0 \quad \text{与} \quad F'_1(-1) + F'_2(1-z_y) = 0,$$

即

$$z_x = \frac{F'_1}{F'_2}, \quad z_y = \frac{-F'_1 + F'_2}{F'_2}.$$

还可以先求其全微分从而得到偏微商.为此,在等式两端求微分,得

$$F'_1 \mathrm{d}(x-y) + F'_2 \mathrm{d}(y-z) = 0,$$

即

$$F'_1 \mathrm{d}x - F'_1 \mathrm{d}y + F'_2 \mathrm{d}y - F'_2 \mathrm{d}z = 0,$$

于是得 z 之全微分

$$dz = \frac{F_1' dx + (F_2' - F_1') dy}{F_2'},$$

从而得
$$\frac{\partial z}{\partial x} = \frac{F_1'}{F_2'}, \quad \frac{\partial z}{\partial y} = \frac{F_2' - F_1'}{F_2'}.$$

以上讨论的都是由一个方程确定出一个隐函数.如果方程不止一个,有时可以由联立方程组同时确定出几个隐函数.例如,当线性方程组

$$\begin{cases} a_1 x + b_1 y + c_1 z = d_1, \\ a_2 x + b_2 y + c_2 z = d_2 \end{cases}$$

满足条件:行列式 $\begin{vmatrix} b_1 & c_1 \\ b_2 & c_2 \end{vmatrix} \neq 0$ 时,就可以确定出两个函数,$y=y(x)$ 与 $z=z(x)$.

(3) 设方程组

$$\begin{cases} F(x,y,z) = 0, \\ G(x,y,z) = 0 \end{cases}$$

确定出两个 x 的函数:$y=y(x)$ 与 $z=z(x)$

如果将这两个函数再代回原方程组,则得到两个 x 的恒等式:

$$\begin{cases} F(x, y(x), z(x)) \equiv 0, \\ G(x, y(x), z(x)) \equiv 0. \end{cases}$$

因此可以在两个恒等式的两端同时对 x 求微商.应用复合函数的微商公式得到

$$\begin{cases} F_x + F_y \dfrac{dy}{dx} + F_z \dfrac{dz}{dx} = 0, \\ G_x + G_y \dfrac{dy}{dx} + G_z \dfrac{dz}{dx} = 0. \end{cases}$$

当函数行列式 $\begin{vmatrix} F_y & F_z \\ G_y & G_z \end{vmatrix} \neq 0$ 时,解出

$$\frac{dy}{dx} = -\frac{\begin{vmatrix} F_x & F_z \\ G_x & G_z \end{vmatrix}}{\begin{vmatrix} F_y & F_z \\ G_y & G_z \end{vmatrix}}, \quad \frac{dz}{dx} = -\frac{\begin{vmatrix} F_y & F_x \\ G_y & G_x \end{vmatrix}}{\begin{vmatrix} F_y & F_z \\ G_y & G_z \end{vmatrix}}.$$

为了简便起见,常采用符号 $\dfrac{D(F,G)}{D(y,z)}$ 表示行列式 $\begin{vmatrix} F_y & F_z \\ G_y & G_z \end{vmatrix}$(这种行列式叫雅可比行列式).于是上面两个公式就成为

$$\frac{dy}{dx} = -\frac{\dfrac{D(F,G)}{D(x,z)}}{\dfrac{D(F,G)}{D(y,z)}}, \quad \frac{dz}{dx} = -\frac{\dfrac{D(F,G)}{D(y,x)}}{\dfrac{D(F,G)}{D(y,z)}}.$$

例 14 方程组 $x^2+y^2+z^2=a^2, x+y+z=0$ 确定 y,z 为 x 的函数,求 $\dfrac{dy}{dx}, \dfrac{dz}{dx}$.

解 此题当然可以用上面的公式求解,但下面的方法可能更简便.在方程组两端对 x 求微商,注意其中 $y=y(x), z=z(x)$ 是方程组所确定出的函数,得到

$$\begin{cases} 2x + 2yy' + 2zz' = 0, \\ 1 + y' + z' = 0. \end{cases}$$

解出

$$y' = \frac{x-z}{z-y}, \quad z' = \frac{x-y}{y-z}.$$

(4) 设方程组

$$\begin{cases} F_1(x,y,u,v) = 0, \\ F_2(x,y,u,v) = 0 \end{cases}$$

确定出 u,v 是 x,y 的函数,请读者求出 u,v 对 x,y 的各个偏微商.

3. 求复合函数及隐函数的高阶偏微商举例

例 15 已知 $\ln\sqrt{x^2+y^2} = \arctan\dfrac{y}{x}$,求 $\dfrac{d^2y}{dx^2}$.

解 由例 9 知

$$y' = \frac{x+y}{x-y} = \frac{2x}{x-y} - 1.$$

注意 y' 的表达式中的 y 是方程所确定出的隐函数 $y=y(x)$,于是

$$y'' = \frac{2(x-y) - (1-y')2x}{(x-y)^2} = \frac{2xy' - 2y}{(x-y)^2}.$$

再将 y' 的表达式代入就得到

$$y'' = \frac{2x(x+y) - 2y(x-y)}{(x-y)^3} = \frac{2(x^2+y^2)}{(x-y)^3}.$$

例 16 已知 $z = z(x,y)$ 由方程 $\mathrm{e}^{-xy} - 2z + \mathrm{e}^z = 0$ 所确定,求各二阶偏微商.

解 由例 11 已知其一阶偏微商分别为:

$$\frac{\partial z}{\partial x} = \frac{y\mathrm{e}^{-xy}}{\mathrm{e}^z - 2}, \quad \frac{\partial z}{\partial y} = \frac{x\mathrm{e}^{-xy}}{\mathrm{e}^z - 2}.$$

根据定义,求二阶偏微商只要对一阶偏微商再求一次偏微商即可. 需要注意的是隐函数 z 的一阶偏微商的表达式中出现的 z 是 x 与 y 的函数. 于是得到

$$\frac{\partial^2 z}{\partial x^2} = \frac{\partial}{\partial x}\left(\frac{y\mathrm{e}^{-xy}}{\mathrm{e}^z - 2}\right) = \frac{-y^2\mathrm{e}^{-xy}}{\mathrm{e}^z - 2} - \frac{y\mathrm{e}^{-xy}}{(\mathrm{e}^z - 2)^2}\mathrm{e}^z \frac{\partial z}{\partial x}$$

$$= \frac{-y^2\mathrm{e}^{-xy}}{\mathrm{e}^z - 2} - \frac{y^2\mathrm{e}^{-2xy+z}}{(\mathrm{e}^z - 2)^3},$$

$$\frac{\partial^2 z}{\partial y^2} = \frac{-x^2\mathrm{e}^{-xy}}{\mathrm{e}^z - 2} - \frac{x^2\mathrm{e}^{-2xy+z}}{(\mathrm{e}^z - 2)^3},$$

$$\frac{\partial^2 z}{\partial x \partial y} = \frac{\mathrm{e}^{-xy} - xy\mathrm{e}^{-xy}}{\mathrm{e}^z - 2} - \frac{y\mathrm{e}^{-xy}}{(\mathrm{e}^z - 2)^2}\mathrm{e}^z \frac{\partial z}{\partial y}$$

$$= \frac{(1-xy)\mathrm{e}^{-xy}}{\mathrm{e}^z - 2} - \frac{xy\mathrm{e}^{-2xy+z}}{(\mathrm{e}^z - 2)^3}.$$

例 17 设 $z = f(u,v)$,其中 $u = \varphi(x), v = \psi(x)$,求 $\dfrac{\mathrm{d}^2 z}{\mathrm{d} x^2}$.

解 z 对 x 的一阶微商 $\dfrac{\mathrm{d} z}{\mathrm{d} x} = \dfrac{\partial z}{\partial u}\dfrac{\mathrm{d} u}{\mathrm{d} x} + \dfrac{\partial z}{\partial v}\dfrac{\mathrm{d} v}{\mathrm{d} x}$. 为了再一次对 x 求微商,注意等式右端的 $\dfrac{\mathrm{d} u}{\mathrm{d} x}, \dfrac{\mathrm{d} v}{\mathrm{d} x}$ 是 x 的函数,而 $\dfrac{\partial z}{\partial u}$ 与 $\dfrac{\partial z}{\partial v}$ 通过中间变量 u, v 也是 x 的函数. 所以

$$\frac{\mathrm{d}^2 z}{\mathrm{d} x^2} = \frac{\mathrm{d}}{\mathrm{d} x}\left(\frac{\partial z}{\partial u}\right)\frac{\mathrm{d} u}{\mathrm{d} x} + \frac{\partial z}{\partial u}\frac{\mathrm{d}^2 u}{\mathrm{d} x^2} + \frac{\mathrm{d}}{\mathrm{d} x}\left(\frac{\partial z}{\partial v}\right)\frac{\mathrm{d} v}{\mathrm{d} x} + \frac{\partial z}{\partial v}\frac{\mathrm{d}^2 v}{\mathrm{d} x^2}$$

$$= \left(\frac{\partial^2 z}{\partial u^2}\frac{\mathrm{d} u}{\mathrm{d} x} + \frac{\partial^2 z}{\partial u \partial v}\frac{\mathrm{d} v}{\mathrm{d} x}\right)\frac{\mathrm{d} u}{\mathrm{d} x}$$

$$+ \frac{\partial z}{\partial u}\frac{d^2 u}{dx^2} + \left(\frac{\partial^2 z}{\partial v \partial u}\frac{du}{dx} + \frac{\partial^2 z}{\partial v^2}\frac{dv}{dx}\right)\frac{dv}{dx} + \frac{\partial z}{\partial v}\frac{d^2 v}{dx^2}$$

$$= \frac{\partial^2 z}{\partial u^2}\left(\frac{du}{dx}\right)^2 + 2\frac{\partial^2 z}{\partial u \partial v}\frac{du}{dx}\frac{dv}{dx} + \frac{\partial^2 z}{\partial v^2}\left(\frac{dv}{dx}\right)^2$$

$$+ \frac{\partial z}{\partial u}\frac{d^2 u}{dx^2} + \frac{\partial z}{\partial v}\frac{d^2 v}{dx^2}.$$

例 18 设 $z = f(x, y)$，其中 $x = x_0 + t\cos\alpha$，$y = y_0 + t\sin\alpha$ (x_0, y_0, α 是常数)，求 $\frac{dz}{dt}, \frac{d^2 z}{dt^2}$.

解 一阶导数 $\frac{dz}{dt} = \frac{\partial z}{\partial x}\frac{dx}{dt} + \frac{\partial z}{\partial y}\frac{dy}{dt} = \frac{\partial z}{\partial x}\cos\alpha + \frac{\partial z}{\partial y}\sin\alpha$. 以上结果可以简单地记为

$$\frac{dz}{dt} = \left(\cos\alpha \frac{\partial}{\partial x} + \sin\alpha \frac{\partial}{\partial y}\right) z.$$

对一阶导数再求微商，得二阶导数

$$\frac{d^2 z}{dt^2} = \left[\frac{\partial^2 z}{\partial x^2}\cos\alpha + \frac{\partial^2 z}{\partial x \partial y}\sin\alpha\right]\cos\alpha$$

$$+ \left[\frac{\partial^2 z}{\partial y \partial x}\cos\alpha + \frac{\partial^2 z}{\partial y^2}\sin\alpha\right]\sin\alpha$$

$$= \frac{\partial^2 z}{\partial x^2}\cos^2\alpha + 2\frac{\partial^2 z}{\partial x \partial y}\cos\alpha\sin\alpha + \frac{\partial^2 z}{\partial y^2}\sin^2\alpha.$$

这个结果可以简单地记为

$$\frac{d^2 z}{dt^2} = \left(\cos\alpha \frac{\partial}{\partial x} + \sin\alpha \frac{\partial}{\partial y}\right)^2 z.$$

例 19 设 $z = f(u, v), u = mx + ny, v = px + qy$ (m, n, p, q 是常数)，求一阶和二阶偏微商.

解 根据复合函数求偏微商的锁链法则得

$$\frac{\partial z}{\partial x} = \frac{\partial z}{\partial u}\frac{\partial u}{\partial x} + \frac{\partial z}{\partial v}\frac{\partial v}{\partial x} = m\frac{\partial z}{\partial u} + p\frac{\partial z}{\partial v} = \left(m\frac{\partial}{\partial u} + p\frac{\partial}{\partial v}\right)z,$$

$$\frac{\partial z}{\partial y} = \frac{\partial z}{\partial u}\frac{\partial u}{\partial y} + \frac{\partial z}{\partial v}\frac{\partial v}{\partial y} = n\frac{\partial z}{\partial u} + q\frac{\partial z}{\partial v} = \left(n\frac{\partial}{\partial u} + q\frac{\partial}{\partial v}\right)z;$$

$$\frac{\partial^2 z}{\partial x^2} = m\left[\frac{\partial}{\partial u}\left(\frac{\partial z}{\partial u}\right)\frac{\partial u}{\partial x} + \frac{\partial}{\partial v}\left(\frac{\partial z}{\partial u}\right)\frac{\partial v}{\partial x}\right]$$

$$+ p\left[\frac{\partial}{\partial u}\left(\frac{\partial z}{\partial v}\right)\frac{\partial u}{\partial x} + \frac{\partial}{\partial v}\left(\frac{\partial z}{\partial v}\right)\frac{\partial v}{\partial x}\right]$$

$$= m^2 \frac{\partial^2 z}{\partial u^2} + 2mp \frac{\partial^2 z}{\partial u \partial v} + p^2 \frac{\partial^2 z}{\partial v^2}$$

$$= \left(m^2 \frac{\partial^2}{\partial u^2} + 2mp \frac{\partial^2}{\partial u \partial v} + p^2 \frac{\partial^2}{\partial v^2}\right)z$$

$$= \left(m \frac{\partial}{\partial u} + p \frac{\partial}{\partial v}\right)^2 z,$$

$$\frac{\partial^2 z}{\partial x \partial y} = m\left[\frac{\partial^2 z}{\partial u^2}\frac{\partial u}{\partial y} + \frac{\partial^2 z}{\partial u \partial v}\frac{\partial v}{\partial y}\right] + p\left[\frac{\partial^2 z}{\partial v \partial u}\frac{\partial u}{\partial y} + \frac{\partial^2 z}{\partial v^2}\frac{\partial v}{\partial y}\right]$$

$$= mn \frac{\partial^2 z}{\partial u^2} + mq \frac{\partial^2 z}{\partial u \partial v} + np \frac{\partial^2 z}{\partial u \partial v} + pq \frac{\partial^2 z}{\partial v^2}$$

$$= \left(mn \frac{\partial^2}{\partial u^2} + mq \frac{\partial^2}{\partial u \partial v} + pn \frac{\partial^2}{\partial u \partial v} + pq \frac{\partial^2}{\partial v^2}\right)z$$

$$= \left(m \frac{\partial}{\partial u} + p \frac{\partial}{\partial v}\right)\left(n \frac{\partial}{\partial u} + q \frac{\partial}{\partial v}\right)z.$$

同样得出
$$\frac{\partial^2 z}{\partial y^2} = \left(n \frac{\partial}{\partial u} + q \frac{\partial}{\partial v}\right)^2 z.$$

习 题 7.4

1. 求下列复合函数的微商或偏微商：

(1) $z = \sqrt{x^2 + y^2}$，其中 $x = \sin t$，$y = e^t$；

(2) $z = \dfrac{y}{x}$，其中 $x = e^t$，$y = 1 - e^{2t}$；

(3) $z = xe^y$，其中 $y = \varphi(x)$；

(4) $z = \dfrac{x^2}{y}$，其中 $x = u - 2v$，$y = v + 2u$；

(5) $z = F(u, v)$，其中 $u = xy$，$v = \dfrac{y}{x}$；

(6) $z = y + F(u)$，其中 $u = x^2 - y^2$；

(7) $z = f(u, v)$，其中 $u = \sqrt{xy}$，$v = x + y$；

(8) $z = u^n v^m$，其中 $u = x + 2y$，$v = x - y$；

(9) $z = f(\xi, \eta)$，其中 $\xi = x + y$，$\eta = x - y$；

(10) $z=f\left(x,\dfrac{x}{y}\right)$;

(11) $z=x^2\ln y$, $x=\dfrac{u}{v}$, $y=3u-2v$;

(12) $u=\ln(e^x+e^y)$; $\dfrac{\partial u}{\partial x}=?$ 如果 $y=x^3$，求 $\dfrac{du}{dx}$；

(13) $z=(x^2+y^2)e^{\frac{x^2+y^2}{xy}}$;   (14) $z=f(x^2-y^2,e^{xy})$.

2. 求下列方程所确定的函数 y 的微商 $\dfrac{dy}{dx}$：

(1) $x^2+y^2-4x+6y=0$;   (2) $xe^{2y}-ye^{2x}=0$;

(3) $(x^2+y^2)^2-a^2(x^2-y^2)=0$; (4) $\sin(xy)-e^{xy}-x^2y=0$.

3. 求下列方程确定出的函数 z 的偏微商 $\dfrac{\partial z}{\partial x}$ 及 $\dfrac{\partial z}{\partial y}$：

(1) $x^2+y^2+z^2-6x=0$;   (2) $\cos(x+y-z)=x+y-z$;

(3) $e^z=xyz$;   (4) $\sqrt{x^2+y^2+z^2}=e^z$.

4. 函数 $z=z(x,y)$ 由下列方程确定，求其二阶偏微商：

(1) $x^2+y^2+z^2=a^2$;   (2) $z^3-3xyz=a^3$;

(3) $x+y+z=e^z$;   (4) $z=\sqrt{x^2-y^2}\tan\dfrac{z}{\sqrt{x^2-y^2}}$;

(5) $x+y+z=e^{-(x+y+z)}$;   (6) $\dfrac{x}{z}=\ln\dfrac{z}{y}$.

5. 由方程组 $x=u+v$, $y=u^2+v^2$ 确定 u,v 是 x 和 y 的函数，求 $\dfrac{\partial u}{\partial x},\dfrac{\partial u}{\partial y};\dfrac{\partial v}{\partial x},\dfrac{\partial v}{\partial y}$.

6. 证明函数 $z=x^n f\left(\dfrac{y}{x^2}\right)$（其中 f 可微）满足方程
$$x\dfrac{\partial z}{\partial x}+2y\dfrac{\partial z}{\partial y}=nz.$$

7. 函数 $z=z(x,y)$ 由方程 $x^2+y^2+z^2=yf\left(\dfrac{z}{y}\right)$ 所确定，证明
$$(x^2-y^2-z^2)\dfrac{\partial z}{\partial x}+2xy\dfrac{\partial z}{\partial y}=2xz.$$

8. 由 $x=u+v$, $y=u^2+v^2$, $z=u^3+v^3$ 确定函数 $z=z(x,y)$，

求 $\dfrac{\partial z}{\partial x}, \dfrac{\partial z}{\partial y}$.

9. 证明方程 $z = x\varphi\left(\dfrac{z}{y}\right)$ 所确定的函数 $z = z(x, y)$ 满足
$$x\dfrac{\partial z}{\partial x} + y\dfrac{\partial z}{\partial y} = z.$$

10. 函数 $z = z(x, y)$ 由方程 $F\left(x + \dfrac{z}{y}, y + \dfrac{z}{x}\right) = 0$ 确定，证明
$$x\dfrac{\partial z}{\partial x} + y\dfrac{\partial z}{\partial y} = z - xy.$$

11. 求由下列方程确定的隐函数 $z = z(x, y)$ 的全微分：
(1) $z = f(xz, z - y)$；　　(2) $f(x - y, y - z, z - x) = 0$.

12. 设 $xu + yv = 0, uv - xy = 5$，求当 $x = 1, y = -1, u = v = 2$ 时 $\dfrac{\partial^2 u}{\partial x^2}$ 与 $\dfrac{\partial^2 v}{\partial x \partial y}$ 的值.

13. 设 $z = \sin\left(\dfrac{x}{a} - \dfrac{y}{b}\right)$，证明 $\left(\dfrac{\partial}{\partial x} + \dfrac{\partial}{\partial y}\right)^2 z = -\left(\dfrac{1}{a} - \dfrac{1}{b}\right)^2 z$.

14. 证明方程 $x - mz = \varphi(y - nz)$ 确定的函数 z 满足微分方程
$$m\dfrac{\partial z}{\partial x} + n\dfrac{\partial z}{\partial y} = 1.$$

15. 变换式子 $\dfrac{\partial^2 z}{\partial x^2} - 4\dfrac{\partial^2 z}{\partial x \partial y} + 3\dfrac{\partial^2 z}{\partial y^2}$ 到新变量
$$u = 3x + y \quad \text{和} \quad v = x + y.$$

16. 变换式子 $\dfrac{\partial^2 z}{\partial r^2} + \dfrac{1}{r^2}\dfrac{\partial^2 z}{\partial \theta^2} + \dfrac{1}{r}\dfrac{\partial z}{\partial r}$ 到新变量
$$x = r\cos\theta \quad \text{和} \quad y = r\sin\theta.$$

17. 设 $z = x^2 + y^2$，其中 $y = \varphi(x)$ 为方程 $x^2 + y^2 - xy = 1$ 所确定的函数，求 $\dfrac{\mathrm{d}z}{\mathrm{d}x}, \dfrac{\mathrm{d}^2 z}{\mathrm{d}x^2}$.

18. 对 1 摩尔真实气体有状态方程 $\left(p + \dfrac{a}{v^2}\right)(v - b) = RT$，试求它的热膨胀系数和压缩系数.

19. 证明长方体的体膨胀系数等于长、宽、高方向的线膨胀系数之和.

§5 空间曲线的切线与法平面·曲面的切平面与法线

1. 空间曲线的切线与法平面

我们知道,两个联立的平面方程

$$\begin{cases} A_1x + B_1y + C_1z + D_1 = 0, \\ A_2x + B_2y + C_2z + D_2 = 0 \end{cases}$$

表示一条空间直线.完全类似的,两个联立的曲面方程

$$\begin{cases} F_1(x,y,z) = 0, \\ F_2(x,y,z) = 0 \end{cases}$$

表示一条空间曲线.

例如,方程 $\begin{cases} x^2+y^2=a^2, \\ x+z=a \end{cases}$ 表示一个椭圆,它由平面 $x+z=a$ 斜截圆柱面 $x^2+y^2=a^2$ 所得.

空间直线还可以用参数方程来表示.第六章中讨论过直线的参数方程.与其完全类似,空间曲线也常用参数方程来表示.参数方程

$$\begin{cases} x = x(t), \\ y = y(t), \\ z = z(t) \end{cases} \tag{1}$$

中的参数 t 在某区间内变动时,对应点 (x,y,z) 的轨迹一般是一条曲线.例如

$$\begin{cases} x = a\cos t, \\ y = a\sin t, \\ z = bt \end{cases}$$

是一条圆柱螺旋线,见图 7.16.

上面例中的椭圆 $\begin{cases} x^2+y^2=a^2, \\ x+z=a \end{cases}$,在圆柱面 $x^2+y^2=a^2$ 上,显然圆柱面上的点满足方程 $\begin{cases} x=a\cos\theta, \\ y=a\sin\theta \end{cases}$ $(0 \leqslant \theta < 2\pi)$.于是此椭圆有参

数方程

$$\begin{cases} x = a\cos\theta, \\ y = a\sin\theta, \\ z = a - a\cos\theta \end{cases} \quad (0 \leqslant \theta < 2\pi).$$

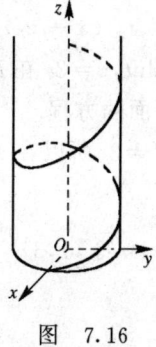

图 7.16

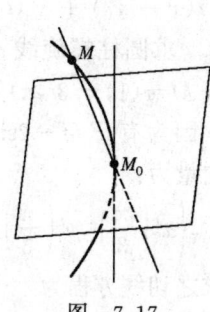

图 7.17

现在我们求参数方程(1)所表示的曲线在点 $M_0 = (x_0, y_0, z_0) = (x(t_0), y(t_0), z(t_0))$ 处的切线方程. 设 $x(t), y(t), z(t)$ 是 t 的可微函数,且 $x'(t_0), y'(t_0), z'(t_0)$ 不同时为 0.

在曲线上点 M_0 附近取另一点 M,
$$M = (x, y, z) = (x(t_0 + \Delta t), y(t_0 + \Delta t), z(t_0 + \Delta t)).$$
因为过 M_0 的切线是割线 M_0M 当 $M \to M_0$ 时的极限位置(图 7.17),所以先取割线 M_0M 的一个方向向量

$$\frac{1}{\Delta t}\{x - x_0, y - y_0, z - z_0\}$$
$$= \left\{ \frac{x(t_0 + \Delta t) - x(t_0)}{\Delta t}, \frac{y(t_0 + \Delta t) - y(t_0)}{\Delta t}, \frac{z(t_0 + \Delta t) - z(t_0)}{\Delta t} \right\},$$

令 $M \to M_0$,即令 $\Delta t \to 0$,就得到切线的一个方向向量:

$$\{x'(t_0), y'(t_0), z'(t_0)\}.$$

于是过 M_0 的**切线的标准方程**是

$$\frac{x-x_0}{x'(t_0)}=\frac{y-y_0}{y'(t_0)}=\frac{z-z_0}{z'(t_0)}.$$

我们把通过点 M_0，与曲线在 M_0 处的切线垂直的平面叫做曲线在 M_0 处的法平面．由于切线的方向向量正是法平面的法向量，所以**法平面方程**是：

$$x'(t_0)(x-x_0)+y'(t_0)(y-y_0)+z'(t_0)(z-z_0)=0.$$

例1 求圆柱螺旋线 $x=2\cos t, y=2\sin t, z=3t$ 在 $t=\pi/3$ 所对应的点 $M=(1,\sqrt{3},\pi)$ 处的切线与法平面的方程．

解 因为有 $x'=-2\sin t, y'=2\cos t, z'=3$，所以在 M 处的切线方向向量为：

$$\left\{x'\left(\frac{\pi}{3}\right),y'\left(\frac{\pi}{3}\right),z'\left(\frac{\pi}{3}\right)\right\}=\{-\sqrt{3},1,3\}.$$

于是所求之切线方程为

$$\frac{x-1}{-\sqrt{3}}=\frac{y-\sqrt{3}}{1}=\frac{z-\pi}{3}.$$

所求之法平面方程为

$$-\sqrt{3}(x-1)+(y-\sqrt{3})+3(z-\pi)=0,$$

即

$$\sqrt{3}x-y-3z+3\pi=0.$$

例2 求椭圆 $\begin{cases}x^2+y^2=a^2 \\ x+z=a\end{cases}$ 上点 $M_0=(0,a,a)$ 处之切线方程．

解 取此椭圆之参数方程

$$\begin{cases}x=a\cos\theta, \\ y=a\sin\theta, \\ z=a-a\cos\theta,\end{cases}\quad \theta\in[0,2\pi),$$

点 M_0 是参数 $\theta=\pi/2$ 所对应的点，于是 M_0 处切线之方向向量为 $\{-a\sin\theta,a\cos\theta,a\sin\theta\}_{\theta=\frac{\pi}{2}}=\{-a,0,a\}$，切线方程为

$$\begin{cases}\dfrac{x}{-a}=\dfrac{z-a}{a}, \\ y-a=0,\end{cases}\quad 即 \quad \begin{cases}x+z=a, \\ y=a.\end{cases}$$

2. 曲面的切平面与法线

考虑一张曲面,其方程为
$$F(x,y,z) = 0,$$
$M_0(x_0,y_0,z_0)$ 为曲面上的一点,设曲面方程左端之函数 $F(x,y,z)$ 的三个偏导数 F_x, F_y, F_z 在 M_0 处连续,且不同时为零. 于是向量 $\{F_x(M_0), F_y(M_0), F_z(M_0)\}$ 为非零向量.

命题 向量
$$\boldsymbol{n} = \{F_x(x_0,y_0,z_0), F_y(x_0,y_0,z_0), F_z(x_0,y_0,z_0)\}$$
与曲面 $F(x,y,z)=0$ 上过 M_0 处的切线的方向向量垂直.

证明 设 $x=x(t), y=y(t), z=z(t)$ 是曲面 $F(x,y,z)=0$ 上的任意一条曲线,于是有恒等式:$F(x(t),y(t),z(t))\equiv 0$. 又设此曲线过点 M_0,即有参数 t_0,使 $(x(t_0),y(t_0),z(t_0))=(x_0,y_0,z_0)$,将上面的恒等式两端在 $t=t_0$ 处对 t 求微商,得到
$$F_x(x_0,y_0,z_0)x'(t_0) + F_y(x_0,y_0,z_0)y'(t_0)$$
$$+ F_z(x_0,y_0,z_0)z'(t_0) = 0,$$
即向量 $\boldsymbol{n}$ 与向量 $\boldsymbol{l}=\{x'(t_0),y'(t_0),z'(t_0)\}$ 的数量积为零:$\boldsymbol{n}\cdot\boldsymbol{l}=0$,所以 $\boldsymbol{n}\perp\boldsymbol{l}$. 而 $\boldsymbol{l}$ 正是曲线 $x=x(t),y=y(t)z=z(t)$ 在 M_0 处的切线的方向向量. 证毕.

根据以上命题,得到下述结论:曲面 $F(x,y,z)=0$ 上,过点 M_0 的一切曲线的切线在同一张平面内. 我们定义这一张平面为曲面 $F(x,y,z)=0$ 在 M_0 处的切平面(图7.18).

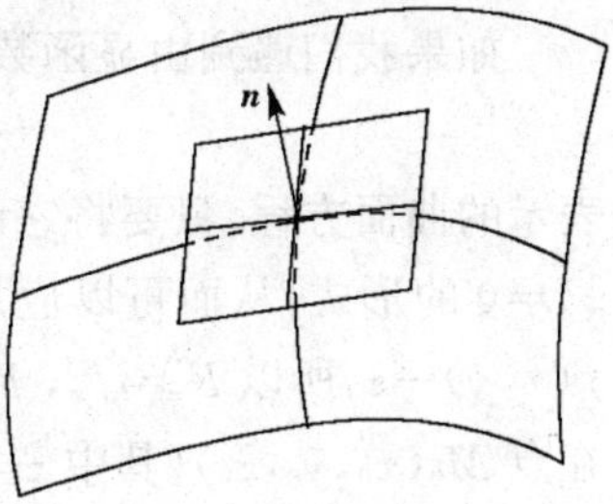

显然向量 $\boldsymbol{n}$ 是 M_0 处切平面的法向量,所以**切平面方程**为

图 7.18

$$F_x(x_0,y_0,z_0)(x-x_0) + F_y(x_0,y_0,z_0)(y-y_0)$$
$$+ F_z(x_0,y_0,z_0)(z-z_0) = 0.$$

以后也简称向量

$$n = \{F_x(x_0,y_0,z_0), F_y(x_0,y_0,z_0), F_z(x_0,y_0,z_0)\}$$

为曲面 $F(x,y,z)=0$ 在点 $M_0(x_0,y_0,z_0)$ 处的**法向量**.

我们定义过曲面上点 M_0 且与曲面在 M_0 处的切平面垂直的直线为曲面在 M_0 处的法线. 于是**法线的方程**是

$$\frac{x-x_0}{F_x(x_0,y_0,z_0)} = \frac{y-y_0}{F_y(x_0,y_0,z_0)} = \frac{z-z_0}{F_z(x_0,y_0,z_0)}.$$

例3 求球面 $x^2+y^2+z^2=14$ 在点 $(1,2,3)$ 处的切平面与法线方程.

解 对球面方程 $F(x,y,z)=x^2+y^2+z^2-14=0$ 有

$$F_x = 2x, \quad F_y = 2y, \quad F_z = 2z.$$

在点 $(1,2,3)$ 处有

$$F_x(1,2,3) = 2, \quad F_y(1,2,3) = 4, \quad F_z(1,2,3) = 6.$$

所以在点 $(1,2,3)$ 处的切平面方程为

$$2(x-1) + 4(y-2) + 6(z-3) = 0,$$

即

$$x+2y+3z=14.$$

在点 $(1,2,3)$ 处的法线方程为

$$x-1 = \frac{y-2}{2} = \frac{z-3}{3}.$$

如果我们遇到由显函数

$$z = f(x,y)$$

表示的曲面方程,只要将它改写为 $f(x,y)-z=0$ 就成为 $F(x,y,z)=0$ 的形式,从而可以应用上面的结果. 因为这时 $F(x,y,z)=f(x,y)-z$,所以 $F_x=f_x, F_y=f_y, F_z=-1$,于是曲面 $z=f(x,y)$ 在点 $M_0(x_0,y_0,z_0)$(其中 $z_0=f(x_0,y_0)$)处的切面方程是

$$z-f(x_0,y_0) = f_x(x_0,y_0)(x-x_0) + f_y(x_0,y_0)(y-y_0),$$

法线方程是

$$\frac{x-x_0}{f_x(x_0,y_0)} = \frac{y-y_0}{f_y(x_0,y_0)} = \frac{z-f(x_0,y_0)}{-1}.$$

顺带指出,如果 α,β,γ 表示曲面法线的方向角,则曲面法线的方向余弦可通过曲面方程 $z=f(x,y)$ 的右端函数 $f(x,y)$ 的偏微商来表示:

$$\cos\alpha = \frac{\pm f_x}{\sqrt{1+f_x^2+f_y^2}}, \quad \cos\beta = \frac{\pm f_y}{\sqrt{1+f_x^2+f_y^2}},$$

$$\cos\gamma = \frac{\mp 1}{\sqrt{1+f_x^2+f_y^2}},$$

γ 为锐角时取下面一组符号;γ 为钝角时取上面一组符号.

例 4 求曲面 $z=x^2+y^2-1$ 在点 $(2,1,4)$ 处的切平面与法线方程.

解 因为 $f(x,y)=x^2+y^2-1, f_x=2x, f_y=2y$,所以在点 $(2,1,4)$ 处

$$f_x(2,1)=4, \quad f_y(2,1)=2.$$

于是切平面方程为

$$4(x-2)+2(y-1)-(z-4)=0,$$

即

$$4x+2y-z=6.$$

法线方程为

$$\frac{x-2}{4}=\frac{y-1}{2}=\frac{z-4}{-1}.$$

例 5 求曲线 $\begin{cases} x^2+y^2+z^2=6, \\ x+y+z=0 \end{cases}$ 在点 $M_0(1,-2,1)$ 处的切线.

解 所求切线的切向量 t 既与曲面 $x^2+y^2+z^2=6$ 在点 M_0 处的法向量 $\boldsymbol{n}_1$ 垂直,又与曲面 $x+y+z=0$ 在点 M_0 处的法向量 $\boldsymbol{n}_2$ 垂直.而 $\boldsymbol{n}_1=\{2,-4,2\}, \boldsymbol{n}_2=\{1,1,1\}$,所以

$$\boldsymbol{t}=\boldsymbol{n}_1\times\boldsymbol{n}_2=\begin{vmatrix} \boldsymbol{i} & \boldsymbol{j} & \boldsymbol{k} \\ 2 & -4 & 2 \\ 1 & 1 & 1 \end{vmatrix}=-6\boldsymbol{i}+6\boldsymbol{k},$$

于是切线方程为

$$\begin{cases} y=-2, \\ \dfrac{x-1}{-1}=\dfrac{z-1}{1}, \end{cases} \quad \text{即} \quad \begin{cases} y=-2, \\ x+z=2. \end{cases}$$

下面用第二种方法求解. 因为此曲线在平面 $x+y+z=0$ 之内, 故所求之切线为曲面 $x^2+y^2+z^2=6$ 在 M_0 处的切平面与 $x+y+z=0$ 之交线.

而球面 $x^2+y^2+z^2=6$ 在点 M_0 处的法向量 $\boldsymbol{n}=\{2,-4,2\}$, 从而切平面方程为
$$2(x-1)-4(y+2)+2(z-1)=0,$$
即
$$x-2y+z=6.$$
所以, 所求之切线为
$$\begin{cases} x-2y+z=6, \\ x+y+z=0. \end{cases}$$
这与第一种方法所得的结果一致.

求解的第三种方法是对曲线的参数方程
$$\begin{cases} x=x(t), \\ y=y(t), \\ z=z(t) \end{cases}$$
应用本节第一段中的方法来求曲线的切线方程. 此曲线不能像例 2 中那样很方便地得出它的参数方程, 我们可以采用下述方法直接求出 $x'(t), y'(t)$ 与 $z'(t)$. 取 x 为参数 t, 即令 $x=x(t)\equiv t$, 于是函数 $y=y(t)$ 与 $z=z(t)$ 就满足方程组
$$\begin{cases} t+y(t)+z(t)\equiv 0, \\ t^2+y^2(t)+z^2(t)\equiv 6. \end{cases}$$
以上三个方程对 t 求微商得:
$$\begin{cases} x'(t)=1, \\ y'(t)+z'(t)=-1, \\ 2yy'(t)+2zz'(t)=-2t. \end{cases}$$
由此解得
$$x'(t)=1, \quad y'(t)=\frac{-z+t}{z-y}, \quad z'(t)=\frac{y-t}{z-y}.$$

所以当 $t=1, x=1, y=-2, z=1$ 时,切向量为
$$\{x'(1), y'(1), z'(1)\} = \{1, 0, -1\}.$$
所求切线之方程为
$$\begin{cases} x = t+1, \\ y = -2, \\ z = -t+1. \end{cases}$$
也与前面的结果一致.

在讨论了曲面的切平面与法线之后,对于三元函数的梯度与二元函数的全微分可以有进一步的了解.

(i) 类似于二元函数的等高线,我们也可以定义三元函数 $u=F(x,y,z)$ 的等位面为空间中的曲面族: $F(x,y,z)=C$. 注意,等位面的法向量 $\{F_x, F_y, F_z\}$ 正是三元函数 $u=F(x,y,z)$ 的梯度 $\mathrm{grad}\,u$. 也就是说,三元函数的梯度垂直于其等位面.

(ii) 因为二元函数 $z=f(x,y)$ 在点 $(x_0, y_0, z_0=f(x_0,y_0))$ 处的切平面为
$$z - z_0 = f_x(x_0, y_0)(x - x_0) + f_y(x_0, y_0)(y - y_0),$$
所以,切平面上投影为 $(x_0+\Delta x, y_0+\Delta y)$ 与 (x_0, y_0) 的两点的 z 坐标之差是
$$f_x(x_0, y_0)\Delta x + f_y(x_0, y_0)\Delta y.$$
这正是二元函数 $z=f(x,y)$ 在点 (x_0, y_0) 处的全微分 $\mathrm{d}z$ (图 7.19).

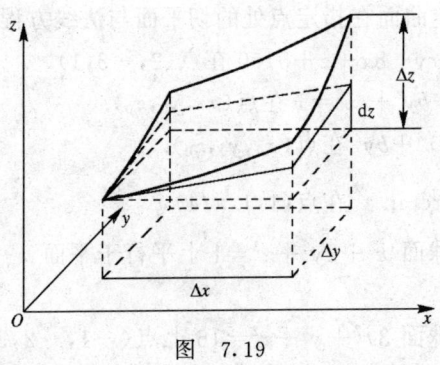

图 7.19

当 $|\Delta x|$ 与 $|\Delta y|$ 都很小时,$\Delta z \approx dz$ 的几何解释是：Oxy 平面上邻近两点 (x_0, y_0) 与 $(x_0+\Delta x, y_0+\Delta y)$ 处曲面的 z 坐标之差可以用切平面的 z 坐标之差来近似地代替.

习 题 7.5

1. 求由参数方程 $x=t-\sin t, y=1-\cos t, z=4\sin\dfrac{t}{2}$ 所表示的曲线在点 $\left(\dfrac{\pi}{2}-1, 1, 2\sqrt{2}\right)$ 处的切线与法平面方程.

2. 求曲线 $x=\dfrac{t}{1+t}$,$y=\dfrac{1+t}{t}$,$z=t^2$ 在点 $t=1$ 处的切线及法平面.

3. 求 $x=a\cos t$,$y=a\sin t$,$z=bt$ 在 $t=\dfrac{\pi}{4}$ 处的切线与法平面.

4. 在曲线 $x=t$,$y=t^2$,$z=t^3$ 上求出一点,使在该点的切线平行于平面 $x+2y+z=4$.

5. 求曲线 $x=a\cos\alpha\cos t$,$y=a\sin\alpha\sin t$,$z=a\sin t$ 在 $t=\dfrac{\pi}{4}$ 时的切线与法平面方程.

6. 证明螺旋线 $x=a\cos\theta,y=a\sin\theta,z=b\theta$ 的切线与 z 轴成定角.

7. 求曲面 $e^z-z+xy=3$ 在点 $(2,1,0)$ 处的切平面与法线方程.

8. 求曲面 $3x^2+y^2-z^2=27$ 在点 $(3,1,1)$ 处的切平面与法线方程.

9. 求指定曲面在指定点处的切平面与法线方程：

(1) $x^2-xy-8x+z+5=0$ 在点 $(2,-3,1)$.

(2) $ax^2+by^2+cz^2=1$ 在点 (x_0, y_0, z_0).

(3) $z=ax^2+by^2$ 在点 (x_0, y_0, z_0).

(4) $z=\arctan\dfrac{y}{x}$ 在点 $(1,1,\pi/4)$.

10. 求椭球面 $x^2+2y^2+z^2=1$ 上平行于平面 $x-y+2z=0$ 的切平面方程.

11. 求椭球面 $3x^2+y^2+z^2=16$ 上点 $(-1,-2,3)$ 处的切平面

与平面 $z=0$ 的交角.

12. 求球面 $x^2+y^2+z^2=14$ 与椭球面 $3x^2+y^2+z^2=16$ 在点 $(1,2,3)$ 处的交角.

13. 证明曲面 $xy=z^2$ 与 $x^2+y^2+z^2=9$ 正交.

14. 证明 $\sqrt{x}+\sqrt{y}+\sqrt{z}=\sqrt{a}$ $(a>0)$ 上任一点处的切平面在各坐标轴上的截距之和等于 a.

§6 多元函数微分学在极值问题中的应用

有许多实际问题归结出的数学问题是求多元函数的极值. 与一元函数类似, 这种问题可以用多元函数微分学来解决.

1. 二元函数的极值

定义 1 设 $P_0(x_0,y_0)$ 为函数 $z=f(x,y)$ 的定义域中的一点, 如果存在点 $P_0(x_0,y_0)$ 的某个邻域, 使得其中任一点 $P(x,y)$ 都有
$$f(x,y) \leqslant f(x_0,y_0) \quad (f(x,y) \geqslant f(x_0,y_0)),$$
则称函数 $z=f(x,y)$ 在点 (x_0,y_0) 有**极大(小)值** $f(x_0,y_0)$, 而称点 (x_0,y_0) 为函数 $z=f(x,y)$ 的**极大(小)点**. 极大点和极小点统称为**极值点**.

例 1 函数 $z=1-x^2-y^2$ 在点 $(0,0)$ 的函数值为 1, 而在点 $(0,0)$ 附近的函数值都小于 1, 故函数 $z=1-x^2-y^2$ 在点 $(0,0)$ 有极大值 1, $(0,0)$ 是极大点 (图 7.20).

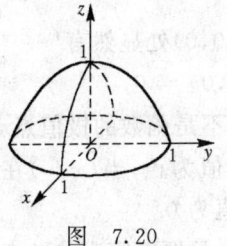

图 7.20

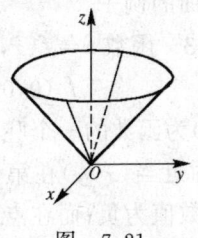

图 7.21

例2 函数 $z=\sqrt{x^2+y^2}$ 在点 $(0,0)$ 的函数值为 0,而在点 $(0,0)$ 的附近函数值都大于 0,故函数 $z=\sqrt{x^2+y^2}$ 在点 $(0,0)$ 有极小值 $0,(0,0)$ 是极小点(图 7.21).

定理 1 如果函数 $z=f(x,y)$ 在点 (x_0,y_0) 处有极值,并且偏微商存在,则 $z=f(x,y)$ 在 (x_0,y_0) 处的偏微商必为零,即
$$f_x(x_0,y_0)=0, \quad f_y(x_0,y_0)=0.$$

证明 不妨设 $z=f(x,y)$ 在 (x_0,y_0) 有极大值,根据定义对 (x_0,y_0) 的某个邻域内的任意一点 (x,y),有
$$f(x,y) \leqslant f(x_0,y_0),$$
特别对此邻域内任一点 (x,y_0) 也有
$$f(x,y_0) \leqslant f(x_0,y_0).$$
这就是说,一元函数 $f(x,y_0)$ 在点 x_0 处有极大值,根据一元函数取极值的必要条件得到
$$f_x(x_0,y_0)=0.$$
同理可得
$$f_y(x_0,y_0)=0.$$
证毕.

定义 2 称满足方程组 $f_x(x,y)=0, f_y(x,y)=0$ 的点 (x,y) 为函数 $z=f(x,y)$ 的**驻点**,也叫**平衡点**.

根据定理 1 可知,函数 $z=f(x,y)$ 的极值点必是它的驻点或是偏微商不存在之点.如例 1 中的极值点是一个驻点;例 2 中的极值点是偏微商不存在之点.但是要注意,驻点并不一定是极值点,参看下面的例子.

例3 函数 $z=f(x,y)=xy$ 在点 $(0,0)$ 处显然有
$$f_x(0,0)=0, \quad f_y(0,0)=0,$$
即 $(0,0)$ 为函数的一个驻点.但是 $(0,0)$ 不是函数的极值点.因为在 $(0,0)$ 附近当 (x,y) 在第一象限时函数值为正;当 (x,y) 在第二象限时函数值为负;而在点 $(0,0)$ 处函数值为 0.

根据上面的道理,求函数的极值点,只要考察它的驻点与偏微

商不存在的点就可以了.

下面给出驻点是极值点的充分条件.

定理 2 设 $z=f(x,y)$ 在定义域内一点 (x_0,y_0) 处有二阶连续偏微商,且 $f_x(x_0,y_0)=0, f_y(x_0,y_0)=0$. 记 $f_{xx}(x_0,y_0)=A$, $f_{xy}(x_0,y_0)=B, f_{yy}(x_0,y_0)=C$,

$$\Delta = \begin{vmatrix} A & B \\ B & C \end{vmatrix} = AC - B^2,$$

则

(i) 当 $\Delta>0$ 而 $A>0$ 时,函数 $f(x,y)$ 在点 (x_0,y_0) **有极小值** $f(x_0,y_0)$;

(ii) 当 $\Delta>0$ 而 $A<0$ 时,函数 $f(x,y)$ 在点 (x_0,y_0) **有极大值** $f(x_0,y_0)$;

(iii) 当 $\Delta<0$ 时,函数 $f(x,y)$ 在点 (x_0,y_0) **无极值**.

定理的证明从略,但是为了便于理解,我们对特殊的 $f(x,y)$ 加以验证. 对于二元函数

$$f(x,y) = ax^2 + by^2,$$

大家熟知,当 a,b 同号,$a>0$ 时,$(0,0)$ 是 $f(x,y)$ 的极小点;当 a,b 同号,$a<0$ 时,$(0,0)$ 是 $f(x,y)$ 的极大点;当 a,b 异号时,$(0,0)$ 不是 $f(x,y)$ 的极值点. 显然,应用定理 2 也得到同样的结论.

对于二元函数

$$f(x,y) = ax^2 + 2bxy + cy^2,$$

显然 $f_x(0,0)=f_y(0,0)=0$,即 $(0,0)$ 是 $f(x,y)$ 的驻点. 为讨论 $(0,0)$ 是否是极值点,当 $a\neq 0$ 时,可以通过配方,将 $f(x,y)$ 表示为两个平方项的代数和:

$$f(x,y) = a\left(x + \frac{b}{a}y\right)^2 + \frac{1}{a}\begin{vmatrix} a & b \\ b & c \end{vmatrix} y^2.$$

应用上面的结果,当两个平方项的系数 a 与 $\frac{1}{a}\begin{vmatrix} a & b \\ b & c \end{vmatrix}$ 同号时,即 $\begin{vmatrix} a & b \\ b & c \end{vmatrix}>0$ 时,若 $a>0$,则 $(0,0)$ 是 $f(x,y)$ 的极小点;若 $a<0$ 则

61

$(0,0)$ 是 $f(x,y)$ 的极大点;$\begin{vmatrix} a & b \\ b & c \end{vmatrix} < 0$ 时,两个系数异号,$(0,0)$ 不是极值点.

当 $a=0$ 时,若 $b \neq 0$,则
$$f(x,y) = y(2bx + cy),$$
$(0,0)$ 不是极值点;若 $b=0$,则 $f(x,y)=cy^2$,$(0,0)$ 是极值点.

如果应用定理 2,注意 $A=2a, B=2b, C=2c$,从而 $\Delta = \begin{vmatrix} A & B \\ B & C \end{vmatrix} = 4 \begin{vmatrix} a & b \\ b & c \end{vmatrix}$,当 $\Delta \neq 0$ 时,也得到同样的结论.

下面应用定理 1 与定理 2 求函数的极值.

例 4 求函数 $z = 3xy - x^3 - y^3$ 的极大值与极小值.

解 由方程组
$$\begin{cases} \dfrac{\partial z}{\partial x} = 3y - 3x^2 = 0, \\ \dfrac{\partial z}{\partial y} = 3x - 3y^2 = 0 \end{cases}$$

解得两个驻点
$$\begin{cases} x = 0, \\ y = 0, \end{cases} \quad \text{与} \quad \begin{cases} x = 1, \\ y = 1. \end{cases}$$

因为
$$\frac{\partial^2 z}{\partial x^2} = -6x, \quad \frac{\partial^2 z}{\partial x \partial y} = 3, \quad \frac{\partial^2 z}{\partial y^2} = -6y,$$

所以
$$\Delta = 36xy - 9.$$

在点 $(0,0)$ 处,$\Delta = -9 < 0$,故 $(0,0)$ 不是极值点;在点 $(1,1)$ 处 $\Delta = 27 > 0$,而 $A = -6 < 0$,故函数在 $(1,1)$ 有极大值 1.

2. 函数在区域 D 上的最大值与最小值

如果函数 $z = f(x,y)$ 在区域 D 上某一点 $P_0(x_0, y_0)$ 处的函数值 $f(x_0, y_0)$ 不小于(不大于)函数在区域 D 上其他点处的值,即

$f(x_0,y_0) \geqslant f(x,y)$ ($f(x_0,y_0) \leqslant f(x,y)$),$(x,y) \in D$,
则称函数 $z=f(x,y)$ 在点 $P_0(x_0,y_0)$ 处达到函数在区域 D 上的**最大值(最小值)** $f(x_0,y_0)$.

函数在闭区域 D 上的最大值(最小值)等于函数在区域 D 内部的全体驻点与偏微商不存在之点的函数值和函数在 D 的边界上的最大值(最小值)中最大(最小)的一个. 但是,有些求最大值(最小值)的问题,由问题本身的实际意义可以知道,函数在区域 D 上有最大值(最小值)并且是在区域 D 的内部达到. 如果此时函数在区域 D 内偏微商存在,又只有惟一一个驻点 (x_0,y_0),那么根据定理 1 就可以断言,驻点 (x_0,y_0) 的函数值 $f(x_0,y_0)$ 就是最大值(最小值).

例 5 在半径为 R 的球内,求具有最大体积的内接长方体.

解 设球的方程为 $x^2+y^2+z^2=R^2$,长方体的边平行于坐标轴. 设在第一卦限中长方体的顶点为 $M(x,y,z)$(图 7.22),则长方体之体积 V 是 x 与 y 的二元函数

$$V = 8xy\sqrt{R^2-x^2-y^2},$$
$D: x^2+y^2 \leqslant R^2, x \geqslant 0, y \geqslant 0.$

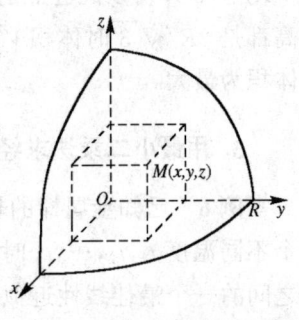

图 7.22

显然在区域 D 的边界上体积 $V=0$,由问题本身的实际意义知道,V 的最大值在区域 D 的内部达到. 下面我们来求函数在 D 内的驻点,为此解方程组

$$\begin{cases} \dfrac{\partial V}{\partial x} = 8y\sqrt{R^2-x^2-y^2} - \dfrac{8x^2 y}{\sqrt{R^2-x^2-y^2}} = 0, \\ \dfrac{\partial V}{\partial y} = 8x\sqrt{R^2-x^2-y^2} - \dfrac{8xy^2}{\sqrt{R^2-x^2-y^2}} = 0, \end{cases}$$

即

$$\begin{cases} \dfrac{8y}{\sqrt{R^2-x^2-y^2}}(R^2-2x^2-y^2)=0, \\ \dfrac{8x}{\sqrt{R^2-x^2-y^2}}(R^2-x^2-2y^2)=0. \end{cases}$$

因为在 D 内

$$\dfrac{8y}{\sqrt{R^2-x^2-y^2}}\neq 0,\quad \dfrac{8x}{\sqrt{R^2-x^2-y^2}}\neq 0,$$

故方程组化为:

$$\begin{cases} 2x^2+y^2=R^2, \\ x^2+2y^2=R^2. \end{cases}$$

于是在 D 内只有惟一一个驻点 $x=R/\sqrt{3}$,$y=R/\sqrt{3}$(对应于 $z=R/\sqrt{3}$).所以此驻点的函数值最大,也就是当长方体的长、宽、高都是 $2R/\sqrt{3}$ 时体积 V 最大,即球内接长方体之中以正方体的体积为最大.

3. 用最小二乘法求经验公式

例 6 已知金属棒的长度 l 是温度 t 的函数,由实验测得在 n 个不同温度 $t_1,t_2,\cdots,t_n$ 时其长度 l 分别为 $l_1,l_2,\cdots,l_n$,试求 l 与 t 之间的一个最佳线性近似公式 $l=l_0+\alpha t$,即求 l_0 与 α 使得用此公式计算长度时与实验测得的数据之间的误差 $\delta_i=(l_0+\alpha t_i)-l_i(i=1,2,\cdots,n)$ 之平方和

$$u=\sum_{i=1}^{n}\delta_i^2=\sum_{i=1}^{n}(l_0+\alpha t_i-l_i)^2$$

为最小.

解 u 为 l_0 与 α 的二元函数,为求驻点解方程组:

$$\begin{cases} \dfrac{\partial u}{\partial l_0}=\sum_{i=1}^{n}2(l_0+\alpha t_i-l_i)=0, \\ \dfrac{\partial u}{\partial \alpha}=\sum_{i=1}^{n}2t_i(l_0+\alpha t_i-l_i)=0, \end{cases}$$

即

$$\begin{cases} nl_0 + \Big(\sum_{i=1}^{n} t_i\Big)\alpha = \sum_{i=1}^{n} l_i, \\ \Big(\sum_{i=1}^{n} t_i\Big) l_0 + \Big(\sum_{i=1}^{n} t_i^2\Big)\alpha = \sum_{i=1}^{n} t_i l_i. \end{cases}$$

由此方程组解出惟一一组 α, l_0,它使 u 取最小值.由此得出最佳线性近似公式 $l = l_0 + \alpha t$.

例 6 中求经验公式的方法叫"**最小二乘法**".一般的,对于变量 x, y 的 n 对给定值 $(x_1, y_1), (x_2, y_2), \cdots, (x_n, y_n)$,我们来确定一个经验公式 $y = ax + b$ 使得误差之平方和

$$u = \sum_{i=1}^{n} (ax_i + b - y_i)^2$$

最小,这就叫用最小二乘法求经验公式.完全类似于例 1 可知,经验公式中的系数 a 与 b 应由以下方程组

$$\begin{cases} \Big(\sum_{i=1}^{n} x_i^2\Big) a + \Big(\sum_{i=1}^{n} x_i\Big) b = \sum_{i=1}^{n} x_i y_i, \\ \Big(\sum_{i=1}^{n} x_i\Big) a + nb = \sum_{i=1}^{n} y_i \end{cases} \quad (1)$$

来确定.

下面介绍的方法可以使方程组(1)的解 a 与 b 有一个比较简单的表示式.令

$$\begin{cases} \bar{x} = \frac{1}{n} \sum_{i=1}^{n} x_i, \\ \bar{y} = \frac{1}{n} \sum_{i=1}^{n} y_i. \end{cases}$$

方程组(1)化为形式:

$$\begin{cases} \Big(\sum_{i=1}^{n} x_i^2\Big) a + n\bar{x} b = \sum_{i=1}^{n} x_i y_i, \\ \bar{x} a + b = \bar{y}. \end{cases}$$

解得

$$\begin{cases} a = \dfrac{\sum\limits_{i=1}^{n} x_i y_i - n\bar{x}\bar{y}}{\sum\limits_{i=1}^{n} x_i^2 - n\bar{x}^2}, \\ b = \bar{y} - a\bar{x}. \end{cases}$$

不难验算 a 还可以化为

$$a = \frac{\sum\limits_{i=1}^{n}(x_i - \bar{x})(y_i - \bar{y})}{\sum\limits_{i=1}^{n}(x_i - \bar{x})^2}.$$

下面考虑实验曲线不是直线的情况.

例 7 已知化学反应速率常数 k 与绝对温度 T 之间有关系式 $k = k_0 e^{-\frac{E}{RT}}$,今由实验得出在 6 个不同摄氏温度 t 时 k 的值如下:

t_i	400	452	493	528	561	604
k_i	3.23	7.80	15.43	24.21	37.95	60.09

试求 k_0 和 E/R 的数值,使上述关系式对这一组实验数据为最佳经验公式.

解 速率常数 k 与绝对温度 T 之间不是线性关系而是指数关系 $k = k_0 e^{-\frac{E}{RT}}$,但将关系式两端取对数就得到

$$\ln k = -\frac{E}{R} \cdot \frac{1}{T} + \ln k_0,$$

如果令 $y = \ln k, x = -1/T, a = E/R, b = \ln k_0$,上式成为线性关系:

$$y = ax + b.$$

于是根据前面的讨论可知 E/R 和 $\ln k_0$ 应满足方程组:

$$\begin{cases} \left[\sum\limits_{i=1}^{6}\left(-\dfrac{1}{T_i}\right)^2\right]\dfrac{E}{R} + \left[\sum\limits_{i=1}^{6}\left(-\dfrac{1}{T_i}\right)\right]\ln k_0 = \sum\limits_{i=1}^{6}\dfrac{\ln k_i}{-T_i}, \\ \left[\sum\limits_{i=1}^{6}\left(-\dfrac{1}{T_i}\right)\right]\dfrac{E}{R} + 6\ln k_0 = \sum\limits_{i=1}^{6}\ln k_i. \end{cases}$$

为得出方程组中的系数作表格如下:

i	$\ln k_i$	$-\dfrac{1}{T_i}$	$\left(\dfrac{1}{T_i}\right)^2$	$-\dfrac{\ln k_i}{T_i}$
1	1.1725	-0.001486	2.208×10^{-6}	-1.742×10^{-3}
2	2.0541	-0.001379	1.902×10^{-6}	-2.833×10^{-3}
3	2.7363	-0.001306	1.706×10^{-6}	-3.574×10^{-3}
4	3.1867	-0.001248	1.558×10^{-6}	-3.977×10^{-3}
5	3.6362	-0.001199	1.438×10^{-6}	-4.360×10^{-3}
6	4.0958	-0.001140	1.300×10^{-6}	-4.669×10^{-3}
$\sum\limits_{i=1}^{6}$	16.8816	-0.007758	10.112×10^{-6}	-21.155×10^{-3}

根据表格中计算出的结果,上面的方程组为:

$$\begin{cases} 10.112\times 10^{-6}\cdot\dfrac{E}{R}-7.758\times 10^{-3}\ln k_0 = -21.155\times 10^{-3}, \\ -7.758\times 10^{-3}\cdot\dfrac{E}{R}+6\ln k_0 = 16.8816. \end{cases}$$

由此解得

$$E/R = 8317,\quad \ln k_0 = 13.567,$$

从而 $k_0 = 7.8\times 10^5$. 因此所求之经验公式为:

$$k = 7.8\times 10^5 e^{-\frac{8317}{T}}.$$

4. 条件极值

我们知道函数 $z = 1-x^2-y^2$ 的极大值为 1,极大点为 $(0,0)$. 现在来考虑该函数在自变量 x,y 满足条件 $x+y=1$ 的情况下的极大值问题,称这一类极值问题为**条件极值问题**. 一般的,求函数 $z = f(x,y)$ 满足条件 $\varphi(x,y)=0$ 的条件极值的方法有以下两种:

(1) 将条件极值化为普通极值

从条件方程 $\varphi(x,y)=0$ 中解出 $y = g(x)$,将它代入函数 $z = f(x,y)$,于是求上述条件极值就化为求函数 $z = f(x,g(x))$ 的普通极值.

例8 求函数 $z=1-x^2-y^2$ 满足条件 $x+y=1$ 的条件极值（图 7.23）.

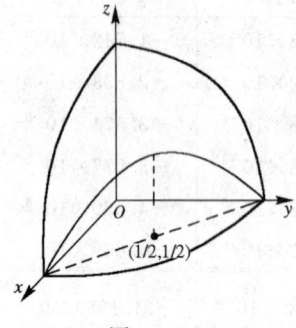

图 7.23

解 我们由条件 $x+y=1$ 中解得 $y=1-x$，将 $y=1-x$ 代入二元函数 $z=1-x^2-y^2$ 得到一元函数
$$z=1-x^2-(1-x)^2,$$
即
$$z=2x-2x^2.$$
为求此函数的极值，解方程
$$z_x=2-4x=0,$$
得 $x=1/2$. 所求之极值点为 $(x,y)=(1/2,1/2)$，极大值为 $z=1/2$.

请读者注意，我们在第三章求一元函数极值问题时，事实上已解决不少二元函数条件极值问题. 采用方法都是这种方法. 但这种方法有时不适用，因有时由条件方程 $\varphi(x,y)=0$ 中解 x 或 y 都很不方便，甚至不易办到. 所以下面介绍另一种求条件极值的方法.

(2) 拉格朗日乘子法

设点 $P_0(x_0,y_0)$ 是函数 $z=f(x,y)$ 在附加条件 $\varphi(x,y)=0$ 下的条件极值点. 如果函数 $f(x,y)$ 及 $\varphi(x,y)$ 在 $P_0(x_0,y_0)$ 处均有连续偏微商，而且 $\varphi_x(x_0,y_0)$，$\varphi_y(x_0,y_0)$ 不全为零（不妨设 $\varphi_y(x_0,y_0) \neq 0$），又设 $y=g(x)$ 为条件方程 $\varphi(x,y)=0$ 确定的函数，则函数 $z=f(x,g(x))$ 在 x_0 处的微商应等于零，即
$$\left.\frac{dz}{dx}\right|_{x=x_0}=f_x(x_0,y_0)+f_y(x_0,y_0)\cdot g'(x_0)=0.$$
因 $y=g(x)$ 是由条件方程 $\varphi(x,y)=0$ 所确定的，故有
$$g'(x_0)=-\frac{\varphi_x(x_0,y_0)}{\varphi_y(x_0,y_0)},$$
代入上式，得到 (x_0,y_0) 应满足
$$f_x(x_0,y_0)-f_y(x_0,y_0)\frac{\varphi_x(x_0,y_0)}{\varphi_y(x_0,y_0)}=0,$$

即
$$f_x(x_0,y_0)\varphi_y(x_0,y_0) - f_y(x_0,y_0)\varphi_x(x_0,y_0) = 0,$$
亦即
$$\begin{vmatrix} f_x(x_0,y_0) & f_y(x_0,y_0) \\ \varphi_x(x_0,y_0) & \varphi_y(x_0,y_0) \end{vmatrix} = 0. \tag{2}$$

注意其中(x_0,y_0)还满足
$$\varphi(x_0,y_0) = 0. \tag{3}$$

总起来,条件极值点(x_0,y_0)必须满足方程组(2),(3). 为了解出满足方程组(2),(3)的点(x_0,y_0),我们引进比例常数λ,将方程(2)写成两个方程
$$\begin{cases} f_x(x_0,y_0) = -\lambda\varphi_x(x_0,y_0), \\ f_y(x_0,y_0) = -\lambda\varphi_y(x_0,y_0). \end{cases}$$

然后再与方程(3)联立得出方程组
$$\begin{cases} f_x(x_0,y_0) + \lambda\varphi_x(x_0,y_0) = 0, \\ f_y(x_0,y_0) + \lambda\varphi_y(x_0,y_0) = 0, \\ \varphi(x_0,y_0) = 0. \end{cases} \tag{4}$$

当由此方程组解得x_0,y_0及λ,则(x_0,y_0)就可能是条件极值点.

为了比较方便地写出方程组(4),我们引进辅助函数$F(x,y,\lambda)=f(x,y)+\lambda\varphi(x,y)$,则方程组(4)可记作
$$\begin{cases} F_x(x,y,\lambda) = 0, \\ F_y(x,y,\lambda) = 0, \\ F_\lambda(x,y,\lambda) = 0. \end{cases}$$

总结上面的讨论得出求条件极值点的步骤:

(i) 写出辅助函数 $F(x,y,\lambda)=f(x,y)+\lambda\varphi(x,y)$;

(ii) 写出 x,y,λ 满足的方程组
$$\begin{cases} F_x(x,y,\lambda) = f_x(x,y) + \lambda\varphi_x(x,y) = 0, \\ F_y(x,y,\lambda) = f_y(x,y) + \lambda\varphi_y(x,y) = 0, \\ F_\lambda(x,y,\lambda) = \varphi(x,y) = 0; \end{cases}$$

(iii) 由方程组解出的 (x,y) 就是可能取条件极值的点;

至于这些点是否是条件极值点的判别方法这里不讲. 我们只指出,对某些问题如果已知极大(小)点的确存在,而求得可能取极值的点也只有一个点时,则此点必定是极大(小)点.

下面再来用拉格朗日乘子法解例 8 中的条件极值问题.

作辅助函数 $F(x,y,\lambda)=1-x^2-y^2-\lambda(x+y-1)$,写出方程组

$$\begin{cases} F_x = -2x - \lambda = 0, \\ F_y = -2y - \lambda = 0, \\ x + y - 1 = 0. \end{cases}$$

由前两个方程得 $x=y$,将它再代入最后的方程就得到条件极值点 $(x,y)=(1/2,1/2)$. 所求的极大值为 $z=1/2$.

完全类似的,求 n 元函数 $z=f(x_1,x_2,\cdots,x_n)$ 在 $m(m<n)$ 个给出的附加条件 $\varphi_1(x_1,x_2,\cdots,x_n)=0$, $\varphi_2(x_1,x_2,\cdots,x_n)=0,\cdots$, $\varphi_m(x_1,x_2,\cdots,x_n)=0$ 下可能取条件极值的点时,可用下面的方法:

(i) 写出辅助函数

$$F(x_1,x_2,\cdots,x_n,\lambda_1,\cdots,\lambda_m)=f+\lambda_1\varphi_1+\lambda_2\varphi_2+\cdots+\lambda_m\varphi_m.$$

(ii) 写出 $x_1,x_2,\cdots,x_n$ 与 $\lambda_1,\lambda_2,\cdots,\lambda_m$ 所应满足的方程组

$$\begin{cases} \dfrac{\partial F}{\partial x_1}=\dfrac{\partial f}{\partial x_1}+\lambda_1\dfrac{\partial \varphi_1}{\partial x_1}+\lambda_2\dfrac{\partial \varphi_2}{\partial x_1}+\cdots+\lambda_m\dfrac{\partial \varphi_m}{\partial x_1}=0, \\ \cdots\cdots\cdots\cdots\cdots\cdots\cdots\cdots\cdots\cdots\cdots\cdots\cdots\cdots \\ \dfrac{\partial F}{\partial x_n}=\dfrac{\partial f}{\partial x_n}+\lambda_1\dfrac{\partial \varphi_1}{\partial x_n}+\lambda_2\dfrac{\partial \varphi_2}{\partial x_n}+\cdots+\lambda_m\dfrac{\partial \varphi_m}{\partial x_n}=0, \\ \dfrac{\partial F}{\partial \lambda_1}=\varphi_1(x_1,x_2,\cdots,x_n)=0, \\ \cdots\cdots\cdots\cdots\cdots\cdots\cdots\cdots\cdots \\ \dfrac{\partial F}{\partial \lambda_m}=\varphi_m(x_1,x_2,\cdots,x_n)=0. \end{cases}$$

由此 $n+m$ 个方程联立的方程组中解出 $n+m$ 个未知数 $x_1,x_2,\cdots,x_n;\lambda_1,\lambda_2,\cdots,\lambda_m$,其中点 $(x_1,x_2,\cdots,x_n)$ 就是可能取极值的点.

例9 求表面积为 S 的长方体的最大体积.

解 将长方体的长、宽、高分别记为 x,y,z,则长方体的体积 $v=xyz(x>0,y>0,z>0)$,而变量 x,y,z 之间应满足附加条件 $2xy+2yz+2zx-S=0$.按上述方法作辅助函数

$$F(x,y,z,\lambda) = xyz + \lambda(2xy + 2zx + 2yz - S),$$

写出方程组

$$\begin{cases} \dfrac{\partial F}{\partial x} = yz + 2\lambda(y+z) = 0, \\ \dfrac{\partial F}{\partial y} = zx + 2\lambda(z+x) = 0, \\ \dfrac{\partial F}{\partial z} = xy + 2\lambda(x+y) = 0, \\ \dfrac{\partial F}{\partial \lambda} = 2xy + 2yz + 2zx - S = 0. \end{cases}$$

由前三个方程得出

$$\frac{y+z}{yz} = \frac{z+x}{zx} = \frac{x+y}{xy},$$

即

$$\frac{1}{z} + \frac{1}{y} = \frac{1}{x} + \frac{1}{z} = \frac{1}{y} + \frac{1}{x}.$$

由此解得 $x=y=z$,再代入最后一个方程中解得

$$x = y = z = \sqrt{\frac{S}{6}}.$$

由问题本身可以看出在表面积一定时最大体积的长方体是存在的,因此可以得知当 $x=y=z=\sqrt{S/6}$ 时长方体的体积最大,并且其最大体积为 $(S/6)^{3/2}$.

例10 在空间直角坐标系原点处置一单位正电荷,设另有一单位负电荷在椭圆 $\begin{cases} z=x^2+y^2 \\ x+y+z=1 \end{cases}$ 上移动,问两电荷间的引力何时最大及何时最小?

解 当负电荷在点 (x,y,z) 处时,两电荷间的引力大小为

$$f = \frac{k}{x^2+y^2+z^2},$$

其中 x,y,z 满足附加条件 $x^2+y^2-z=0, x+y+z-1=0$. 不难看出, 求 f 在附加条件 $x^2+y^2-z=0, x+y+z-1=0$ 下取最大(小) 值的点等价于求函数 $u=x^2+y^2+z^2$ 在同样的附加条件下取最小 (大)值的点, 所以作辅助函数

$$F(x,y,z,\lambda_1,\lambda_2) = x^2+y^2+z^2+\lambda_1(x^2+y^2-z) + \lambda_2(x+y+z-1),$$

写出方程组

$$\begin{cases} \dfrac{\partial F}{\partial x} = 2x+2\lambda_1 x+\lambda_2 = 0, \\ \dfrac{\partial F}{\partial y} = 2y+2\lambda_1 y+\lambda_2 = 0, \\ \dfrac{\partial F}{\partial z} = 2z-\lambda_1+\lambda_2 = 0, \\ x^2+y^2-z = 0, \\ x+y+z = 1. \end{cases}$$

由前两个方程得出当 $\lambda_1 \neq -1$ 时 $x=y$, 但是若 $\lambda_1 = -1$, 就有 $\lambda_2 = 0$, 从而由第三个方程得 $z=-1/2$, 这与 $x^2+y^2-z=0$ 矛盾, 所以确有 $x=y$. 将 $x=y$ 代入后两个方程解得

$$M_1 = \left(\frac{-1+\sqrt{3}}{2}, \frac{-1+\sqrt{3}}{2}, 2-\sqrt{3} \right),$$

与

$$M_2 = \left(\frac{-1-\sqrt{3}}{2}, \frac{-1-\sqrt{3}}{2}, 2+\sqrt{3} \right).$$

直接算出在点 M_1 处 $f = \dfrac{k}{9-5\sqrt{3}}$; 而在点 M_2 处 $f = \dfrac{k}{9+5\sqrt{3}}$. 故在点 M_1 和 M_2 处引力 f 分别达到最大值和最小值.

习 题 7.6

1. 求下列函数 $z=z(x,y)$ 的驻点与极值:

(1) $z = x^2(x-1)^2 + y^2$;

(2) $z = x^2 - (y-1)^2$;

(3) $z = x^3 + y^3 - 3xy$;

(4) $z = \sin x + \cos y + \cos(x-y)$ $\left(0 \leqslant x \leqslant \dfrac{\pi}{2}, 0 \leqslant y \leqslant \dfrac{\pi}{2}\right)$;

(5) $z = x^4 + y^4 - x^2 - 2xy - y^2$;

(6) $x^2 + y^2 + z^2 - 2x - 2y - 4z - 10 = 0$.

2. 求函数 $z = x^2 + y^2$ 在条件 $\dfrac{x}{a} + \dfrac{y}{b} = 1 (a > 0, b > 0)$ 下的极值.

3. 在 Oxy 平面上找一点,使该点到三条直线: x 轴, y 轴与 $x + 2y + 6 = 0$ 的距离之平方和最小.

4. 求出抛物线 $y = x^2$ 与直线 $x - y - 2 = 0$ 间的最短距离.

5. 求点 $M_0(x_0, y_0, z_0)$ 到平面 $Ax + By + Cz + D = 0$ 的距离.

6. 在椭球面 $\dfrac{x^2}{96} + y^2 + z^2 = 1$ 上求距离平面 $3x + 4y + 12z = 288$ 的最近点与最远点.

7. 造一容积为 V 的无顶长方形水池,问其长、宽、高如何时有最小的表面积?

8. 造一半圆柱形的浴盆(图 7.24),其表面积为 S,问其尺寸如何时有最大容积?

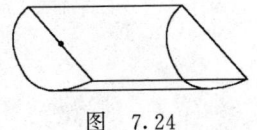

图 7.24　　　　　　图 7.25

9. 已知三角形的周长为 $2p$,问怎样的三角形绕着自己的一边旋转所成的体积最大?

10. 在已知的圆锥内作一内接长方体,问长方体的尺寸如何时,长方体体积最大?

11. 盖一长方形平顶厂房,已知其体积为 34560 m^3,前墙和屋顶的单位造价分别是其他墙的 3 倍和 1.5 倍. 问房子的长、宽、高如何时造价最少?

12. 有一块宽为 $2a$ 的长方形的铁片,把它的两边宽为 x 的边缘分别向上折作成一个水槽(图 7.25),问 x 和 θ 如何时使水槽的容积最大?

13. 当 n 个正数 $x_1, x_2, \cdots, x_n$ 的和为常数 C 时,求它们的乘积开 n 次方的根的最大值.

第八章 重积分

§1 二重积分

1. 二重积分的概念与定义

我们知道,定积分

$$\int_a^b f(x)\mathrm{d}x$$

是一种和式的极限.应用这种在每一小部分上取近似值、求和、再取极限的方法,可以解决很多物理、力学、几何中的问题.

现在我们采用上述方法来求薄板的质量.

设薄板占据 Oxy 平面上的有界闭区域 D,它在点 (x,y) 处的面密度是 $\rho=\rho(x,y)$.为求此薄板的质量 M,我们用有限条曲线将 D 分为 n 个小区域,记作:$\Delta\sigma_1,\Delta\sigma_2,\cdots,\Delta\sigma_n$,同时也用 $\Delta\sigma_i$ 表示第 i 个小区域的面积(图 8.1).在每个小区域上任取一点:(x_1,y_1),$(x_2,y_2),\cdots,(x_n,y_n)$.近似地以点 (x_i,y_i) 处的面密度 $\rho(x_i,y_i)$ 代替小区域 $\Delta\sigma_i$ 上各点处的面密度,则薄板在第 i 个小区域上的质量的近似值为 $\rho(x_i,y_i)\cdot\Delta\sigma_i$,薄板质量的近似值为

$$\sum_{i=1}^n \rho(x_i,y_i)\cdot\Delta\sigma_i.$$

令 n 个小区域的最大直径[①] $\|\Delta\sigma\|$ 趋于零,上述极限就是薄板的质量 M,即

$$M = \lim_{\|\Delta\sigma\|\to 0}\sum_{i=1}^n \rho(x_i,y_i)\Delta\sigma_i.$$

---

① 有界闭区域的直径是指区域上任意两点的距离的最大值.它是圆的直径的推广.

下面来求曲顶柱体的体积.

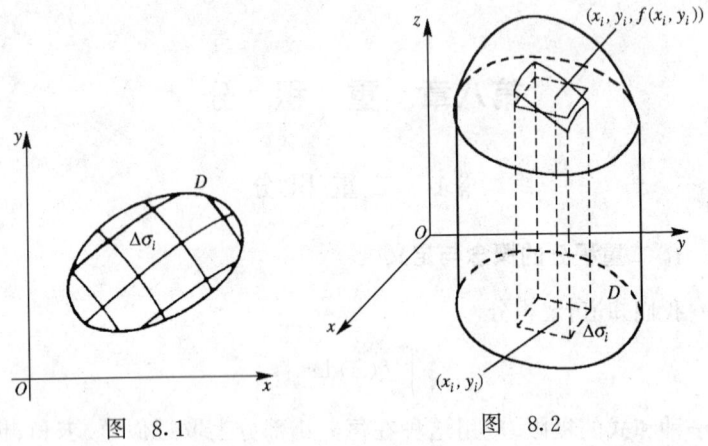

图 8.1　　　　　　图 8.2

设 D 是 Oxy 平面上的有界闭区域,曲面 S 是定义在 D 上的一个二元函数 $z=f(x,y)$ 的图形.以 D 为底,曲面 S 为顶的柱体称为曲顶柱体(图 8.2).

为求此曲顶柱体的体积 V,我们也可以先分 D 为 n 个小区域:

$$\Delta\sigma_1,\Delta\sigma_2,\cdots,\Delta\sigma_n.$$

相应地,此曲顶柱体分为 n 个小曲顶柱体.在每个小区域上任取一点:$(x_1,y_1),(x_2,y_2),\cdots,(x_n,y_n)$,用高为 $f(x_i,y_i)$,底为 $\Delta\sigma_i$ 的平顶柱体的体积 $f(x_i,y_i)\cdot\Delta\sigma_i$ 作为第 i 个小曲顶柱体体积的近似值.于是,n 个小平顶柱体体积之和

$$\sum_{i=1}^{n}f(x_i,y_i)\cdot\Delta\sigma_i$$

就是曲顶柱体体积的近似值.令 n 个小区域的最大直径 $\|\Delta\sigma\|$ 趋于零,上述和式的极限就是曲顶柱体的体积 V,即

$$V=\lim_{\|\Delta\sigma\|\to 0}\sum_{i=1}^{n}f(x_i,y_i)\cdot\Delta\sigma_i.$$

从上面两个问题看到,求薄板的质量与求曲顶柱体的体积,都

是要计算某种形式的和式的极限.如果抽去和式中 $\rho(x,y)$ 与 $f(x,y)$ 的具体意义,只考虑它们都是二元函数这一共同点,那么上面的两个和式的结构是完全相同的.由此引出二重积分的定义.

定义 设 D 是 Oxy 平面上的有界闭区域(本章中的 D 都是有界闭区域,有时为简便就称"区域 D"),$z=f(x,y)$ 是定义在 D 上的二元函数.我们用有限条曲线分区域 D 为 n 个小区域:$\Delta\sigma_1$,$\Delta\sigma_2$,$\cdots$,$\Delta\sigma_n$,同时也以 $\Delta\sigma_i$ 表示第 i 个小区域的面积.在 $\Delta\sigma_i(i=1,2,\cdots,n)$ 上任取一点 (x_i,y_i),作和式

$$\sum_{i=1}^{n} f(x_i,y_i) \cdot \Delta\sigma_i.$$

令 n 个小区域的最大直径 $\|\Delta\sigma\|$ 趋于零.如果和式的极限存在为 A:

$$A = \lim_{\|\Delta\sigma\|\to 0} \sum_{i=1}^{n} f(x_i,y_i) \cdot \Delta\sigma_i,$$

而极限 A 与区域的分法、中间点 (x_i,y_i) 的取法都无关,则称 $f(x,y)$ 在 D 上**可积**;A 为函数 $z=f(x,y)$ 在区域 D 上的**二重积分**,记作:

$$A = \iint_D f(x,y)\mathrm{d}\sigma,$$

其中 D 叫做**积分区域**,$f(x,y)$ 叫做**被积函数**,$\mathrm{d}\sigma$ 叫做**面积元素**.

因为当二重积分存在时积分的值与区域 D 的分法无关,于是在直角坐标系里,我们用平行于 x 轴,y 轴的直线来分它.这时小区域 $\Delta\sigma$ 是小矩形,其面积 $\Delta\sigma=\Delta x \cdot \Delta y$(图 8.3).因此我们也把 $\mathrm{d}\sigma$ 写成 $\mathrm{d}x\mathrm{d}y$,并称它为直角坐标系中的面积元素.二重积分也记成

$$\iint_D f(x,y)\mathrm{d}\sigma = \iint_D f(x,y)\mathrm{d}x\mathrm{d}y.$$

由定义可见,薄板的质量是面密度在 D 上的二重积分

$$M = \iint_D \rho(x,y)\mathrm{d}x\mathrm{d}y;$$

曲顶柱体的体积是曲顶的立标在 D 上的二重积分

$$V = \iint_D f(x,y)\mathrm{d}x\mathrm{d}y.$$

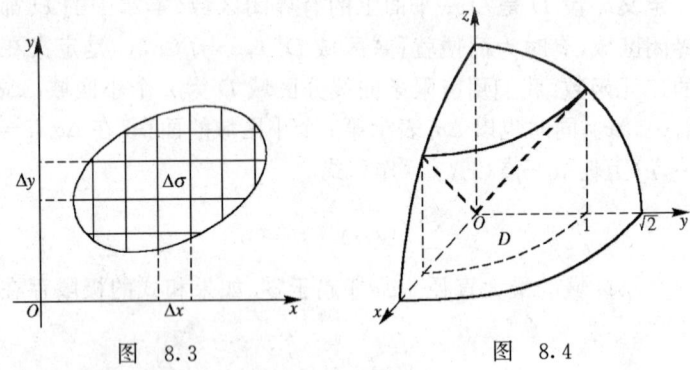

图 8.3　　　　　　　　图 8.4

例 1　试用二重积分表示球面 $x^2+y^2+z^2=2$ 与锥面 $z=\sqrt{x^2+y^2}$ 所围成的空间区域的体积(图 8.4).

解　球面与锥面所交出的空间曲线是

$$\begin{cases} x^2+y^2+z^2=2, \\ z=\sqrt{x^2+y^2}. \end{cases}$$

消去方程组中的 z 就得到此空间曲线在 Oxy 平面上的投影曲线 $x^2+y^2=1$. 令 D 表示区域 $x^2+y^2\leqslant 1$, 于是所要求的体积 V 是以 D 为底, 球面为顶的曲顶柱体与以 D 为底, 锥面为顶的曲顶柱体的体积之差, 即

$$V = \iint_D \sqrt{2-x^2-y^2}\mathrm{d}x\mathrm{d}y - \iint_D \sqrt{x^2+y^2}\mathrm{d}x\mathrm{d}y.$$

2. 二重积分的简单性质

我们先给出函数 $f(x,y)$ 在有界闭区域 D 上可积的必要条件与充分条件. 与一元函数的定积分类似有：

(i) 在有界闭区域 D 上可积的函数 $f(x,y)$ 必是 D 上的有界

函数;

(ii) 有界闭区域 D 上的连续函数或分片连续函数 $f(x,y)$ 在 D 上可积.

以上两个结论,这里不加证明.

以下设函数 $f(x,y),g(x,y)$ 都是区域 D 上连续或分片连续函数,因而它们在 D 上的二重积分都存在. 由二重积分的定义可以直接得到二重积分的下列性质:

(i) $\iint\limits_{D} kf(x,y)\mathrm{d}x\mathrm{d}y = k\iint\limits_{D} f(x,y)\mathrm{d}x\mathrm{d}y$;

(ii) $\iint\limits_{D} [f(x,y)+g(x,y)]\mathrm{d}x\mathrm{d}y$

$$= \iint\limits_{D} f(x,y)\mathrm{d}x\mathrm{d}y + \iint\limits_{D} g(x,y)\mathrm{d}x\mathrm{d}y;$$

(iii) 如果区域 D 被一曲线分为两个部分区域 D_1 和 D_2,则

$$\iint\limits_{D} f(x,y)\mathrm{d}x\mathrm{d}y = \iint\limits_{D_1} f(x,y)\mathrm{d}x\mathrm{d}y + \iint\limits_{D_2} f(x,y)\mathrm{d}x\mathrm{d}y;$$

(iv) 若在 D 上有 $f(x,y) \leqslant g(x,y)$,则有

$$\iint\limits_{D} f(x,y)\mathrm{d}x\mathrm{d}y \leqslant \iint\limits_{D} g(x,y)\mathrm{d}x\mathrm{d}y;$$

因为对任意函数 $f(x,y)$ 都有 $-|f(x,y)| \leqslant f(x,y) \leqslant |f(x,y)|$,所以由性质(4)可得下面的性质

(v) $\left| \iint\limits_{D} f(x,y)\mathrm{d}x\mathrm{d}y \right| \leqslant \iint\limits_{D} |f(x,y)|\mathrm{d}x\mathrm{d}y$.

(vi) 中值定理:若函数 $f(x,y)$ 在有界闭区域 D 上连续,则在 D 上至少存在一点 (x_0,y_0) 使得

$$\iint\limits_{D} f(x,y)\mathrm{d}\sigma = f(x_0,y_0) \cdot \sigma,$$

其中 σ 为区域 D 之面积.

性质(vi)的证明还需要应用有界闭区域上连续函数的中间值定理.

3. 二重积分的计算方法

二重积分的计算总是化成累次积分来进行,也就是作一次定积分再作一次定积分来进行计算.现在先讲在直角坐标系中如何把二重积分化成累次积分.

先考虑有界闭区域 D 是由直线 $x=a, x=b(a<b)$ 与曲线 $y=\varphi_1(x), y=\varphi_2(x)(\varphi_1(x)\leqslant\varphi_2(x),$ 当 $a\leqslant x\leqslant b$ 时)所围成(图 8.5),即 $D=\{(x,y)|a\leqslant x\leqslant b,\varphi_1(x)\leqslant y\leqslant\varphi_2(x)\}$ 的情况. 以下为方便起见简记为 $D: a\leqslant x\leqslant b, \varphi_1(x)\leqslant y\leqslant\varphi_2(x)$. 设函数 $f(x,y)$ 在 D 上连续,则有公式:

$$\iint_D f(x,y)\mathrm{d}x\mathrm{d}y = \int_a^b\left[\int_{\varphi_1(x)}^{\varphi_2(x)} f(x,y)\mathrm{d}y\right]\mathrm{d}x. \qquad (1)$$

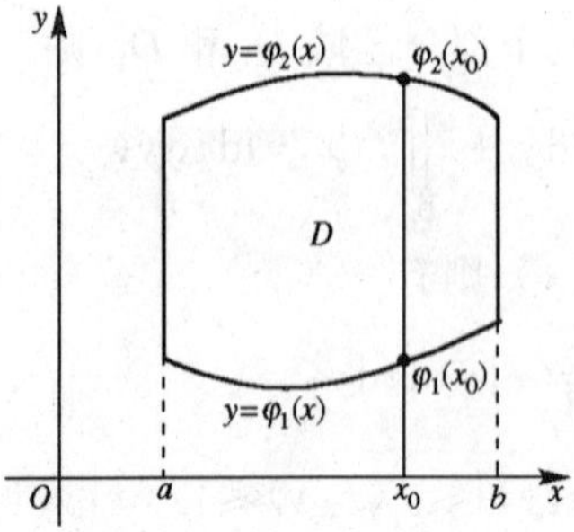

为了写起来方便,我们也将等式右边的累次积分写成下面的形式:

$$\int_a^b \mathrm{d}x \int_{\varphi_1(x)}^{\varphi_2(x)} f(x,y)\mathrm{d}y.$$

这个公式的证明,我们省略了. 现在只对 $f(x,y)\geqslant 0$ 的情形,从几何上加以解释. 因 $f(x,y)\geqslant 0$,故二重积分 $\iint_D f(x,y)\mathrm{d}x\mathrm{d}y$ 可以看做是以 D 为底,以曲面 $z=f(x,y)$ 为顶的曲顶柱体的体积 V. 设 $A(x_0)$ 是以平面 $x=x_0(a\leqslant x_0\leqslant b)$ 截曲顶柱体所得截面之面积(图 8.6). 应用定积分得到

$$A(x_0) = \int_{\varphi_1(x_0)}^{\varphi_2(x_0)} f(x_0,y)\mathrm{d}y.$$

再次应用定积分还得到,曲顶柱体的体积

$$V = \int_a^b A(x)\mathrm{d}x.$$

图 8.5

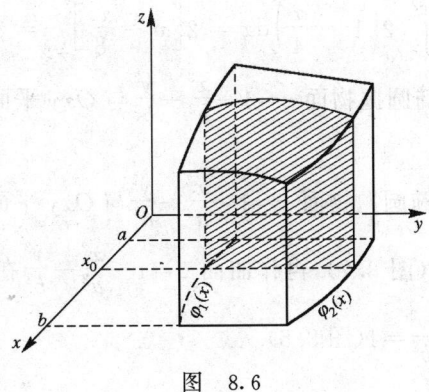

图 8.6

将 $A(x) = \int_{\varphi_1(x)}^{\varphi_2(x)} f(x,y)\mathrm{d}y$ 代入上式,就得到重积分化为**累次积分**的公式:

$$\iint_D f(x,y)\mathrm{d}x\mathrm{d}y = \int_a^b \left[\int_{\varphi_1(x)}^{\varphi_2(x)} f(x,y)\mathrm{d}y\right]\mathrm{d}x.$$

例2 设 D 是由直线 $x=a, x=b$ 与 $y=c, y=d$ 所围成 ($a<b$, $c<d$). 将 $\iint_D f(x,y)\mathrm{d}x\mathrm{d}y$ 表成累次积分.

解 因为区域 D 可以表示为 D: $a \leqslant x \leqslant b, c \leqslant y \leqslant d$, 所以由公式(1)有

$$\iint_D f(x,y)\mathrm{d}x\mathrm{d}y = \int_a^b \mathrm{d}x \int_c^d f(x,y)\mathrm{d}y.$$

例3 计算二重积分 $I = \iint_D \left(1 - \dfrac{x}{4} - \dfrac{y}{3}\right)\mathrm{d}x\mathrm{d}y$, 其中 D 是由 $x=-2, x=2$ 与 $y=-1, y=1$ 所围成的区域.

解 因为 D: $-2 \leqslant x \leqslant 2, -1 \leqslant y \leqslant 1$, 所以

$$I = \iint_D \left(1 - \dfrac{x}{4} - \dfrac{y}{3}\right)\mathrm{d}x\mathrm{d}y = \int_{-2}^2 \mathrm{d}x \int_{-1}^1 \left(1 - \dfrac{x}{4} - \dfrac{y}{3}\right)\mathrm{d}y$$

$$= \int_{-2}^2 \left[\left(1 - \dfrac{x}{4}\right)y - \dfrac{y^2}{6}\right]_{-1}^1 \mathrm{d}x$$

$$= \int_{-2}^{2} 2\left(1 - \frac{x}{4}\right) dx = 2\left[x - \frac{x^2}{8}\right]_{-2}^{2} = 8.$$

例 4 求椭圆抛物面 $z = 1 - \frac{x^2}{a^2} - \frac{y^2}{b^2}$ 与 Oxy 平面所围之体积 V.

解 先作椭圆抛物面 $z = 1 - \frac{x^2}{a^2} - \frac{y^2}{b^2}$ 与 Oxy 平面所围出之空间区域之图形(图 8.7),再作曲面 $z = 1 - \frac{x^2}{a^2} - \frac{y^2}{b^2}$ 在 Oxy 上之截痕:椭圆 $\frac{x^2}{a^2} + \frac{y^2}{b^2} = 1$(图 8.8).

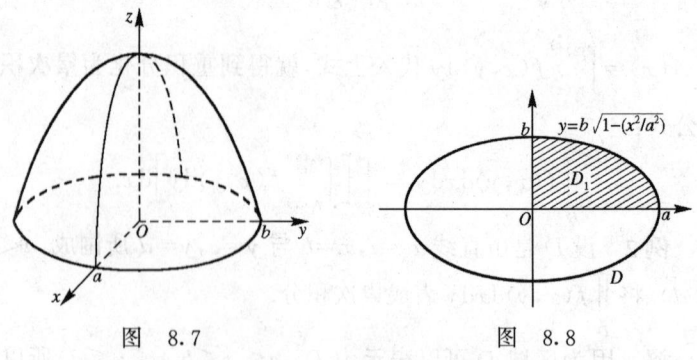

图 8.7　　　　　　图 8.8

令 D 为椭圆 $\frac{x^2}{a^2} + \frac{y^2}{b^2} \leqslant 1$,则由二重积分的几何意义有

$$V = \iint_D \left(1 - \frac{x^2}{a^2} - \frac{y^2}{b^2}\right) dxdy.$$

若令 D_1 表示椭圆在第一象限的部分,则由体积 V 的对称性,有

$$V = 4\iint_{D_1} \left(1 - \frac{x^2}{a^2} - \frac{y^2}{b^2}\right) dxdy.$$

因为 $D_1: 0 \leqslant x \leqslant a, 0 \leqslant y \leqslant b\sqrt{1 - x^2/a^2}$,所以由公式(1)有

$$V = 4\int_0^a dx \int_0^{b\sqrt{1-x^2/a^2}} \left(1 - \frac{x^2}{a^2} - \frac{y^2}{b^2}\right) dy$$

$$= 4\int_0^a \left[\left(1-\frac{x^2}{a^2}\right)y - \frac{y^3}{3b^2}\right]_0^{b\sqrt{1-x^2/a^2}} dx$$

$$= 4\int_0^a \frac{2}{3}b\left(1-\frac{x^2}{a^2}\right)^{\frac{3}{2}} dx.$$

在此定积分中作变量替换：$x = a\sin t$，得

$$V = \frac{8}{3}\int_0^{\frac{\pi}{2}} ab\cos^4 t\, dt = \frac{\pi}{2}ab.$$

此例中，利用所求体积 V 的对称性得

$$V = 4\iint_{D_1}\left(1 - \frac{x^2}{a^2} - \frac{y^2}{b^2}\right)dxdy,$$

其中区域 D_1 是 D 在第一象限的部分. 前面例 3 中之区域 D 为 $-2 \leqslant x \leqslant 2, -1 \leqslant y \leqslant 1$，也是关于 x 轴，y 轴都对称，如果也令 D_1 是 D 在第一象限的部分，即 $D_1: 0 \leqslant x \leqslant 2, 0 \leqslant y \leqslant 1$，是否也有

$$\iint_D \left(1 - \frac{x}{4} - \frac{y}{3}\right)dxdy = 4\iint_{D_1}\left(1 - \frac{x}{4} - \frac{y}{3}\right)dxdy$$

呢？显然它是不对的！错误在于只考虑区域 D 有对称性是不够的. 恰如在定积分中，区间 $[-a, a]$ 关于原点对称，又函数 $f(x)$ 为 $[-a, a]$ 上之偶函数时，有 $\int_{-a}^a f(x)dx = 2\int_0^a f(x)dx$；如果 $f(x)$ 为奇函数，则 $\int_{-a}^a f(x)dx = 0$. 所以，如果正确地利用对称性，在例 3 中，应该根据 $\frac{x}{4}$ 是 x 的奇函数，同时 D 关于 y 轴对称；$\frac{y}{3}$ 是 y 的奇函数，同时 D 关于 x 轴对称，得知等式

$$I = \iint_D \left(1 - \frac{x}{4} - \frac{y}{3}\right)dxdy$$

$$= \iint_D 1\,dxdy - \iint_D \frac{x}{4}dxdy - \iint_D \frac{y}{3}dxdy$$

的右端的后两个积分为 0，从而得到

$$I = \iint\limits_{D} 1 \mathrm{d}x\mathrm{d}y = 8.$$

当然,注意到函数 $f(x,y)=1$,是 x,也是 y 的偶函数,所以也可以有

$$I = \iint\limits_{D} 1 \mathrm{d}x\mathrm{d}y = 4 \iint\limits_{D_1} 1 \mathrm{d}x\mathrm{d}y$$

$$= 4 \cdot 2 = 8.$$

计算二重积分时,可以应用下列公式简化计算.

当区域 D 关于 x 轴对称时,有

$$\iint\limits_{D} f(x,y)\mathrm{d}x\mathrm{d}y = \begin{cases} 0, & f(x,y) \text{ 是 } y \text{ 的奇函数}, \\ 2\iint\limits_{D_1} f(x,y)\mathrm{d}x\mathrm{d}y, & f(x,y) \text{ 是 } y \text{ 的偶函数}, \end{cases}$$

其中区域 D_1 是 D 在上半平面或下半平面的部分.

当区域 D 关于 y 轴对称时,有

$$\iint\limits_{D} f(x,y)\mathrm{d}x\mathrm{d}y = \begin{cases} 0, & f(x,y) \text{ 是 } x \text{ 的奇函数}, \\ 2\iint\limits_{D_1} f(x,y)\mathrm{d}x\mathrm{d}y, & f(x,y) \text{ 是 } x \text{ 的偶函数}, \end{cases}$$

其中区域 D_1 是 D 在左半平面或右半平面的部分.

当区域 D 关于 x 轴, y 轴都对称时.有

$$\iint\limits_{D} f(x,y)\mathrm{d}x\mathrm{d}y = \begin{cases} 0, & f(x,y) \text{ 是 } x \text{ 或 } y \text{ 的奇函数}, \\ 4\iint\limits_{D_1} f(x,y)\mathrm{d}x\mathrm{d}y, & f(x,y) \text{ 是 } x \text{ 和 } y \text{ 的偶函数}, \end{cases}$$

其中区域 D_1 是 D 在任一个象限中的部分.

以上各结果由二重积分的定义都很容易证得.

现在考虑有界闭区域 D 是由直线 $y=c, y=d(c<d)$ 与曲线 $x=\phi_1(y), x=\phi_2(y), (\phi_1(y) \leqslant \phi_2(y)$, 当 $c \leqslant y \leqslant d$ 时)所围成的(图

8.9),即
$$D: c \leqslant y \leqslant d, \quad \psi_1(y) \leqslant x \leqslant \psi_2(y),$$
则与公式(1)类似有公式
$$\iint_D f(x,y)\mathrm{d}x\mathrm{d}y = \int_c^d \mathrm{d}y \int_{\psi_1(y)}^{\psi_2(y)} f(x,y)\mathrm{d}x. \tag{2}$$

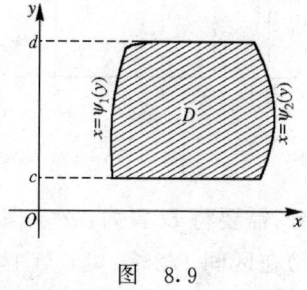
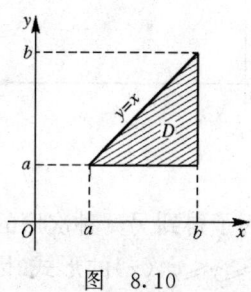

图 8.9　　　　　　　　　图 8.10

例 5　将二重积分 $I = \iint_D f(x,y)\mathrm{d}x\mathrm{d}y$ 表为两种不同次序的累次积分,

(i) D 是由 $x=b, y=a(a<b), y=x$ 所围成的区域.

(ii) D 是由直线 $y=2, y=x$ 与双曲线 $xy=1$ 所围成的.

解　(1) 先作积分区域 D 的图形(图 8.10),将 D 用下列两种方法表示,
$$D: a \leqslant x \leqslant b, \quad a \leqslant y \leqslant x;$$
$$D: a \leqslant y \leqslant b, \quad y \leqslant x \leqslant b.$$
于是,二重积分可表为
$$I = \int_a^b \mathrm{d}x \int_a^x f(x,y)\mathrm{d}y$$
或
$$I = \int_a^b \mathrm{d}y \int_y^b f(x,y)\mathrm{d}x.$$

(2) 先在 Oxy 平面上作出积分区域 D(图 8.11(a)). 容易看出 $D: 1 \leqslant y \leqslant 2, 1/y \leqslant x \leqslant y$. 所以应用公式(2)就得到
$$I = \int_1^2 \mathrm{d}y \int_{\frac{1}{y}}^y f(x,y)\mathrm{d}x.$$

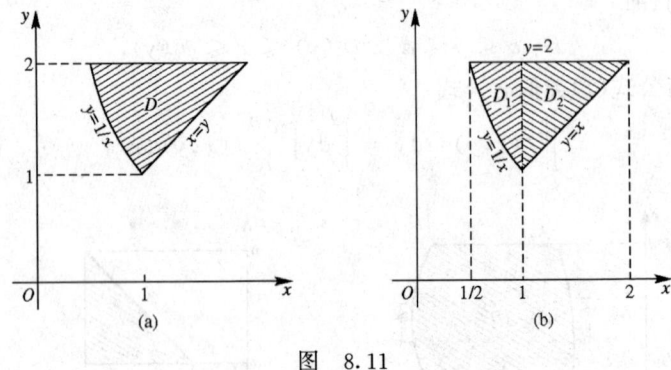

图 8.11

为了得到另一种次序的累次积分,需要将 D 表为:$a \leqslant x \leqslant b$, $\varphi_1(x) \leqslant y \leqslant \varphi_2(x)$ 的形式. 因为 $\varphi_1(x)$ 在区间 $1/2 \leqslant x \leqslant 1$ 与 $1 \leqslant x \leqslant 2$ 上有不同的分析表达式, 所以我们用直线 $x=1$ 将区域 D 分割为两个部分区域 D_1 与 D_2(图 8.11(b)). 因为

$$D_1: \frac{1}{2} \leqslant x \leqslant 1, \ \frac{1}{x} \leqslant y \leqslant 2;$$

$$D_2: 1 \leqslant x \leqslant 2, \ x \leqslant y \leqslant 2;$$

所以应用二重积分的性质(3),再由公式(1)就得到另一种次序的累次积分

$$I = \iint_{D_1} f(x,y) \mathrm{d}x \mathrm{d}y + \iint_{D_2} f(x,y) \mathrm{d}x \mathrm{d}y$$

$$= \int_{\frac{1}{2}}^{1} \mathrm{d}x \int_{\frac{1}{x}}^{2} f(x,y) \mathrm{d}y + \int_{1}^{2} \mathrm{d}x \int_{x}^{2} f(x,y) \mathrm{d}y.$$

例 6 计算积分 $I = \iint_{D} y \mathrm{d}x \mathrm{d}y$,其中 D 是由直线 $y=x, y=x+a, y=a, y=3a(a>0)$ 所围成的区域.

解 先在 Oxy 平面上作出区域 D(图 8.12). 不难看出,如果 D 表示为

$$D: a \leqslant y \leqslant 3a, \quad y-a \leqslant x \leqslant y,$$

应用公式(2)将 I 化为累次积分比较简单.

$$I = \int_a^{3a} dy \int_{y-a}^{y} y dx = \int_a^{3a} ay dy = 4a^3.$$

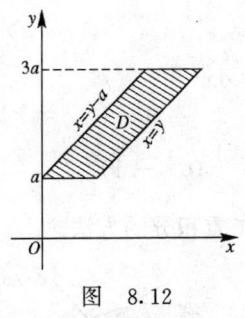

图 8.12

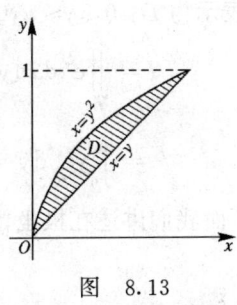

图 8.13

例7 计算积分 $I = \iint_D \dfrac{\sin y}{y} dx dy$，其中 D 是由 $y=x$ 与 $y=\sqrt{x}$ 所围成的区域.

解 先作积分区域 D 之图形(图 8.13). 被积函数 $f(x,y) = \dfrac{\sin y}{y}$ 在 D 上连续，只要令 $f(0,0)=1$. 因为被积函数 $\dfrac{\sin y}{y}$ 对 y 没有初等函数为其原函数，所以我们将二重积分化为先对 x 求积分的累次积分. 为此将 D 表示为

$$D: 0 \leqslant y \leqslant 1, \quad y^2 \leqslant x \leqslant y,$$

得积分

$$\begin{aligned}
I &= \int_0^1 dy \int_{y^2}^{y} \dfrac{\sin y}{y} dx \\
&= \int_0^1 (1-y)\sin y dy = \int_0^1 (y-1) d\cos y \\
&= (y-1)\cos y \Big|_0^1 - \int_0^1 \cos y dy = 1 - \sin 1.
\end{aligned}$$

例8 求累次积分 $I = \int_0^a dx \int_x^a e^{y^2} dy$.

解 由于 e^{y^2} 没有初等函数为其原函数，所以无法计算积分

$\int_{x}^{a} e^{y^2} dy$. 显然 I 等于二重积分 $\iint\limits_{D} e^{y^2} dx dy$,其中 D: $0 \leqslant x \leqslant a, x \leqslant y \leqslant a$. 作出 D 之图形(图 8.14),再将 I 表为另一次序的累次积分. 将 D 表示为 D: $0 \leqslant y \leqslant a, 0 \leqslant x \leqslant y$ 得

$$I = \iint\limits_{D} e^{y^2} dx dy = \int_{0}^{a} dy \int_{0}^{y} e^{y^2} dx$$

$$= \int_{0}^{a} y e^{y^2} dy = \frac{1}{2} e^{y^2} \Big|_{0}^{a} = \frac{1}{2} (e^{a^2} - 1).$$

下面我们讲述在极坐标系中计算二重积分的方法.

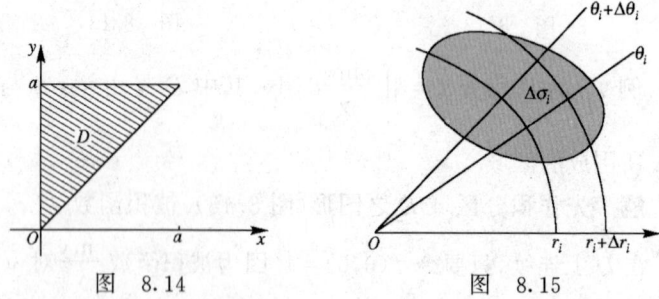

图 8.14　　　　　　图 8.15

设由原点出发的射线与区域 D 的边界相交不多于两点(图 8.15). 用极坐标系的坐标曲线,即以原点为心的圆($r=$常数)与由原点出发的射线($\theta=$常数)分 D 为 n 小块,以 $\Delta \sigma_i$ 表示第 i 块,并表示其面积. 因为 $\Delta \sigma_i$ 是两个扇形的面积之差(图 8.15),所以

$$\Delta \sigma_i = \frac{1}{2} (r_i + \Delta r_i)^2 \Delta \theta_i - \frac{1}{2} r_i^2 \Delta \theta_i$$

$$= \Delta r_i \left(r_i + \frac{1}{2} \Delta r_i \right) \Delta \theta_i.$$

令 $r_i' = r_i + \frac{1}{2} \Delta r_i$,则 $\Delta \sigma_i = r_i' \Delta r_i \Delta \theta_i$. 在 $\Delta \sigma_i$ 中选点 (r_i', θ_i')(即在中线 $r=r_i'$ 上选点),设此点在直角坐标系中的坐标是 (x_i, y_i),则它们的关系为

$$x_i = r'_i\cos\theta'_i, \quad y_i = r'_i\sin\theta'_i.$$

我们考虑连续或分片连续函数 $f(x,y)$ 在 D 上的二重积分. 因为

$$\sum_{i=1}^{n} f(x_i,y_i)\Delta\sigma_i = \sum_{i=1}^{n} f(r'_i\cos\theta'_i,r'_i\sin\theta'_i)r'_i\Delta r_i\Delta\theta_i.$$

令 n 块小区域的最大直径 $\|\Delta\sigma\|\to 0$,我们得到

$$\lim_{\|\Delta\sigma\|\to 0}\sum_{i=1}^{n} f(x_i,y_i)\Delta\sigma_i = \lim_{\|\Delta\sigma\|\to 0}\sum_{i=1}^{n} f(r'_i\cos\theta'_i,r'_i\sin\theta'_i)r'_i\Delta r_i\Delta\theta_i.$$

等式右端是 r 与 θ 的二元函数 $f(r\cos\theta,r\sin\theta)r$ 的二重积分

$$\iint_{D'} f(r\cos\theta,r\sin\theta)r\mathrm{d}r\mathrm{d}\theta \xlongequal{\text{def}} \iint_{D'} F(r,\theta)\mathrm{d}r\mathrm{d}\theta,$$

其中积分区域 $D'=\{(r,\theta)\mid(r\cos\theta,r\sin\theta)\in D\}$. 于是我们得到由直角坐标系中的二重积分变换为极坐标系中的二重积分的公式:

$$\iint_D f(x,y)\mathrm{d}\sigma = \iint_{D'} f(r\cos\theta,r\sin\theta)r\mathrm{d}r\mathrm{d}\theta. \tag{3}$$

其中 $r\mathrm{d}r\mathrm{d}\theta$ 叫做极坐标系中的面积元素.

为计算(3)式右端的积分,注意 $F(r,\theta)=f(r\cos\theta,r\sin\theta)r$ 中的 r,θ 处于前面的 x,y 的地位,找出区域 D 中的点的 r 和 θ 的范围,得到 D',就可以把重积分化成累次积分了. 下面对区域 D 的两种情况表出 D',化重积分为累次积分:

(i) 极点 O 在区域 D 之外(图 8.16).

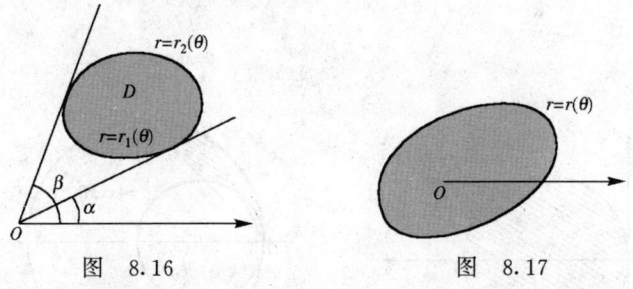

图 8.16　　　　　　图 8.17

区域 D 是由 $\theta=\alpha,\theta=\beta(\alpha<\beta)$ 与 $r=r_1(\theta),r=r_2(\theta)(r_1(\theta)\leqslant r_2(\theta)$,当 $\alpha\leqslant\theta\leqslant\beta$ 时)所围成,即 $D':\alpha\leqslant\theta\leqslant\beta,r_1(\theta)\leqslant r\leqslant r_2(\theta)$,则

$$\iint\limits_{D} F(r,\theta)\mathrm{d}r\mathrm{d}\theta = \int_{\alpha}^{\beta}\mathrm{d}\theta\int_{r_1(\theta)}^{r_2(\theta)} F(r,\theta)\mathrm{d}r.$$

(ii) 极点 O 在区域 D 内(图 8.17).

区域 D 是由 $r=r(\theta)(r(\theta)\geqslant 0)$ 所围,即 D': $0\leqslant\theta\leqslant 2\pi, 0\leqslant r\leqslant r(\theta)$,则

$$\iint\limits_{D} F(r,\theta)\mathrm{d}r\mathrm{d}\theta = \int_{0}^{2\pi}\mathrm{d}\theta\int_{0}^{r(\theta)} F(r,\theta)\mathrm{d}r.$$

例 9 将二重积分

$$I = \iint\limits_{D} f(x,y)\mathrm{d}x\mathrm{d}y$$

在极坐标系中化成累次积分,其中 D 为

(i) 圆形区域 $x^2+y^2\leqslant ax\ (a>0)$;

(ii) 直线 $y=x, y=2x$ 与曲线 $x^2+y^2=4x, x^2+y^2=8x$ 所围成;

(iii) 直线 $y=0, y=x$ 与 $x=1$ 所围成.

解 (i) 作区域 D 之图形(图 8.18).其边界曲线在极坐标系中之方程为 $r=a\cos\theta\left(-\dfrac{\pi}{2}\leqslant\theta\leqslant\dfrac{\pi}{2}\right)$.所以 D': $-\dfrac{\pi}{2}\leqslant\theta\leqslant\dfrac{\pi}{2}, 0\leqslant r\leqslant a\cos\theta$,

$$I = \int_{-\frac{\pi}{2}}^{\frac{\pi}{2}}\mathrm{d}\theta\int_{0}^{a\cos\theta} f(r\cos\theta, r\sin\theta)r\mathrm{d}r.$$

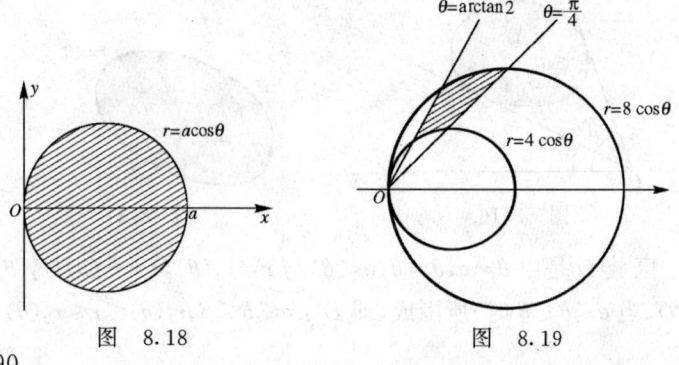

图 8.18 图 8.19

(ii) 作区域 D 之图形(图 8.19),其边界曲线在极坐标系中之方程为 $\theta=\dfrac{\pi}{4}$, $\theta=\arctan 2$ 与 $r=4\cos\theta$, $r=8\cos\theta$. 于是

$$I = \int_{\frac{\pi}{4}}^{\arctan 2} d\theta \int_{4\cos\theta}^{8\cos\theta} f(r\cos\theta, r\sin\theta) r dr.$$

(iii) 作区域 D 之图形(图 8.20),其边界曲线在极坐标系中之方程为 $\theta=0$, $\theta=\dfrac{\pi}{4}$ 与 $r=\dfrac{1}{\cos\theta}$. 于是

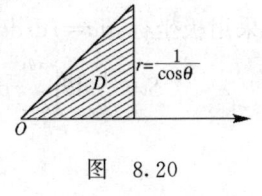

图 8.20

$$I = \int_0^{\frac{\pi}{4}} d\theta \int_0^{\frac{1}{\cos\theta}} f(r\cos\theta, r\sin\theta) r dr.$$

例 10 求球面 $x^2+y^2+z^2=2$ 与锥面 $z=\sqrt{x^2+y^2}$ 所围的区域的体积 V.

解 在本节例 1 中已经将此体积 V 表示为二重积分:

$$V = \iint_D \sqrt{2-x^2-y^2} d\sigma - \iint_D \sqrt{x^2+y^2} d\sigma,$$

其中区域 D 是单位圆 $x^2+y^2\leqslant 1$. 下面将它化到极坐标系中计算. 因为 $x=r\cos\theta$, $y=r\sin\theta$, $d\sigma=rdrd\theta$, 所以

$$V = \iint_{D'} \sqrt{2-r^2} r dr d\theta - \iint_{D'} r\cdot r dr d\theta,$$

其中区域 D': $0\leqslant\theta\leqslant 2\pi$, $0\leqslant r\leqslant 1$. 于是

$$\begin{aligned}
V &= \int_0^{2\pi} d\theta \int_0^1 \sqrt{2-r^2}\, r dr - \int_0^{2\pi} d\theta \int_0^1 r^2 dr \\
&= \int_0^{2\pi} -\frac{1}{3}\left[(2-r^2)^{\frac{3}{2}}\right]_0^1 d\theta - \int_0^{2\pi} \left[\frac{1}{3}r^3\right]_0^1 d\theta \\
&= \frac{2\pi}{3}(2^{\frac{3}{2}}-1) - \frac{2\pi}{3} \\
&= \frac{2\pi}{3}(2^{\frac{3}{2}}-2) = \frac{4\pi}{3}(\sqrt{2}-1).
\end{aligned}$$

例 11 求由射线 $\theta=\alpha$, $\theta=\beta(\alpha<\beta)$ 与曲线 $r=\varphi(\theta)(\varphi(\theta)\geqslant 0$,

当 $\alpha \leqslant \theta \leqslant \beta$ 时)所围之扇形区域 D 的面积 S(图 8.21).

解 因为扇形的面积等于以扇形为底,高为 1 的柱体的体积. 所以
$$S = \iint_D 1 \cdot \mathrm{d}\sigma.$$

采用极坐标,$\mathrm{d}\sigma = r \mathrm{d}r \mathrm{d}\theta$,$D': \alpha \leqslant \theta \leqslant \beta, 0 \leqslant r \leqslant \varphi(\theta)$,所以
$$S = \int_\alpha^\beta \mathrm{d}\theta \int_0^{\varphi(\theta)} r \mathrm{d}r = \int_\alpha^\beta \frac{1}{2} r^2 \Big|_0^{\varphi(\theta)} \mathrm{d}\theta = \frac{1}{2} \int_\alpha^\beta \varphi^2(\theta) \mathrm{d}\theta.$$

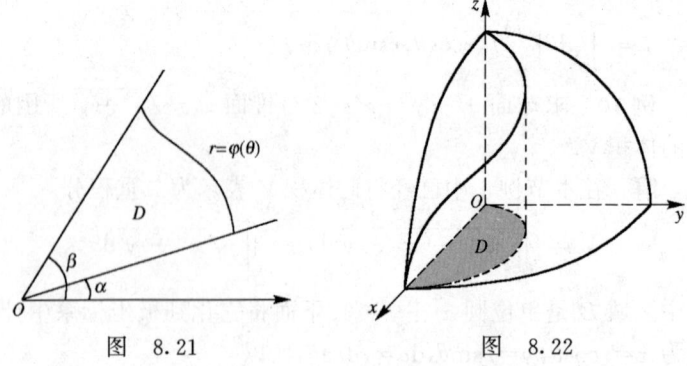

图 8.21　　　　　　　图 8.22

例 12 求球面 $x^2 + y^2 + z^2 = a^2$ 与圆柱面 $x^2 + y^2 = ax$ 所包围的区域(维维安尼体)的体积 V.

解 因所围之体上下对称,左右对称,所以只画出它在第一卦限的部分(图 8.22),并且
$$V = 4 \iint_D \sqrt{a^2 - x^2 - y^2} \mathrm{d}\sigma,$$

其中 D 是 $y = \sqrt{ax - x^2}$ 与 $y = 0$ 所围之区域. 采用极坐标,有 $\sqrt{a^2 - x^2 - y^2} = \sqrt{a^2 - r^2}$,$\mathrm{d}\sigma = r \mathrm{d}r \mathrm{d}\theta$,曲线 $x^2 + y^2 = ax$ 的极坐标方程为 $r = a\cos\theta$,由图 8.23 知,$D': 0 \leqslant \theta \leqslant \pi/2, 0 \leqslant r \leqslant a\cos\theta$,故
$$V = 4 \int_0^{\frac{\pi}{2}} \mathrm{d}\theta \int_0^{a\cos\theta} \sqrt{a^2 - r^2} r \mathrm{d}r$$

$$= 4\int_0^{\frac{\pi}{2}} -\frac{1}{3}\left[(a^2-r^2)^{\frac{3}{2}}\right]_0^{a\cos\theta} d\theta$$

$$= \frac{4}{3}\int_0^{\frac{\pi}{2}}(a^3-a^3\sin^3\theta)d\theta$$

$$= \frac{4}{3}a^3\left(\frac{\pi}{2}-\frac{2}{3}\right) = a^3\left(\frac{2\pi}{3}-\frac{8}{9}\right).$$

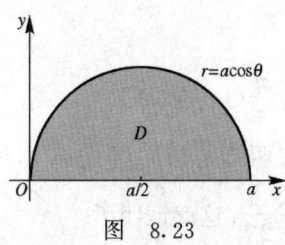
图 8.23

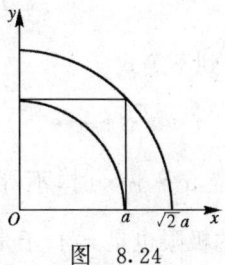
图 8.24

例13 证明 $\int_0^{+\infty}e^{-x^2}dx = \frac{\sqrt{\pi}}{2}$.

我们曾经在第五章中应用过这个结果,下面来证明它.

证明 令 D,D_1 与 D_2 分别表示对称于原点,以 a 为半径的圆,以 a 为半边长的正方形与以 $\sqrt{2}a$ 为半径的圆在第一象限的部分(见图 8.24). 因为对任意 (x,y) 有 $e^{-x^2-y^2} \geqslant 0$,所以有积分值之间的不等式:

$$\iint_D e^{-x^2-y^2}dxdy \leqslant \iint_{D_1} e^{-x^2-y^2}dxdy \leqslant \iint_{D_2} e^{-x^2-y^2}dxdy. \quad (4)$$

下面采用极坐标系计算(4)式左端的二重积分,因 $e^{-x^2-y^2} = e^{-r^2}$, $dxdy = rdrd\theta$, $D': 0\leqslant\theta\leqslant\pi/2, 0\leqslant r\leqslant a$,所以

$$\iint_D e^{-x^2-y^2}dxdy = \int_0^{\frac{\pi}{2}}d\theta\int_0^a e^{-r^2}rdr = \frac{\pi}{4}[1-e^{-a^2}].$$

类似地,求得(4)式右端的二重积分

$$\iint_{D_2} e^{-x^2-y^2}dxdy = \frac{\pi}{4}[1-e^{-2a^2}].$$

采用直角坐标系计算(4)式中间的积分.因 D_1: $0\leqslant x\leqslant a, 0\leqslant y\leqslant a$,所以

$$\iint_{D_1} e^{-x^2-y^2}dxdy = \int_0^a e^{-x^2}dx \int_0^a e^{-y^2}dy = \left[\int_0^a e^{-x^2}dx\right]^2.$$

令

$$I_a = \int_0^a e^{-x^2}dx,$$

我们得到不等式

$$\frac{\pi}{4}(1-e^{-a^2}) \leqslant [I_a]^2 \leqslant \frac{\pi}{4}(1-e^{-2a^2}).$$

显然,当 $a\to +\infty$ 时,不等式的左、右两端的极限都是 $\pi/4$,所以 $[I_a]^2$ 的极限也是 $\pi/4$.于是 $\lim\limits_{a\to +\infty} I_a = \frac{\sqrt{\pi}}{2}$.这就证明了

$$\int_0^{+\infty} e^{-x^2}dx = \lim_{a\to +\infty}\int_0^a e^{-x^2}dx = \frac{\sqrt{\pi}}{2}.$$

由上面看到,计算某些积分 $\iint\limits_D f(x,y)d\sigma$ 时,采用极坐标系,即作变量替换 $\begin{cases} x=r\cos\theta \\ y=r\sin\theta \end{cases}$,化积分为 $\iint\limits_{D'} f(r\cos\theta, r\sin\theta)rdrd\theta$ 可以使计算简单.

下面给出的二重积分在一般变量替换下的计算公式,它超出教学大纲,供选用.

先看一个例子:求二重积分 $I = \iint\limits_D xy d\sigma$,其中区域 D 是由抛物线 $y^2=x, y^2=4x$ 与 $x^2=y, x^2=4y$ 所围成的.

作出区域 D 的图形(图 8.25).对此区域无论表二重积分为哪一种次序的累次积分,都要将 D 分为三个部分,于是计算较繁.但是当我们将边界曲线表为

$$\frac{y^2}{x}=1, \frac{y^2}{x}=4 \quad 与 \quad \frac{x^2}{y}=1, \frac{x^2}{y}=4.$$

就可以看到，如果作变换 $\begin{cases} u = \dfrac{y^2}{x}, \\ v = \dfrac{x^2}{y}, \end{cases}$ 即

令 $\begin{cases} x = \sqrt[3]{uv^2}, \\ y = \sqrt[3]{u^2v}, \end{cases}$ 区域 D 中的点 (x,y) 就与区域 D'：$1 \leqslant u \leqslant 4, 1 \leqslant v \leqslant 4$ 中的点 (u,v) 一一地对应起来。在这样的变量替换之下，原来的积分应该化为什么形式呢？下面给出变换公式。

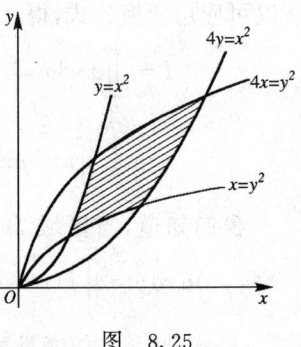

图 8.25

设函数 $f(x,y)$ 在有界闭区域 D 上连续，如果变换
$$\begin{cases} x = x(u,v), \\ y = y(u,v) \end{cases}$$
满足下列三个条件：

(i) 将 uv 平面上的区域 D'，一一对应地变为 xy 平面上的 D；

(ii) 变换函数 $x(u,v), y(u,v)$ 在 D' 上连续，且有连续的一阶偏微商；

(iii) 雅可比行列式 $J(u,v) = \dfrac{\mathrm{D}(x,y)}{\mathrm{D}(u,v)}$ 在 D' 上不取零值，

则有换元公式
$$\iint\limits_{D} f(x,y)\,\mathrm{d}\sigma = \iint\limits_{D'} f(x(u,v), y(u,v)) |J(u,v)|\,\mathrm{d}u\mathrm{d}v.$$

此公式之证明从略，下面应用它继续解上面的例题。

变换 $\begin{cases} x = \sqrt[3]{uv^2}, \\ y = \sqrt[3]{u^2v}, \end{cases}$ $(u,v) \in D'$：$1 \leqslant u \leqslant 4, 1 \leqslant v \leqslant 4$，显然满足条件 (i) 与 (ii)，而 (iii) 中之雅可比行列式

$$J = \frac{\mathrm{D}(x,y)}{\mathrm{D}(u,v)} = \begin{vmatrix} x_u & y_u \\ x_v & y_v \end{vmatrix} = \begin{vmatrix} \dfrac{1}{3}u^{-\frac{2}{3}}v^{\frac{2}{3}} & \dfrac{2}{3}u^{-\frac{1}{3}}v^{\frac{1}{3}} \\ \dfrac{2}{3}u^{\frac{1}{3}}v^{-\frac{1}{3}} & \dfrac{1}{3}u^{\frac{2}{3}}v^{-\frac{2}{3}} \end{vmatrix}$$

$$= -\frac{1}{3} \neq 0, \quad \text{当 } (u,v) \in D'.$$

所以可应用变换公式,得

$$I = \iint_D xy\,d\sigma = \iint_{D'} \sqrt[3]{uv^2}\sqrt[3]{u^2v}\left|-\frac{1}{3}\right|dudv$$

$$= \frac{1}{3}\iint_{D'} uv\,dudv = \frac{1}{3}\int_1^4 udu\int_1^4 vdv = \frac{75}{4}.$$

我们知道,当区域 D 为单位圆盘 $x^2+y^2\leqslant 1$ 时,二重积分 $\iint_D f(x,y)\mathrm{d}x\mathrm{d}y = \iint_{D'} f(r\cos\theta,r\sin\theta)r\mathrm{d}r\mathrm{d}\theta$,其中 D': $0\leqslant\theta\leqslant 2\pi, 0\leqslant r\leqslant 1$. 显然,这是在作变量替换

$$\begin{cases} x = r\cos\theta, \\ y = r\sin\theta. \end{cases}$$

检验换元公式成立所需的三个条件时,我们看到它不全满足. 虽然 $(r,\theta)\in D'$ 对应于 $(x,y)\in D$,图 8.26(a),(b),但是 D' 中 $r=0, \theta\in[0,2\pi]$ 的一段直线上的所有的点全都对应于 xy 平面上 D 中的一个点 $(x,y)=(0,0)$,D' 与 D 中之点不是一一对应. 而雅可比行列式 $J = \dfrac{\mathrm{D}(x,y)}{\mathrm{D}(r,\theta)} = \begin{vmatrix} \cos\theta & -r\sin\theta \\ \sin\theta & r\cos\theta \end{vmatrix} = r$,当 $r=0$ 时,即在上述直线段上,J 取值为零. 那么,什么保证了上面的等式还是对的呢?

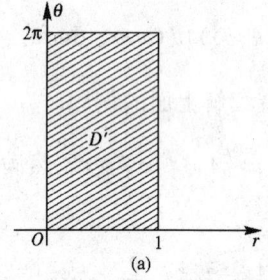
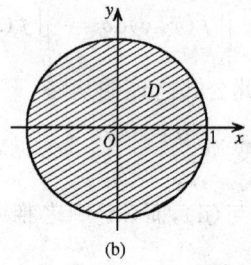

图 8.26

事实上,可以证明保证变换公式成立的三个条件可以放宽. 对变换函数及其偏微商在 D' 上连续的要求可以放宽为分片连续. 对于 D 与 D' 中之点需要一一对应以及在 D' 上要有 $J\neq 0$ 这两个条

件,可以容许在个别点或个别曲线上不满足.对于放宽后的条件,极坐标变换就满足了.

例 14 计算二重积分 $I = \iint\limits_{D} (\sqrt{b|x|} + \sqrt{a|y|})^2 \mathrm{d}x\mathrm{d}y (a > 0, b > 0)$,其中区域 D: $\sqrt{\dfrac{|x|}{a}} + \sqrt{\dfrac{|y|}{b}} \leqslant 1$.

解 作区域 D 之图形(图 8.27). D 对称于 x 轴,y 轴,同时被积函数对 x,对 y 都是偶函数,所以

$$I = 4\iint\limits_{D_1} (\sqrt{bx} + \sqrt{ay})^2 \mathrm{d}x\mathrm{d}y,$$

其中 D_1 是 D 在第一象限中的部分.

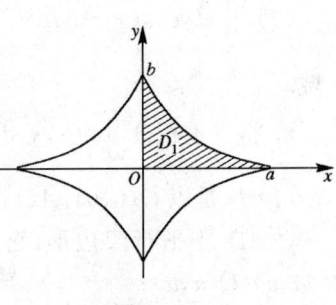

图 8.27

在区域 D_1': $0 \leqslant \theta \leqslant \dfrac{\pi}{2}, 0 \leqslant r \leqslant 1$ 上作广义极坐标变换:

$$\begin{cases} x = ar\cos^4\theta, \\ y = br\sin^4\theta. \end{cases}$$

区域 D_1' 就对应于 Oxy 平面上的区域 D_1,求得雅可比行列式 $J = \dfrac{\mathrm{D}(x,y)}{\mathrm{D}(r,\theta)} = 4abr\cos^3\theta\sin^3\theta$. 应用换元公式得

$$I = 4\int_0^{\frac{\pi}{2}} \mathrm{d}\theta \int_0^1 abr \cdot 4abr\cos^3\theta\sin^3\theta \mathrm{d}r = \frac{4}{9}a^2b^2.$$

习 题 8.1

1. 计算二重积分:

(1) $\iint\limits_{D} xy\mathrm{d}x\mathrm{d}y$,$D$ 是 $0 \leqslant x \leqslant 1, 0 \leqslant y \leqslant 2$ 所围成的区域;

(2) $\iint\limits_{D} e^{x+y}\mathrm{d}x\mathrm{d}y$,$D$ 是 $0 \leqslant x \leqslant 1, 0 \leqslant y \leqslant 1$ 所围成的区域;

（3）$\iint\limits_{D} \dfrac{y\mathrm{d}x\mathrm{d}y}{(1+x^2+y^2)^{\frac{3}{2}}}$，$D$ 是 $0 \leqslant x \leqslant 1, 0 \leqslant y \leqslant 1$ 所围成的区域；

（4）$\iint\limits_{D} x\sin(x+y)\mathrm{d}x\mathrm{d}y$，$D$ 是 $0 \leqslant x \leqslant \pi, 0 \leqslant y \leqslant \dfrac{\pi}{2}$ 所围成的区域；

（5）$\iint\limits_{D} x^2 y\cos(xy^2)\mathrm{d}x\mathrm{d}y$，$D$ 是 $0 \leqslant x \leqslant \dfrac{\pi}{2}, 0 \leqslant y \leqslant 2$ 所围成的区域．

2. 将二重积分 $\iint\limits_{D} f(x,y)\mathrm{d}x\mathrm{d}y$ 化为不同次序的累次积分：

（1）D 是以 $O(0,0), A(1,0), B(1,1)$ 为顶点的三角形；

（2）D 是平行四边形，它的四个顶点为 $O(0,0), A(2a,0), B(3a,a), C(a,a)$；

（3）D 是区域 $x^2+y^2 \leqslant 1$；

（4）D 是区域 $x^2+y^2 \leqslant y$；

（5）D 是 $y=x^2$ 及 $y=1$ 围成的区域；

（6）D 是 $y=x^2, y=4-x^2$ 围成的区域；

（7）D 是 $y=2x, 2y-x=0$，及 $xy=2$ 在第一象限中围成的区域；

（8）D 是 $y=x, y=2x$ 及 $x+y=6$ 围成的区域．

3. 改变下列积分的次序：

（1）$\displaystyle\int_0^1 \mathrm{d}y \int_y^{\sqrt{y}} f(x,y)\mathrm{d}x$；　　（2）$\displaystyle\int_{-1}^1 \mathrm{d}x \int_0^{\sqrt{1-x^2}} f(x,y)\mathrm{d}y$；

（3）$\displaystyle\int_0^a \mathrm{d}x \int_x^{\sqrt{2ax-x^2}} f(x,y)\mathrm{d}y$；　　（4）$\displaystyle\int_1^2 \mathrm{d}x \int_x^{2x} f(x,y)\mathrm{d}y$；

（5）$\displaystyle\int_0^2 \mathrm{d}x \int_{2x}^{6-x} f(x,y)\mathrm{d}y$；　　（6）$\displaystyle\int_1^e \mathrm{d}x \int_0^{\ln x} f(x,y)\mathrm{d}y$．

4. 计算下列积分：

（1）$\displaystyle\int_0^a \mathrm{d}x \int_0^{\sqrt{x}} \mathrm{d}y$；　　（2）$\displaystyle\int_2^4 \mathrm{d}x \int_x^{2x} \dfrac{y}{x}\mathrm{d}y$；

(3) $\int_0^a dx \int_x^a e^{y^2} dy$; (4) $\int_0^1 dy \int_{y^{1/3}}^1 \sqrt{1-x^4} dx$;

(5) $\iint\limits_D (x^2+y) dx dy$, D 是 $y=x^2, y^2=x$ 围成的区域;

(6) $\iint\limits_D \dfrac{x^2}{y^2} dx dy$, D 是 $x=2, y=x$ 和 $xy=1$ 围成的区域;

(7) $\iint\limits_D \cos(x+y) dx dy$, D 是 $x=0, y=\pi$ 和 $y=x$ 围成的区域;

(8) $\iint\limits_D x^2 y^2 \sqrt{1-x^3-y^3} dx dy$, D 是 $x^3+y^3=1$ 与两坐标轴围成的区域;

(9) $\iint\limits_D |xy| dx dy$, D 是圆 $x^2+y^2 \leqslant a^2$;

(10) $\iint\limits_D y^2 dx dy$, D 是抛物线 $x=y^2$ 与直线 $2x-y-1=0$ 围成的区域.

5. 将二重积分 $\iint\limits_D f(x,y) dx dy$ 用极坐标表示为累次积分:

(1) D 是区域 $x^2+y^2 \leqslant R^2$;

(2) D 是区域 $x^2+y^2 \leqslant ax (a>0)$;

(3) D 是区域 $x^2+y^2 \leqslant by (b>0)$;

(4) D 是 $y=x, y=0$ 和 $x=1$ 围成的区域;

(5) D 是曲线 $x^2+y^2=4x, x^2+y^2=8x, x=y$ 及 $y=2x$ 围成的区域;

(6) D 是圆 $x^2+y^2 \leqslant ax$ 和 $x^2+y^2 \leqslant ay$ 之公共部分 $(a>0)$.

6. 计算下列积分:

(1) $\iint\limits_D \sqrt{x^2+y^2} dx dy$, D 是区域 $x^2+y^2 \leqslant a^2$;

(2) $\iint\limits_D \sin\sqrt{x^2+y^2} dx dy$, D 是环形区域 $\pi^2 \leqslant x^2+y^2 \leqslant 4\pi^2$;

(3) $\iint\limits_{D} e^{-(x^2+y^2)} dxdy$, D 是圆 $x^2+y^2 \leqslant 1$;

(4) $\iint\limits_{D} \arctan \dfrac{y}{x} dxdy$, D 是 $x^2+y^2 \geqslant 1, x^2+y^2 \leqslant 9, y \geqslant \dfrac{x}{\sqrt{3}}$,

$y \leqslant \sqrt{3}\, x$ 所围成的区域;

(5) $\iint\limits_{D} \sqrt{R^2-x^2-y^2}\, dxdy$, D 是区域 $x^2+y^2 \leqslant Rx$;

(6) $\int_0^R dx \int_0^{\sqrt{R^2-x^2}} \ln(1+x^2+y^2) dy$;

(7) $\iint\limits_{D} y\, dxdy$, D 是 $\alpha x \leqslant y \leqslant \beta x\,(\beta>\alpha>0), a^2 \leqslant x^2+y^2 \leqslant b^2$

$(b>a>0)$ 在第一象限围成的区域.

7. 将二重积分 $\iint\limits_{x^2+y^2 \leqslant x} f\left(\dfrac{y}{x}\right) dxdy$ 表成定积分.

8. 求心脏线 $r=a(1+\cos\theta)$ 所围区域的面积.

9. 求双纽线 $r^2=4\cos2\theta$ 所围区域的面积.

10. 求下列曲面所界的体积:

(1) $z=1+x+y, z=0, x+y=1, x=0, y=0$;

(2) $x^2+y^2+z^2=4$, 且 $x^2+y^2 \leqslant 3z$;

(3) $z=x^2+y^2, y=1, y=x^2, z=0$;

(4) $x+y+z=a, x=0, y=0, z=0$, 且 $x^2+y^2 \leqslant R^2\,(a$

$\sqrt{2}\,R, R>0)$;

(5) $z=x^2+y^2, x^2+y^2=x, x^2+y^2=2x, z=0$;

(6) $z=x^2+y^2, z=2x^2+2y^2, y=x, y=x^2$;

(7) $z=x+y, z=xy, x+y=1, x=0, y=0$;

(8) $az=x^2+y^2, z=\sqrt{x^2+y^2}\,(a>0)$;

(9) $x^2+y^2+z^2=2az$, 且 $x^2+y^2 \leqslant z^2$.

*11. 引进变量替换 $x+y=u, y=vx$,将积分 $\iint\limits_{D} f(x,y)\mathrm{d}x\mathrm{d}y$ 化为变数 u,v 的累次积分,其中 $D: x\geqslant 0, y\geqslant 0, x+y\leqslant 1$ 的公共部分.

*12. 求曲线 $y^2=px, y^2=qx$ 与 $x^2=ay, x^2=by$ ($0<p<q, 0<a<b$)所围区域之面积.

*13. 计算下列二重积分:

(1) $\iint\limits_{D}(x^2+xy)\mathrm{d}x\mathrm{d}y$, $D: x+y=1$, $x+y=2$, $y=x$, $y=2x$ 所围;

(2) $\iint\limits_{D}(x^3+y^3)\mathrm{d}x\mathrm{d}y$, $D: x^2=2y$, $x^2=3y$; $x=y^2$, $x=2y^2$ 所围;

(3) $\iint\limits_{D}(x+y)\mathrm{d}x\mathrm{d}y$, $D: x^2+y^2\leqslant x+y$;

(4) $\iint\limits_{D}(x^2+y^2)\mathrm{d}x\mathrm{d}y$, $D: x^4+y^4\leqslant 1$.

§2 三重积分

1. 三重积分的概念与定义

设物体占据空间区域 Ω,它在点 (x,y,z) 处的密度为 $\rho=\rho(x,y,z)$,求此物体之质量 M(图 8.28).

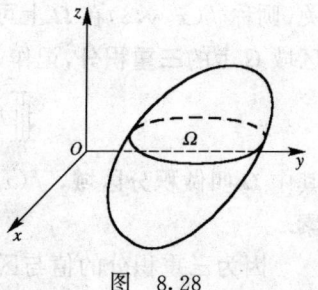

图 8.28

类似于求平面薄板的质量,我们用有限张曲面把 Ω 分成 n 块小空间区域,把它们记作: $\Delta v_1, \Delta v_2, \cdots, \Delta v_n$,同时也用 Δv_i 表示第 i 块小区域的体积. 然后,在每一块小区域上任取一点: $(x_1,y_1,z_1), (x_2,y_2,z_2), \cdots, (x_n,y_n,z_n)$. 近似地以点

(x_i,y_i,z_i) 处的密度 $\rho(x_i,y_i,z_i)$ 代替小区域 Δv_i 上各点处的密度，则第 i 块小区域的质量的近似值为 $\rho(x_i,y_i,z_i) \cdot \Delta v_i$. 物体质量的近似值为

$$\sum_{i=1}^{n} \rho(x_i,y_i,z_i) \cdot \Delta v_i.$$

令 n 块小区域的最大直径 $\|\Delta v\|$ 趋于零，上述和式的极限就是物体的质量，即

$$M = \lim_{\|\Delta v\| \to 0} \sum_{i=1}^{n} \rho(x_i,y_i,z_i) \Delta v_i.$$

除此之外，还有许多其他应用问题，也需要计算这种形式的和的极限，由此引出三重积分的定义．

定义 设 Ω 是空间有界闭区域，函数 $u = f(x,y,z)$ 在区域 Ω 上有定义．我们分 Ω 为 n 块小区域：$\Delta v_1, \Delta v_2, \cdots, \Delta v_n$，并用 Δv_i 表示第 i 块小区域之体积．在 Δv_i 上任取一点 (x_i, y_i, z_i) $(i=1,2,\cdots,n)$，作和式

$$\sum_{i=1}^{n} f(x_i,y_i,z_i) \cdot \Delta v_i.$$

令所有小区域的最大直径 $\|\Delta v\|$ 趋于零，如果上述和式的极限

$$\lim_{\|\Delta v\| \to 0} \sum_{i=1}^{n} f(x_i,y_i,z_i) \Delta v_i$$

存在，且极限值与区域的分法、小区域中的点 (x_i,y_i,z_i) 的选法无关，则称 $f(x,y,z)$ 在 Ω 上**可积**，称极限值为函数 $u = f(x,y,z)$ 在区域 Ω 上的**三重积分**，记作

$$\iiint_{\Omega} f(x,y,z) \mathrm{d}v,$$

其中 Ω 叫做**积分区域**，$f(x,y,z)$ 叫做**被积函数**，$\mathrm{d}v$ 叫做**体积元素**．

因为三重积分的值与区域的分法无关，所以可以用平行于坐标平面的平面来分，得到的小区域 Δv 是小长方体，以 $\Delta x, \Delta y, \Delta z$ 分别表示 Δv 的三条棱长，于是 $\Delta v = \Delta x \Delta y \Delta z$，因此我们也将 $\mathrm{d}v$ 记

作 $dxdydz$,称它为直角坐标系下的体积元素.三重积分也记作
$$\iiint_\Omega f(x,y,z)dxdydz.$$

函数 $f(x,y,z)$ 在区域 Ω 上的三重积分存在的必要条件、充分条件以及三重积分的简单性质都与二重积分类似.不再叙述.

2. 在直角坐标系中三重积分的计算

设 D 为 Oxy 平面上的区域,C 是它的边界.若空间区域 Ω 是由区域 D 上的曲面 $z=z_1(x,y),z=z_2(x,y)(z_1(x,y)\leqslant z_2(x,y))$ 及以 C 为准线、母线平行于 z 轴的柱面所围成(图 8.29),函数 $u=f(x,y,z)$ 在 Ω 上连续,则
$$\iiint_\Omega f(x,y,z)dv = \iint_D \left[\int_{z_1(x,y)}^{z_2(x,y)} f(x,y,z)dz\right]dxdy. \tag{1}$$

这个公式我们不证明了,只是对 $f(x,y,z)\geqslant 0$ 的情形加以解释.当 $f(x,y,z)\geqslant 0$ 时,左端的积分 $\iiint_\Omega f(x,y,z)dv$ 可以解释为占据空间区域 Ω,在点 (x,y,z) 处密度为 $f(x,y,z)$ 的物体的质量.

为解释公式(1)右端的积分,我们分平面区域 D 为 n 个小区域 $\Delta\sigma_i(i=1,\cdots,n)$,相应地,$\Omega$ 被分为 n 个条状的空间区域 $\Delta v_i(i=1,\cdots,n)$(图 8.29).在 $\Delta\sigma_i$ 中任取一点 (x_i,y_i),由定积分的定义,如下的定积分

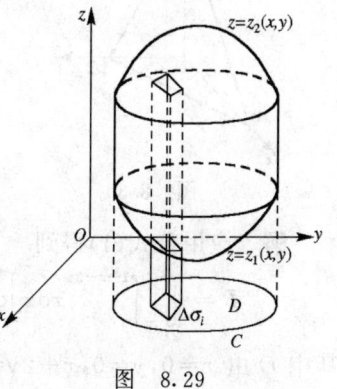

图 8.29

$$\int_{z_1(x_i,y_i)}^{z_2(x_i,y_i)} f(x_i,y_i,z)\Delta\sigma_i dz$$

是 Δv_i 的质量的近似值.当 $\|\Delta\sigma\|$ 趋于零时,所有 $\Delta v_i(i=1,\cdots,n)$

的质量的近似值之和的极限

$$\lim_{\|\Delta\sigma\|\to 0}\sum_{i=1}^{n}\int_{z_1(x_i,y_i)}^{z_2(x_i,y_i)}f(x_i,y_i,z)\mathrm{d}z\Delta\sigma_i$$

就是物体的质量,即

$$\iiint_{\Omega}f(x,y,z)\mathrm{d}v=\iint_{D}\left[\int_{z_1(x,y)}^{z_2(x,y)}f(x,y,z)\mathrm{d}z\right]\mathrm{d}\sigma.$$

下面是几个应用公式(1)的例子.

例1 计算三重积分 $I=\iiint_{\Omega}x\mathrm{d}x\mathrm{d}y\mathrm{d}z$,其中 Ω 是由三个坐标平面与平面 $x+2y+z=1$ 所围成的区域(图 8.30).

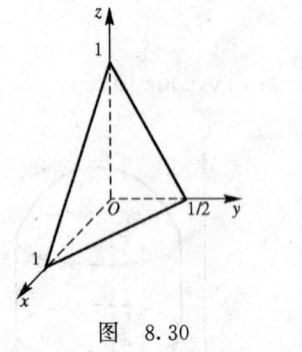

图 8.30

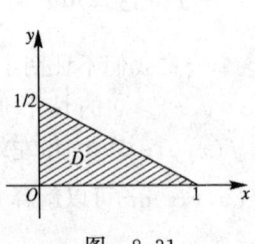

图 8.31

解 应用公式(1)得到

$$I=\iint_{D}\left[\int_{0}^{1-x-2y}x\mathrm{d}z\right]\mathrm{d}\sigma=\iint_{D}x(1-x-2y)\mathrm{d}\sigma,$$

其中 D 由 $x=0,y=0,x+2y=1$ 所围(图 8.31). 因为 D: $0\leqslant y\leqslant 1/2, 0\leqslant x\leqslant 1-2y$,所以

$$\begin{aligned}I&=\int_{0}^{\frac{1}{2}}\mathrm{d}y\int_{0}^{1-2y}(x-x^2-2xy)\mathrm{d}x\\&=\int_{0}^{\frac{1}{2}}\left[\frac{x^2}{2}-\frac{x^3}{3}-x^2y\right]_{0}^{1-2y}\mathrm{d}y\\&=\int_{0}^{\frac{1}{2}}(1-2y)^2\left[\frac{1}{2}-\frac{1-2y}{3}-y\right]\mathrm{d}y\end{aligned}$$

$$= \int_0^{\frac{1}{2}} \frac{1}{6}(1-2y)^3 dy = -\frac{1}{48}(1-2y)^4 \Big|_0^{\frac{1}{2}} = \frac{1}{48}.$$

例 2 物体占据空间区域 Ω(Ω 为本段开始时所述的区域),求此物体的体积 V.

解 因为此物体之体积的数值等于占据此空间区域而密度均匀,且为 1 的物体质量的数值. 所以

$$V = \iiint_\Omega 1 \cdot dv = \iint_D \Big[\int_{z_1(x,y)}^{z_2(x,y)} 1 dz\Big] d\sigma$$

$$= \iint_D [z_2(x,y) - z_1(x,y)] d\sigma.$$

由此可见,体积也可以用三重积分来表示,而所得结果与在二重积分中所得一致.

例 3 计算 $I = \iiint_\Omega (x^2+y^2) dv$,$\Omega$ 是由 $x^2+y^2=2z, z=2$ 所围成的区域(图 8.32).

解 应用公式(1)得

$$I = \iint_D \Big[\int_{\frac{x^2+y^2}{2}}^{2} (x^2+y^2) dz\Big] d\sigma$$

$$= \iint_D (x^2+y^2)\Big(2 - \frac{x^2+y^2}{2}\Big) d\sigma,$$

其中 D 是空间区域 Ω 在 Oxy 平面上的投影. 因为 D 的边界是空间曲线 $\begin{cases} x^2+y^2=2z \\ z=2 \end{cases}$,在 Oxy 平面上的投影,是曲线 $x^2+y^2=4$,所以 D 为区域 $x^2+y^2 \leqslant 4$. 采用极坐标计算此二重积分,

$$I = \int_0^{2\pi} d\theta \int_0^2 r^2\Big(2 - \frac{r^2}{2}\Big) r dr$$

$$= 2\pi\Big[\frac{r^4}{2} - \frac{r^6}{12}\Big]_0^2 = 2\pi\Big(8 - \frac{16}{3}\Big) = \frac{16}{3}\pi.$$

例 4 求 $I = \iiint_\Omega z dv$,其中 Ω 是锥面 $z = \sqrt{x^2+y^2}$ 与上半球面

$z=\sqrt{R^2-x^2-y^2}$ 所围成的区域(图 8.33).

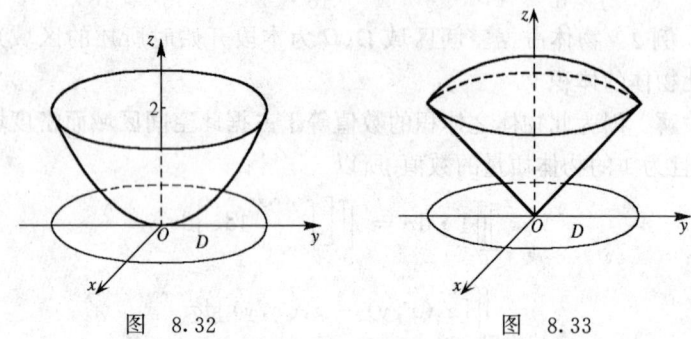

图 8.32　　　　　　　　　图 8.33

解 应用公式(1)得

$$I = \iint_D \left[\int_{\sqrt{x^2+y^2}}^{\sqrt{R^2-x^2-y^2}} z\,dz \right] d\sigma = \iint_D \left(\frac{R^2}{2} - x^2 - y^2 \right) d\sigma,$$

其中 D 是空间区域 Ω 在 Oxy 平面上的投影. 为求出 D, 联立两空间曲面方程,消去其中的 z, 得到两曲面交线在 Oxy 平面上的投影曲线 $x^2+y^2=R^2/2$, 所以 D 为区域 $x^2+y^2 \leqslant R^2/2$.

采用极坐标计算此二重积分. 因为 $D: 0 \leqslant \theta \leqslant 2\pi, 0 \leqslant r \leqslant \frac{R}{\sqrt{2}}$, 所以

$$I = \int_0^{2\pi} d\theta \int_0^{\frac{R}{\sqrt{2}}} \left(\frac{R^2}{2} - r^2 \right) r\,dr = \frac{\pi}{8} R^4.$$

上面四个例子中的三重积分的计算都是应用前面的公式(1)化为先计算一个定积分,再计算一个二重积分. 下面的公式(2)将三重积分的计算化为:先计算一个二重积分,再计算一个定积分.

若空间区域 Ω 界于平面 $z=a$ 与 $z=b(a<b)$ 之间,平面 $z=z_0$ ($a \leqslant z_0 \leqslant b$) 与 Ω 之交为平面区域 $D(z_0)$ (图 8.34),则

$$\iiint_\Omega f(x,y,z)\,dv = \int_a^b \left[\iint_{D(z)} f(x,y,z)\,dx\,dy \right] dz. \tag{2}$$

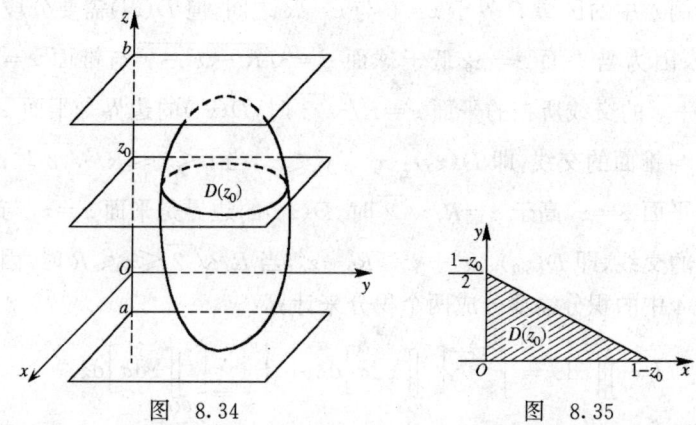

图 8.34　　　　　　　图 8.35

如例 1 中的 Ω 界于 $z=0$ 与 $z=1$ 之间,平面 $z=z_0$ 与 Ω 之交 $D(z_0)$ 是平面 $z=z_0$ 上的区域,由直线 $x=0, y=0$ 与 $x+2y=1-z_0$ 所围(图 8.35).所以

$$I = \iiint_\Omega x \mathrm{d}v = \int_0^1 \Big[\iint_{D(z)} x \mathrm{d}x \mathrm{d}y \Big] \mathrm{d}z.$$

因为 $D(z)$: $0 \leqslant x \leqslant 1-z, 0 \leqslant y \leqslant \dfrac{1-z-x}{2}$,所以

$$I = \int_0^1 \Big[\int_0^{1-z} \mathrm{d}x \int_0^{\frac{1-z-x}{2}} x \mathrm{d}y \Big] \mathrm{d}z = \int_0^1 \Big[\int_0^{1-z} x \Big(\frac{1-z-x}{2} \Big) \mathrm{d}x \Big] \mathrm{d}z$$

$$= \int_0^1 \frac{(1-z)^3}{12} \mathrm{d}z = \frac{1}{48}.$$

又如例 3 中的区域 Ω 界于 $z=0$ 与 $z=2$ 之间, $z=z_0$ 交 Ω 得区域 $D(z_0)$: $x^2+y^2 \leqslant 2z_0$. 所以

$$I = \iiint_\Omega (x^2+y^2) \mathrm{d}v = \int_0^2 \Big[\iint_{D(z)} (x^2+y^2) \mathrm{d}x \mathrm{d}y \Big] \mathrm{d}z,$$

取极坐标系计算其中的二重积分,因为 $D(z)$: $0 \leqslant \theta \leqslant 2\pi, 0 \leqslant r \leqslant \sqrt{2z}$,所以

$$I = \int_0^2 \Big[\int_0^{2\pi} \mathrm{d}\theta \int_0^{\sqrt{2z}} r^2 r \mathrm{d}r \Big] \mathrm{d}z = \int_0^2 2\pi \frac{(2z)^2}{4} \mathrm{d}z = \frac{16}{3}\pi.$$

例 4 中的区域 Ω 界于 $z=0$ 与 $z=R$ 之间,但 $D(z_0)$ 需要分段表示,因为当平面 $z=z_0$ 低于球面 $z=\sqrt{R^2-x^2-y^2}$ 与锥面 $z=\sqrt{x^2+y^2}$ 的交线所在的平面 $z=R/\sqrt{2}$ 时,$D(z_0)$ 的边界是平面 $z=z_0$ 与锥面的交线,即 $D(z_0): x^2+y^2 \leqslant z_0^2$,当 $0 \leqslant z_0 \leqslant R/\sqrt{2}$ 时;而当平面 $z=z_0$ 高于 $z=R/\sqrt{2}$ 时,$D(z_0)$ 的边界是平面 $z=z_0$ 与球面的交线,即 $D(z_0): x^2+y^2 \leqslant R^2-z_0^2$,当 $R/\sqrt{2} \leqslant z_0 \leqslant R$ 时. 因此例 4 中的积分需要分成两个积分来计算:

$$I = \iiint\limits_{\Omega} z \mathrm{d}v = \int_0^{\frac{R}{\sqrt{2}}} \Big[\iint\limits_{D(z)} z \mathrm{d}\sigma\Big] \mathrm{d}z + \int_{\frac{R}{\sqrt{2}}}^R \Big[\iint\limits_{D(z)} z \mathrm{d}\sigma\Big] \mathrm{d}z$$

$$= \int_0^{\frac{R}{\sqrt{2}}} z \Big[\iint\limits_{D(z)} 1 \mathrm{d}\sigma\Big] \mathrm{d}z + \int_{\frac{R}{\sqrt{2}}}^R z \Big[\iint\limits_{D(z)} 1 \mathrm{d}\sigma\Big] \mathrm{d}z$$

$$= \int_0^{\frac{R}{\sqrt{2}}} z \pi z^2 \mathrm{d}z + \int_{\frac{R}{\sqrt{2}}}^R z \pi (R^2 - z^2) \mathrm{d}z = \frac{\pi}{8} R^4.$$

3. 在柱坐标系与球坐标系中三重积分的计算

我们知道,为使二重积分的计算比较简便,有时需采用极坐标. 下面我们介绍柱坐标与球坐标,适当地采用它们也可以简化三重积分的计算.

(1) 柱坐标系

设 M 为空间中一点,它在 Oxy 平面上的投影点 P 的极坐标为 (r,θ),它的立标是 z,则称数组 (r,θ,z) 为点 M 的**柱坐标**(图 8.36). 也就是说,r 是点 M 与 z 轴的距离,θ 是过点 M 与 z 轴的半平面与 Oxz 平面的夹角,z 就是点 M 在直角坐标系中的立标. 因此,M 取遍空间一切点时,对应的 r,θ,z 的变化范围是

$$0 \leqslant r < +\infty, \quad 0 \leqslant \theta < 2\pi, \quad -\infty < z < +\infty.$$

在柱坐标系中,$r=$ 常数是以 z 轴为轴的圆柱面;$\theta=$ 常数是过 z 轴的半平面;$z=$ 常数是与 Oxy 平面平行的平面. 不难看出,点 M 的

直角坐标(x,y,z)与柱坐标(r,θ,z)的关系为：
$$\begin{cases} x = r\cos\theta, \\ y = r\sin\theta, \\ z = z. \end{cases}$$

现在采用柱坐标系计算三重积分
$$\iiint_{\Omega} f(x,y,z)\mathrm{d}v.$$

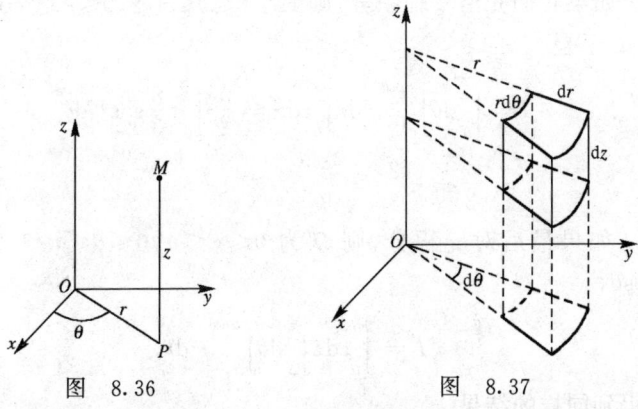

图 8.36   图 8.37

为此先求柱坐标系中的体积元素 $\mathrm{d}v$，考虑由 r,θ,z 各取微小增量 $\mathrm{d}r,\mathrm{d}\theta,\mathrm{d}z$ 所成的柱体(图 8.37)．它的体积等于高与底面积之乘积，现在高为 $\mathrm{d}z$，略去高阶无穷小后底面积为 $r\mathrm{d}r\mathrm{d}\theta$，故体积元素 $\mathrm{d}v = r\mathrm{d}r\mathrm{d}\theta\mathrm{d}z$. 因此

$$\iiint_{\Omega} f(x,y,z)\mathrm{d}v = \iiint_{\Omega'} f(r\cos\theta, r\sin\theta, z) r\mathrm{d}r\mathrm{d}\theta\mathrm{d}z,$$

其中 $\Omega' = \{(r,\theta,z) \mid (r\cos\theta, r\sin\theta, z) \in \Omega\}$.

例 5　计算 $I = \iiint_{\Omega} z\sqrt{x^2+y^2}\,\mathrm{d}v$，其中 Ω 是由 $y=0, y=\sqrt{2x-x^2}$ 与 $z=0, z=a(a>0)$ 所围成的区域(图 8.38)．采用柱坐标，就有

$$I = \iiint_{\Omega} z \cdot r \cdot r \mathrm{d}r \mathrm{d}\theta \mathrm{d}z.$$

因为柱坐标系就是在平面极坐标系的极点处竖一根 z 轴,所以在柱坐标系中计算三重积分时可以类似于在直角坐标系中,或者先沿 z 轴积分,然后积过 (r,θ) 面上 Ω 的投影区域;或者先求出在 Oz 轴上截距为 z,且平行于 (r,θ) 面的平面与 Ω 交得的区域 $D(z)$,然后再积过 Ω 在 z 轴上的投影区间.

如果我们先沿 z 轴积分,则 Ω': $0 \leqslant \theta \leqslant \pi/2, 0 \leqslant r \leqslant 2\cos\theta, 0 \leqslant z \leqslant a$. 于是

$$I = \int_0^{\frac{\pi}{2}} \mathrm{d}\theta \int_0^{2\cos\theta} r^2 \mathrm{d}r \int_0^a z\mathrm{d}z = \frac{a^2}{2} \int_0^{\frac{\pi}{2}} \frac{8}{3} \cos^3\theta \mathrm{d}\theta$$
$$= \frac{4}{3}a^2 \cdot \frac{2}{3} = \frac{8}{9}a^2.$$

如果最后对 z 积分,则 Ω' 为 $0 \leqslant z \leqslant a, 0 \leqslant \theta \leqslant \pi/2, 0 \leqslant r \leqslant 2\cos\theta$,

$$I = \int_0^a z\mathrm{d}z \int_0^{\frac{\pi}{2}} \mathrm{d}\theta \int_0^{2\cos\theta} r^2 \mathrm{d}r$$

也得到同样的结果.

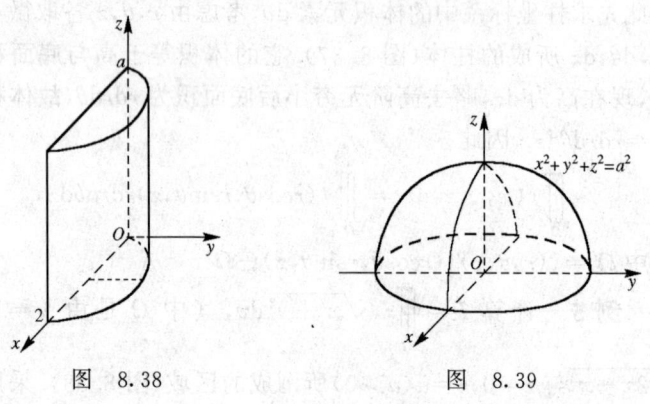

图 8.38　　　　　　图 8.39

例 6　计算 $I = \iiint_{\Omega} z\mathrm{d}v$,其中 Ω 是由 $x^2 + y^2 + z^2 \leqslant a^2, z \geqslant 0$ 所

围成的区域(图 8.39).

解 采用柱坐标

$$I = \iiint\limits_{\Omega} zr\mathrm{d}r\mathrm{d}\theta\mathrm{d}z.$$

如果先对 z 积分,则 Ω' 为 $0 \leqslant \theta \leqslant 2\pi, 0 \leqslant r \leqslant a, 0 \leqslant z \leqslant \sqrt{a^2-r^2}$. 于是

$$I = \int_0^{2\pi}\mathrm{d}\theta\int_0^a r\mathrm{d}r\int_0^{\sqrt{a^2-r^2}} z\mathrm{d}z = 2\pi\int_0^a \frac{1}{2}(a^2-r^2)r\mathrm{d}r$$
$$= -\frac{\pi}{4}(a^2-r^2)^2\Big|_0^a = \frac{\pi}{4}a^4.$$

如果最后对 z 积分,则 Ω 为 $0 \leqslant z \leqslant a, 0 \leqslant \theta \leqslant 2\pi, 0 \leqslant r \leqslant \sqrt{a^2-z^2}$.

$$I = \int_0^a z\mathrm{d}z\int_0^{2\pi}\mathrm{d}\theta\int_0^{\sqrt{a^2-z^2}} r\mathrm{d}r = \frac{\pi}{4}a^4.$$

例 7 设 Ω 为由抛物面 $az = x^2+y^2 (a>0)$ 与锥面 $z = \sqrt{x^2+y^2}$ 所围之区域,求 Ω 的体积 V(图 8.40).

解 采用柱坐标,所求体积

$$V = \iiint\limits_{\Omega} r\mathrm{d}r\mathrm{d}\theta\mathrm{d}z.$$

如果先对 z 求积分,则 Ω' 为 $0 \leqslant \theta \leqslant 2\pi, 0 \leqslant r \leqslant a, r^2/a \leqslant z \leqslant r$,

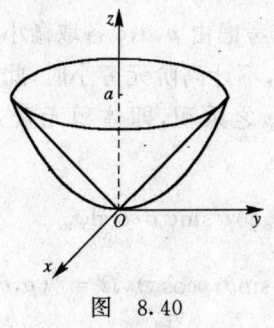

图 8.40

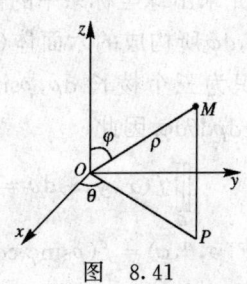

图 8.41

$$V = \int_0^{2\pi} d\theta \int_0^a r dr \int_{\frac{r^2}{a}}^r dz = 2\pi \int_0^a r\left(r - \frac{r^2}{a}\right) dr = \frac{\pi}{6} a^3.$$

如果最后对 z 积分,则 Ω' 为 $0 \leqslant z \leqslant a, 0 \leqslant \theta \leqslant 2\pi, z \leqslant r \leqslant \sqrt{az}$.

$$V = \int_0^a dz \int_0^{2\pi} d\theta \int_z^{\sqrt{az}} r dr = \int_0^a 2\pi \frac{1}{2} (az - z^2) dz = \frac{\pi}{6} a^3.$$

(2) **球坐标系**

设 M 为空间中一点,令 ρ 表示点 M 到原点的距离,θ 表示过点 M 与 z 轴的半平面与 Oxz 平面的夹角,φ 表示 z 轴与向量 $\overrightarrow{OM}$ 的夹角(图 8.41),则称数组 (ρ, θ, φ) 为点 M 的**球坐标**.当 M 取遍空间中一切点时,对应的 ρ, θ, φ 的变化范围是

$$0 \leqslant \rho < +\infty, \quad 0 \leqslant \theta < 2\pi, \quad 0 \leqslant \varphi \leqslant \pi.$$

在球坐标系中,$\rho=$ 常数是以原点为心的球面;$\theta=$ 常数是过 z 轴的半平面;$\varphi=$ 常数是以原点为顶点,z 轴为对称轴的圆锥面.

不难看出(见图 8.41),点 M 的直角坐标 (x, y, z) 与球坐标 (ρ, θ, φ) 的关系为:

$$x = OP\cos\theta = \rho \sin\varphi \cos\theta,$$
$$y = OP\sin\theta = \rho \sin\varphi \sin\theta,$$
$$z = \rho \cos\varphi.$$

现在采用球坐标计算三重积分

$$\iiint_\Omega f(x, y, z) dv.$$

为此,先求出球坐标系中的体积元素.考虑由 ρ, θ, φ 各取微小增量 $d\rho, d\theta, d\varphi$ 所构成的六面体(图 8.42),不计高阶无穷小时,此六面体体积为三个棱长 $d\rho, \rho\sin\varphi d\theta, \rho d\varphi$ 之乘积,即体积元素 $dv = \rho^2 \sin\varphi d\rho d\theta d\varphi$. 因此

$$\iiint_\Omega f(x, y, z) dv = \iiint_{\Omega'} F(\rho, \theta, \varphi) \rho^2 \sin\varphi d\rho d\theta d\varphi,$$

其中 $F(\rho, \theta, \varphi) = f(\rho\sin\varphi \cos\theta, \rho\sin\varphi \sin\theta, \rho\cos\varphi), \Omega' = \{(\rho, \theta, \varphi) \mid (\rho\sin\varphi \cos\theta, \rho\sin\varphi \sin\theta, \rho\cos\varphi) \in \Omega\}$.

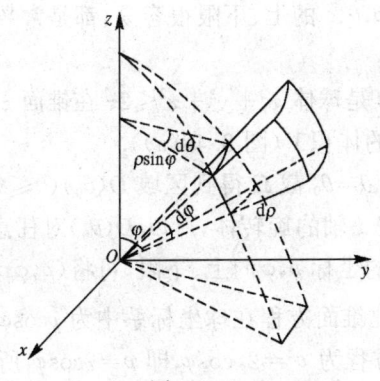

图 8.42

例 8 若 Ω 是以原点为心,a 为半径的球,则 Ω' 为 $0 \leqslant \varphi \leqslant \pi$, $0 \leqslant \theta \leqslant 2\pi, 0 \leqslant \rho \leqslant a$,

$$\iiint\limits_{\Omega} f(x,y,z) dv$$

$$= \int_0^\pi \sin\varphi\, d\varphi \int_0^{2\pi} d\theta \int_0^a f(\rho\sin\varphi\cos\theta, \rho\sin\varphi\sin\theta, \rho\cos\varphi) \rho^2 d\rho.$$

下面求以 a 为半径的球的体积 V. 为此,令 $f(x,y,z)=1$,得

$$V = \int_0^\pi \sin\varphi\, d\varphi \int_0^{2\pi} d\theta \int_0^a \rho^2 d\rho = [-\cos\varphi]_0^\pi \cdot 2\pi \cdot \frac{a^3}{3} = \frac{4}{3}\pi a^3.$$

这是我们所熟知的结果.

例 9 采用球坐标计算例 6 中的积分 $I = \iiint\limits_{\Omega} z\, dv$,这里 Ω 是由 $x^2+y^2+z^2 \leqslant a^2, z \geqslant 0$ 所围成的区域.

解 在球坐标系下所求积分变为 $I = \iiint\limits_{\Omega} \rho\cos\varphi \cdot \rho^2 \sin\varphi\, d\rho d\theta d\varphi$.

因为 Ω' 是 $0 \leqslant \varphi \leqslant \frac{\pi}{2}, 0 \leqslant \theta \leqslant 2\pi, 0 \leqslant \rho \leqslant a$,所以

$$I = \int_0^{\frac{\pi}{2}} \cos\varphi \sin\varphi\, d\varphi \int_0^{2\pi} d\theta \int_0^a \rho^3 d\rho = \left[\frac{1}{2}\sin^2\varphi\right]_0^{\frac{\pi}{2}} \cdot 2\pi \cdot \frac{a^4}{4} = \frac{\pi}{4}a^4.$$

以上两个例子中的区域 Ω 都是由球坐标系中的坐标面所围

成的,所以确定 ρ,θ,φ 的上、下限很容易,都是常数.下面再看一个例子.

例 10 设 Ω 是球体 $x^2+y^2+z^2 \leqslant 2z$ 在锥面 $z=\sqrt{3x^2+3y^2}$ 上方的部分,求 Ω 的体积 V(图 8.43(a)).

解 用平面 $\theta=\theta_0$ 截 Ω 得到区域 $D(\theta_0)$ ($0 \leqslant \theta_0 \leqslant 2\pi$)(图 8.43(b)).(因 Ω 是绕 z 轴的旋转体,所以 $D(\theta_0)$ 对任意 θ_0 都一样).为确定 $D(\theta_0)$ 中点的坐标 ρ,φ 的上、下限,可将 (ρ,φ) 看做是以 z 轴为极轴的极坐标.此锥面方程在球坐标系中为 $\rho\cos\varphi = \sqrt{3}\rho\sin\varphi$,即 $\varphi=\pi/6$,而球面方程为 $\rho^2=2\rho\cos\varphi$,即 $\rho=2\cos\varphi$,所以 $D(\theta_0)$ 为 $0 \leqslant \varphi \leqslant \pi/6$, $0 \leqslant \rho \leqslant 2\cos\varphi$(由此也可知 $D(\theta_0)$ 与 θ_0 无关).于是 Ω' 为 $0 \leqslant \theta \leqslant 2\pi$, $0 \leqslant \varphi \leqslant \pi/6$, $0 \leqslant \rho \leqslant 2\cos\varphi$.故所求之体积

$$V = \iiint_\Omega \rho^2\sin\varphi \, d\rho d\theta d\varphi = \int_0^{2\pi} d\theta \int_0^{\frac{\pi}{6}} \sin\varphi \, d\varphi \int_0^{2\cos\varphi} \rho^2 d\rho$$

$$= 2\pi \int_0^{\frac{\pi}{6}} \frac{8}{3}\cos^3\varphi \sin\varphi \, d\varphi = \frac{7\pi}{12}.$$

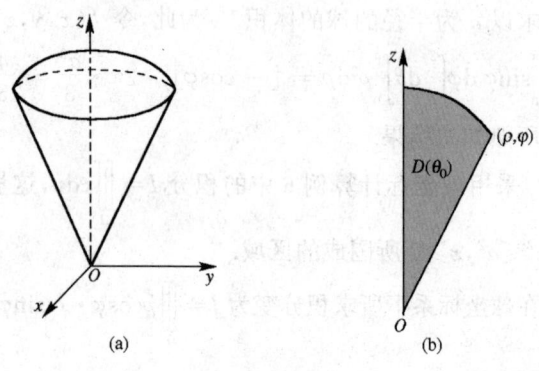

图 8.43

三重积分中也有与二重积分类似的一般变量替换公式,它超出教学大纲,供选用.

设函数 $f(x,y,z)$ 在有界闭区域 Ω 上连续,如果变量替换

$$\begin{cases} x = x(u,v,w), \\ y = y(u,v,w), \\ z = z(u,v,w) \end{cases}$$

满足下列三个条件：

(i) 将 uvw 空间中的区域 Ω' 一一对应地变为 Ω；

(ii) 变换函数 $x(u,v,w), y(u,v,w), z(u,v,w)$ 在 Ω' 上连续且有连续的一阶偏微商；

(iii) 雅可比行列式 $J(u,v,w) = \dfrac{\mathrm{D}(x,y,z)}{\mathrm{D}(u,v,w)}$ 在 Ω' 上不取零值，

则有换元公式

$$\iiint_\Omega f(x,y,z)\mathrm{d}x\mathrm{d}y\mathrm{d}z$$

$$= \iiint_{\Omega'} f(x(u,v,w),y(u,v,w),z(u,v,w))|J|\mathrm{d}u\mathrm{d}v\mathrm{d}w.$$

与二重积分的变量替换公式一样，保证公式成立的三个条件也可以稍稍放宽.

下面计算柱坐标变换与球坐标变换的雅可比行列式.

柱坐标变换为

$$\begin{cases} x = r\cos\theta, \\ y = r\sin\theta, \\ z = z, \end{cases}$$

所以其雅可比行列式

$$J = \frac{\mathrm{D}(x,y,z)}{\mathrm{D}(r,\theta,z)} = \begin{vmatrix} \cos\theta & -r\sin\theta & 0 \\ \sin\theta & r\cos\theta & 0 \\ 0 & 0 & 1 \end{vmatrix} = r,$$

除去 $r=0$，即除 z 轴之外 $J \neq 0$.

球坐标变换为

$$\begin{cases} x = \rho\sin\varphi\cos\theta, \\ y = \rho\sin\varphi\sin\theta, \\ z = \rho\cos\varphi, \end{cases}$$

其雅可比行列式

$$J = \frac{D(x,y,z)}{D(\rho,\varphi,\theta)} = \begin{vmatrix} \sin\varphi\cos\theta & \rho\cos\varphi\cos\theta & -\rho\sin\varphi\sin\theta \\ \sin\varphi\sin\theta & \rho\cos\varphi\sin\theta & \rho\sin\varphi\cos\theta \\ \cos\varphi & -\rho\sin\varphi & 0 \end{vmatrix}$$

$$= \rho^2\sin\varphi,$$

除去在 $\rho=0, \varphi=0, \pi$ 之外,即除去 z 轴之外,$J \neq 0$.

柱坐标变换与球坐标变换满足放宽后的条件. 故在这两种变换下的变换公式,是一般变换公式的两种特殊情况.

例 11 求三重积分 $I = \iiint\limits_{\Omega}(x^2+y^2+z^2)\mathrm{d}v$,其中积分区域 Ω: $\frac{x^2}{a^2}+\frac{y^2}{b^2}+\frac{z^2}{c^2} \leqslant 1 \ (a>0, b>0, c>0)$.

解 积分区域 Ω 关于 xy 平面,yz 平面与 zx 平面都对称,被积函数对 x,对 y,对 z 都是偶函数,所以

$$I = 8\iiint\limits_{\Omega_1}(x^2+y^2+z^2)\mathrm{d}v$$

其中 Ω_1 是 Ω 在第一卦限中的部分,即 Ω_1: $\frac{x^2}{a^2}+\frac{y^2}{b^2}+\frac{z^2}{c^2} \leqslant 1, x\geqslant 0, y\geqslant 0, z\geqslant 0$. 作广义球坐标变换

$$\begin{cases} x = a\rho\sin\varphi\cos\theta \\ y = b\rho\sin\varphi\sin\theta \\ z = c\rho\cos\varphi, \end{cases}$$

它将区域 Ω_1': $0\leqslant\theta\leqslant\frac{\pi}{2}, 0\leqslant\varphi\leqslant\frac{\pi}{2}, 0\leqslant\rho\leqslant 1$,变换为区域 Ω_1,又有雅可比行列式 $J=\frac{D(x,y,z)}{D(\rho,\varphi,\theta)}=abc\rho^2\sin\varphi$,根据变换公式有

$$I = 8\int_0^{\frac{\pi}{2}}\mathrm{d}\theta\int_0^{\frac{\pi}{2}}\mathrm{d}\varphi\int_0^1 \rho^2(a^2\sin^2\varphi\cos^2\theta + b^2\sin^2\varphi\sin^2\theta$$
$$+ c^2\cos^2\varphi)abc\rho^2\sin\varphi\,\mathrm{d}\rho$$

$$= \frac{8}{5}abc\int_0^{\frac{\pi}{2}}\mathrm{d}\theta\int_0^{\frac{\pi}{2}}(a^2\sin^3\varphi\cos^2\theta + b^2\sin^3\varphi\sin^2\theta$$

$$+ c^2\cos^2\varphi\sin\varphi)\mathrm{d}\varphi$$
$$= \frac{4\pi}{15}abc(a^2 + b^2 + c^2).$$

此题还可以如下地求解：作变换
$$\begin{cases} x = au, \\ y = bv, \\ z = cw. \end{cases}$$

它将 $\Omega': u^2 + v^2 + w^2 \leqslant 1$ 变换为 $\Omega: \frac{x^2}{a^2} + \frac{y^2}{b^2} + \frac{z^2}{c^2} \leqslant 1$，又 $J = \frac{\mathrm{D}(x,y,z)}{\mathrm{D}(u,v,w)} = abc$，于是

$$I = \iiint\limits_{\Omega'} (a^2u^2 + b^2v^2 + c^2w^2)abc\,\mathrm{d}u\mathrm{d}v\mathrm{d}w.$$

先来计算积分 $I_w = \iiint\limits_{\Omega'} w^2\mathrm{d}u\mathrm{d}v\mathrm{d}w$. 采用球坐标系得

$$I_w = \int_0^{2\pi}\mathrm{d}\theta\int_0^{\pi}\mathrm{d}\varphi\int_0^1 \rho^2\cos^2\varphi\rho^2\sin\varphi\,\mathrm{d}\rho = \frac{2\pi}{5}\int_0^{\pi}\cos^2\varphi\sin\varphi\,\mathrm{d}\varphi = \frac{4\pi}{15}.$$

显然
$$\iiint\limits_{\Omega'} u^2\mathrm{d}u\mathrm{d}v\mathrm{d}w = \iiint\limits_{\Omega'} v^2\mathrm{d}u\mathrm{d}v\mathrm{d}w = I_w,$$

所以
$$I = \frac{4\pi}{15}abc(a^2 + b^2 + c^2).$$

三重积分计算量较大，更应该注意积分区域、被积函数等的各种对称性，以简化计算. 例如上面两种解法分别应用了不同的对称性. 又若改上面的积分中的被积函数为 $x^3 + y^3 + z^3$，即求积分 $\iiint\limits_{\Omega}(x^3 + y^3 + z^3)\mathrm{d}v, \Omega: \frac{x^2}{a^2} + \frac{y^2}{b^2} + \frac{z^2}{c^2} \leqslant 1$，则应立刻回答：其值为零.

习 题 8.2

计算下列三重积分：

1. $\iiint\limits_{\Omega} xy\mathrm{d}v, \Omega$ 是 $z = xy, z = 0, x + y = 1$ 所围成的区域.

2. $\iiint\limits_{\Omega} \dfrac{\mathrm{d}x\mathrm{d}y\mathrm{d}z}{(x+y+z+1)^3}$,$\Omega$ 是由 $x\geqslant 0,y\geqslant 0,z\geqslant 0,x+y+z\leqslant 1$ 所围成的区域.

3. $\iiint\limits_{\Omega} y\cos(z+x)\mathrm{d}x\mathrm{d}y\mathrm{d}z$,$\Omega$ 是 $y=\sqrt{x}$,$y=0,z=0,x+z=\dfrac{\pi}{2}$ 围成的区域.

4. $\iiint\limits_{\Omega} xy^2z^3\mathrm{d}x\mathrm{d}y\mathrm{d}z$,$\Omega$ 是 $z=xy,y=x,x=1,z=0$ 围成的区域.

5. $\iiint\limits_{\Omega} xyz\mathrm{d}x\mathrm{d}y\mathrm{d}z$,$\Omega$ 是 $x^2+y^2+z^2\leqslant 1,x\leqslant 0,y\geqslant 0,z\geqslant 0$ 所围成的区域.

6. $\iiint\limits_{\Omega} \sqrt{x^2+y^2}\mathrm{d}x\mathrm{d}y\mathrm{d}z$,$\Omega$ 是区域:$x^2+y^2\leqslant z^2,z\leqslant 1$.

7. $\iiint\limits_{\Omega} x^2y^2z\mathrm{d}v$,$\Omega$ 是由 $2z=x^2+y^2,z=2$ 所围成的区域.

8. $\iiint\limits_{\Omega} \dfrac{1}{\sqrt{x^2+y^2+z^2}}\mathrm{d}v$,$\Omega$ 是区域 $x^2+y^2+z^2\leqslant 2az$.

9. $\iiint\limits_{\Omega} \sqrt{x^2+y^2+z^2}\mathrm{d}x\mathrm{d}y\mathrm{d}z$,$\Omega$ 是区域 $x^2+y^2+z^2\leqslant z$.

10. $\iiint\limits_{\Omega} (x^2+y^2)\mathrm{d}x\mathrm{d}y\mathrm{d}z$,$\Omega$ 是区域 $x^2+y^2\leqslant 2z,z\leqslant 2$.

11. $\iiint\limits_{\Omega} (x^2+y^2)\mathrm{d}x\mathrm{d}y\mathrm{d}z$,$\Omega$ 是区域 $a^2\leqslant x^2+y^2+z^2\leqslant b^2,z\geqslant 0$.

12. $\iiint\limits_{\Omega} \dfrac{\mathrm{d}x\mathrm{d}y\mathrm{d}z}{\sqrt{x^2+y^2+(z-2)^2}}$,$\Omega$ 是区域 $x^2+y^2\leqslant 1,-1\leqslant z\leqslant 1$.

13. $\iiint\limits_{\Omega} \dfrac{\mathrm{d}x\mathrm{d}y\mathrm{d}z}{\sqrt{x^2+y^2+(z-2)^2}}$,$\Omega$ 是区域 $x^2+y^2+z^2\leqslant 1$.

14. $\iiint\limits_{\Omega} z^2 dv$, Ω: $x^2+y^2+z^2 \leqslant R^2, x^2+y^2 \leqslant Rx$ $(R>0)$.

15. $\iiint\limits_{\Omega}(x+y+z)dv$, Ω: $x^2+y^2+z^2 \leqslant 2az, \sqrt{x^2+y^2} \leqslant z (a>0)$.

16. $\iiint\limits_{\Omega} \dfrac{2xy}{x^2+y^2+z^2}dv$, Ω: $x^2+y^2+z^2 \leqslant 2a^2, az \geqslant x^2+y^2$ $(a>0)$.

17. 求下列区域之体积：

(1) 区域由曲面 $x^2+y^2=az$ 与 $z=2a-\sqrt{x^2+y^2}$ $(a>0)$ 所围；

*(2) 区域为 $\dfrac{x^2}{a^2}+\dfrac{y^2}{b^2}+\dfrac{z^2}{c^2} \leqslant 2, \dfrac{y^2}{b^2}+\dfrac{z^2}{c^2} \leqslant \dfrac{x}{a}$ $(a>0)$；

(3) 区域由曲面 $y^2=a^2-az, x^2+y^2=ax, z=0$ $(a>0)$ 所围；

(4) 区域由柱面 $x^2+y^2=a^2, y^2+z^2=a^2$ 与 $z^2+x^2=a^2$ 所围.

18. 求球体 $x^2+y^2+z^2 \leqslant 4z$ 被曲面 $z=4-x^2-y^2$ 所分成的两部分的体积之比.

19. 用柱坐标与球坐标将积分 $\iiint\limits_{\Omega} f(\sqrt{x^2+y^2+z^2})dv$ 表成累次积分，其中 Ω 为球体 $x^2+y^2+z^2 \leqslant z$ 在锥面 $z=\sqrt{3x^2+3y^2}$ 上方的部分.

20. 化积分 $\int_0^a dx \int_0^x dy \int_0^y f(z)dz$ 为定积分.

*21. 计算 $\iiint\limits_{\Omega}(x+y+z)dv$，其中 Ω: $(x-a)^2+(y-b)^2+(z-c)^2 \leqslant R^2$.

*22. 计算 $\iiint\limits_{\Omega}(x+1)(y+1)dv$，其中 Ω: $\dfrac{x^2}{a^2}+\dfrac{y^2}{b^2}+\dfrac{z^2}{c^2} \leqslant 1$.

*23. 计算 $\iiint\limits_{\Omega}(x^2y+3xyz)dv$，其中 Ω: $1 \leqslant x \leqslant 2, 0 \leqslant xy \leqslant 2, 0 \leqslant z \leqslant 1$.

§3 重积分的应用

前面已经应用重积分计算过平面区域的面积、空间区域的体积,还有密度不均匀的物体的质量等.下面再来讲重积分的几种应用.事实上,凡是可以通过分割、替代、求和、取极限求得的量,就都可以应用积分来求,被分割的是平面区域时,是二重积分;被分割的是空间区域时,是三重积分.

1. 曲面的面积

设一曲面,其方程为 $z=f(x,y)$,在 xy 平面上的投影是区域 D,又设曲面光滑,即设 f_x, f_y 在 D 上连续,求其面积 S.

为此,先分割区域 D 为 n 块小区域: $\Delta\sigma_1, \Delta\sigma_2, \cdots, \Delta\sigma_n$. 再以 $\Delta\sigma_i$ 的边界曲线为准线,母线平行于 z 轴竖起柱面,截得曲面上之一小块曲面,其面积记作 $\Delta S_i (i=1,2,\cdots,n)$. 显然,所求之曲面面积 $S = \sum_{i=1}^{n} \Delta S_i$.

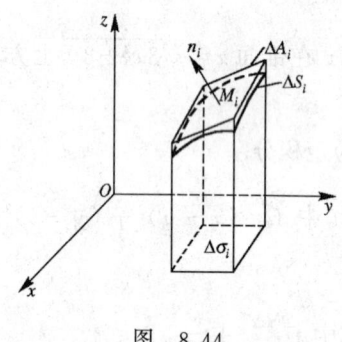

图 8.44

然后,在 $\Delta\sigma_i$ 中任取一点 $P_i(x_i, y_i)$,它在曲面上的对应点为 $M_i(x_i, y_i, f(x_i, y_i))$,过 M_i 作曲面的切平面,此切平面在与 $\Delta\sigma_i$ 相应的柱面中的一块面积记作 ΔA_i,以 ΔA_i 近似替代 ΔS_i: $\Delta A_i \approx \Delta S_i$(图 8.44).

下面来计算 ΔA_i. 因为这小片切平面在 Oxy 平面上的投影之面积为 $\Delta\sigma_i$,所以

$$\Delta\sigma_i = \Delta A_i |\cos\gamma_i|, \quad 即 \quad \Delta A_i = \frac{\Delta\sigma_i}{|\cos\gamma_i|},$$

其中 γ_i 是切平面之法向量 n_i 与 z 轴所成之角. 因为
$$n_i = \{f_x(x_i, y_i), \quad f_y(x_i, y_i), -1\},$$
所以
$$|\cos\gamma_i| = \frac{1}{\sqrt{1 + f_x^2(x_i, y_i) + f_y^2(x_i, y_i)}},$$
由此得到
$$\Delta A_i = \sqrt{1 + f_x^2(x_i, y_i) + f_y^2(x_i, y_i)} \Delta\sigma_i.$$
作和式
$$\sum_{i=1}^n \Delta A_i = \sum_{i=1}^n \sqrt{1 + f_x^2(x_i, y_i) + f_y^2(x_i, y_i)} \Delta\sigma_i,$$
它是所求面积 $S = \sum_{i=1}^n \Delta S_i$ 的近似值. 令 n 块小区域的最大直径 $\|\Delta\sigma\| \to 0$, 若上面和式的极限存在, 则记为
$$\iint_D \sqrt{1 + f_x^2 + f_y^2} \, \mathrm{d}\sigma,$$
它就是所求之面积 S, 即
$$S = \iint_D \sqrt{1 + f_x^2 + f_y^2} \, \mathrm{d}\sigma.$$

例 1 求圆柱面 $x^2 + z^2 = a^2$ 在圆柱面 $x^2 + y^2 = a^2$ 中的一部分的面积 A (图 8.45 只画出了第一卦限中的部分).

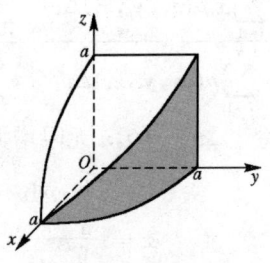

图 8.45

解 所考虑的曲面可以分为面积相同的上、下两部分, 上部分曲面的方程是 $z = \sqrt{a^2 - x^2}$, 它在 Oxy 平面上的投影是 $D: x^2 + y^2 \leqslant a^2$. 因此
$$A = 2\iint_D \sqrt{1 + \frac{x^2}{a^2 - x^2}} \, \mathrm{d}\sigma = 2a \iint_D \frac{\mathrm{d}\sigma}{\sqrt{a^2 - x^2}}$$
$$= 8a \int_0^a \mathrm{d}x \int_0^{\sqrt{a^2 - x^2}} \frac{1}{\sqrt{a^2 - x^2}} \mathrm{d}y = 8a^2.$$

2. 物体的重心（质心）

计算物体的重心之前，回忆质点组的重心. 设 n 个质点的质量分别为 $m_1, m_2, \cdots, m_n$；位置分别为 $(x_1, y_1, z_1), (x_2, y_2, z_2), \cdots, (x_n, y_n, z_n)$，则其重心 $(\bar{x}, \bar{y}, \bar{z})$ 的各个坐标由下式确定

$$\bar{x} = \frac{\sum\limits_{i=1}^{n} x_i m_i}{\sum\limits_{i=1}^{n} m_i}, \quad \bar{y} = \frac{\sum\limits_{i=1}^{n} y_i m_i}{\sum\limits_{i=1}^{n} m_i}, \quad \bar{z} = \frac{\sum\limits_{i=1}^{n} z_i m_i}{\sum\limits_{i=1}^{n} m_i}.$$

现在考虑一物体，它占据空间区域 Ω，在点 (x,y,z) 处的密度是 $\rho(x,y,z)$. 求此物体的重心 $(\bar{x}, \bar{y}, \bar{z})$.

将物体分成 n 小块，在第 i 块 Δv_i 上任取一点 (x_i, y_i, z_i)，近似地认为第 i 块的密度均匀，质量集中在此点处，于是以 $\rho(x_i, y_i, z_i)\Delta v_i$ 作为第 i 块的质量的近似值. 将整个物体看做 n 个质点的质点组，重心坐标为

$$\frac{\sum\limits_{i=1}^{n} x_i \rho(x_i, y_i, z_i)\Delta v_i}{\sum\limits_{i=1}^{n} \rho(x_i, y_i, z_i)\Delta v_i}, \quad \frac{\sum\limits_{i=1}^{n} y_i \rho(x_i, y_i, z_i)\Delta v_i}{\sum\limits_{i=1}^{n} \rho(x_i, y_i, z_i)\Delta v_i}, \quad \frac{\sum\limits_{i=1}^{n} z_i \rho(x_i, y_i, z_i)\Delta v_i}{\sum\limits_{i=1}^{n} \rho(x_i, y_i, z_i)\Delta v_i}.$$

令 $\|\Delta v\| \to 0$，n 无限增大，就得到物体重心的坐标：

$$\bar{x} = \frac{\iiint\limits_{\Omega} x \rho \, dv}{\iiint\limits_{\Omega} \rho \, dv}, \quad \bar{y} = \frac{\iiint\limits_{\Omega} y \rho \, dv}{\iiint\limits_{\Omega} \rho \, dv}, \quad \bar{z} = \frac{\iiint\limits_{\Omega} z \rho \, dv}{\iiint\limits_{\Omega} \rho \, dv}.$$

例 2 求密度均匀的半球体 $\Omega: x^2 + y^2 + z^2 \leqslant a^2, z \geqslant 0$ 的重心.

解 因为物体的密度均匀，形状对称于 Oxz 平面与 Oyz 平面，所以重心在 z 轴上，即 $\bar{x} = \bar{y} = 0$，只需求 $\bar{z}$. 设 $\rho = 1$，为此只要计算积分 $\iiint\limits_{\Omega} z \, dv$ 与 $\iiint\limits_{\Omega} dv$. 前一积分在上一节的例 6，例 9 中都计算

过,值为 $\pi a^4/4$. 后一积分值,等于半球的体积 $2\pi a^3/3$. 因此 $\bar{z}=3a/8$. 所求重心为 $(0,0,3a/8)$.

3. 物体的转动惯量

我们知道,质点组绕定轴 L 转动的动能为

$$\sum_{i=1}^{n} \frac{1}{2} m_i r_i^2 \omega^2$$

其中 m_i 是第 i 个质点的质量,r_i 是该质点到轴的距离. 提出公因子 $\dfrac{\omega^2}{2}$,得动能为

$$\frac{\omega^2}{2} \sum_{i=1}^{n} m_i r_i^2.$$

我们称动能中的第二个因子

$$\sum_{i=1}^{n} m_i r_i^2$$

为此质点组对定轴 L 的**转动惯量**.

如果质点组中第 i 个质点的位置是 (x_i, y_i, z_i),显然

$$\sum_{i=1}^{n} m_i(x_i^2 + y_i^2), \quad \sum_{i=1}^{n} m_i(y_i^2 + z_i^2), \quad \sum_{i=1}^{n} m_i(z_i^2 + x_i^2)$$

分别为此质点组对 z 轴,x 轴,y 轴的转动惯量. 又分别称

$$\sum_{i=1}^{n} m_i(x_i^2 + y_i^2 + z_i^2), \quad \sum_{i=1}^{n} m_i z_i^2,$$

$$\sum_{i=1}^{n} m_i x_i^2, \quad \sum_{i=1}^{n} m_i y_i^2$$

为质点组对原点,对 Oxy 平面,Oyz 平面,Ozx 平面的转动惯量.

设物体占据空间区域 Ω,密度为 $\rho = \rho(x,y,z)$,则它对 z 轴,原点,Oxy 平面的转动惯量分别为

$$I_z = \iiint_\Omega (x^2 + y^2) \rho(x,y,z) \mathrm{d}v,$$

$$I_O = \iiint_\Omega (x^2 + y^2 + z^2) \rho(x,y,z) \mathrm{d}v,$$

$$I_{xy} = \iiint_\Omega z^2 \rho(x,y,z) \mathrm{d}v.$$

例3 求密度为1的均匀球体 $\Omega: x^2+y^2+z^2 \leqslant 1$ 对各坐标轴的转动惯量.

解 对 x 轴,y 轴,z 轴的转动惯量分别是

$$I_x = \iiint_\Omega (y^2+z^2) \mathrm{d}v,$$

$$I_y = \iiint_\Omega (x^2+z^2) \mathrm{d}v,$$

$$I_z = \iiint_\Omega (x^2+y^2) \mathrm{d}v.$$

注意到区域 Ω 的对称性,所以有 $I_x = I_y = I_z$,称它们的共同值为 I. 显然

$$3I = I_x + I_y + I_z = 2\iiint_\Omega (x^2+y^2+z^2) \mathrm{d}v,$$

即

$$I = \frac{2}{3}\int_0^{2\pi} \mathrm{d}\theta \int_0^\pi \sin\varphi \, \mathrm{d}\varphi \int_0^1 \rho^2 \cdot \rho^2 \mathrm{d}\rho = \frac{2}{3} \cdot 2\pi \cdot 2 \cdot \frac{1}{5} = \frac{8}{15}\pi.$$

当然也可以直接计算. 我们来计算 I_z. 采用柱坐标. 因为 Ω': $-1 \leqslant z \leqslant 1, 0 \leqslant \theta \leqslant 2\pi, 0 \leqslant r \leqslant \sqrt{1-z^2}$,所以

$$I_z = \iiint_\Omega r^2 r \mathrm{d}r \mathrm{d}\theta \mathrm{d}z = \int_{-1}^1 \mathrm{d}z \int_0^{2\pi} \mathrm{d}\theta \int_0^{\sqrt{1-z^2}} r^3 \mathrm{d}r$$

$$= 2\pi \int_{-1}^1 \frac{1}{4}(1-z^2)^2 \mathrm{d}z$$

$$= \frac{\pi}{2}\left[z - \frac{2}{3}z^3 + \frac{1}{5}z^5\right]_{-1}^1 = \frac{8}{15}\pi.$$

下面采用球坐标计算. 因为 Ω': $0 \leqslant \theta \leqslant 2\pi, 0 \leqslant \varphi \leqslant \pi, 0 \leqslant \rho \leqslant 1$,所以

$$I_z = \iiint\limits_{\Omega} \rho^2\sin^2\varphi \ \rho^2\sin\varphi \ \mathrm{d}\rho\mathrm{d}\theta\mathrm{d}\varphi$$
$$= \int_0^{2\pi}\mathrm{d}\theta\int_0^{\pi}\sin^3\varphi\,\mathrm{d}\varphi\int_0^1\rho^4\mathrm{d}\rho = \frac{8}{15}\pi.$$

习 题 8.3

1. 求曲面 $az=xy$ 包含在圆柱 $x^2+y^2=a^2$ 内那部分的面积.

2. 求曲面 $x^2+y^2+z^2=a^2$ 在圆柱 $x^2+y^2=ax$ 内那部分的面积.

3. 求圆柱 $x^2+y^2=ax$ 在 $x^2+y^2+z^2=a^2$ 内那部分的面积.

4. 求曲面 $z^2=2xy$ 被平面 $x+y=1, x=0, y=0$ 所截下的那部分的面积.

5. 求球面 $x^2+y^2+z^2=a^2$ 为平面 $y=a/4, y=a/2$ 所截下部分的曲面面积.

6. 求平面 $\frac{x}{a}+\frac{y}{b}+\frac{z}{c}=1$ 被三个坐标面割出部分的面积 $(a>0, b>0, c>0)$.

7. 求由半球面 $z=\sqrt{3a^2-x^2-y^2}$ 及旋转抛物面 $x^2+y^2=2az$ 所围成的立体的表面积.

8. 求锥面 $z=\sqrt{x^2+y^2}$ 被柱面 $z^2=2x$ 所割下部分的曲面面积.

9. 求边长为 a 的正方形薄板的质量与重心. 设薄板上每一点的密度与该点距正方形顶点之一的距离成正比, 且在正方形的中点密度为 ρ_0.

10. 设物体占据空间区域 $\Omega: 0\leqslant x\leqslant 1, 0\leqslant y\leqslant 1, 0\leqslant z\leqslant 1$, 在点 $M(x,y,z)$ 处的密度 $\rho=x+y+z$, 求物体的质量与重心.

11. 球体 $x^2+y^2+z^2\leqslant 2Rz$ 之任一点的密度在数量上等于此点到坐标原点之距离的平方, 试求球体重心的坐标.

12. 求下列曲面所界的均匀物体的重心:

(1) $\dfrac{x^2}{a^2}+\dfrac{y^2}{b^2}+\dfrac{z^2}{c^2}=1$, $x\geqslant 0, y\geqslant 0, z\geqslant 0$;

(2) $\dfrac{x^2}{a^2}+\dfrac{y^2}{b^2}=\dfrac{z^2}{c^2}$, $z=c$.

13. 求下列曲面所围的均匀物体的转动惯量：

(1) $\dfrac{x^2}{a^2}+\dfrac{y^2}{b^2}+\dfrac{z^2}{c^2}=1$, 求 I_{xy}, I_{yz}, I_{zx};

(2) $x^2+y^2+z^2=2$, $z=\sqrt{x^2+y^2}$, 求 I_z;

(3) $\dfrac{x}{a}+\dfrac{y}{b}+\dfrac{z}{c}=1, x=0, y=0, z=0$ (a,b,c 皆正), 求 I_{xy}, I_{yz}, I_{zx}.

14. 设有一球体，半径为 R，质量为 M，它在各点处的密度与该点到球心距离成正比，求它对其直径的转动惯量.

15. 薄板占据 Oxy 平面上的区域 D，点 (x,y) 处的面密度为 $\rho=\rho(x,y)$，问垂直于 Oxy 平面的轴通过 Oxy 平面上哪一点时，薄板对此轴的转动惯量最小？

16. 证明等式 $I_l=I_{\bar{l}}+Md^2$，其中 I_l 为物体对轴 l 的转动惯量，$I_{\bar{l}}$ 为对于平行于 l 并且通过物体重心的轴 $\bar{l}$ 的转动惯量（d 为两轴间的距离，M 是物体的质量）.

17. 设有一柱壳，它由两个柱面 $x^2+y^2=4, x^2+y^2=9$ 和两个平面 $z=0, z=4$ 所围成. 密度均匀为 ρ，求它对位于原点质量为 m 的质点的引力.

18. 设有一半球壳，它由 $x^2+y^2+z^2=R^2, x^2+y^2+z^2=r^2$ ($r<R$) 和平面 $z=0$ 所围成，密度均匀为 ρ，求它对位于原点质量为 m 的质点的引力.

第九章 曲线积分与曲面积分

积分,简言之,是指下述一系列运算:分割、替代、求和、取极限.若被分割的是数轴上的区间(一维),称之为定积分;若被分割的是平面区域(二维)或空间区域(三维),称之为二重积分或三重积分.顾名思义,所谓曲线积分或曲面积分,被分割的对象则是曲线或曲面.

本章中总是设这些曲线或曲面是光滑或分段、分片光滑的.曲线光滑是指曲线有连续转动的切向量;曲面光滑是指曲面有连续转动的法向量.

本章中还将讲三个重要的公式,它们给出各种积分之间的关系.另外,还要讨论曲线积分之值只与积分路径之起点、终点有关而与联结起、终点之路径无关的条件.

§1 曲线积分

1. 第一型曲线积分的定义

设 $\overset{\frown}{AB}$ 是 Oxy 平面上的曲线段,它在点 (x,y) 处的线密度是 $\rho(x,y)$,如何计算它的质量 m 呢? 我们采用将曲线分成若干小段,求每一小段质量的近似值,求和,再取极限的方法,求其质量 m.

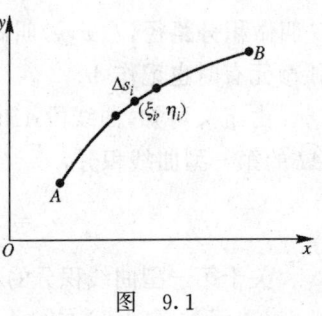

图 9.1

将 $\overset{\frown}{AB}$ 分成 n 段,以 Δs_i 记第 i 段的弧长,在第 i 段上任取一点 (ξ_i, η_i),近似地以 (ξ_i, η_i) 处的线密度 $\rho(\xi_i, \eta_i)$ 代替第 i 段上各点处

的线密度,于是第 i 段弧的质量的近似值为 $\rho(\xi_i,\eta_i)\Delta s_i$. 曲线段 $\overset{\frown}{AB}$ 的质量的近似值为和式

$$\sum_{i=1}^{n}\rho(\xi_i,\eta_i)\Delta s_i.$$

令 n 段弧长中的最长者 $\|\Delta s\|$ 趋于零,上述和式的极限就是 $\overset{\frown}{AB}$ 弧的质量,即

$$m = \lim_{\|\Delta s\|\to 0}\sum_{i=1}^{n}\rho(\xi_i,\eta_i)\Delta s_i.$$

定义 1 设 C 是 Oxy 平面上光滑或分段光滑的曲线段,函数 $f(x,y)$ 定义在 C 上. 分 C 为 n 段,第 i 段长为 Δs_i,在第 i 段上任取一点 (ξ_i,η_i),作和式

$$\sum_{i=1}^{n}f(\xi_i,\eta_i)\Delta s_i,$$

令最大弧段长 $\|\Delta s\|$ 趋于零. 若极限

$$\lim_{\|\Delta s\|\to 0}\sum_{i=1}^{n}f(\xi_i,\eta_i)\Delta s_i$$

存在(与曲线 C 的分法,小弧段上点 (ξ_i,η_i) 的取法无关),则称函数 $f(x,y)$ 在 C 上可积,且称此极限为 $f(x,y)$ 沿曲线 C 的**第一型曲线积分**,也叫做**对弧长的曲线积分**,记作

$$\int_C f(x,y)\mathrm{d}s.$$

C 叫做积分路径,$f(x,y)$ 叫做**被积函数**,$\mathrm{d}s$ 叫做**弧微元**或**弧微分**. 弧微元有时也记作 $\mathrm{d}l$.

由定义可知,曲线段 $\overset{\frown}{AB}$ 的质量 m 是线密度 $\rho(x,y)$ 沿曲线段 $\overset{\frown}{AB}$ 的第一型曲线积分,

$$m = \int_{\overset{\frown}{AB}}\rho(x,y)\mathrm{d}s.$$

关于第一型曲线积分的可积性,与前面重积分的类似,有:

(i) 函数 $f(x,y)$ 在 C 上可积,则 $f(x,y)$ 在 C 上有界;

(ii) 函数 $f(x,y)$ 在 C 上连续,则 $f(x,y)$ 在 C 上可积.

2. 第一型曲线积分的性质与计算方法

下面列出第一型曲线积分的一些性质,由定义不难证明:

(i) 若函数 $f(x,y),g(x,y)$ 在 C 上连续,a,b 是常数,则

$$\int_C (af(x,y)+bg(x,y))\mathrm{d}s = a\int_C f(x,y)\mathrm{d}s + b\int_C g(x,y)\mathrm{d}s.$$

(ii) 若曲线 C 由曲线 C_1 与 C_2 组成,$f(x,y)$ 在 C 上连续,则

$$\int_C f(x,y)\mathrm{d}s = \int_{C_1} f(x,y)\mathrm{d}s + \int_{C_2} f(x,y)\mathrm{d}s.$$

第一型曲线积分的计算也是化它为定积分,其公式如下:

如果曲线 C 的参数方程是:$x=\varphi(t),y=\psi(t)$ ($\alpha\leqslant t\leqslant\beta$),又 $\varphi'(t),\psi'(t)$ 在 $[\alpha,\beta]$ 上连续(C 是光滑的),$f(x,y)$ 在 C 上连续,则第一型曲线积分 $\int_C f(x,y)\mathrm{d}s$ 可化为定积分:

$$\int_C f(x,y)\mathrm{d}s = \int_\alpha^\beta f(\varphi(t),\psi(t))\sqrt{[\varphi'(t)]^2+[\psi'(t)]^2}\mathrm{d}t.$$

证明省略.

显然,以上公式的一个特殊情况是:曲线 C 的方程是 $y=g(x)$ ($a\leqslant x\leqslant b$),又 $g'(x)$ 在 $[a,b]$ 上连续,$f(x,y)$ 在 C 上连续,则

$$\int_C f(x,y)\mathrm{d}s = \int_a^b f(x,g(x))\sqrt{1+[g'(x)]^2}\mathrm{d}x.$$

例1 计算 $\int_C xy\mathrm{d}s$,其中 C 是单位圆在第一象限的部分.

解 C 的参数方程是 $x=\cos t, y=\sin t$ ($0\leqslant t\leqslant \pi/2$),所以

$$\int_C xy\mathrm{d}s = \int_0^{\frac{\pi}{2}} \cos t\sin t\sqrt{(-\sin t)^2+(\cos t)^2}\mathrm{d}t$$

$$= \left.\frac{\sin^2 t}{2}\right|_0^{\frac{\pi}{2}} = \frac{1}{2}.$$

例2 计算 $I=\int_C \mathrm{e}^{\sqrt{x^2+y^2}}\mathrm{d}s$,$C$ 为由圆周 $x^2+y^2=a^2$,直线 $y=x$ 与 x 轴在第一象限中所围成的扇形的边界(见图 9.2).

解 令 C_1 是直线段 OA;C_2 是圆弧 $\overset{\frown}{AB}$;C_3 是直线段 BO,于

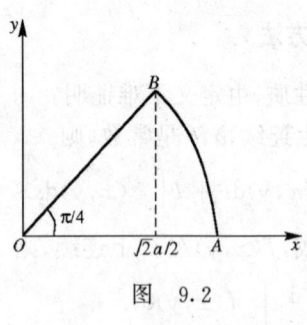

图 9.2

是 C_1 的方程为 $y=0, 0 \leqslant x \leqslant a$,$C_2$ 的参数方程为 $x=a\cos t, y=a\sin t$ ($0 \leqslant t \leqslant \pi/4$);$C_3$ 的方程为 $y=x$,$0 \leqslant x \leqslant \sqrt{2}a/2$. 应用性质(2)得

$$I = \int_{C_1} e^{\sqrt{x^2+y^2}} ds + \int_{C_2} e^{\sqrt{x^2+y^2}} ds + \int_{C_3} e^{\sqrt{x^2+y^2}} ds.$$

分别将右端的三个曲线积分化为定积分来计算:

$$\int_{C_1} e^{\sqrt{x^2+y^2}} ds = \int_0^a e^x dx = e^a - 1,$$

$$\int_{C_2} e^{\sqrt{x^2+y^2}} ds = \int_0^{\frac{\pi}{4}} e^a \sqrt{a^2\sin^2 t + a^2\cos^2 t}\, dt = ae^a \frac{\pi}{4},$$

$$\int_{C_3} e^{\sqrt{x^2+y^2}} ds = \int_0^{\frac{\sqrt{2}}{2}a} e^{\sqrt{2}x} \sqrt{2}\, dx = e^{\sqrt{2}x} \Big|_0^{\frac{\sqrt{2}}{2}a}$$
$$= e^a - 1.$$

所以

$$I = \int_C e^{\sqrt{x^2+y^2}} ds = \frac{\pi a}{4} e^a + 2(e^a - 1).$$

例 3 若曲线 $y=\ln x$ 上每一点的线密度等于点的横坐标的平方,求曲线在横坐标为 x_1 和 $x_2 (0<x_1<x_2)$ 之间的一段质量 m.

解 因为线密度 $\rho(x,y)=x^2$,所以 $m=\int_C x^2 ds$,其中曲线 C 为 $y=\ln x (x_1 \leqslant x \leqslant x_2)$. 故

$$m = \int_{x_1}^{x_2} x^2 \sqrt{1 + \left(\frac{1}{x}\right)^2}\, dx = \int_{x_1}^{x_2} x\sqrt{x^2+1}\, dx$$
$$= \frac{1}{3}\left[(x_2^2+1)^{\frac{3}{2}} - (x_1^2+1)^{\frac{3}{2}}\right].$$

请读者类似地给出沿空间曲线 C 的第一型曲线积分
$$\int_C f(x,y,z)\mathrm{d}s$$
的定义与性质.

如果曲线 C 的参数方程为 $x=\varphi(t), y=\psi(t), z=\chi(t)$ ($\alpha \leqslant t \leqslant \beta$), 又 $\varphi'(t), \psi'(t), \chi'(t)$ 在 $[\alpha,\beta]$ 上连续, $f(x,y,z)$ 在 C 上连续, 也类似地有计算公式:
$$\int_C f(x,y,z)\mathrm{d}s = \int_\alpha^\beta f(\varphi(t),\psi(t),\chi(t)) \cdot \sqrt{[\varphi'(t)]^2 + [\psi'(t)]^2 + [\chi'(t)]^2}\,\mathrm{d}t.$$

例 4 计算 $\int_C z\mathrm{d}s$, C 是空间螺线的一段: $x=t\cos t, y=t\sin t, z=t$ ($0 \leqslant t \leqslant t_0$).

解 $\int_C z\mathrm{d}s = \int_0^{t_0} t\sqrt{(\cos t - t\sin t)^2 + (\sin t + t\cos t)^2 + 1}\,\mathrm{d}t$
$= \int_0^{t_0} t\sqrt{t^2 + 2}\,\mathrm{d}t = \frac{1}{3}\left[(t_0^2+2)^{\frac{3}{2}} - 2^{\frac{3}{2}}\right].$

3. 第二型曲线积分的定义

设一质点在力 $\boldsymbol{F}$ 的作用下沿曲线 C 运动, 力 $\boldsymbol{F}$ 在曲线 C 的各点处的方向和大小都可以是不同的, 也就是力 $\boldsymbol{F}$ 是点 (x,y) 的向量函数 $\boldsymbol{F}=\boldsymbol{F}(x,y)$. 如何计算质点在这个变力 $\boldsymbol{F}$ 的作用下, 沿曲线 C 由点 A 运动到点 B 所作的功 W 呢?

在 $\overset{\frown}{AB}$ 弧上由 A 到 B 依次取点 $M_0(=A), M_1, \cdots, M_n(=B)$, 于是 $\overset{\frown}{AB}$ 弧被分成 n 段小弧 $\overset{\frown}{M_{i-1}M_i}$ ($i=1,2,\cdots,n$). 先考虑力 $\boldsymbol{F}$ 沿小弧 $\overset{\frown}{M_{i-1}M_i}$ 运动所作的功 ΔW_i. 在小弧 $\overset{\frown}{M_{i-1}M_i}$ 上任取一点 (ξ_i,η_i), 以 (ξ_i,η_i) 处的力 $\boldsymbol{F}(\xi_i,\eta_i)$ 作为小弧 $\overset{\frown}{M_{i-1}M_i}$ 上各点处

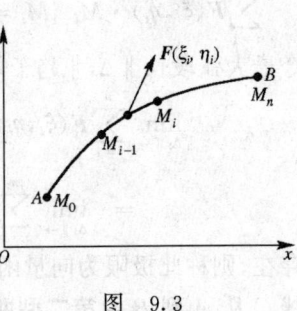

图 9.3

力的近似值,同时近似地取运动路线为直线段$\overrightarrow{M_{i-1}M_i}$(图 9.3). 我们以数量积 $F(\xi_i,\eta_i) \cdot \overrightarrow{M_{i-1}M_i}$ 作为力 F 沿小弧 $\overparen{M_{i-1}M_i}$ 运动所作功 ΔW_i 的近似值,于是和式

$$\sum_{i=1}^{n} F(\xi_i,\eta_i) \cdot \overrightarrow{M_{i-1}M_i}$$

是所求功 W 的近似值.

若 $F(x,y)=P(x,y)\boldsymbol{i}+Q(x,y)\boldsymbol{j}, M_i=(x_i,y_i)(i=1,2,\cdots,n)$,于是 $\overrightarrow{M_{i-1}M_i}=\Delta x_i\boldsymbol{i}+\Delta y_i\boldsymbol{j}$,其中 $\Delta x_i=x_i-x_{i-1}, \Delta y_i=y_i-y_{i-1}$. 则上述和式也可以表示为

$$\sum_{i=1}^{n}[P(\xi_i,\eta_i)\Delta x_i + Q(\xi_i,\eta_i)\Delta y_i].$$

令最大弧段长 $\|\Delta s\|$ 趋于零,上述和式的极限就是所要求的功 W,即

$$W = \lim_{\|\Delta s\| \to 0} \sum_{i=1}^{n} F(\xi_i,\eta_i) \cdot \overrightarrow{M_{i-1}M_i}$$

$$= \lim_{\|\Delta s\| \to 0} \sum_{i=1}^{n}[P(\xi_i,\eta_i)\Delta x_i + Q(\xi_i,\eta_i)\Delta y_i].$$

定义 2 设曲线 C 以 A 为起点, B 为终点,记作 $\overparen{AB}$. 向量函数 $F(x,y)=P(x,y)\boldsymbol{i}+Q(x,y)\boldsymbol{j}$ 定义在曲线 C 上. 点 $M_i(x_i,y_i)(i=0,1,\cdots,n)$ 由 A 到 B 排列在 $\overparen{AB}$ 弧上,分 $\overparen{AB}$ 弧为 n 段,点 (ξ_i,η_i) 是小弧 $\overparen{M_{i-1}M_i}$ 上的任一点,作和

$$\sum_{i=1}^{n} F(\xi_i,\eta_i) \cdot \overrightarrow{M_{i-1}M_i} = \sum_{i=1}^{n}[P(\xi_i,\eta_i)\Delta x_i + Q(\xi_i,\eta_i)\Delta y_i].$$

令最大弧段长 $\|\Delta s\|$ 趋于零,若极限

$$\lim_{\|\Delta s\| \to 0} \sum_{i=1}^{n} F(\xi_i,\eta_i) \cdot \overrightarrow{M_{i-1}M_i}$$

$$= \lim_{\|\Delta s\| \to 0} \sum_{i=1}^{n}[P(\xi_i,\eta_i)\Delta x_i + Q(\xi_i,\eta_i)\Delta y_i]$$

存在,则称此极限为向量函数 $F(x,y)=P(x,y)\boldsymbol{i}+Q(x,y)\boldsymbol{j}$ 沿曲线 C 从 A 到 B 的**第二型曲线积分**,也叫做**对坐标的曲线积分**,记

作

$$\int_{\widehat{AB}} F(x,y) \cdot \mathrm{d}s$$

或

$$\int_{\widehat{AB}} P(x,y)\mathrm{d}x + Q(x,y)\mathrm{d}y,$$

$\widehat{AB}$ 叫做**积分路径**或**积分路线**.

根据定义,变力 $F = Pi + Qj$ 沿曲线 C 从 A 到 B 所作的功 W 是第二型曲线积分：

$$W = \int_{\widehat{AB}} F(x,y) \cdot \mathrm{d}s = \int_{\widehat{AB}} P(x,y)\mathrm{d}x + Q(x,y)\mathrm{d}y.$$

第二型曲线积分存在的必要条件和充分条件与第一型曲线积分类似,不再叙述.

4. 第二型曲线积分的性质与计算方法

第二型曲线积分有一些性质与第一型曲线积分一样：

(i) 若 F, G 在 $\widehat{AB}$ 上连续,a,b 是常数,则有

$$\int_{\widehat{AB}} [aF + bG] \cdot \mathrm{d}s = a\int_{\widehat{AB}} F \cdot \mathrm{d}s + b\int_{\widehat{AB}} G \cdot \mathrm{d}s.$$

(ii) 如果曲线 $\widehat{AB}$ 上一点 C 将积分路线 $\widehat{AB}$ 分为两段 $\widehat{AC}$ 与 $\widehat{CB}$,则

$$\int_{\widehat{AB}} F \cdot \mathrm{d}s = \int_{\widehat{AC}} F \cdot \mathrm{d}s + \int_{\widehat{CB}} F \cdot \mathrm{d}s.$$

需要特别注意的是第二型曲线积分的下述性质：

(iii) 若改变积分路径的方向,第二型曲线积分的值改变符号,

即

$$\int_{\widehat{AB}} F \cdot \mathrm{d}s = -\int_{\widehat{BA}} F \cdot \mathrm{d}s.$$

这是因为积分路径改变方向就使得 $\Delta x_i, \Delta y_i$ 全都改变符号,从而整个积分改变符号.

第二型曲线积分的计算也是化为定积分来计算.

如果曲线 C 的参数方程是 $x=\varphi(t), y=\psi(t)$. 当参数 t 从 α 变到 β 时,点 $(x,y)=(\varphi(t),\psi(t))$ 沿 C 从 A 变到 B(不一定 $\alpha<\beta$!),又 $\varphi'(t), \psi'(t)$ 在 α, β 之间连续,且 $\boldsymbol{F}$ 在 $\widehat{AB}$ 上连续,即 P, Q 在 $\widehat{AB}$ 上连续,则第二型曲线积分 $\int_{\widehat{AB}} \boldsymbol{F} \cdot \mathrm{d}\boldsymbol{s} = \int_{\widehat{AB}} P\mathrm{d}x + Q\mathrm{d}y$ 可以化为定积分:

$$\int_\alpha^\beta [P(\varphi(t),\psi(t))\varphi'(t) + Q(\varphi(t),\psi(t))\psi'(t)]\mathrm{d}t.$$

特别地,若 $\widehat{AB}$ 弧之方程为 $y=y(x)$,其中 x 由 a 到 b 变化,或 $\widehat{AB}$ 弧之方程为 $x=x(y)$,其中 y 由 c 到 d 变化,则

$$\int_{\widehat{AB}} P(x,y)\mathrm{d}x + Q(x,y)\mathrm{d}y$$
$$= \int_a^b [P(x,y(x)) + Q(x,y(x))y'(x)]\mathrm{d}x,$$

或

$$\int_{\widehat{AB}} P(x,y)\mathrm{d}x + Q(x,y)\mathrm{d}y$$
$$= \int_c^d [P(x(y),y)x'(y) + Q(x(y),y)]\mathrm{d}y.$$

以上讨论了沿平面曲线的第二型曲线积分. 可以完全类似地讨论沿空间曲线的第二型曲线积分.

例 5 计算曲线积分 $\int_{\widehat{AB}} (x+y)\mathrm{d}x + (x-y)\mathrm{d}y$, $\widehat{AB}$ 取两种积分路径:(i) $\widehat{AB}$ 是圆弧;(ii) $\widehat{AB}$ 是折线 AOB(图 9.4).

解 (i) $\widehat{AB}$ 圆弧的参数方程是 $x=\cos t, y=\sin t, t$ 从 0 变到 $\pi/2$,于是

$$\int_{\widehat{AB}} (x+y)\mathrm{d}x + (x-y)\mathrm{d}y$$
$$= \int_0^{\frac{\pi}{2}} [(\cos t + \sin t)(-\sin t) + (\cos t - \sin t)\cos t]\mathrm{d}t$$
$$= \int_0^{\frac{\pi}{2}} [\cos 2t - \sin 2t]\mathrm{d}t = \frac{1}{2}[\sin 2t + \cos 2t]\Big|_0^{\frac{\pi}{2}} = -1.$$

(ii) 折线 AOB 分成直线段 AO 与 OB，线段 AO 的方程是 $y=0$，x 从 1 变到 0，线段 OB 的方程是 $x=0$，y 从 0 变到 1，于是

$$\int_{\overline{AO}}(x+y)\mathrm{d}x+(x-y)\mathrm{d}y=\int_1^0 x\mathrm{d}x=\frac{x^2}{2}\bigg|_1^0=-\frac{1}{2},$$

$$\int_{\overline{OB}}(x+y)\mathrm{d}x+(x-y)\mathrm{d}y=\int_0^1-y\mathrm{d}y=-\frac{y^2}{2}\bigg|_0^1=-\frac{1}{2}.$$

所求积分是它们的和，于是

$$\int_{\overline{AO}+\overline{OB}}(x+y)\mathrm{d}x+(x-y)\mathrm{d}y=-\frac{1}{2}-\frac{1}{2}=-1.$$

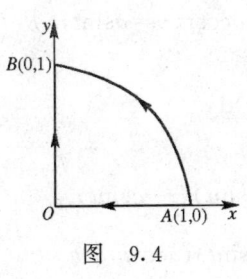

图 9.4

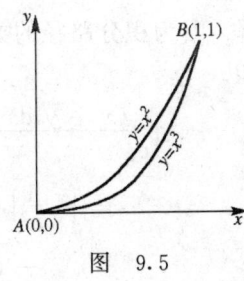

图 9.5

例 6 计算曲线积分 $\int_{\widehat{AB}} x\mathrm{d}y-y\mathrm{d}x$，其中 $A=(0,0)$，$B=(1,1)$，$\widehat{AB}$ 取两种路径：(i) $\widehat{AB}$ 沿抛物线 $y=x^2$；(ii) $\widehat{AB}$ 沿曲线 $y=x^3$（图 9.5）.

解 (i) 因为积分路径的方程是 $y=x^2$，x 从 0 变到 1，所以

$$\int_{\widehat{AB}} x\mathrm{d}y-y\mathrm{d}x=\int_0^1[x\cdot 2x-x^2]\mathrm{d}x=\frac{x^3}{3}\bigg|_0^1=\frac{1}{3}.$$

(ii) 因为积分路径的方程是 $y=x^3$，x 从 0 变到 1，所以

$$\int_{\widehat{AB}} x\mathrm{d}y-y\mathrm{d}x=\int_0^1[x\cdot 3x^2-x^3]\mathrm{d}x=\frac{x^4}{2}\bigg|_0^1=\frac{1}{2}.$$

例 7 求质量为 m 的质点，从 $A(x_1,y_1)$ 运动到 $B(x_2,y_2)$ 时重力所作的功 W（图 9.6）.

解 因重力 $\boldsymbol{F}=-mg\boldsymbol{j}$，所以

$$W=\int_{\widehat{AB}}\boldsymbol{F}\cdot\mathrm{d}\boldsymbol{s}=\int_{\widehat{AB}}-mg\mathrm{d}y.$$

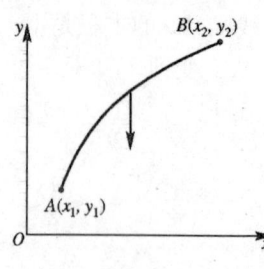

对任意联结 A,B 的积分路线,都有

$$W = \int_{y_1}^{y_2} -mg\mathrm{d}y = -mg(y_2 - y_1),$$

即重力所作的功只与始点、终点的纵坐标有关,与质点经过的路径无关.

例 8 计算 $\oint_C \dfrac{(x+y)\mathrm{d}x - (x-y)\mathrm{d}y}{x^2+y^2}$,

图 9.6　其中 C 为依逆时针方向绕圆 $x^2+y^2=a^2$ 一周的路径(符号"$\oint$"表示积分路径是一条闭曲线).

解 因为积分路径的方程为 $x=a\cos t, y=a\sin t$,t 从 0 变到 2π,所以

$$\oint_C \frac{(x+y)\mathrm{d}x - (x-y)\mathrm{d}y}{x^2+y^2}$$
$$= \int_0^{2\pi} \frac{1}{a^2}[(a\cos t + a\sin t)(-a\sin t)$$
$$\quad - (a\cos t - a\sin t)(a\cos t)]\mathrm{d}t$$
$$= \int_0^{2\pi}(-1)\mathrm{d}t = -2\pi.$$

例 9 计算沿空间曲线的第二型曲线积分

$$I = \oint_l xy\mathrm{d}x + yz\mathrm{d}y + zx\mathrm{d}z,$$

积分路径 l 为椭圆:$\begin{cases} x^2+y^2=1, \\ x+y+z=1, \end{cases}$ 方向如图 9.7.

解 取 l 之参数方程:

$$\begin{cases} x = \cos t, \\ y = \sin t, \\ z = 1 - \cos t - \sin t. \end{cases}$$

当 t 从 0 增加到 2π 时,相应点移动的方向恰是积分路径的方向.

所以
$$I = \int_0^{2\pi} [\cos t \sin t(-\sin t) + \sin t(1-\cos t-\sin t)\cos t$$
$$+ (1-\cos t-\sin t)\cos t(\sin t-\cos t)]dt$$
$$= \int_0^{2\pi} -\cos^2 t\, dt = -4\int_0^{\frac{\pi}{2}} \cos^2 t\, dt = -\pi.$$

这一节中讲了两种曲线积分,由定义看,它们完全不同,但是它们是有关系的.

设曲线 $C=\widehat{AB}$ 有参数方程:
$$\begin{cases} x = x(t), \\ y = y(t), \quad t \in [\alpha,\beta]. \\ z = z(t), \end{cases}$$

第七章中讲过,向量$\{x'(t), y'(t), z'(t)\}$是曲线的一个切向量,当然$\{dx,dy,dz\} = \{x'(t)dt, y'(t)dt, z'(t)dt\}$也是曲线的一个切向量. 由微商之定义可知,切向量$\{x'(t),y'(t),z'(t)\}$是沿着 t 增加时曲线的方向,于是切向量$\{dx,dy,dz\}$恰是沿着曲线上积分路径的方向.(积分路径之方向与 t 增加时曲线的方向相同(相反)时,$dt>0(<0)$,上述两切向量方向相同(相反),故$\{dx,dy,dz\}$指向积分路径之方向.)

第一型曲线积分中
$$ds = \sqrt{x'^2(t) + y'^2(t) + z'^2(t)}\,dt,$$
由于总有 $dt>0$,所以 $ds = \sqrt{[x'(t)dt]^2 + [y'(t)dt]^2 + [z'(t)dt]^2}$,即 ds 是切向量$\{dx,dy,dz\}$之模,于是沿着积分路径的方向的单位切向量为
$$\left\{\frac{dx}{ds}, \frac{dy}{ds}, \frac{dz}{ds}\right\} = \{\cos\alpha, \cos\beta, \cos\gamma\},$$
其中 $\cos\alpha,\cos\beta,\cos\gamma$ 是沿着积分路径方向的切向量的方向余弦,从而得到第二型曲线积分中之 dx,dy,dz 与第一型曲线积分中之 ds 的关系:

$$dx = \cos\alpha ds, \quad dy = \cos\beta ds, \quad dz = \cos\gamma ds.$$

第二型曲线积分可化为第一型曲线积分：

$$\int_{\widehat{AB}} Pdx + Qdy + Rdz = \int_{\widehat{AB}} (P\cos\alpha + Q\cos\beta + R\cos\gamma)ds.$$

第二型曲线积分的积分路径的方向改变时，右端第一型曲线积分中之 $\cos\alpha, \cos\beta$ 与 $\cos\gamma$ 都变号．

习 题 9.1

1. 计算下列第一型曲线积分：

(1) $\int_L \dfrac{ds}{x-y}$，其中 L 是直线 $y = \dfrac{x}{2} - 2$ 界于两点 $A(0,-2)$ 和 $B(4,0)$ 间的线段；

(2) $\int_L xyds$，其中 L 是由直线 $x=0, y=0, x=4, y=2$ 所构成的矩形回路；

(3) $\int_L xyds$，其中 L 是椭圆 $\dfrac{x^2}{a^2} + \dfrac{y^2}{b^2} = 1$ 位于第一象限中的那四分之一；

(4) $\int_C (x^2+y^2)^n ds$，C 为圆周 $x=a\cos t, y=a\sin t$ $(0 \leqslant t \leqslant 2\pi)$；

(5) $\int_C (x^2+y^2)ds$，C 为曲线 $x=a(\cos t + t\sin t), y=a(\sin t - t\cos t)$ $(0 \leqslant t \leqslant 2\pi)$；

(6) $\int_C y^2 ds$，C 为摆线 $x=a(t-\sin t), y=a(1-\cos t)$ 的一拱 $(0 \leqslant t \leqslant 2\pi)$；

(7) $\int_C (x+y)ds$，C 为以 $O(0,0), A(1,0)$ 和 $B(0,1)$ 为顶点的三角形；

(8) $\int_C \sqrt{x^2+y^2}\, ds$，$C$ 为圆周 $x^2+y^2 = ax$；

*(9) $\int_C xds$，C 为双曲线 $xy=1$ 从点 $\left(\dfrac{1}{2}, 2\right)$ 到点 $(1,1)$ 的一段弧；

(10) $\int_C y\mathrm{d}s$,C 为抛物线 $y^2=2px$ 由点$(0,0)$到(x_0,y_0)的一段;

(11) $\int_C (x^{\frac{4}{3}}+y^{\frac{4}{3}})\mathrm{d}s$,其中 C 为内摆线 $x^{\frac{2}{3}}+y^{\frac{2}{3}}=a^{\frac{2}{3}}$ 的弧;

(12) $\int_L \dfrac{z^2\mathrm{d}s}{x^2+y^2}$,其中 L 是螺旋曲线 $x=a\cos t$,$y=a\sin t$,$z=at$ 的第一旋.

2. 有一铁丝成半圆形 $x=a\cos t$,$y=a\sin t (0 \leqslant t \leqslant \pi)$,其上每一点密度等于该点的纵坐标,求铁丝质量.

3. 若悬链线 $y=\dfrac{a}{2}(\mathrm{e}^{\frac{x}{a}}+\mathrm{e}^{-\frac{x}{a}})$ 上每一点的密度与该点的纵坐标成反比,且在点$(0,a)$的密度等于δ,试求曲线在横坐标 $x_1=0$ 及 $x_2=a$ 间一段的质量$(a>0)$.

4. 求均匀摆线弧 $x=a(t-\sin t)$,$y=a(1-\cos t) (0\leqslant t \leqslant \pi)$的重心.

5. 计算下列第二型曲线积分:

(1) $\int_C (x^2+y^2)\mathrm{d}x+(x^2-y)\mathrm{d}y$,$C$ 是曲线 $y=|x|$ 上从点$(-1,1)$到点$(2,2)$的一段;

(2) $\int_C (x^2-2xy)\mathrm{d}x+(y^2-2xy)\mathrm{d}y$,$C$ 是:(i) 抛物线 $y=x^2$ 由点$(-1,1)$到点$(1,1)$的一段;(ii) 由点$(-1,1)$到点$(1,1)$的直线段;

(3) 求 $\int_C xy^2\mathrm{d}x+y(x-y)\mathrm{d}y$ 的值,其中 C 为自原点经$P(0,2)$到 $Q(2,2)$的折线;

(4) $\int_C x\mathrm{d}y$,C 是由坐标轴和直线 $\dfrac{x}{2}+\dfrac{y}{3}=1$ 构成的正向三角形闭路;

(5) $\int_{(0,0)}^{(1,1)} xy\mathrm{d}x+(y-x)\mathrm{d}y$,沿曲线(i) $y=x$;(ii) $y=x^2$;(iii) $y^2=x$;(iv) $y=x^3$;

(6) $\int_{AB} \sin y\mathrm{d}x+\sin x\mathrm{d}y$,$AB$ 为由点 $A(0,\pi)$到点 $B(\pi,0)$的直

线段;

(7) $\int_C (2a-y)dx - (a-y)dy$, C 为摆线 $x=a(t-\sin t)$, $y=a(1-\cos t)$ 的一拱(对应于由 $t_1=0$ 到 $t_2=2\pi$ 的一段弧);

(8) $\oint_C (x^2-2xy)dx + (y^2-2xy)dy$, C 是以点 $M_1(0,-1)$, $M_2(2,-1)$, $M_3(2,2)$, $M_4(0,2)$ 为顶点的正向矩形闭路;

(9) $\oint_C \dfrac{dx+dy}{|x|+|y|}$, C 是以 $A(1,0)$, $B(0,1)$, $C(-1,0)$, $D(0,-1)$ 为顶点的正向正方形闭路;

(10) 计算 $\oint (2x-y+4)dx + (5y+3x-6)dy$, 积分道路是以反时针方向绕 Oxy 平面上以 $(0,0)$, $(3,0)$, $(3,2)$ 为顶点的三角形一周;

(11) 求 $\int_C ydx + xdy + xyzdz$ 的值, C 为曲线 $x=2t$, $y=t^2$, $z=t-1$ 从 $(0,0,-1)$ 到 $(2,1,0)$ 的一段;

(12) 求 $\int_C ydx + zdy + xdz$ 的值, C 为螺旋线 $x=a\cos t$, $y=a\sin t$, $z=bt$ 沿 t 值由 0 增加到 2π 的方向的一旋;

(13) 求 $\int_{AB} ydx + xdy + (x+y+z)dz$ 的值, AB 为由点 $A(2,3,4)$ 到点 $(3,4,5)$ 的直线段;

(14) $\int_C (y-z)dx + (z-x)dy + (x-y)dz$, 式中 C 为圆周 $x^2+y^2+z^2=a^2$, $y=x\tan\alpha (0<\alpha<\pi/2)$, 若从 Ox 轴的正向看去, 这圆周是沿逆时针方向进行的.

6. 方向沿纵轴的负方向, 大小等于作用点的横坐标平方的力构成一力场. 求质量为 m 的质点沿抛物线 $1-x=y^2$ 从点 $(1,0)$ 移动到点 $(0,1)$ 时力场所作的功.

7. 力 F 大小与作用点到平面 Oxy 的距离成反比, 方向朝着原点. 求质点沿直线 $x=at$, $y=bt$, $z=ct (c\neq 0)$ 从点 (a,b,c) 移动到点 $(2a,2b,2c)$ 时变力 F 所作的功.

8. 设力场 $F=y\boldsymbol{i}-x\boldsymbol{j}+(x+y+z)\boldsymbol{k}$, 求:(1) 质点沿螺旋线

l_1 由 A 到 B,力 F 所作的功,其中 $A(a,0,0)$,$B(a,0,c)$,螺旋线 l_1 的方程是: $x=a\cos t, y=a\sin t, z=\dfrac{c}{2\pi}t$;(2) 质点沿直线 l_2 由 A 到 B,力 F 所作的功。

§2 格林公式·曲线积分与路径无关的条件

1. 格林公式

设有界闭区域 D 的边界是曲线 C,边界曲线 C 的正向规定为这样的方向,使得沿 C 的这个方向前进时区域 D 总在左侧(图 9.8(a))。如果一个区域 D 如图 9.8(b)所示,那么按规定外边界的正向是反时针方向,而内边界的正向是顺时针方向。

定理 1 设有界闭区域 D 的边界曲线 C 是分段光滑的,函数 $P(x,y), Q(x,y)$ 在 D 上有一阶连续偏导数,则有格林公式

$$\oint_C P\mathrm{d}x + Q\mathrm{d}y = \iint_D \left(\frac{\partial Q}{\partial x} - \frac{\partial P}{\partial y}\right)\mathrm{d}x\mathrm{d}y,$$

其中 C 是区域 D 的正向边界。

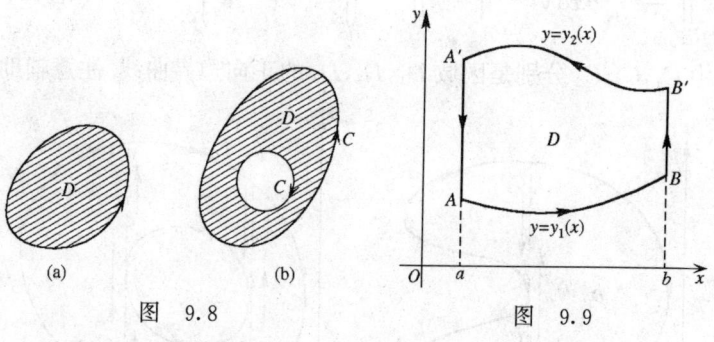

图 9.8 图 9.9

证明 我们来证明公式

$$\int_C P\mathrm{d}x = -\iint_D \frac{\partial P}{\partial y}\mathrm{d}x\mathrm{d}y. \tag{1}$$

先设区域 D 是由直线 $x=a, x=b\,(a<b)$ 与曲线 $y=y_1(x), y=$

$y_2(x)$ ($y_1(x) \leqslant y_2(x)$,当 $x \in [a,b]$ 时)所围成的(图 9.9),则公式右端的二重积分可化为:

$$\iint_D \frac{\partial P}{\partial y} dx dy = \int_a^b dx \int_{y_1(x)}^{y_2(x)} \frac{\partial P}{\partial y} dy$$

$$= \int_a^b [P(x, y_2(x)) - P(x, y_1(x))] dx;$$

公式左端的曲线积分先分为四部分:

$$\int_C P dx = \int_{\widehat{AB}} P dx + \int_{BB'} P dx + \int_{\widehat{B'A'}} P dx + \int_{A'A} P dx.$$

注意在直线段 BB' 与 $A'A$ 上 $dx \equiv 0$,所以左端的曲线积分可化为

$$\int_C P dx = \int_a^b P(x, y_1(x)) dx + \int_b^a P(x, y_2(x)) dx.$$

比较以上两个结果,就得到所要证明的公式.

如果区域 D 不是上述形状,但可以作几条辅助线将 D 分成几个小区域,使每个小区域都是上述形状(图 9.10,图 9.11).则所要证明的公式对这种区域 D 仍然成立,这是因为(见图 9.10)

$$\iint_D -\frac{\partial P}{\partial y} dx dy = \iint_{D_1} + \iint_{D_2} + \iint_{D_3} = \left(\int_{C_1} + \int_{C_2} + \int_{C_3} \right) P dx,$$

其中 C_1, C_2, C_3 分别是区域 D_1, D_2, D_3 的正向边界曲线. 注意辅助

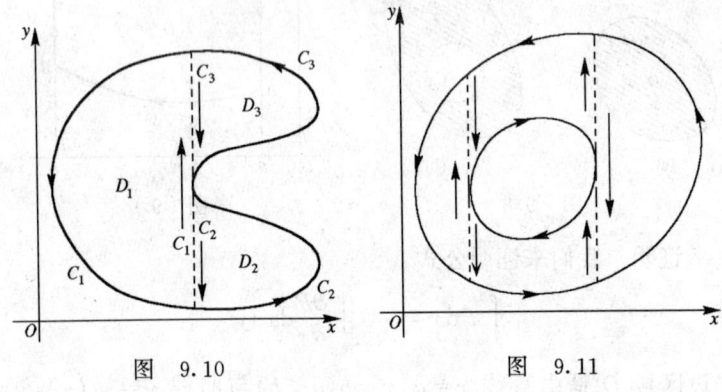

图 9.10　　　　　　图 9.11

线作为一个区域的边界所取的正向与它作为另一个区域的边界取的正向恰好方向相反(图 9.10),于是在辅助线上的两次曲线积分互相抵消. 把上式右端余下的曲线积分的积分路线合在一起恰是区域 D 的正向边界曲线 C.

对于更一般的区域不严格地证明了. 事实上,当区域 D 的边界是分段光滑的曲线 C 时,所要证明的公式就成立.

类似地,有公式

$$\int_C Q\mathrm{d}y = \iint_D \frac{\partial Q}{\partial x}\mathrm{d}x\mathrm{d}y. \tag{2}$$

将上述(1),(2)两个公式相加就是格林公式.

格林公式建立了区域 D 上的二重积分与区域 D 的正向边界曲线 C 上的曲线积分之间的关系.

例 1 计算 $I = \int_C (3x+y)\mathrm{d}y - (x-y)\mathrm{d}x$,其中 C 是沿圆周 $(x-1)^2 + (y-4)^2 = 9$ 的逆时针方向.

解 应用格林公式,因为 $P = -(x-y), Q = 3x+y$,所以

$$I = \iint_D \left[\frac{\partial}{\partial x}(3x+y) - \frac{\partial}{\partial y}(y-x)\right]\mathrm{d}x\mathrm{d}y = \iint_D 2\mathrm{d}x\mathrm{d}y.$$

因为区域 D 是圆 $(x-1)^2 + (y-4)^2 \leqslant 9$,其面积为 9π,所以 $I = 18\pi$.

例 1 中应用格林公式将曲线积分化为二重积分来计算.

下面应用格林公式求得一个利用曲线积分计算平面区域的面积的公式.

在格林公式中令 $P = -y, Q = x$,就得到

$$\oint_C x\mathrm{d}y - y\mathrm{d}x = \iint_D 2\mathrm{d}x\mathrm{d}y.$$

设 A 是区域 D 的面积,于是

$$A = \iint_D 1\mathrm{d}x\mathrm{d}y = \frac{1}{2}\int_C x\mathrm{d}y - y\mathrm{d}x,$$

其中曲线 C 是区域 D 的正向边界.

例2 求椭圆 $\dfrac{x^2}{a^2}+\dfrac{y^2}{b^2}=1$ 所围的面积 A.

解 应用上面的公式

$$A = \frac{1}{2}\int_C x\mathrm{d}y - y\mathrm{d}x,$$

其中 C 沿椭圆 $\dfrac{x^2}{a^2}+\dfrac{y^2}{b^2}=1$ 的逆时针方向. 为此我们取参数方程：$x=a\cos t, y=b\sin t$, 令其中参数 t 由 0 到 2π 变化. 于是

$$A = \frac{1}{2}\int_0^{2\pi}(ab\cos^2 t + ab\sin^2 t)\mathrm{d}t = \pi ab.$$

2. 曲线积分与路径无关的条件

一般地说，给定了函数 P 与 Q 之后，第二型曲线积分

$$\int_{\widehat{AB}} P\mathrm{d}x + Q\mathrm{d}y$$

的值，除了与积分路径的起点 A, 终点 B 有关之外，还与连接 A,B 的积分路径有关，如§1例6中的积分；但也有时，固定起点 A, 终点 B 后，虽取不同的积分路径但有相同的积分值，如§1例5中的积分.

现在我们来研究区域 D 上的函数 P 与 Q 满足什么条件时，曲线积分

$$\int_{\widehat{AB}} P\mathrm{d}x + Q\mathrm{d}y$$

在 D 内与路径无关，即对 D 内任意起点 A, 终点 B 积分的值只与起点 A, 终点 B 的坐标有关，而与连接 A,B 的积分路径无关.

定理2 曲线积分 $\int_{\widehat{AB}} P\mathrm{d}x + Q\mathrm{d}y$ 在区域 D 内与路径无关的充要条件是沿 D 内任一闭曲线 C 的曲线积分

$$\oint_C P\mathrm{d}x + Q\mathrm{d}y$$

为零.

证明 我们来证充分性. 即已知 $\oint_C P\mathrm{d}x+Q\mathrm{d}y=0$ (C 为 D 内

任一闭曲线)来证明积分 $\int_{\widehat{AB}} P\mathrm{d}x + Q\mathrm{d}y$ 在 D 内与路径无关. 为此在 D 内任意取两点 A 与 B,任意作连接 A 与 B 的两条路径 $\widehat{AmB}$ 与 $\widehat{AnB}$. 若 $\widehat{AmB}$ 与 $\widehat{AnB}$ 除点 A 与 B 之外无其他公共点,如图9.12,则 $\widehat{AmBnA}$ 是闭曲线,所以 $\int_{\widehat{AmBnA}} P\mathrm{d}x + Q\mathrm{d}y = 0$. 于是

$$\int_{\widehat{AmB}} P\mathrm{d}x + Q\mathrm{d}y - \int_{\widehat{AnB}} P\mathrm{d}x + Q\mathrm{d}y$$
$$= \int_{\widehat{AmB}} + \int_{\widehat{BnA}} = \oint_{\widehat{AmBnA}} = 0,$$

即

$$\int_{\widehat{AmB}} P\mathrm{d}x + Q\mathrm{d}y = \int_{\widehat{AnB}} P\mathrm{d}x + Q\mathrm{d}y.$$

若 $\widehat{AmB}$ 与 $\widehat{AnB}$ 除点 A 与 B 之外还有公共点,则另作一路径 $\widehat{AlB}$ 使与上两条路径除点 A 与 B 之外都无其他公共点,再应用已证明之结果. 充分性得证.

条件的必要性请读者自己证明.

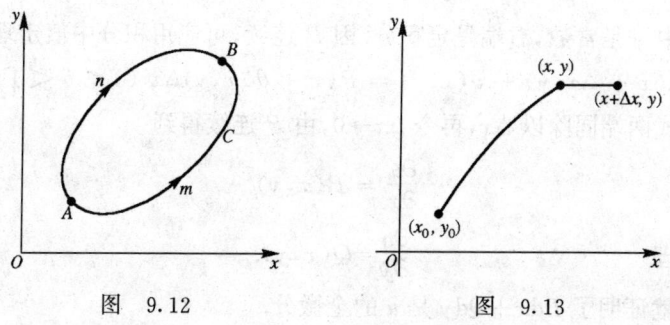

图 9.12　　　　　图 9.13

定理 3　函数 $P(x,y)$ 与 $Q(x,y)$ 在区域 D 上连续,则曲线积分

$$\int_{\widehat{AB}} P\mathrm{d}x + Q\mathrm{d}y$$

在 D 上与路径无关的充要条件是在 D 上存在某个函数 $u = u(x,y)$,使其全微分恰为 $P\mathrm{d}x + Q\mathrm{d}y$,即 $\mathrm{d}u = P\mathrm{d}x + Q\mathrm{d}y$.

证明 **必要性** 若 $\int_{AB} P\mathrm{d}x+Q\mathrm{d}y$ 在 D 上与路径无关,则取定 D 内一起点 (x_0,y_0) 之后,曲线积分是终点 (x,y) 的函数,记作 $u(x,y)$,即 $u(x,y)$ 是区域 D 上之函数,

$$u(x,y) = \int_{(x_0,y_0)}^{(x,y)} P\mathrm{d}x + Q\mathrm{d}y.$$

下面来证明,u 的全微分就是 $P\mathrm{d}x+Q\mathrm{d}y$. 因为 P 与 Q 是连续函数,所以只要证明

$$\frac{\partial u}{\partial x} = P, \quad \frac{\partial u}{\partial y} = Q.$$

先来计算 $\dfrac{\partial u}{\partial x}$. 考虑 D 中另一点 $(x+\Delta x, y)$,因为

$$u(x+\Delta x, y) - u(x,y) = \int_{(x,y)}^{(x+\Delta x, y)} P\mathrm{d}x + Q\mathrm{d}y,$$

当然取积分路径为水平直线(图 9.13),于是 $y=$ 常数,$\mathrm{d}y=0$,

$$u(x+\Delta x, y) - u(x,y) = \int_{x}^{x+\Delta x} P(x,y)\mathrm{d}x,$$

其中 y 是常数,右端是定积分. 因 P 连续,可应用积分中值定理,

$$u(x+\Delta x, y) - u(x,y) = P(x+\theta\Delta x, y)\Delta x \ (0 < \theta < 1).$$

等式两端同除以 Δx,再令 $\Delta x \to 0$,由 P 连续得到

$$\frac{\partial u}{\partial x} = P(x,y).$$

同理 $$\frac{\partial u}{\partial y} = Q(x,y).$$

这就证明了 $P\mathrm{d}x+Q\mathrm{d}y$ 是 u 的全微分.

充分性 若在 D 上存在某函数 $u=u(x,y)$ 使 $\mathrm{d}u = P\mathrm{d}x + Q\mathrm{d}y$,则有 $\dfrac{\partial u}{\partial x}=P, \dfrac{\partial u}{\partial y}=Q$.

设曲线 $\widehat{AB}$ 之参数方程为 $x=\varphi(t), y=\psi(t)$,当 t 由 α 变到 β 时,曲线由点 A 到点 B,即有 $(\varphi(\alpha),\psi(\alpha))=A, (\varphi(\beta),\psi(\beta))=B$. 化曲线积分为定积分,进行计算,

$$\int_{\widehat{AB}} P\mathrm{d}x + Q\mathrm{d}y$$
$$= \int_\alpha^\beta [P(\varphi(t),\psi(t))\varphi'(t) + Q(\varphi(t),\psi(t))\psi'(t)]\mathrm{d}t$$
$$= \int_\alpha^\beta \frac{\mathrm{d}u(\varphi(t),\psi(t))}{\mathrm{d}t}\mathrm{d}t$$
$$= u(\varphi(t),\psi(t))\Big|_\alpha^\beta = u(B) - u(A).$$

求得曲线积分之值是函数 $u(x,y)$ 在 A,B 两点的函数值之差,与积分路径无关. 证毕.

由定理 3 的证明得知,当在区域 D 上存在某函数 $u(x,y)$ 使 $\mathrm{d}u = P\mathrm{d}x + Q\mathrm{d}y$($P,Q$ 在 D 上连续!)时,曲线积分 $\int_{\widehat{AB}} P\mathrm{d}x + Q\mathrm{d}y$ 在 D 上与路径无关,故可表为 $\int_A^B P\mathrm{d}x + Q\mathrm{d}y$,且有

$$\int_{\widehat{AB}} P\mathrm{d}x + Q\mathrm{d}y = \int_A^B P\mathrm{d}x + Q\mathrm{d}y = u(B) - u(A),$$

此公式与定积分的牛顿-莱布尼兹公式相似,所以也常称其中之函数 $u(x,y)$ 为 $P\mathrm{d}x + Q\mathrm{d}y$ 之原函数.

再次考虑 §1 例 5 中之曲线积分 $\int_{\widehat{AB}} (x+y)\mathrm{d}x + (x-y)\mathrm{d}y$,显然函数 $u(x,y) = \frac{x^2}{2} + xy - \frac{y^2}{2}$ 就使得
$$\mathrm{d}u = (x+y)\mathrm{d}x + (x-y)\mathrm{d}y,$$
所以此曲线积分与路径无关:
$$\int_{\widehat{AB}} (x+y)\mathrm{d}x + (x-y)\mathrm{d}y = u(B) - u(A)$$
$$= u(0,1) - u(1,0) = -\frac{1}{2} - \left(\frac{1}{2}\right) = -1.$$

此结果对任一连接点 A 与点 B 的路径都成立.

下面的定理 4 给出积分与路径无关的又一个充要条件.

定理 4 设 D 是单连通区域,$P(x,y)$ 与 $Q(x,y)$ 在 D 上有一阶连续偏导数,则曲线积分

$$\int_{\widehat{AB}} P\mathrm{d}x + Q\mathrm{d}y$$

在 D 上与路径无关的充要条件是在区域 D 上有

$$\frac{\partial P}{\partial y} = \frac{\partial Q}{\partial x}.$$

所谓"单连通区域"是指这种区域,区域内任一闭曲线所围的区域都在这个区域内. 例如, 由一条闭曲线所围的区域是单连通区域. 两个同心圆所围成的环形区域不是单连通的.

看一个例子. 函数 $P(x,y) = \dfrac{-y}{x^2+y^2}$, $Q(x,y) = \dfrac{x}{x^2+y^2}$, 在区域 $D: 1/4 \leqslant x^2 + y^2 \leqslant 4$ 上有连续一阶偏导数, 且

$$\frac{\partial P}{\partial y} = \frac{y^2 - x^2}{(x^2+y^2)^2} = \frac{\partial Q}{\partial x}.$$

但是沿着 D 内的圆周 C: $x=\cos\theta, y=\sin\theta$, θ 从 0 到 2π, 积分

$$\oint_C P\mathrm{d}x + Q\mathrm{d}y = \oint_C \frac{-y}{x^2+y^2}\mathrm{d}x + \frac{x}{x^2+y^2}\mathrm{d}y = 2\pi \neq 0.$$

由定理 2, 曲线积分

$$\int_C \frac{-y}{x^2+y^2}\mathrm{d}x + \frac{x}{x^2+y^2}\mathrm{d}y$$

与积分路径有关. 这个例子表明定理中的条件"D 是单连通区域"对保证定理的结论中的充分性是不可缺少的.

又请问: 此例是否满足定理 3 中的条件.

定理 4 的证明　充分性　设条件 $\dfrac{\partial P}{\partial y} = \dfrac{\partial Q}{\partial x}$ 在区域 D 上成立. 考虑 D 内任意闭曲线 C' 上的曲线积分

$$\oint_{C'} P\mathrm{d}x + Q\mathrm{d}y.$$

令 D' 是 C' 所围之区域, 由格林公式

$$\oint_{C'} P\mathrm{d}x + Q\mathrm{d}y = \pm \iint_{D'} \left(\frac{\partial Q}{\partial x} - \frac{\partial P}{\partial y}\right)\mathrm{d}x\mathrm{d}y.$$

由于 D 是单连通的, 所以 $D' \subset D$. 于是在 D' 上 $\dfrac{\partial P}{\partial y} = \dfrac{\partial Q}{\partial x}$, 所以右边

的重积分为零,从而

$$\oint_{C'} P\mathrm{d}x + Q\mathrm{d}y = 0.$$

由定理 2 曲线积分 $\int_{\widehat{AB}} P\mathrm{d}x+Q\mathrm{d}y$ 在 D 内与积分路径无关.

必要性 用反证法. 设在 D 内某一点 M_0 处 $\frac{\partial Q}{\partial x} \neq \frac{\partial P}{\partial y}$,不妨设 $\frac{\partial Q}{\partial x} - \frac{\partial P}{\partial y}\Big|_{M_0} = \alpha > 0$,根据定理的假设,函数 $\frac{\partial Q}{\partial x} - \frac{\partial P}{\partial y}$ 是连续的,所以在 D 内存在以 M_0 为心的半径 δ 足够小的圆形区域 K,使得在 K 上

$$\frac{\partial Q}{\partial x} - \frac{\partial P}{\partial y} > \frac{\alpha}{2}.$$

令 C_0 表示圆域 K 的正向边界,于是

$$\int_{C_0} P\mathrm{d}x + Q\mathrm{d}y = \iint_K \left(\frac{\partial Q}{\partial x} - \frac{\partial P}{\partial y}\right)\mathrm{d}x\mathrm{d}y > \frac{\alpha}{2}\pi\delta^2 > 0.$$

因 C_0 是 D 内的一条闭曲线,由定理 2 这就与定理的假设矛盾. 证毕.

例3 计算曲线积分

$$\int_{\widehat{AB}} (x^2 + y)\mathrm{d}x + (y^2 + x)\mathrm{d}y,$$

其中 $\widehat{AB}$ 沿半圆 $y=\sqrt{x(2-x)}$ 的逆时针方向.

解 因为 $P=x^2+y, Q=y^2+x$,所以 $\frac{\partial P}{\partial y}=1=\frac{\partial Q}{\partial x}$ 在全平面上成立,由定理 4,积分与路径无关,所以可以换一条更便于计算的积分路径. 我们另取直线段 $\overline{AB}$ 为积分路径(图 9.14),因为 $\overline{AB}$: $y=0, x$ 由 2 到 0,所以

$$\int_{\widehat{AB}} (x^2 + y)\mathrm{d}x + (y^2 + x)\mathrm{d}y = \int_2^0 x^2 \mathrm{d}x = -\frac{8}{3}.$$

总结上面三个定理. 由定理 2 与定理 3 可知,只要函数 P 与 Q 在 D 上连续,下列三个性质等价:

(i) 曲线积分 $\int_{\widehat{AB}} P\mathrm{d}x+Q\mathrm{d}y$ 在 D 上与路径无关;

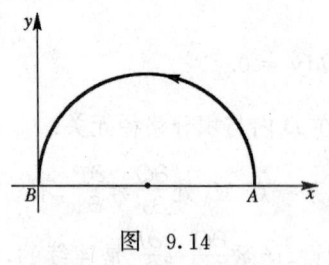
图 9.14

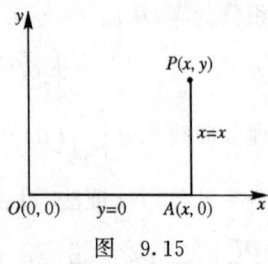
图 9.15

(ii) 对 D 中任一闭路 C,$\int_C P\mathrm{d}x+Q\mathrm{d}y=0$;

(iii) 在 D 上存在函数 $u(x,y)$,使 $\mathrm{d}u=P\mathrm{d}x+Q\mathrm{d}y$.

如果再设区域 D 为单连通的,又 P 与 Q 在 D 上有连续的一阶偏微商,则由定理 4,以下性质(iv)也与它们等价:

(iv) 在区域 D 上有等式: $\dfrac{\partial P}{\partial y}=\dfrac{\partial Q}{\partial x}$.

例 4 问 $(x^2+y^2)\mathrm{d}x+2xy\mathrm{d}y$ 是否为某个函数 $u(x,y)$ 的全微分?若是,求出函数 u 来.

解 因为 $\dfrac{\partial(x^2+y^2)}{\partial y}=2y=\dfrac{\partial(2xy)}{\partial x}$ 在任一区域 D 上成立,由以上等价性质,$(x^2+y^2)\mathrm{d}x+2xy\mathrm{d}y$ 是某函数 $u(x,y)$ 的全微分.根据定理 3 之证明,可取 $u(x,y)=\int_{(x_0,y_0)}^{(x,y)}(x^2+y^2)\mathrm{d}x+2xy\mathrm{d}y$,其中 (x_0,y_0) 是 D 内任意一点,为方便起见取 $(x_0,y_0)=(0,0)$,选积分路径为折线 OAP(图 9.15),就得到

$$u(x,y)=\int_0^x x^2\mathrm{d}x+\int_0^y 2xy\mathrm{d}y=\dfrac{x^3}{3}+xy^2.$$

显然,对任意常数 C,函数 $\dfrac{x^3}{3}+xy^2+C$ 的全微分也是

$$(x^2+y^2)\mathrm{d}x+2xy\mathrm{d}y.$$

下面用一种叫做"凑全微分"的方法来求函数 $u(x,y)$.因为 $\dfrac{\partial u}{\partial x}=P=x^2+y^2$,所以 $u=\dfrac{x^3}{3}+xy^2+\varphi(y)$,其中 $\varphi(y)$ 是 y 的任意函数.因此 $\dfrac{\partial u}{\partial y}=2xy+\varphi'(y)$.另一方面,应该有 $\dfrac{\partial u}{\partial y}=Q=2xy$,比较两

式得 $\varphi'(y)=0$,所以 $\varphi(y)=C$. 于是
$$u(x,y) = \frac{x^3}{3} + xy^2 + C.$$

最后介绍保守场与势函数的概念. 如果在力场 $F(x,y)=P(x,y)\boldsymbol{i}+Q(x,y)\boldsymbol{j}$ 中作功与路径无关,则称此力场 F 为**保守力场**. 因为由 A 到 B,力场 F 所作之功 W 为第二型曲线积分:
$$W = \int_{\widehat{AB}} \boldsymbol{F} \cdot \mathrm{d}\boldsymbol{s} = \int_{\widehat{AB}} P\mathrm{d}x + Q\mathrm{d}y,$$
所以作功与路径无关即曲线积分
$$\int_{\widehat{AB}} P\mathrm{d}x + Q\mathrm{d}y$$
与路径无关. 一般的,当向量场 $F(x,y)=P(x,y)\boldsymbol{i}+Q(x,y)\boldsymbol{j}$ 的第二型曲线积分
$$\int_{\widehat{AB}} \boldsymbol{F} \cdot \mathrm{d}\boldsymbol{s} = \int_{\widehat{AB}} P\mathrm{d}x + Q\mathrm{d}y$$
在区域 D 内与路径无关时,称此向量场为区域 D 内的**保守场**. 应用定理 2、定理 3 与定理 4,向量场 $\boldsymbol{F}=P\boldsymbol{i}+Q\boldsymbol{j}$ 为保守场有三个充要条件.

由定理 3 知,对于保守场 $\boldsymbol{F}=P\boldsymbol{i}+Q\boldsymbol{j}$,存在函数 $u(x,y)$,使 $\mathrm{d}u=P\mathrm{d}x+Q\mathrm{d}y$,我们称此函数 $u(x,y)$ 为保守场 $\boldsymbol{F}$ 的**势函数**,并且对于保守场,其第二型曲线积分的值是保守场的势函数在终点的值与起点的值之差:
$$\int_{(x_0,y_0)}^{(x_1,y_1)} P\mathrm{d}x + Q\mathrm{d}y = u(x_1,y_1) - u(x_0,y_0).$$

由 §1 的例 7 知,重力场是保守力场,其势函数 $u(x,y)=-mgy$.

习 题 9.2

1. 应用格林公式计算下列积分:

(1) $\oint_C (x+y)\mathrm{d}x - (x-y)\mathrm{d}y$,$C$ 是逆时针方向绕椭圆

$\frac{x^2}{a^2}+\frac{y^2}{b^2}=1$ 的一圈;

(2) $\oint_C xy^2 dy - x^2 y dx$, C 是按逆时针方向绕圆 $x^2+y^2=a^2$ 的一圈;

(3) $I = \oint_K (x+y^2)dx + (x^2-y^2)dy$, 其中 K 依正方向经过以 $A(1,1), B(3,2), C(3,5)$ 为顶点的三角形 ABC 的围线;

(4) $\int_{\overparen{AO}} (e^x \sin y - my)dx + (e^x \cos y - m)dy$, $\overparen{AO}$ 为由点 $A(a, 0)$ 至点 $O(0,0)$ 的上半圆周 $x^2+y^2=ax$.

2. $I_1 = \int_{AmB} (x+y)^2 dx - (x-y)^2 dy$ 与 $I_2 = \int_{AnB} (x+y)^2 dx - (x-y)^2 dy$ 相差多少?其中路径 AmB 为连接点 $A(1,1)$ 和点 $B(2,6)$ 的直线,AnB 是对称轴平行于 y 轴的抛物线,并通过 A,B 及坐标原点.

3. 用曲线积分计算下列各闭曲线所围的图形面积:

(1) 椭圆 $x=a\cos t, y=b\sin t$;

(2) 星形曲线 $x=a\cos^3 t, y=a\sin^3 t$;

(3) 心脏线 $x=2a\cos t - a\cos 2t, y=2a\sin t - a\sin 2t$;

(4) 双纽线 $(x^2+y^2)^2 = a^2(x^2-y^2)$.

4. 证明 $\oint_C f(xy)(y dx + x dy) = 0$, 其中 $f(u)$ 对 u 有连续一阶导数, C 是光滑曲线.

5. 证明下列线积分与积分路径无关,并求积分值:

(1) $\int_{(0,0)}^{(1,1)} (x+y)dx + (x-y)dy$;

(2) $\int_{(0,-1)}^{(3,0)} (x^4 + 4xy^3)dx + (6x^2y^2 - 5y^4)dy$;

(3) $\int_{(a_1,b_1)}^{(a_2,b_2)} xy(1+y)dx + x^2\left(\frac{1}{2}+y\right)dy$;

(4) $\int_{(0,0)}^{(a,b)} e^x \cos y dx - e^x \sin y dy$.

6. 求函数 $u=u(x,y)$ 使得 u 满足下列各式:

(1) $du = (x^2+2xy-y^2)dx + (x^2-2xy-y^2)dy$;

(2) $du = (2x\cos y - y^2\sin x)dx + (2y\cos x - x^2\sin y)dy$;

(3) $du = \dfrac{2x(1-e^y)dx}{(1+x^2)^2} + \dfrac{e^y dy}{(1+x^2)}$;

(4) $du = \dfrac{ydx - xdy}{3x^2 - 2xy + 3y^2}$,在上半平面或下半平面.

7. 确定 n 使得 $\dfrac{(x-y)dx + (x+y)dy}{(x^2+y^2)^n}$ 为某函数 $u=u(x,y)$ 的全微分,并且求 $u(x,y)$,在左或右半平面.

8. 选取 a,b 使得
$$\frac{(y^2+2xy+ax^2)dx - (x^2+2xy+by^2)dy}{(x^2+y^2)^2} \quad (x \neq 0)$$
为某函数 $u=u(x,y)$ 的全微分,并求 $u(x,y)$.

9. 椭圆 $x=a\cos t, y=b\sin t$ 上每一点 M 有作用力 F,大小等于从点 M 到椭圆中心的距离,方向向着椭圆中心.

(1) 计算质点 P 沿椭圆在第一象限中的弧从点 $(a,0)$ 移动到点 $(0,b)$ 时力 F 所作的功;

(2) 求点 P 沿椭圆正向移动一周力 F 所作的功.

10. 力 $F=Pi+Qj, P=x+y^2, Q=2xy-8$. 证明质点在此力场内移动时,力场作功与路径无关.

11. 设在半平面 $x>0$ 中有力 $F = -\dfrac{k}{r^3}(xi+yj)$ 构成力场,其中 k 是常量,$r=\sqrt{x^2+y^2}$,证明此力场中力所作的功与路径无关.

12. 一力场的力大小与作用点到 z 轴的距离成反比,方向垂直向着该轴. 试求当质量为 m 的质点沿圆周 $x=\cos t, y=1, z=\sin t$ 由点 $M(1,1,0)$ 依 t 增加的方向移动到点 $N(0,1,1)$ 时力场所作的功.

13. 设 D 是平面有界闭区域,其边界曲线 C 光滑,函数 $P(x,y), Q(x,y)$ 在 D 上有连续的一阶偏微商. 试证明
$$\oint_C (P\cos\alpha + Q\cos\beta)ds = \iint_D \left(\frac{\partial P}{\partial x} + \frac{\partial Q}{\partial y}\right)dxdy,$$

其中 $\cos\alpha, \cos\beta$ 是曲线 C 的外法线向量的方向余弦.

§3 曲面积分

本节讲曲面积分, 即积分区域是曲面. 我们设取作积分区域的曲面是光滑的, 或是分片光滑的, 也就是说, 曲面有连续转动的切平面, 或是由有限块这种曲面连接起来的.

1. 第一型曲面积分

设曲面 S 上点 (x,y,z) 处的面密度为 $\rho = \rho(x,y,z)$, 下面求此曲面 S 的质量 M.

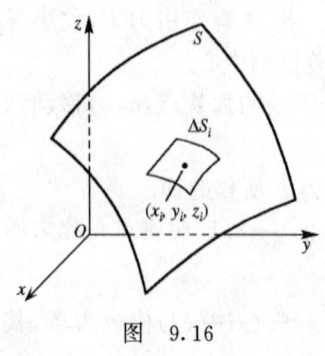

图 9.16

先分曲面 S 为 n 块小曲面, 以 ΔS_i 表示第 i 块小曲面, 也表示这块小曲面的面积(见图 9.16). 在第 i 块小曲面 ΔS_i 上任取一点 (x_i, y_i, z_i), 于是第 i 块小曲面的质量的近似值是 $\rho(x_i, y_i, z_i)\Delta S_i$. 曲面 S 的质量 M 的近似值为和式

$$\sum_{i=1}^{n} \rho(x_i, y_i, z_i)\Delta S_i.$$

令 n 块小曲面的最大直径 $\|\Delta S\|$ 趋于零, 上述和式的极限就是曲面 S 的质量 M, 即

$$M = \lim_{\|\Delta S\| \to 0} \sum_{i=1}^{n} \rho(x_i, y_i, z_i)\Delta S_i.$$

定义1 设函数 $f(x,y,z)$ 在曲面 S 上有定义. 分 S 为 n 小块, 第 i 块的面积为 ΔS_i. 在第 i 块上任取一点 (x_i, y_i, z_i) 作和式

$$\sum_{i=1}^{n} f(x_i, y_i, z_i)\Delta S_i.$$

令 n 块小曲面的最大直径 $\|\Delta S\|$ 趋于零, 若极限

$$\lim_{\|\Delta S\| \to 0} \sum_{i=1}^{n} f(x_i, y_i, z_i) \Delta S_i$$

存在,则称它为 $f(x,y,z)$ 沿曲面 S 的**第一型曲面积分**,也叫做**对面积的曲面积分**,记作

$$\iint\limits_{S} f(x,y,z) \mathrm{d}S.$$

由定义可知,曲面 S 的质量 M 是其面密度 $\rho = \rho(x,y,z)$ 沿曲面 S 的第一型曲面积分

$$M = \iint\limits_{S} \rho(x,y,z) \mathrm{d}S.$$

第一型曲面积分的存在性、性质和计算方法与第一型曲线积分的存在性、性质和计算方法类似.不再一一叙述,只写出其中两条.

(i) 若曲面 S 由曲面 S_1 和 S_2 组成,函数 $f(x,y,z)$ 在 S 上连续,则有

$$\iint\limits_{S} f(x,y,z) \mathrm{d}S = \iint\limits_{S_1} f(x,y,z) \mathrm{d}S + \iint\limits_{S_2} f(x,y,z) \mathrm{d}S.$$

(ii) 若曲面 S 的方程为 $z = z(x,y)$,而 $(x,y) \in D$,又 z_x, z_y 在区域 D 上连续,则由定义可得

$$\iint\limits_{S} f(x,y,z) \mathrm{d}S = \iint\limits_{D} f(x,y,z(x,y)) \sqrt{1 + z_x^2 + z_y^2} \, \mathrm{d}\sigma.$$

等式右端是一个二重积分,即第一型曲面积分可化为二重积分来计算.

例 1 计算曲面积分 $I = \iint\limits_{S} \dfrac{\mathrm{d}S}{z}$,其中曲面 S 是球面 $x^2 + y^2 + z^2 = a^2$ 被平面 $z = h (0 < h < a)$ 截下之顶部.

解 曲面的方程是 $z = \sqrt{a^2 - x^2 - y^2}$.曲面在 Oxy 平面上的投影区域 D 是圆 $x^2 + y^2 \leqslant a^2 - h^2$,又有

$$\mathrm{d}S = \dfrac{a}{\sqrt{a^2 - x^2 - y^2}} \mathrm{d}\sigma.$$

所以
$$I = \iint_D \frac{1}{\sqrt{a^2-x^2-y^2}} \frac{a}{\sqrt{a^2-x^2-y^2}} d\sigma$$
$$= a\iint_D \frac{1}{a^2-x^2-y^2} d\sigma.$$

为计算这个二重积分,我们采用极坐标系,得

$$I = a\int_0^{2\pi} d\theta \int_0^{\sqrt{a^2-h^2}} \frac{rdr}{a^2-r^2} = 2\pi a\left[-\frac{1}{2}\ln(a^2-r^2)\right]_0^{\sqrt{a^2-h^2}}$$
$$= \pi a[\ln a^2 - \ln h^2] = 2\pi a\ln\frac{a}{h}.$$

2. 第二型曲面积分

上面例 1 中的曲面可以分成上、下两侧,一个点在曲面上移动时,如果它不经过曲面的边缘就不可能从曲面的一侧移动到另一侧去. 我们将这种能分成两侧的曲面叫做双侧曲面. 对于双侧曲面,如果取定了某一侧为正向,那么这样的曲面就叫做**定向曲面**. 例如,一张可以分为上、下两侧的曲面,我们常取上侧为正向,也就是指定曲面的法方向为与 z 轴成锐角的方向. 一张闭曲面,很自然地分为内、外两侧,常取外侧为正向.

非双侧曲面是存在的,例如,一张长方形的纸条,扭一下,再把两端接起来就成了有名的麦比乌斯(Möbius)带,它是一张单侧曲面.

以下我们讨论的曲面都是双侧的.

现在来研究一个具体的问题. 设有某流体,其流速 F 是空间位置的向量函数 $F = F(x, y, z)$. 求流体通过定向曲面 S 的流量(单位时间内沿指定方向通过曲面 S 的流体的体积). 先求流速为常向量的流体通过平面之流量:流体的流速 $F = v k$,其中 v 是常数,k 是 z 轴方向的单位向量.

(i) 若定向曲面 S 是面积为 A,法向量与 z 轴同方向的一张矩形平面,显然

$$\text{通过 } S \text{ 的流量} = vA.$$

(ii) 若定向曲面 S 是面积为 A,法向量与 z 轴之夹角为 γ 的一张矩形平面,则

$$\text{通过 } S \text{ 的流量} = v\cos\gamma \cdot A.$$

它等于一个平行六面体的体积(见图 9.17).

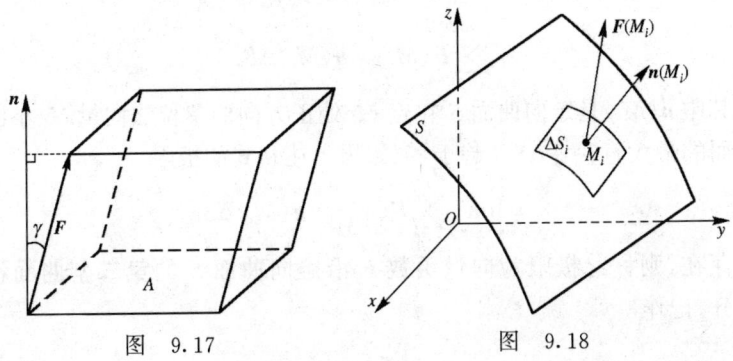

图 9.17   图 9.18

注意,若 $\gamma > \dfrac{\pi}{2}$,即流体沿着 S 的反方向流时,按以上公式计算出的流量也恰好为负值. 一般地,若流体的流速为 $\boldsymbol{F}$,它通过面积为 A,法向量与 $\boldsymbol{F}$ 的夹角为 θ 的一张平面 S 时

$$\text{流量} = |\boldsymbol{F}|\cos\theta \cdot A.$$

如果我们用 $\boldsymbol{n}$ 表示平面 S 的单位法向量,则

$$\text{流量} = \boldsymbol{F} \cdot \boldsymbol{n} A.$$

下面来求流体通过曲面的流量. 设流体的流速 $\boldsymbol{F} = \boldsymbol{F}(x, y, z)$,定向曲面 S 在点 $M(x, y, z)$ 处的单位法向量为 $\boldsymbol{n} = \boldsymbol{n}(x, y, z)$. 分曲面 S 为 m 个小块曲面,以 ΔS_i 表示第 i 块小曲面,也表示其面积. 在 ΔS_i 上任取一点 $M_i(x_i, y_i, z_i)$,则通过小曲面 ΔS_i 的流量的近似值可取作 $\boldsymbol{F}(M_i) \cdot \boldsymbol{n}(M_i) \Delta S_i$(图 9.18). 和式

$$\sum_{i=1}^{m} \boldsymbol{F}(M_i) \cdot \boldsymbol{n}(M_i) \Delta S_i$$

是所求流量的近似值. 令小曲面的最大直径 $\|\Delta S\|$ 趋于零,上述和式的极限

$$\lim_{\|\Delta S\| \to 0} \sum_{i=1}^{m} F(M_i) \cdot n(M_i) \Delta S_i$$

就是所要求的流量.

定义 2 设曲面 S 取定了方向,向量函数 $F(x,y,z)$ 在 S 上有定义. 分 S 为 m 块小曲面,用 ΔS_i 表示第 i 块小曲面,也表示它的面积. 在 ΔS_i 上任选一点 $M_i(x_i,y_i,z_i)$,作和

$$\sum_{i=1}^{m} F(M_i) \cdot n(M_i) \Delta S_i,$$

其中 $n(M_i)$ 是定向曲面 S 在点 M_i 处正方向的单位法向量. 令小曲面的最大直径 $\|\Delta S\|$ 趋于零,如果上述和式的极限

$$\lim_{\|\Delta S\| \to 0} \sum_{i=1}^{m} F(M_i) \cdot n(M_i) \Delta S_i$$

存在,则称此极限为向量函数 F 沿定向曲面 S 的**第二型曲面积分**,记作

$$\iint_S F \cdot n \mathrm{d}S,$$

也简单地记作

$$\iint_S F \cdot \mathrm{d}S.$$

由此定义,流速为 $F(x,y,z)$ 的流体,流过定向曲面 S 的流量为第二型曲面积分

$$\iint_S F \cdot n \mathrm{d}S.$$

第二型曲面积分与第二型曲线积分的存在性与性质都是类似的,不再一一叙述. 只是再次强调改变曲面 S 的定向时,第二型曲面积分的值改变符号,即

$$\iint_{S^-} F \cdot n \mathrm{d}S = - \iint_S F \cdot n \mathrm{d}S,$$

其中 S^- 表示与 S 有相反定向的同一张曲面. 这是因为,当 S 改变定向时,法向量 $n(M_i)$ 反向,从而 $F(M_i) \cdot n(M_i)$ 反号.

若 $\boldsymbol{F}=P\boldsymbol{i}+Q\boldsymbol{j}+R\boldsymbol{k}, \boldsymbol{n}=\cos\alpha\boldsymbol{i}+\cos\beta\boldsymbol{j}+\cos\gamma\boldsymbol{k}$，应用数量积公式就得到

$$\iint\limits_{S}\boldsymbol{F}\cdot\boldsymbol{n}\mathrm{d}S = \iint\limits_{S}(P\cos\alpha+Q\cos\beta+R\cos\gamma)\mathrm{d}S.$$

当第二型曲面积分表示为以上两种形式的任何一种时，只要将 $\boldsymbol{F}\cdot\boldsymbol{n}$ 或将 $(P\cos\alpha+Q\cos\beta+R\cos\gamma)$ 看成一个数量函数 $f(x,y,z)$，它们就成为第一型曲面积分（定向曲面 S 的方向由 $\boldsymbol{n}$ 或由 $\{\cos\alpha,\cos\beta,\cos\gamma\}$ 所反映）.

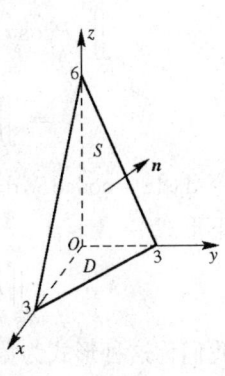

图 9.19

例 2 计算曲面积分 $I=\iint\limits_{S^+}(\boldsymbol{F}\cdot\boldsymbol{n})\mathrm{d}S$，其中 $\boldsymbol{F}=\{xy,-x^2,x+z\}$，$S^+$ 是平面 $2x+2y+z=6$ 位于第一卦限部分的上侧（见图 9.19）.

解 由题设知

$$\boldsymbol{n}=\left\{\frac{2}{3},\frac{2}{3},\frac{1}{3}\right\},$$

于是
$$\boldsymbol{F}\cdot\boldsymbol{n}=\frac{2}{3}xy+\frac{2}{3}(-x^2)+\frac{1}{3}(x+z)$$
$$=\frac{1}{3}(2xy-2x^2+x+z),$$

所以 I 为以下第一型曲面积分：

$$I=\iint\limits_{S}\frac{1}{3}(2xy-2x^2+x+z)\mathrm{d}S.$$

曲面 S 的方程是 $z=6-2x-2y$. S 在 Oxy 平面上的投影区域 D 为 $0\leqslant y\leqslant 3-x, 0\leqslant x\leqslant 3$，又 $\mathrm{d}S=\sqrt{1+z_x^2+z_y^2}\mathrm{d}x\mathrm{d}y=3\mathrm{d}x\mathrm{d}y$，所以

$$I=\iint\limits_{D}(2xy-2x^2-x-2y+6)\mathrm{d}x\mathrm{d}y$$

$$= \int_0^3 dx \int_0^{3-x} (2xy - 2x^2 - x - 2y + 6) dy = \frac{27}{4}.$$

当法向量不易求得时,可以用下述方法计算第二型曲面积分. 首先变化其形式:

$$\iint_S (P\cos\alpha + Q\cos\beta + R\cos\gamma) dS$$

$$= \iint_S P\cos\alpha dS + Q\cos\beta dS + R\cos\gamma dS,$$

令 $dydz = \cos\alpha dS, dzdx = \cos\beta dS, dxdy = \cos\gamma dS$,上式就表为以下形式

$$\iint_S Pdydz + Qdzdx + Rdxdy.$$

我们称这种形式为第二型曲面积分的**坐标形式**.

需要注意的是:第二型曲面积分的坐标形式中的 $dydz, dzdx$ 与 $dxdy$ 的定义如上面所给,它们不是二重积分中的面积元素,但是与二重积分中的面积元素有紧密的关系. 以其中的 $dxdy = \cos\gamma dS$ 为例,由第八章中求曲面面积的一段得知 $\cos\gamma \neq 0$ 时

$$dS = \frac{d\sigma}{|\cos\gamma|},$$

所以

$$dxdy = \cos\gamma dS = \begin{cases} +d\sigma, & \cos\gamma > 0, \\ 0, & \cos\gamma = 0, \\ -d\sigma, & \cos\gamma < 0, \end{cases}$$

其中 $d\sigma$ 是 dS 在 Oxy 平面上的投影,是二重积分中的面积元素. 由此可见第二型曲面积分中的 $dxdy$(即 $\cos\gamma dS$)的绝对值等于曲面微元 dS 在 Oxy 平面上的投影,符号和曲面微元 dS 的法方向与 z 轴夹角的余弦相同. 也就是,dS 的法方向朝上时,$dxdy$ 就等于 dS 在 Oxy 平面上的投影 $d\sigma$;dS 的法方向垂直于 z 轴时,$dxdy$ 为零;dS 的法方向朝下时,$dxdy$ 等于 dS 在 Oxy 平面上的投影再加

负号,即等于 $-\mathrm{d}\sigma$. 所以我们也简单地称 $\mathrm{d}x\mathrm{d}y$ 是 $\mathrm{d}S$ 在 Oxy 平面上的**有向投影**. 类似地,$\mathrm{d}y\mathrm{d}z$ 是 $\mathrm{d}S$ 在 Oyz 平面上的有向投影,$\mathrm{d}z\mathrm{d}x$ 是 $\mathrm{d}S$ 在 Ozx 平面上的有向投影.

根据以上讨论,第二型曲面积分很容易直接化为二重积分来计算. 以第二型曲面积分 $\iint\limits_{S} R(x,y,z)\mathrm{d}x\mathrm{d}y$ 为例,如果曲面 S 的方程是 $z=z(x,y),(x,y)\in D$,那么 $\cos\gamma$ 在曲面指定的一侧不会改变符号. 于是根据上面的讨论,有

$$\iint\limits_{S} R(x,y,z)\mathrm{d}x\mathrm{d}y = \begin{cases} +\iint\limits_{D} R(x,y,z(x,y))\mathrm{d}\sigma, & \cos\gamma>0, \\ -\iint\limits_{D} R(x,y,z(x,y))\mathrm{d}\sigma, & \cos\gamma<0. \end{cases}$$

关于积分 $\iint\limits_{S} P(x,y,z)\mathrm{d}y\mathrm{d}z$ 与 $\iint\limits_{S} Q(x,y,z)\mathrm{d}z\mathrm{d}x$ 有类似的结果.

例 3 求积分 $I=\iint\limits_{S} xyz\mathrm{d}x\mathrm{d}y$,其中曲面 S 是球面 $x^2+y^2+z^2=1$ 在 $x\geqslant 0, y\geqslant 0$ 部分的外侧.

解 将曲面 S 分为上下两部分 S_1 与 S_2. 曲面 S_1 的方程是 $z=\sqrt{1-x^2-y^2}$,D_1 为 $x^2+y^2\leqslant 1, x\geqslant 0, y\geqslant 0$,在 S_1 上 $\cos\gamma>0$. 曲面 S_2 的方程是 $z=-\sqrt{1-x^2-y^2}$,D_2 为 $x^2+y^2\leqslant 1, x\geqslant 0, y\geqslant 0$,在 S_2 上 $\cos\gamma<0$. 于是

$$\begin{aligned} I &= \iint\limits_{S_1} xyz\mathrm{d}x\mathrm{d}y + \iint\limits_{S_2} xyz\mathrm{d}x\mathrm{d}y \\ &= \iint\limits_{D_1} xy\sqrt{1-x^2-y^2}\mathrm{d}\sigma - \iint\limits_{D_2} xy(-\sqrt{1-x^2-y^2})\mathrm{d}\sigma \\ &= 2\iint\limits_{D_1} xy\sqrt{1-x^2-y^2}\mathrm{d}\sigma. \end{aligned}$$

采用极坐标计算这个二重积分,有

$$I = 2\int_0^{\frac{\pi}{2}} \cos\theta\sin\theta \mathrm{d}\theta \int_0^1 r^3\sqrt{1-r^2}\mathrm{d}r$$

令 $r=\sin t$ 有

$$I = \sin^2\theta\Big|_0^{\frac{\pi}{2}} \int_0^{\frac{\pi}{2}} \sin^3 t \cos^2 t \mathrm{d}t = \int_0^{\frac{\pi}{2}} \sin^3 t \mathrm{d}t - \int_0^{\frac{\pi}{2}} \sin^5 t \mathrm{d}t$$

$$= \frac{2}{3} - \frac{4}{5}\cdot\frac{2}{3} = \frac{2}{15}.$$

例 4 计算积分 $I = \iint\limits_S x\mathrm{d}y\mathrm{d}z + y\mathrm{d}z\mathrm{d}x + z\mathrm{d}x\mathrm{d}y$，其中 S 是正方体：$0 \leqslant x \leqslant 1, 0 \leqslant y \leqslant 1, 0 \leqslant z \leqslant 1$ 的表面外侧.

解 设 $I = \iint\limits_S x\mathrm{d}y\mathrm{d}z + \iint\limits_S y\mathrm{d}z\mathrm{d}x + \iint\limits_S z\mathrm{d}x\mathrm{d}y$

$= I_1 + I_2 + I_3.$

为计算这些曲面积分，我们将 S 分为上、下、左、右、前、后六块光滑的部分平面.

下面来计算第三个积分

$$I_3 = \iint\limits_S z\mathrm{d}x\mathrm{d}y.$$

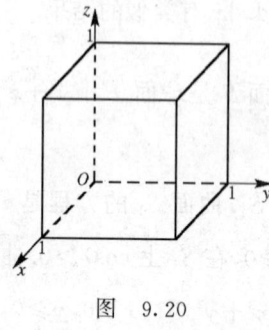

图 9.20

因为前、后、左、右四块的法向量都垂直于 z 轴，按前面的讨论 $\mathrm{d}x\mathrm{d}y=0$，或直接看出四块平面在 Oxy 平面上的投影都是零，而下面的一块平面的方程又是 $z=0$，所以

$$I_3 = \iint\limits_{S_\text{上}} z\mathrm{d}x\mathrm{d}y,$$

其中 $S_\text{上}$ 表示上面一块平面，因为 $S_\text{上}$ 之方程为 $z=1$，又由题意其 $\cos\gamma > 0$，所以 I_3 可化为二重积分

$$I_3 = \iint\limits_D 1\mathrm{d}\sigma,$$

其中 D 是 $0 \leqslant x \leqslant 1, 0 \leqslant y \leqslant 1$. 于是

$$I_3 = 1.$$

类似地可得 $I_1=I_2=1$,所以 $I=3$.

例5 设流体的速度 $v = xy\mathbf{i} + yz\mathbf{j} + zx\mathbf{k}$,求流体穿出球面 $x^2+y^2+z^2=1$ 在第一卦限部分 S 的流量 Q.

解
$$Q = \iint_S \mathbf{v} \cdot \mathbf{n} \mathrm{d}S$$

$$= \iint_S (xy\cos\alpha + yz\cos\beta + zx\cos\gamma)\mathrm{d}S$$

$$= \iint_S xy\mathrm{d}y\mathrm{d}z + yz\mathrm{d}z\mathrm{d}x + zx\mathrm{d}x\mathrm{d}y.$$

由对称性
$$Q = 3\iint_S zx\mathrm{d}x\mathrm{d}y.$$

因为 $z=\sqrt{1-x^2-y^2}$,$\cos\gamma>0$,S 在 Oxy 平面上投影为 D: $x^2+y^2 \leqslant 1, x \geqslant 0, y \geqslant 0$,所以可化为二重积分:
$$Q = 3\iint_D x\sqrt{1-x^2-y^2}\mathrm{d}\sigma.$$

采用极坐标系,计算得 $Q=\dfrac{3\pi}{16}$.

例6 计算积分 $I = \iint_S x\mathrm{d}y\mathrm{d}z + y\mathrm{d}z\mathrm{d}x + z\mathrm{d}x\mathrm{d}y$,其中 S 是锥面 $z=\sqrt{x^2+y^2}$, $0 \leqslant z \leqslant h$ 的外侧(见图 9.21).

解 $I = \iint_S x\mathrm{d}y\mathrm{d}z + \iint_S y\mathrm{d}z\mathrm{d}x + \iint_S z\mathrm{d}x\mathrm{d}y = I_1 + I_2 + I_3$.

先计算 I_1. 为了将 S 向 Oyz 平面投影,需将 S 分为前后两部分 S' 与 S''. 这样一来
$$I_1 = \iint_S x\mathrm{d}y\mathrm{d}z = \iint_{S'} x\mathrm{d}y\mathrm{d}z + \iint_{S''} x\mathrm{d}y\mathrm{d}z.$$

在 S' 上 $x=\sqrt{z^2-y^2}$,D_{yz} 由直线 $z=y, z=-y$ 与 $z=h$ 所围

(图 9.22),$\cos\beta>0$;在 S'' 上 $x=-\sqrt{z^2-y^2}$,D_{yz}同上,$\cos\beta<0$,故

$$I_1 = \iint_{D_{yz}} \sqrt{z^2-y^2}\,d\sigma - \iint_{D_{yz}} -\sqrt{z^2-y^2}\,d\sigma$$

$$= 2\iint_{D_{yz}} \sqrt{z^2-y^2}\,d\sigma = 2\int_0^h dz \int_{-z}^{z} \sqrt{z^2-y^2}\,dy.$$

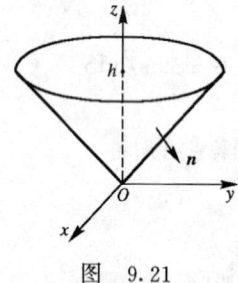

图 9.21

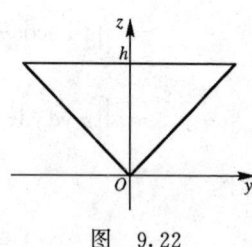

图 9.22

因为 $\int_{-z}^{z}\sqrt{z^2-y^2}\,dy$ 等于以 z 为半径的半圆的面积,所以

$$I_1 = 2\int_0^h \frac{1}{2}\pi z^2\,dz = \frac{\pi}{3}h^3.$$

由对称性 $I_2=I_1=\pi h^3/3$. 最后我们计算 I_3,因为 S 的方程为 $z=\sqrt{x^2+y^2}$,D_{xy}: $x^2+y^2 \leqslant h^2$,$\cos\gamma<0$,所以

$$I_3 = -\iint_{D_{xy}} \sqrt{x^2+y^2}\,d\sigma = -\int_0^{2\pi} d\theta \int_0^h r^2\,dr = -\frac{2\pi}{3}h^3.$$

加起来就得到所要求的积分

$$I = I_1 + I_2 + I_3 = 0.$$

例 7 计算积分 $\iint_S x\,dy\,dz + y\,dz\,dx + z\,dx\,dy$,其中 S 是上半球面 $z=\sqrt{a^2-x^2-y^2}$ 在圆柱面 $x^2+y^2=ax$ 中之部分的上侧.

解 由于计算曲面 S 在 Oyz,Ozx 平面的投影较繁,所以先化此积分为第一型曲面积分,然后向 Oxy 平面投影.

$$I = \iint_S x\,dy\,dz + y\,dz\,dx + z\,dx\,dy = \iint_S \boldsymbol{F}\cdot\boldsymbol{n}\,dS,$$

其中 $F=xi+yj+zk$. 由于曲面 S 的方程为 $x^2+y^2+z^2=a^2, z\geqslant 0$, 又 S 取上侧, 即 $\cos\gamma>0$, 所以 $n=\dfrac{1}{a}(xi+yj+zk)$. 于是所求积分化得的第一型曲面积分为

$$I = \iint_S \frac{x^2+y^2+z^2}{a}dS = \iint_S a\,dS,$$

然后向 Oxy 平面投影, 化为二重积分

$$I = \iint_S \frac{a^2 dxdy}{\sqrt{a^2-x^2-y^2}},$$

其中 D 为平面区域, $D=\{(x,y)\mid x^2+y^2\leqslant ax\}$. 不难计算得 $I=a^3(\pi-2)$.

下面给出一般向量场的流量的定义, 它是流体速度场的流量的抽象.

定义 3 向量场 $F=Pi+Qj+Rk$ 通过定向曲面 S 的流量定义为第二型曲面积分 $\iint_S F\cdot n\,dS$, 即

$$\iint_S (P\cos\alpha + Q\cos\beta + R\cos\gamma)dS = \iint_S P\,dydz + Q\,dzdx + R\,dxdy.$$

习 题 9.3

1. 计算下列第一型曲面积分:

(1) $\iint_S \left(z+2x+\dfrac{4}{3}y\right)dS$, S 为平面 $\dfrac{x}{2}+\dfrac{y}{3}+\dfrac{z}{4}=1$ 在第一卦限中的部分;

(2) $\iint_S \dfrac{dS}{(1+x+y)^2}$, S 为平面 $x+y+z=1$ 及三个坐标面所围成之四面体的表面;

(3) $\iint_S (x+y+z)dS$, S 为上半球面 $z=\sqrt{a^2-x^2-y^2}$;

(4) $\iint_S \sqrt{R^2-x^2-y^2}\,dS$, S 为上半球面 $z=\sqrt{R^2-x^2-y^2}$;

(5) $\iint\limits_{S} x^2 y^2 dS$, S 为上半球面 $z=\sqrt{R^2-x^2-y^2}$;

(6) $\iint\limits_{S} (x^2+y^2) dS$, S 为曲面 $z=\sqrt{x^2+y^2}$ 及平面 $z=1$ 所围之立体的表面;

(7) $\iint\limits_{S} (xy+yz+zx) dS$, S 为锥面 $z=\sqrt{x^2+y^2}$ 被曲面 $x^2+y^2=2ax$ 所截之部分.

2. 求抛物面壳 $z=\frac{1}{2}(x^2+y^2)(0 \leqslant z \leqslant 1)$ 的质量, 此壳的密度 $\rho=z$.

3. 求密度为 ρ_0 的均匀球壳 $x^2+y^2+z^2=a^2, z \geqslant 0$, 对于 Oz 轴的转动惯量.

4. 求一均匀圆柱面: $x^2+y^2=R^2 (0 \leqslant z \leqslant h)$ 对原点处一单位质点的引力(面密度为常数 1).

5. 求位于第一卦限中的球面 $x^2+y^2+z^2=a^2$ 的重心坐标, 设该球面的面密度为常数.

6. 计算下列第二型曲面积分:

(1) $\iint\limits_{S} x dy dz + y dz dx + z dx dy$, S 为锥面 $x^2+y^2=z^2$ 被 $z=0$ 与 $z=h$ 所截部分的外侧;

(2) $\iint\limits_{S} x^2 y^2 z dx dy$, S 是球面 $x^2+y^2+z^2=R^2$ 下半部的下侧;

(3) $\iint\limits_{S} (x+y+z) dx dy + (y-z) dy dz$, S 是三个坐标面及平面 $x=1, y=1, z=1$ 所围立方体之表面外侧;

(4) $\iint\limits_{S} \frac{e^z dx dy}{\sqrt{x^2+y^2}}$, S 为锥面 $z=\sqrt{x^2+y^2}$ 及平面 $z=1, z=2$ 所围立体之表面外侧;

(5) $\iint\limits_{S} xz dx dy + xy dy dz + yz dz dx$, S 是平面 $x+y+z=1$,

$x=0, y=0, z=0$ 所围立体表面外侧；

(6) $\iint\limits_{S} z\mathrm{d}x\mathrm{d}y + x\mathrm{d}y\mathrm{d}z + y\mathrm{d}z\mathrm{d}x$, S 为柱面 $x^2+y^2=1$ 被平面 $z=0$ 与 $z=3$ 所截部分的外侧；

(7) $\iint\limits_{S} yz\mathrm{d}x\mathrm{d}y + zx\mathrm{d}y\mathrm{d}z + xy\mathrm{d}z\mathrm{d}x$, S 是圆柱面 $x^2+y^2=R^2$ 和平面 $x=0, y=0, z=0$ 及 $z=h(h>0)$ 所围的在第一卦限中的一块立体的表面外侧.

7. 求向量 $\mathbf{A}=yz\mathbf{i}+xz\mathbf{j}+xy\mathbf{k}$ 的流量. (1) 穿过圆柱 $x^2+y^2 \leqslant a^2 (0 \leqslant z \leqslant h)$ 的侧表面；(2) 穿过该圆柱段的全表面.

8. 求向量 $\mathbf{v}=(x-2z)\mathbf{i}+(x+3y+z)\mathbf{j}+(5x+y)\mathbf{k}$ 通过以点 $A(1,0,0), B(0,1,0), C(0,0,1)$ 为顶点的三角形 ABC 上侧的流量.

9. 设 $\mathbf{F}=\{x^2, y^2, xyz\}$, 求 $\iint\limits_{S} \mathbf{F} \cdot \mathrm{d}\mathbf{S}$, 其中曲面 S 如图 9.23 所示, 由 S_1 与 S_2 组成, S_1 平行于 Oxz 面, S_2 平行于 Oxy 面.

10. 求向量场 $\mathbf{a}=\mathbf{i}-\mathbf{j}+xyz\mathbf{k}$ 通过由平面 $y=x$ 截球 $x^2+y^2+z^2 \leqslant R^2$ 所得的圆面 S 朝 x 正向一侧的流量.

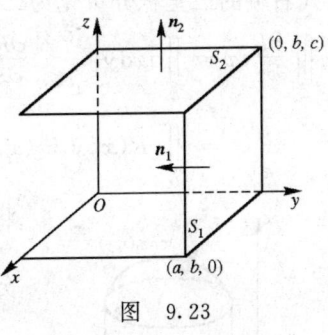

图 9.23

11. 求向量 $\mathbf{a}=xy\mathbf{i}+yz\mathbf{j}+xz\mathbf{k}$ 穿过在第一卦限中的球面 $x^2+y^2+z^2=1$ 外侧的流量.

§4 高斯公式与司托克斯公式

1. 高斯公式

格林公式给出了平面区域上的二重积分与其边界曲线上的曲线积分之间的关系. 高斯公式给出了空间区域上的三重积分与其

边界曲面上的曲面积分之间的关系.

定理 1 设空间有界闭区域 Ω 的边界曲面 S 是分片光滑的. 函数 $P(x,y,z), Q(x,y,z), R(x,y,z)$ 在 Ω 上有一阶连续偏导数,则有高斯公式

$$\iint\limits_{S^+} P\mathrm{d}y\mathrm{d}z + Q\mathrm{d}z\mathrm{d}x + R\mathrm{d}x\mathrm{d}y = \iiint\limits_{\Omega} \left(\frac{\partial P}{\partial x} + \frac{\partial Q}{\partial y} + \frac{\partial R}{\partial z} \right) \mathrm{d}v,$$

其中 S^+ 表示曲面 S 的外侧.

证明 先来证明公式

$$\iint\limits_{S} R\mathrm{d}x\mathrm{d}y = \iiint\limits_{\Omega} \frac{\partial R}{\partial z} \mathrm{d}v.$$

设区域 Ω 是由母线平行于 z 轴的柱面 S_0 和曲面 $S_1: z = z_1(x,y)$ $((x,y) \in D)$ 与曲面 $S_2: z = z_2(x,y)$ $((x,y) \in D)$ 所围(图 9.24).
公式右端的三重积分可化为二重积分

$$\iiint\limits_{\Omega} \frac{\partial R}{\partial z} \mathrm{d}v = \iint\limits_{D} \mathrm{d}x\mathrm{d}y \int_{z_1(x,y)}^{z_2(x,y)} \frac{\partial R}{\partial z} \mathrm{d}z$$

$$= \iint\limits_{D} [R(x,y,z_2(x,y)) - R(x,y,z_1(x,y))] \mathrm{d}x\mathrm{d}y.$$

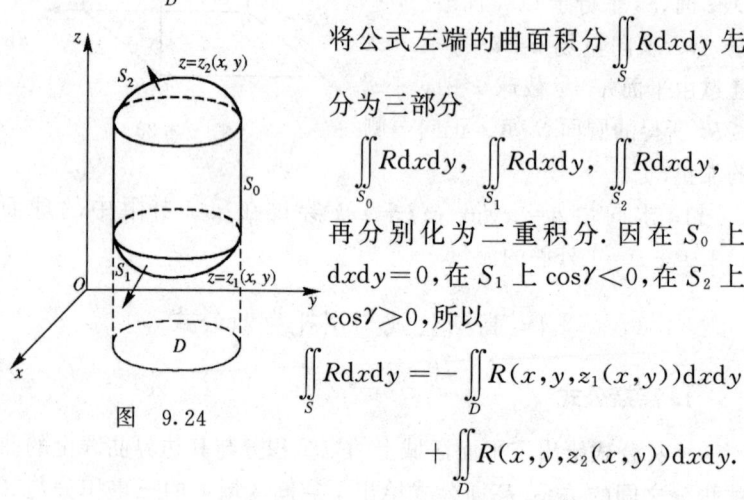

图 9.24

将公式左端的曲面积分 $\iint\limits_{S} R\mathrm{d}x\mathrm{d}y$ 先分为三部分

$$\iint\limits_{S_0} R\mathrm{d}x\mathrm{d}y, \quad \iint\limits_{S_1} R\mathrm{d}x\mathrm{d}y, \quad \iint\limits_{S_2} R\mathrm{d}x\mathrm{d}y,$$

再分别化为二重积分. 因在 S_0 上 $\mathrm{d}x\mathrm{d}y = 0$,在 S_1 上 $\cos\gamma < 0$,在 S_2 上 $\cos\gamma > 0$,所以

$$\iint\limits_{S} R\mathrm{d}x\mathrm{d}y = -\iint\limits_{D} R(x,y,z_1(x,y))\mathrm{d}x\mathrm{d}y + \iint\limits_{D} R(x,y,z_2(x,y))\mathrm{d}x\mathrm{d}y.$$

比较上面的两个结果,就得到所要证的公式.

若区域 Ω 的边界曲面 S 不是上述形状,但可以作几张辅助曲面将 Ω 分割为有限块小区域,使每一块小区域的边界曲面是上述形状,则不难证明上述公式对这样的区域仍然成立. 事实上,只要区域 Ω 的边界曲面是分片光滑的,上述公式就成立.

类似地,有公式

$$\iint\limits_{S} P\mathrm{d}y\mathrm{d}z = \iiint\limits_{\Omega} \frac{\partial P}{\partial x}\mathrm{d}v \quad \text{与} \quad \iint\limits_{S} Q\mathrm{d}z\mathrm{d}x = \iiint\limits_{\Omega} \frac{\partial Q}{\partial y}\mathrm{d}v.$$

将以上证明的三个公式加起来就得到高斯公式. 证毕.

例1 计算曲面积分

$$I = \iint\limits_{S^+} x^3 \mathrm{d}y\mathrm{d}z + y^3 \mathrm{d}z\mathrm{d}x + z^3 \mathrm{d}x\mathrm{d}y,$$

其中 S^+ 是球面 $x^2+y^2+z^2=a^2$ 的外侧.

解 应用高斯公式得到

$$I = \iiint\limits_{\Omega} \left[\frac{\partial}{\partial x}(x^3) + \frac{\partial}{\partial y}(y^3) + \frac{\partial}{\partial z}(z^3)\right]\mathrm{d}v$$

$$= 3\iiint\limits_{\Omega} (x^2 + y^2 + z^2)\mathrm{d}v.$$

采用球坐标系计算此三重积分,得

$$I = 3\int_0^{2\pi}\mathrm{d}\theta\int_0^{\pi}\sin\varphi\,\mathrm{d}\varphi\int_0^a \rho^4\mathrm{d}\rho = 3 \cdot 2\pi \cdot 2 \cdot \frac{a^5}{5} = \frac{12}{5}\pi a^5.$$

例2 计算曲面积分

$$I = \iint\limits_{S^+} (y-z)\mathrm{d}y\mathrm{d}z + (z-x)\mathrm{d}z\mathrm{d}x + (x-y)\mathrm{d}x\mathrm{d}y,$$

其中 S^+ 是锥面 $x^2+y^2=z^2$ 在 $0\leqslant z\leqslant 1$ 中的一部分的外侧.

解 令区域 Ω 是一段锥体 $\sqrt{x^2+y^2}\leqslant z\leqslant 1$. 令曲面 S' 是平面 $z=1$ 上 $x^2+y^2\leqslant 1$ 的部分. 于是空间区域 Ω 的边界可以分成 S 与 S' 两部分(图 9.25).

由高斯公式
$$\iint\limits_{S^+ + S'^+} (y-z)\mathrm{d}y\mathrm{d}z + (z-x)\mathrm{d}z\mathrm{d}x + (x-y)\mathrm{d}x\mathrm{d}y$$
$$= \iiint\limits_{\Omega} 0\mathrm{d}v = 0,$$

于是
$$I = -\iint\limits_{S'^+} (y-z)\mathrm{d}y\mathrm{d}z + (z-x)\mathrm{d}z\mathrm{d}x + (x-y)\mathrm{d}x\mathrm{d}y.$$

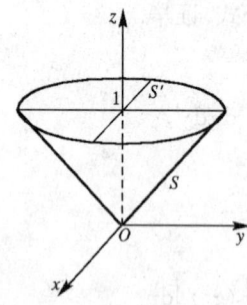

图 9.25

因为在 S'^+ 上法线沿 z 轴方向,有 $\cos\alpha = \cos\beta = 0, \cos\gamma > 0$,所以
$$I = -\iint\limits_{D} (x-y)\mathrm{d}\sigma,$$
其中 D: $x^2+y^2 \leqslant 1$. 由于区域 D 关于 x 与 y 的对称性与被积函数的奇性,得到
$$I = 0.$$

例 3 在高斯公式中,令 $P=x, Q=y, R=z$,就得到
$$\iint\limits_{S} x\mathrm{d}y\mathrm{d}z + y\mathrm{d}z\mathrm{d}x + z\mathrm{d}x\mathrm{d}y = \iiint\limits_{\Omega} 3\mathrm{d}v = 3\iiint\limits_{\Omega} \mathrm{d}v,$$
所以区域 Ω 的体积 V 可以用曲面积分表示如下:
$$V = \frac{1}{3}\iint\limits_{S^+} x\mathrm{d}y\mathrm{d}z + y\mathrm{d}z\mathrm{d}x + z\mathrm{d}x\mathrm{d}y,$$
其中 S^+ 是区域 Ω 的边界曲面的外侧. 应用这个结果,§3 第二型曲面积分中例 4 的答案 $I=3$ 是显然的.

定义 1 对向量场 $\boldsymbol{F} = P\boldsymbol{i} + Q\boldsymbol{j} + R\boldsymbol{k}$ 作函数
$$\frac{\partial P}{\partial x} + \frac{\partial Q}{\partial y} + \frac{\partial R}{\partial z},$$
称它为向量场 $\boldsymbol{F}$ 的散度,记作 $\mathrm{div}\boldsymbol{F}$,即
$$\mathrm{div}\boldsymbol{F} = \frac{\partial P}{\partial x} + \frac{\partial Q}{\partial y} + \frac{\partial R}{\partial z}.$$

例4 求向量场 $F=xyz\bm{i}+y\mathrm{e}^z\bm{j}+(x-z^2)\bm{k}$ 的散度 div$\bm{F}$.

解 $\text{div}\bm{F} = \dfrac{\partial}{\partial x}(xyz)+\dfrac{\partial}{\partial y}(y\mathrm{e}^z)+\dfrac{\partial}{\partial z}(x-z^2)$

$\qquad\quad = yz+\mathrm{e}^z-2z.$

应用散度的定义与符号及前一节中流量的定义,高斯公式可以简单地记作

$$\oiint_{S^+}\bm{F}\cdot\bm{n}\mathrm{d}S = \iiint_{\Omega}\text{div}\bm{F}\mathrm{d}v,$$

其中 S^+ 是 Ω 的边界曲面的外侧. 并且将它叙述为:向量场 $\bm{F}$ 通过闭曲面 S 流出的流量等于闭曲面 S 所围空间区域 Ω 上各点处散度的总和.

下面我们来进一步认识散度. 首先向量场 $\bm{F}=P\bm{i}+Q\bm{j}+R\bm{k}$ 的散度

$$\text{div}\bm{F} = \dfrac{\partial P}{\partial x}+\dfrac{\partial Q}{\partial y}+\dfrac{\partial R}{\partial z}$$

是 x,y,z 的函数,现在考虑它在点 $M_0(x_0,y_0,z_0)$ 处的值 $(\text{div}\bm{F})_{M_0}$.

取以点 M_0 为中心,半径 δ 充分小的球体 Ω_δ,其边界曲面为 S_δ,由高斯公式有

$$\iiint_{\Omega_\delta}\text{div}\bm{F}\mathrm{d}v = \oiint_{S_\delta^+}\bm{F}\cdot\bm{n}\mathrm{d}S. \qquad (1)$$

应用积分中值定理,(1)式的左端可化为

$$(\text{div}\bm{F})_{M_\delta}\iiint_{\Omega_\delta}\mathrm{d}v,$$

其中 M_δ 是 Ω_δ 内的某一个点. 于是(1)式可化为:

$$(\text{div}\bm{F})_{M_\delta} = \oiint_{S_\delta^+}\bm{F}\cdot\bm{n}\mathrm{d}S \Big/ \iiint_{\Omega_\delta}\mathrm{d}v$$

$$\qquad\qquad = \dfrac{\text{从 }\Omega_\delta\text{ 的边界面 }S_\delta\text{ 上流出的流量}}{\Omega_\delta\text{ 的体积}}$$

$$\qquad\qquad = \Omega_\delta\text{ 中平均每单位体积散出的流量}.$$

令 $\delta\to 0$,在上式两端取极限,因 $M_\delta\to M_0$,$\Omega_\delta\to M_0$,所以有

$(\text{div}\boldsymbol{F})_{M_0} = $ 点 M_0 处单位体积散出的流体的量.

2. 司托克斯公式

格林公式建立了平面区域上的积分与其边界(平面曲线)上的积分之间的关系. 司托克斯公式则建立曲面上的积分与其边界(空间曲线)上的积分之间的关系. 所以司托克斯公式是格林公式的推广.

设空间曲面 S 的边界是空间曲线 L. 曲面 S 有两侧; 曲线 L 有两个不同的方向. 取定 L 的一个方向之后, 我们规定 S 的一侧与之相对应, 对应法则如下: 右手拇指顺着 S 在该侧的法方向时, 其余四指顺着 L 的取定的方向. 这个法则简称为右手法则.

定理 2 设曲面 S 与其边界 L 按右手法则取定相应的方向. 函数 P, Q, R 在一个包含曲面 S 的空间区域内有一阶连续偏导数, 则有**司托克斯公式**:

$$\int_L P\mathrm{d}x + Q\mathrm{d}y + R\mathrm{d}z$$
$$= \iint_S \left(\frac{\partial R}{\partial y} - \frac{\partial Q}{\partial z}\right)\mathrm{d}y\mathrm{d}z + \left(\frac{\partial P}{\partial z} - \frac{\partial R}{\partial x}\right)\mathrm{d}z\mathrm{d}x$$
$$+ \left(\frac{\partial Q}{\partial x} - \frac{\partial P}{\partial y}\right)\mathrm{d}x\mathrm{d}y.$$

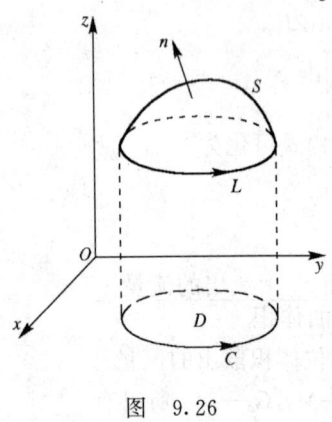

图 9.26

证明 先来证明公式

$$\int_L P\mathrm{d}x = \iint_S \frac{\partial P}{\partial z}\mathrm{d}z\mathrm{d}x - \frac{\partial P}{\partial y}\mathrm{d}x\mathrm{d}y.$$

设曲面 S 的方程为 $z = f(x,y)$, S 的正向为上侧(图 9.26). 曲面 S 及其边界曲线 L 在 Oxy 平面上的投影是区域 D 及其边界曲线 C, 并且当点在 L 上沿 L 的正向移动时, 其投影在 C 上按逆时针方向移动.

公式左端沿空间曲线 L 的曲线积分可以化为沿平面曲线 C 的曲线积分.这是因为 L 上的有向小弧段与其在 C 上投影所得的有向小弧段有相同的 $\mathrm{d}x$.所以
$$\int_L P(x,y,z)\mathrm{d}x = \int_C P(x,y,f(x,y))\mathrm{d}x.$$
再应用格林公式将此平面曲线积分化为区域 D 上的二重积分,得
$$\int_C P(x,y,f(x,y))\mathrm{d}x = -\iint_D \frac{\partial}{\partial y}P(x,y,f(x,y))\mathrm{d}x\mathrm{d}y$$
$$= -\iint_D \left[\frac{\partial P}{\partial y} + \frac{\partial P}{\partial z}\frac{\partial f}{\partial y}\right]\mathrm{d}x\mathrm{d}y.$$

另一方面,公式右端的曲面积分也可以化为区域 D 上的二重积分.这是因为定向曲面 S 的单位法向量 $\boldsymbol{n}$ 为
$$\{\cos\alpha,\cos\beta,\cos\gamma\} = \frac{-1}{\sqrt{1+f_x^2+f_y^2}}\{f_x,f_y,-1\},$$
而
$$\mathrm{d}x\mathrm{d}y = \cos\gamma\mathrm{d}S, \quad \mathrm{d}z\mathrm{d}x = \cos\beta\mathrm{d}S,$$
所以
$$\mathrm{d}z\mathrm{d}x = \frac{\cos\beta}{\cos\gamma}\mathrm{d}x\mathrm{d}y = -f_y\mathrm{d}x\mathrm{d}y.$$
于是右端的曲面积分就化为
$$\iint_S \left[\frac{\partial P}{\partial z}\left(-\frac{\partial f}{\partial y}\right) - \frac{\partial P}{\partial y}\right]\mathrm{d}x\mathrm{d}y,$$
因为 S 上侧的 $\cos\gamma > 0$,所以也就等于二重积分
$$-\iint_D \left[\frac{\partial P}{\partial y} + \frac{\partial P}{\partial z}\frac{\partial f}{\partial y}\right]\mathrm{d}x\mathrm{d}y.$$
比较以上两个结果,就得到所要证明的公式.

若曲面 S 的方程不能表为 $z=f(x,y)$ 的形式,但是可以作几条辅助曲线将 S 分为几小块,使每一块的方程可表为 $z=f(x,y)$ 的形式,那么不难证明上述公式对这种曲面仍然成立.

类似地,有公式
$$\int_L Q\mathrm{d}y = \iint_S \frac{\partial Q}{\partial x}\mathrm{d}x\mathrm{d}y - \frac{\partial Q}{\partial z}\mathrm{d}y\mathrm{d}z,$$
与
$$\int_L R\mathrm{d}z = \iint_S \frac{\partial R}{\partial y}\mathrm{d}y\mathrm{d}z - \frac{\partial R}{\partial x}\mathrm{d}z\mathrm{d}x.$$

以上三个公式加起来就得到所要证明的司托克斯公式. 证毕.

考虑司托克斯公式的一个特殊情况. 如果曲面 S 在 Oxy 平面内,并且它的上侧是取定的正向,那么司托克斯公式就成为
$$\int_L P\mathrm{d}x + Q\mathrm{d}y = \iint_S \left(\frac{\partial Q}{\partial x} - \frac{\partial P}{\partial y}\right)\mathrm{d}x\mathrm{d}y,$$

这正是格林公式.

为了便于记忆司托克斯公式,我们也常将它记作
$$\oint_L P\mathrm{d}x + Q\mathrm{d}y + R\mathrm{d}z = \iint_S \begin{vmatrix} \cos\alpha & \cos\beta & \cos\gamma \\ \dfrac{\partial}{\partial x} & \dfrac{\partial}{\partial y} & \dfrac{\partial}{\partial z} \\ P & Q & R \end{vmatrix}\mathrm{d}S,$$

或
$$\oint_L P\mathrm{d}x + Q\mathrm{d}y + R\mathrm{d}z = \iint_S \begin{vmatrix} \boldsymbol{i} & \boldsymbol{j} & \boldsymbol{k} \\ \dfrac{\partial}{\partial x} & \dfrac{\partial}{\partial y} & \dfrac{\partial}{\partial z} \\ P & Q & R \end{vmatrix} \cdot \boldsymbol{n}\mathrm{d}S.$$

根据司托克斯公式,不难得到以下定理.

定理 3 函数 P,Q,R 在线单连通区域 Ω 上有一阶连续偏导数,则沿 Ω 内任意闭路曲线积分 $\oint P\mathrm{d}x + Q\mathrm{d}y + R\mathrm{d}z = 0$(或曲线积分 $\int P\mathrm{d}x + Q\mathrm{d}y + R\mathrm{d}z$ 与路径无关,或场 $\boldsymbol{F} = P\boldsymbol{i} + Q\boldsymbol{j} + R\boldsymbol{k}$ 是保守场)之充要条件为:在 Ω 内有

$$\frac{\partial P}{\partial y} = \frac{\partial Q}{\partial x}, \quad \frac{\partial Q}{\partial z} = \frac{\partial R}{\partial y}, \quad \frac{\partial R}{\partial x} = \frac{\partial P}{\partial z}.$$

所谓区域 Ω 是**线单连通的**是指区域 Ω 内任一闭曲线都是区域内某一张曲面的边界. 例如,两个同心的球面之间的区域是线单连通的,但是环状体不是线单连通的.

例 5 利用司托克斯公式计算 $I = \oint_L z\mathrm{d}x + x\mathrm{d}y + y\mathrm{d}z$,其中 L 为平面 $x+y+z=1$ 被三个坐标面所截得的三角形 S 的边界,其正向与此三角形的上侧相应(图 9.27).

解 由司托克斯公式,所给曲线积分化为曲面积分.

$$I = \iint\limits_S \mathrm{d}y\mathrm{d}z + \mathrm{d}z\mathrm{d}x + \mathrm{d}x\mathrm{d}y,$$

其中 S 的定向为上侧. 由对称性,

$$I = 3\iint\limits_S \mathrm{d}x\mathrm{d}y.$$

因为 $\cos\gamma > 0$;S 在 Oxy 平面上的投影的面积为 $1/2$,所以 $I = \dfrac{3}{2}$.

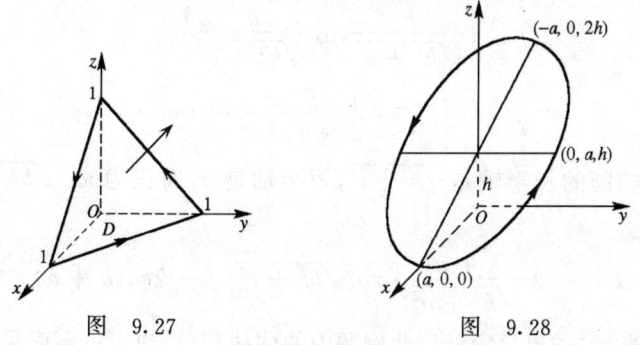

图 9.27　　　　　图 9.28

例 6 求曲线积分 $I = \oint_C (y-z)\mathrm{d}x + (z-x)\mathrm{d}y + (x-y)\mathrm{d}z$,其中 C 是椭圆:$x^2+y^2=a^2$,$\dfrac{x}{a}+\dfrac{z}{h}=1$,方向见图 9.28 所示.

解 取平面 $\dfrac{x}{a}+\dfrac{z}{h}=1$ 上椭圆 C 所包围的部分为曲面 S. S 的正向是上侧,即法线方向与 z 轴成锐角. 由司托克斯公式,可以把这个曲线积分化成一个曲面积分

$$I = \iint\limits_{S}(-1-1)\mathrm{d}y\mathrm{d}z + (-1-1)\mathrm{d}z\mathrm{d}x + (-1-1)\mathrm{d}x\mathrm{d}y$$

$$= -2\iint\limits_{S}\mathrm{d}y\mathrm{d}z + \mathrm{d}z\mathrm{d}x + \mathrm{d}x\mathrm{d}y.$$

因为 S 在 Oyz 平面上的投影是椭圆：$\frac{(z-h)^2}{h^2}+\frac{y^2}{a^2}\leqslant 1$，面积为 πah；S 在 Ozx 平面上的投影面积为零；S 在 Oxy 平面上的投影是圆：$x^2+y^2\leqslant a^2$，面积为 πa^2. 所以所求的积分为：

$$I = -2(\pi ah + \pi a^2) = -2\pi a(h+a).$$

这个曲面积分还可以化为第一型曲面积分来计算：

$$I = -2\iint\limits_{S}(\cos\alpha + \cos\beta + \cos\gamma)\mathrm{d}S.$$

因曲面 S 的单位法向量 $\boldsymbol{n}=\{\cos\alpha,\cos\beta,\cos\gamma\}$ 就是平面 $\frac{x}{a}+\frac{z}{h}=1$ 与 z 轴成锐角的单位法向量

$$\left\{\frac{h}{\sqrt{h^2+a^2}}, 0, \frac{a}{\sqrt{h^2+a^2}}\right\},$$

所以

$$I = -2\iint\limits_{S}\frac{h+a}{\sqrt{h^2+a^2}}\mathrm{d}S.$$

因为椭圆的长半轴是 $\sqrt{h^2+a^2}$，短半轴是 a，面积为 $\pi a\sqrt{h^2+a^2}$，所以

$$I = -2\frac{h+a}{\sqrt{h^2+a^2}}\cdot\pi a\sqrt{h^2+a^2} = -2\pi a(h+a).$$

当然，如果只为计算此例题中的曲线积分，也可以不应用司托克斯公式. 只要引进曲线的一个参数方程，例如：令 $x=a\cos t, y=a\sin t, z=h(1-\cos t)$，$t$ 从 0 变到 2π，就可以将曲线积分 I 化成一个定积分来计算.

例 7 问曲线积分 $\int(y+z)\mathrm{d}x+(z+x)\mathrm{d}y+(x+y)\mathrm{d}z$ 是否与积分路径无关.

解 因为 $P=y+z, Q=z+x, R=x+y$，满足定理 3 中的条

件：
$$\frac{\partial P}{\partial y}=\frac{\partial Q}{\partial x}=1, \quad \frac{\partial Q}{\partial z}=\frac{\partial R}{\partial y}=1, \quad \frac{\partial R}{\partial x}=\frac{\partial P}{\partial z}=1,$$
所以此曲线积分与路径无关.

下面我们从力场 F 沿有向曲线 L 所作的功的概念，抽象出一般向量场 F 沿有向闭曲线 L 的环量的概念.

定义 2 向量场 $F=Pi+Qj+Rk$ 沿有向闭曲线 L 的**环量**定义为曲线积分
$$\oint_L F \cdot \mathrm{d}l,$$
即
$$\oint_L P\mathrm{d}x+Q\mathrm{d}y+R\mathrm{d}z.$$

定义 3 向量场 $F=Pi+Qj+Rk$ 的**旋度**定义为向量
$$\left(\frac{\partial R}{\partial y}-\frac{\partial Q}{\partial z}\right)i + \left(\frac{\partial P}{\partial z}-\frac{\partial R}{\partial x}\right)j + \left(\frac{\partial Q}{\partial x}-\frac{\partial P}{\partial y}\right)k$$
$$= \begin{vmatrix} i & j & k \\ \frac{\partial}{\partial x} & \frac{\partial}{\partial y} & \frac{\partial}{\partial z} \\ P & Q & R \end{vmatrix},$$

记作 $\mathrm{rot} F$.

例 8 求向量场 $F=xyi+y^2z^2j+(2x+3z)k$ 的旋度 $\mathrm{rot} F$.

解 因为 $P=xy, Q=y^2z^2, R=2x+3z$，所以
$$\mathrm{rot} F = (0-2zy^2)i + (0-2)j + (0-x)k$$
$$= -2zy^2 i - 2j - xk.$$

应用旋度的符号可以简化司托克斯公式为向量形式：
$$\oint_L F \cdot \mathrm{d}l = \iint_S \mathrm{rot} F \cdot n \mathrm{d}S.$$

它表示向量场 F 沿有向闭曲线 L 的环量等于该向量场的旋度通过 L 所张的定向曲面 S 的流量.

定义 4 如果向量场 F 的旋度 $\mathrm{rot} F=0$，则称 F 为**无旋场**.

根据定理 3,若 Ω 是线单连通区域,则向量场 F 在 Ω 内是保

守场的充要条件是 F 在 Ω 内是无旋场.

3. 算子 ∇

定义 5　算子

$$\nabla \equiv \frac{\partial}{\partial x}\boldsymbol{i} + \frac{\partial}{\partial y}\boldsymbol{j} + \frac{\partial}{\partial z}\boldsymbol{k}.$$

它纯粹是一个算符,叫做 del 算子或叫 nabla 算子.

例 9　数量场 $u = f(x,y,z)$ 被算子 ∇ 作用就得到

$$\nabla f = \left(\frac{\partial}{\partial x}\boldsymbol{i} + \frac{\partial}{\partial y}\boldsymbol{j} + \frac{\partial}{\partial z}\boldsymbol{k}\right)f = \frac{\partial f}{\partial x}\boldsymbol{i} + \frac{\partial f}{\partial y}\boldsymbol{j} + \frac{\partial f}{\partial z}\boldsymbol{k}.$$

这正是 f 的梯度 $\mathrm{grad} f$,即

$$\nabla f = \mathrm{grad} f.$$

例 10　设向量场

$$F(x,y,z) = P(x,y,z)\boldsymbol{i} + Q(x,y,z)\boldsymbol{j} + R(x,y,z)\boldsymbol{k},$$

则

$$\nabla \cdot \boldsymbol{F} = \frac{\partial P}{\partial x} + \frac{\partial Q}{\partial y} + \frac{\partial R}{\partial z} = \mathrm{div}\boldsymbol{F};$$

$$\nabla \times \boldsymbol{F} = \begin{vmatrix} \boldsymbol{i} & \boldsymbol{j} & \boldsymbol{k} \\ \frac{\partial}{\partial x} & \frac{\partial}{\partial y} & \frac{\partial}{\partial z} \\ P & Q & R \end{vmatrix}$$

$$= \left(\frac{\partial R}{\partial y} - \frac{\partial Q}{\partial z}\right)\boldsymbol{i} + \left(\frac{\partial P}{\partial z} - \frac{\partial R}{\partial x}\right)\boldsymbol{j} + \left(\frac{\partial Q}{\partial x} - \frac{\partial P}{\partial y}\right)\boldsymbol{k}$$

$$= \mathrm{rot}\boldsymbol{F}.$$

应用算子 ∇,可以将高斯公式记作

$$\iiint_\Omega \nabla \cdot \boldsymbol{F} \mathrm{d}v = \oiint_S \boldsymbol{F} \cdot \boldsymbol{n} \mathrm{d}S;$$

将司托克斯公式记作

$$\iint_S \nabla \times \boldsymbol{F} \cdot \boldsymbol{n} \mathrm{d}S = \oint_L \boldsymbol{F} \cdot \mathrm{d}\boldsymbol{l}.$$

习 题 9.4

1. 应用高斯公式计算下列曲面积分：

(1) 计算 $\iint\limits_{S} xz^2 \mathrm{d}y\mathrm{d}z + (x^2 y - z^3)\mathrm{d}z\mathrm{d}x + (2xy + y^2 z)\mathrm{d}x\mathrm{d}y$，其中 S 是 $z = \sqrt{a^2 - x^2 - y^2}$ 和 $z = 0$ 所围成的半球区域的表面的外侧；

(2) $\iint\limits_{S} x^2 \mathrm{d}y\mathrm{d}z + y^2 \mathrm{d}z\mathrm{d}x + z^2 \mathrm{d}x\mathrm{d}y$，$S$ 是 $x^2 + y^2 + z^2 = R^2 (z \geqslant 0)$ 与 $z = 0$ 围成的闭曲面的外侧；

(3) $\iint\limits_{S} x^2 \mathrm{d}y\mathrm{d}z + y^2 \mathrm{d}z\mathrm{d}x + z^2 \mathrm{d}x\mathrm{d}y$，$S$ 为平面 $x = 0, y = 0, z = 0, x = a, y = a, z = a$ 所围立体之表面外侧；

(4) $\iint\limits_{S} (x-y)\mathrm{d}x\mathrm{d}y + (y-z)x\mathrm{d}y\mathrm{d}z$，$S$ 为柱面 $x^2 + y^2 = 1$ 及平面 $z = 0, z = 3$ 所围立体表面外侧；

(5) $\iint\limits_{S} \left(\frac{x^2 y}{1+y^2} + 6yz^2\right)\mathrm{d}y\mathrm{d}z - \frac{2xz(1+y) + 1 + y^2}{1+y^2}\mathrm{d}x\mathrm{d}y + 2x\arctan y \mathrm{d}z\mathrm{d}x$，$S$ 为在 Oxy 平面上方 $z = 1 - x^2 - y^2$ 的外侧；

(6) $\iint\limits_{S} \boldsymbol{F} \cdot \boldsymbol{n} \mathrm{d}S$，其中 $\boldsymbol{F} = \{x^2, y^2, z^2\}$，$S$ 是锥面 $x^2 + y^2 = z^2$ 在 $0 \leqslant z \leqslant h$ 部分的外侧；

(7) $\iint\limits_{S} \boldsymbol{F} \cdot \boldsymbol{n} \mathrm{d}S$，其中 $\boldsymbol{F} = \sqrt{x^2 + y^2 + z^2}\{x, y, z\}$，$S$ 是区域：$1 \leqslant x^2 + y^2 + z^2 \leqslant 2$ 的边界曲面的外侧.

2. 应用司托克斯公式计算下列曲线积分：

(1) $\oint_C y\mathrm{d}x + z\mathrm{d}y + x\mathrm{d}z$，$C$ 是圆周 $x^2 + y^2 + z^2 = a^2, x + y + z = 0$，由 z 轴正向看去，圆周反时针方向；

(2) $\int_{AmB} (x^2 - yz)\mathrm{d}x + (y^2 - zx)\mathrm{d}y + (z^2 - xy)\mathrm{d}z$，$AmB$ 是从

点 $A(a,0,0)$ 沿螺线 $x=a\cos\varphi, y=a\sin\varphi, z=\dfrac{h}{2\pi}\varphi$ 到点 $B(a,0,h)$ 的一段；

(3) $\oint_C (y+z)\mathrm{d}x + (z+x)\mathrm{d}y + (x+y)\mathrm{d}z$，$C$ 为椭圆：$x=a\sin^2 t, y=2a\sin t\cos t, z=a\cos^2 t$，依参数 t 从 0 到 π 的方向；

(4) $\oint_L y^2\mathrm{d}x + xy\mathrm{d}y + xz\mathrm{d}z$，其中 L 是圆柱面 $x^2+y^2=2y$ 与平面 $y=z$ 的交线，由 z 轴看下去依逆时针方向；

(5) $\oint_L (y^2+z^2)\mathrm{d}x + (z^2+x^2)\mathrm{d}y + (x^2+y^2)\mathrm{d}z$，其中 L 为球面 $z=\sqrt{2Rx-x^2-y^2}$ 与柱面 $x^2+y^2=2rx(0<r<R)$ 的交线，其方向与球面上侧成右手系；

(6) $\oint_C (y^2-z^2)\mathrm{d}x + (z^2-x^2)\mathrm{d}y + (x^2-y^2)\mathrm{d}z$，$C$ 为用平面 $x+y+z=\dfrac{3}{2}a$ 切立方体 $0\leqslant x\leqslant a, 0\leqslant y\leqslant a, 0\leqslant z\leqslant a$ 的表面所得的切痕，其方向取从 x 轴正向看去反时针的方向.

3. 求向量场 $\boldsymbol{F}$ 的散度：

(1) $\boldsymbol{F}=xz\boldsymbol{i}+yz\boldsymbol{j}+(x+y+z)\boldsymbol{k}$；

(2) $\boldsymbol{F}=\operatorname{grad}(x^{10}y^{11}z^{12})$.

4. 求向量场 $\boldsymbol{F}$ 在指定点的散度：

(1) $\boldsymbol{F}=\{4x,-2xy,z^2\}$，在 $(1,1,3)$ 处；

(2) $\boldsymbol{F}=x^3\boldsymbol{i}+y^3\boldsymbol{j}+z^3\boldsymbol{k}$，在 $(1,0,-1)$ 处.

5. 求向量场 $\boldsymbol{F}$ 的旋度：

(1) $\boldsymbol{F}=y\mathrm{e}^x\boldsymbol{i}+(x^3-y^2+z^3)\boldsymbol{j}+xyz\boldsymbol{k}$；

(2) $\boldsymbol{F}=\{x^2y^3z^3, x^3y^2z^3, x^3y^3z^2\}$；

(3) $\boldsymbol{F}=\{x\sin(yz), y\sin z, \sin x\}$.

6. 证明任意有连续二阶偏导数的函数 $f(x,y,z)$ 有
$$\operatorname{rot}(\operatorname{grad} f)=0.$$

7. 向量场 $\boldsymbol{F}=P\boldsymbol{i}+Q\boldsymbol{j}+R\boldsymbol{k}$，若 P,Q,R 有连续二阶偏导数，则 $\operatorname{div}(\operatorname{rot}\boldsymbol{F})=0$.

8. 证明：

(1) $\text{div}(\boldsymbol{F}+\boldsymbol{G}) = \text{div}\boldsymbol{F} + \text{div}\boldsymbol{G}$；

(2) $\text{div}(u\boldsymbol{C}) = \boldsymbol{C} \cdot \text{grad}\,u$ ($\boldsymbol{C}$ 是常向量，u 是 x,y,z 的函数)；

(3) $\text{div}(u\boldsymbol{F}) = u\,\text{div}\boldsymbol{F} + \boldsymbol{F} \cdot \text{grad}\,u$.

9. 求 $\text{div}(\text{grad}\,u)$.

10. 证明：

(1) $\text{rot}(\boldsymbol{F}+\boldsymbol{G}) = \text{rot}\boldsymbol{F} + \text{rot}\boldsymbol{G}$；

(2) $\text{rot}\,u\boldsymbol{F} = u\,\text{rot}\boldsymbol{F} + \text{grad}\,u \times \boldsymbol{F}$.

第十章 无穷级数

在初等数学里曾经研究过级数,如等差级数,等比级数,那些级数都是有限项的.现在我们要来研究的级数有无穷多项,叫做无穷级数,也简称为级数.

§1 数项级数

1. 级数收敛与发散的概念

将序列 $u_1, u_2, \cdots, u_n, \cdots$ 的各项依次用加号连起来的式子
$$u_1 + u_2 + \cdots + u_n + \cdots$$
叫做**无穷级数**,第 n 项 u_n 叫做级数的**一般项**,我们也简单地将以 u_n 为一般项的无穷级数记作
$$\sum_{n=1}^{\infty} u_n.$$

例如,无穷级数
$$\frac{1}{2} + \frac{1}{4} + \cdots + \frac{1}{2n} + \cdots$$
可简单地记作
$$\sum_{n=1}^{\infty} \frac{1}{2n}.$$

有限项的级数的和总是存在的.无穷级数呢?下面考虑一个具体的无穷级数:
$$\frac{1}{2} + \frac{1}{4} + \cdots + \frac{1}{2^n} + \cdots,$$
即

$$\sum_{n=1}^{\infty} \frac{1}{2^n}.$$

它的第一项之值为 $\frac{1}{2}$.

前两项之和记作 $S_2 = \frac{1}{2} + \frac{1}{4} = \frac{3}{4}$.

....

前 n 项之和记作

$$S_n = \frac{1}{2} + \frac{1}{4} + \cdots + \frac{1}{2^n} = \frac{1}{2} \cdot \frac{1 - \frac{1}{2^n}}{1 - \frac{1}{2}} = 1 - \frac{1}{2^n}.$$

我们不可能计算出无穷项之和,但是,显然,当项数 n 无限地增多时,前 n 项之和 $S_n = 1 - (1/2^n)$ 不断地增大,无限地接近 1,以 1 为极限. 于是,将前 n 项之和 S_n 的极限值 1 算作是这个无穷级数的和是最合理的.

定义 1 无穷级数

$$u_1 + u_2 + \cdots + u_n + \cdots$$

的前 n 项之和

$$S_n = u_1 + u_2 + \cdots + u_n$$

称作此级数的 n **部分和**. 当 $n = 1, 2, \cdots$ 时,相应地得到一个序列称作此级数的 n **部分和序列**. 如果当 $n \to \infty$ 时此 n 部分和序列 S_n 极限存在为 S,就说此级数**收敛**,和为 S,记作

$$\sum_{i=1}^{\infty} u_i = S.$$

如果 n 部分和序列 S_n 的极限不存在,就说此级数**发散**,发散级数没有和.

例 1 讨论公比为 q 的几何级数(等比级数)

$$a + aq + aq^2 + \cdots + aq^n + \cdots \quad (a \neq 0)$$

的收敛性.

解 此几何级数的 n 部分和为

$$S_n = a + aq + \cdots + aq^{n-1} = \begin{cases} a\dfrac{1-q^n}{1-q}, & q \neq 1, \\ na, & q = 1. \end{cases}$$

当 $|q|<1$ 时，n 部分和序列 S_n 的极限存在：

$$\lim_{n\to\infty} S_n = \lim_{n\to\infty} a\frac{1-q^n}{1-q} = \frac{a}{1-q},$$

级数收敛，和为 $\dfrac{a}{1-q}$；

当 $|q|>1$ 时，n 部分和序列 S_n 极限不存在 ($\lim\limits_{n\to\infty} S_n = \infty$)，即级数发散；

当 $q=-1$ 时，n 部分和序列的 $S_n = a\dfrac{1-(-1)^n}{2}$ 极限不存在，即级数发散；

当 $q=1$ 时，n 部分和序列 $S_n = na$，极限不存在，级数发散.

总之，几何级数当公比 q 的绝对值 $|q|<1$ 时收敛；当 $|q|\geq 1$ 时发散.

例 2 讨论级数 $\sum\limits_{n=1}^{\infty} \dfrac{1}{n(n+1)}$ 的收敛性.

解 此级数的 n 部分和

$$\begin{aligned} S_n &= \frac{1}{1\cdot 2} + \frac{1}{2\cdot 3} + \cdots + \frac{1}{n(n+1)} \\ &= \left(1 - \frac{1}{2}\right) + \left(\frac{1}{2} - \frac{1}{3}\right) + \cdots + \left(\frac{1}{n} - \frac{1}{n+1}\right) \\ &= 1 - \frac{1}{n+1}. \end{aligned}$$

显然

$$\lim_{n\to\infty} S_n = \lim_{n\to\infty}\left(1 - \frac{1}{n+1}\right) = 1,$$

即 n 部分和序列 S_n 极限存在为 1. 所以级数收敛，和为 1，即

$$\sum_{n=1}^{\infty} \frac{1}{n(n+1)} = 1.$$

对于收敛级数，称它的和 S 与前 n 项之和 S_n 的差为 n **项后的余项**，记作 r_n，即

$$r_n = S - S_n.$$

如例 2 中级数的 n 项后的余项为

$$r_n = 1 - \left(1 - \frac{1}{n+1}\right) = \frac{1}{n+1}.$$

n 项后的余项 r_n 的绝对值 $|r_n|$ 是用 S_n 近似地代替 S 时所产生的误差.

2. 级数的基本性质与收敛的必要条件

(1) 级数的基本性质

(i) 收敛级数可以逐项相加或相减. 即, 若

$$u_1 + u_2 + \cdots + u_n + \cdots = S,$$
$$v_1 + v_2 + \cdots + v_n + \cdots = T,$$

则

$$(u_1 \pm v_1) + (u_2 \pm v_2) + \cdots + (u_n \pm v_n) + \cdots = S \pm T.$$

证明 设 $\sum\limits_{n=1}^{\infty} u_n$ 与 $\sum\limits_{n=1}^{\infty} v_n$ 的 n 部分和分别是 S_n 与 T_n, 于是级数 $\sum\limits_{n=1}^{\infty}(u_n \pm v_n)$ 的 n 部分和为

$$(u_1 \pm v_1) + (u_2 \pm v_2) + \cdots + (u_n \pm v_n)$$
$$= (u_1 + u_2 + \cdots + u_n) \pm (v_1 + v_2 + \cdots + v_n) = S_n \pm T_n.$$

已知 $\lim\limits_{n\to\infty} S_n = S, \lim\limits_{n\to\infty} T_n = T$. 所以 $\sum\limits_{n=1}^{\infty}(u_n \pm v_n)$ 的 n 部分和 $S_n \pm T_n$ 的极限存在为 $S \pm T$. 这就是所要证明的.

(ii) 若级数

$$u_1 + u_2 + \cdots + u_n + \cdots$$

收敛, 和为 S, 则级数

$$ku_1 + ku_2 + \cdots + ku_n + \cdots$$

也收敛, 和为 kS.

若前一级数发散, $k \neq 0$, 则后一级数也发散.

证明 设前一级数的 n 部分和为 S_n, 则后一级数的 n 部分和

为 $ku_1+ku_2+\cdots+ku_n=kS_n$.

如果前一级数收敛于和 S，即 $\lim\limits_{n\to\infty}S_n=S$，则后一级数的和为 $\lim\limits_{n\to\infty}kS_n=k\lim\limits_{n\to\infty}S_n=kS$.

如果前一级数发散，即 S_n 极限不存在，注意 $k\neq 0$，所以 kS_n 的极限也不存在，即后一级数也发散.

(iii) 在级数前面加有限项或去掉有限项所成的级数与原级数同收敛或同发散. 当然，它们都收敛时，一般说来，和是不相同的.

证明 不失一般性，只需考虑下列两个级数：
$$u_1+u_2+\cdots+u_n+\cdots \quad \text{与} \quad a+u_1+\cdots+u_{n-1}+\cdots.$$
后者比前者的前面多加了一项. 分别以 S_n, T_n 表示这两个级数的 n 部分和，显然它们之间有以下关系：
$$T_{n+1}=a+S_n,$$
所以，或者它们的极限都存在：
$$\lim_{n\to\infty}S_n=S, \quad \lim_{n\to\infty}T_{n+1}=T=a+S,$$
即两个级数都收敛，和之间有关系：$T=a+S$；或者它们的极限都不存在，即两个级数都发散.

(iv) 将收敛级数的项任意加括弧，每个括弧内的和数算作一项，这样所成的级数仍然收敛于原级数的和.

证明 因为每一个括弧算作一项，于是加括弧后所成的级数的 n 部分和序列是原级数的 n 部分和序列的子序列，所以与原级数的 n 部分和序列有相同的极限.

(2) 级数收敛的必要条件

若级数 $\sum\limits_{n=1}^{\infty}u_n$ 收敛，则一般项 u_n 趋于零，即 $\lim\limits_{n\to\infty}u_n=0$.

证明 因 $\sum\limits_{n=1}^{\infty}u_n$ 收敛，所以它的 n 部分和序列 S_n 的极限存在，注意第 n 项 $u_n=S_n-S_{n-1}$，所以有
$$\lim_{n\to\infty}u_n=\lim_{n\to\infty}(S_n-S_{n-1})=\lim_{n\to\infty}S_n-\lim_{n\to\infty}S_{n-1}=S-S=0.$$

这个性质指出,收敛级数的一般项一定趋于零.因此如果一个级数的一般项不趋于零,那么它是不会收敛的,即一定是发散的.

根据这个推理,立刻看出几何级数
$$a + aq + aq^2 + \cdots + aq^n + \cdots$$
当 $|q| \geqslant 1$ 时是发散的,因为这时它的一般项 aq^n 不趋于零.

最后请注意,一般项 u_n 趋于零是级数 $\sum_{n=1}^{\infty} u_n$ 收敛的必要条件,并不是充分条件.也就是说,一般项趋于零的级数不一定收敛.请看下面的例子.

例 3 调和级数
$$1 + \frac{1}{2} + \frac{1}{3} + \cdots + \frac{1}{n} + \cdots$$
的一般项是 $\frac{1}{n}$,显然,$\lim_{n \to \infty} \frac{1}{n} = 0$. 但是调和级数是发散的. 这是因为,将调和级数适当加括弧就得到另一级数
$$1 + \frac{1}{2} + \left(\frac{1}{3} + \frac{1}{4}\right) + \left(\frac{1}{5} + \frac{1}{6} + \frac{1}{7} + \frac{1}{8}\right) + \cdots$$
$$+ \left(\frac{1}{2^{n-1} + 1} + \cdots + \frac{1}{2^n}\right) + \cdots.$$

此级数的前 $n+1$ 项之和是
$$T_{n+1} = 1 + \frac{1}{2} + \left(\frac{1}{3} + \frac{1}{4}\right) + \left(\frac{1}{5} + \frac{1}{6} + \frac{1}{7} + \frac{1}{8}\right) + \cdots$$
$$+ \left(\frac{1}{2^{n-1} + 1} + \cdots + \frac{1}{2^n}\right)$$
$$> 1 + \frac{1}{2} + \left(\frac{1}{4} + \frac{1}{4}\right) + \left(\frac{1}{8} + \frac{1}{8} + \frac{1}{8} + \frac{1}{8}\right) + \cdots$$
$$+ \underbrace{\left(\frac{1}{2^n} + \cdots + \frac{1}{2^n}\right)}_{2^n - 2^{n-1} = 2^{n-1} \uparrow}$$
$$= 1 + \underbrace{\frac{1}{2} + \frac{1}{2} + \frac{1}{2} + \cdots + \frac{1}{2}}_{n \uparrow} = 1 + \frac{n}{2}.$$

于是有 $\lim\limits_{n\to\infty}T_{n+1}=+\infty$,即加括弧后的级数发散.根据性质(4),原级数即调和级数发散.

3. 正项级数的收敛判别法

如果级数
$$u_1 + u_2 + \cdots + u_n + \cdots$$
的每一项都是非负数,即 $u_i \geqslant 0$ $(i=1,2,\cdots)$,则称此级数为**正项级数**.

一切正项级数的 n 部分和序列 S_n 都是单调递增的(因为 $S_n - S_{n-1} = u_n \geqslant 0$).而单调递增序列极限存在的充要条件是此序列有上界.所以,正项级数的 n 部分和序列 S_n 极限存在的充要条件是 S_n 有上界.因此,正项级数有极为重要的性质:

命题 正项级数收敛的充要条件是部分和序列有上界.

应用正项级数的上述性质,得到正项级数的收敛判别法.

定理 1(比较判别法) 设两个正项级数
$$u_1 + u_2 + \cdots + u_n + \cdots \quad \text{与} \quad v_1 + v_2 + \cdots + v_n + \cdots$$
相应的项有以下关系:
$$u_n \leqslant v_n \quad (n=1,2,\cdots),$$

(i) 如果 $\sum\limits_{n=1}^{\infty} v_n$ 收敛,则 $\sum\limits_{n=1}^{\infty} u_n$ 收敛;

(ii) 如果 $\sum\limits_{n=1}^{\infty} u_n$ 发散,则 $\sum\limits_{n=1}^{\infty} v_n$ 发散.

证 设 $\sum\limits_{n=1}^{\infty} u_n, \sum\limits_{n=1}^{\infty} v_n$ 的部分和分别是 S_n, T_n.因为 $u_n \leqslant v_n$,所以 $S_n \leqslant T_n$.

(i) 如果 $\sum\limits_{n=1}^{\infty} v_n$ 收敛,则 T_n 有上界,从而 S_n 有上界,于是 $\sum\limits_{n=1}^{\infty} u_n$ 收敛.

(ii) 如果 $\sum\limits_{n=1}^{\infty} u_n$ 发散,则 S_n 无界,从而 T_n 无界,于是 $\sum\limits_{n=1}^{\infty} v_n$ 发

散.定理证毕.

注意,因为级数有性质(3),所以定理中的条件:
$$u_n \leqslant v_n \quad (n = 1, 2, \cdots)$$
可以减少为条件:
$$u_n \leqslant v_n \quad (n \geqslant n_0),$$
其中 n_0 是某个自然数.

注意,在定理的条件下,如果 $\sum v_n$ 发散(或 $\sum u_n$ 收敛),那么对另一级数的收敛性得不到任何结论.这是因为,若 $\sum v_n$ 发散,则 T_n 无界,但 $S_n \leqslant T_n$,所以 S_n 既可能有界也可能无界,也就是说,$\sum u_n$ 既可能收敛也可能发散.

例4 讨论级数 $\sum\limits_{n=1}^{\infty} \dfrac{1}{n^2}$ 的收敛性.

解 因为例2中的级数 $\sum\limits_{n=1}^{\infty} \dfrac{1}{n(n+1)}$ 收敛,并且有不等式
$$\frac{1}{(n+1)^2} \leqslant \frac{1}{n(n+1)}.$$
由定理1,级数 $\sum\limits_{n=1}^{\infty} \dfrac{1}{(n+1)^2}$ 收敛.由性质(3),级数 $\sum\limits_{n=1}^{\infty} \dfrac{1}{n^2}$ 收敛.

例5 讨论 p 级数 $1 + \dfrac{1}{2^p} + \dfrac{1}{3^p} + \cdots + \dfrac{1}{n^p} + \cdots$(常数 $p > 0$)的收敛性.

解 当 $p = 1$ 时,p 级数是例3中的调和级数:
$$1 + \frac{1}{2} + \frac{1}{3} + \cdots + \frac{1}{n} + \cdots,$$
它是发散的.

当 $p < 1$ 时,有不等式 $\dfrac{1}{n^p} > \dfrac{1}{n}$,而调和级数 $\sum\limits_{n=1}^{\infty} \dfrac{1}{n}$ 发散,所以 p 级数 $\sum\limits_{n=1}^{\infty} \dfrac{1}{n^p}$ 发散.

当 $p > 1$ 时,将 p 级数适当加括弧,得到级数

$$1+\left(\frac{1}{2^p}+\frac{1}{3^p}\right)+\left(\frac{1}{4^p}+\frac{1}{5^p}+\frac{1}{6^p}+\frac{1}{7^p}\right)+\left(\frac{1}{8^p}+\cdots+\frac{1}{15^p}\right)+\cdots,$$

它的各项显然小于下面级数相应的项

$$1+\left(\frac{1}{2^p}+\frac{1}{2^p}\right)+\left(\frac{1}{4^p}+\frac{1}{4^p}+\frac{1}{4^p}+\frac{1}{4^p}\right)$$
$$+\left(\frac{1}{8^p}+\cdots+\frac{1}{8^p}\right)+\cdots$$
$$=1+\frac{1}{2^{p-1}}+\frac{1}{4^{p-1}}+\frac{1}{8^{p-1}}+\cdots$$
$$=1+\frac{1}{2^{p-1}}+\left(\frac{1}{2^{p-1}}\right)^2+\left(\frac{1}{2^{p-1}}\right)^3+\cdots,$$

这是一个几何级数,公比为 $\frac{1}{2^{p-1}}$,因为 $\left|\frac{1}{2^{p-1}}\right|<1$ ($p>1$),所以此级数收敛.由定理1,上面 p 级数加括弧后所得的级数收敛.由此可证这时 p 级数的部分和序列 S_n 有上界.所以,$p>1$ 时,p 级数收敛.

总之,p 级数 $\sum_{n=1}^{\infty}\frac{1}{n^p}$,当 $p>1$ 时收敛;当 $p\leqslant 1$ 时发散.例如级数 $1+\frac{1}{2^2}+\frac{1}{3^2}+\cdots+\frac{1}{n^2}+\cdots$ 收敛;级数 $1+\frac{1}{\sqrt{2}}+\frac{1}{\sqrt{3}}+\cdots+\frac{1}{\sqrt{n}}+\cdots$ 发散.

定理2(比较判别法的极限形式) 设两个正项级数 $\sum_{n=1}^{\infty}u_n$ 与 $\sum_{n=1}^{\infty}v_n$ 的相应项之比有极限:

$$\lim_{n\to\infty}\frac{u_n}{v_n}=l,$$

(i) 若 $0<l<+\infty$,则两级数同时收敛或同时发散;

(ii) 若 $l=0$,$\sum_{n=1}^{\infty}v_n$ 收敛,则 $\sum_{n=1}^{\infty}u_n$ 收敛;

(iii) 若 $l=+\infty$,$\sum_{n=1}^{\infty}u_n$ 收敛,则 $\sum_{n=1}^{\infty}v_n$ 收敛.

证明 (i) 若 $0<l<+\infty$,则存在一个自然数 N,使得当 $n>N$ 时

$$0<\frac{l}{2}<\frac{u_n}{v_n}<2l,$$

即

$$\frac{l}{2}v_n<u_n<2lv_n,$$

若 $\sum_{n=1}^{\infty}u_n$ 收敛,根据左边的不等式与定理 1,$\sum_{n=1}^{\infty}\frac{l}{2}v_n$ 收敛,由级数基本性质(2),$\sum_{n=1}^{\infty}v_n$ 收敛;若 $\sum_{n=1}^{\infty}u_n$ 发散,由右边不等式与定理 1,$\sum_{n=1}^{\infty}2lv_n$ 发散,从而 $\sum_{n=1}^{\infty}v_n$ 发散.结论(i)得证.

结论(ii)与(iii)请读者自己证明.证毕.

例 6 讨论级数 $\sum_{n=1}^{\infty}\frac{2n+1}{(n+1)(n+2)(n+3)}$ 的收敛性.

解 已知 $p=2$ 时,p 级数 $\sum_{n=1}^{\infty}\frac{1}{n^2}$ 收敛.又显然有极限式

$$\lim_{n\to\infty}\frac{2n+1}{(n+1)(n+2)(n+3)}\bigg/\frac{1}{n^2}$$

$$=\lim_{n\to\infty}\frac{(2n+1)n^2}{(n+1)(n+2)(n+3)}=2.$$

由定理 2,所给级数收敛.

定理 3(比值判别法) 设正项级数 $\sum_{n=1}^{\infty}u_n$ 的后项与前项之比值的极限为 ρ:

$$\lim_{n\to\infty}\frac{u_{n+1}}{u_n}=\rho.$$

(i) 若 $\rho<1$,则级数收敛;

(ii) 若 $\rho>1\left(\text{或}\lim_{n\to\infty}\frac{u_{n+1}}{u_n}=+\infty\right)$,则级数发散;

(iii) 若 $\rho=1$,级数可能收敛也可能发散.

证明 (i) 若 $\rho<1$,总可以取一个 $\varepsilon>0$ 使 $\rho+\varepsilon=q<1$,对此 ε

存在 N,使得当 $n \geqslant N$ 时,$\frac{u_{n+1}}{u_n} < \rho + \varepsilon = q$,由此得到一串不等式:
$$u_{N+1} < u_N q, \quad u_{N+2} < u_{N+1} q < u_N q^2, \cdots,$$
$$u_{N+m} < u_{N+m-1} q < \cdots < u_N q^m, \cdots.$$

因为 $0 < q < 1$,所以不等式右端各项所作成的级数 $\sum\limits_{m=1}^{\infty} u_N q^m$ 是收敛的几何级数. 由定理 1,不等式左端各项所作成的级数 $\sum\limits_{m=1}^{\infty} u_{N+m}$ 也收敛. 再由性质(3),级数 $\sum\limits_{n=1}^{\infty} u_n$ 收敛.

(ii) 若 $\rho > 1 \left(\text{或} \lim\limits_{n \to \infty} \frac{u_{n+1}}{u_n} = +\infty \right)$,则存在 N,使当 $n > N$ 时,$\frac{u_{n+1}}{u_n} > 1$,即 $u_{n+1} > u_n$,所以当 $n > N$ 时,一般项 u_n 单调递增,从而 $\lim\limits_{n \to \infty} u_n \neq 0$,由性质(5)级数发散.

(iii) 对于级数 $\sum\limits_{n=1}^{\infty} \frac{1}{n}$ 与 $\sum\limits_{n=1}^{\infty} \frac{1}{n^2}$,都有
$$\lim_{n \to \infty} \frac{u_{n+1}}{u_n} = 1.$$

但由例 3 与例 4 知:级数 $\sum\limits_{n=1}^{\infty} \frac{1}{n}$ 发散,$\sum\limits_{n=1}^{\infty} \frac{1}{n^2}$ 收敛. 也就是说,$\rho = 1$ 时,级数可能是收敛的,也可能是发散的. 定理证毕.

例 7 判别级数
$$\frac{1^2}{2} + \frac{2^2}{2^2} + \cdots + \frac{n^2}{2^n} + \cdots$$
是否收敛.

解 因 $u_n = \frac{n^2}{2^n}$,于是
$$\lim_{n \to \infty} \frac{u_{n+1}}{u_n} = \lim_{n \to \infty} \frac{\frac{(n+1)^2}{2^{n+1}}}{\frac{n^2}{2^n}} = \lim_{n \to \infty} \frac{1}{2} \left(\frac{n+1}{n} \right)^2 = \frac{1}{2}.$$

由定理 3,此级数收敛.

例 8 判别级数
$$\frac{1}{10} + \frac{1 \cdot 2}{10^2} + \frac{1 \cdot 2 \cdot 3}{10^3} + \cdots$$
是否收敛.

解 因为 $u_n = \dfrac{n!}{10^n}$,于是
$$\lim_{n \to \infty} \frac{u_{n+1}}{u_n} = \lim_{n \to \infty} \frac{\dfrac{(n+1)!}{10^{n+1}}}{\dfrac{n!}{10^n}} = \lim_{n \to \infty} \frac{n+1}{10} = +\infty.$$

由定理 3,此级数发散.

或者,直接观察到此级数的一般项 $\dfrac{n!}{10^n}$ 不趋于零,从而知道它发散. 事实上,由定理 3 的证明可见,凡是应用定理 3 判别出来的发散级数,其一般项必不趋于零.

例 9 判别级数
$$\frac{1}{1 \cdot 2} + \frac{1}{3 \cdot 4} + \frac{1}{5 \cdot 6} + \cdots$$
是否收敛.

解 因为 $u_n = \dfrac{1}{(2n-1)2n}$,于是
$$\lim_{n \to \infty} \frac{u_{n+1}}{u_n} = \lim_{n \to \infty} \frac{(2n-1)2n}{(2n+1)(2n+2)} = 1.$$

应用定理 3 无法判别此级数是否收敛. 但是,取收敛级数 $\displaystyle\sum_{n=1}^{\infty} \frac{1}{n^2}$,由于有 $\lim_{n \to \infty} u_n \Big/ \dfrac{1}{n^2} = \dfrac{1}{4}$,应用定理 2 得知,所给的级数收敛.

4. 交错级数与莱布尼兹判别法

各项的符号正负相间的级数叫做**交错级数**,下面考虑首项为正的交错级数:
$$u_1 - u_2 + u_3 - u_4 + \cdots \quad (u_i > 0).$$

定理 4 若上述交错级数满足条件:

(i) $u_1 \geq u_2 \geq u_3 \geq \cdots$;

(ii) $\lim\limits_{n\to\infty} u_n = 0$,

则级数收敛,其和 $S \leq u_1$,且 n 项后的余项 r_n 的绝对值 $|r_n| \leq u_{n+1}$.

证明 先考虑部分和序列中的偶数项 S_{2n} 作成的子序列,因为
$$S_{2n} = (u_1 - u_2) + (u_3 - u_4) + \cdots + (u_{2n-1} - u_{2n}),$$
由条件(i),等式右端每一括弧都是非负的,所以序列 $S_{2n}(n=1,2,\cdots)$ 是单调递增的. 再将 S_{2n} 重新组合为
$$S_{2n} = u_1 - (u_2 - u_3) - (u_4 - u_5) - \cdots - (u_{2n-2} - u_{2n-1}) - u_{2n}.$$
由于等式右端每一个括弧都是非负的,所以 $S_{2n} \leq u_1$. 因为递增有上界序列有极限,于是 S_{2n} 极限存在,记为 S,$S \leq u_1$,即
$$\lim_{n\to\infty} S_{2n} = S \leq u_1.$$

再考虑部分和序列中的奇数项 S_{2n+1} 作成的子序列. 由于 $S_{2n+1} = S_{2n} + u_{2n+1}$,而 $\lim\limits_{n\to\infty} u_{2n+1} = 0$,所以
$$\lim_{n\to\infty} S_{2n+1} = \lim_{n\to\infty} S_{2n} + \lim_{n\to\infty} u_{2n+1} = S.$$
于是部分和序列 S_n 中奇数项作成的子序列 S_{2n+1} 与偶数项作成的子序列 S_{2n} 有相同的极限 S. 这就证明了序列 S_n 极限存在为 S,即级数收敛,和为 S,$S \leq u_1$.

最后来看 n 项后的余项 r_n,它是级数
$$\pm(u_{n+1} - u_{n+2} + u_{n+3} - \cdots)$$
的和. 它的绝对值 $|r_n|$ 是级数
$$u_{n+1} - u_{n+2} + u_{n+3} - \cdots$$
的和. 这是一个交错级数,并且满足定理中的条件(i)与(ii),所以其和小于第一项,即 $|r_n| \leq u_{n+1}$. 证毕.

例 10 交错级数
$$1 - \frac{1}{2} + \frac{1}{3} - \frac{1}{4} + \cdots$$
满足定理 1 的条件:

(i) $1 > \frac{1}{2} > \frac{1}{3} > \frac{1}{4} > \cdots$;

(ii) $\lim u_n = \lim \frac{1}{n} = 0$,

所以它是收敛的,和 $S \leqslant 1$.

如果取前 n 项的和

$$S_n = 1 - \frac{1}{2} + \frac{1}{3} - \frac{1}{4} + \cdots + \frac{(-1)^{n-1}}{n}$$

作为 S 的近似值,则误差 $S - S_n = r_n$,有

$$|r_n| \leqslant u_{n+1} = \frac{1}{n+1}.$$

5. 绝对收敛与条件收敛

对于一个数项级数

$$u_1 + u_2 + \cdots + u_n + \cdots$$

取它的各项的绝对值,得到一个相应的正项级数:

$$|u_1| + |u_2| + \cdots + |u_n| + \cdots.$$

下面讨论这两个级数的收敛性之间的关系.

定理 5 若级数 $\sum_{n=1}^{\infty} |u_n|$ 收敛,则级数 $\sum_{n=1}^{\infty} u_n$ 收敛.

证明 令

$$v_n = \frac{1}{2}(|u_n| + u_n) = \begin{cases} u_n, & u_n \geqslant 0, \\ 0, & u_n < 0; \end{cases}$$

$$w_n = \frac{1}{2}(|u_n| - u_n) = \begin{cases} 0, & u_n \geqslant 0, \\ -u_n, & u_n < 0. \end{cases}$$

显然 $0 \leqslant v_n \leqslant |u_n|$; $0 \leqslant w_n \leqslant |u_n|$. 因为 $\sum_{n=1}^{\infty} |u_n|$ 收敛,所以由定理 1 正项级数 $\sum_{n=1}^{\infty} v_n$ 与 $\sum_{n=1}^{\infty} w_n$ 也都收敛. 注意

$$u_n = v_n - w_n,$$

由级数的性质(i), $\sum_{n=1}^{\infty} u_n$ 也收敛. 定理证完.

定理 5 的逆命题不成立，也就是说，当级数 $\sum\limits_{n=1}^{\infty} u_n$ 收敛时，$\sum\limits_{n=1}^{\infty}|u_n|$ 不一定收敛. 例如，交错级数

$$1 - \frac{1}{2} + \frac{1}{3} - \frac{1}{4} + \cdots + \frac{(-1)^{n+1}}{n} + \cdots$$

是收敛的，但是它的各项取绝对值所成的级数

$$1 + \frac{1}{2} + \frac{1}{3} + \frac{1}{4} + \cdots + \frac{1}{n} + \cdots$$

是调和级数，是发散的.

下面我们根据级数 $\sum\limits_{n=1}^{\infty}|u_n|$ 是否收敛而将收敛级数 $\sum\limits_{n=1}^{\infty} u_n$ 分类.

定义 2 若级数 $\sum\limits_{n=1}^{\infty}|u_n|$ 收敛，就称级数 $\sum\limits_{n=1}^{\infty} u_n$ **是绝对收敛的**.

引进绝对收敛的概念之后，上面讨论的结果可以重新叙述为：级数 $\sum\limits_{n=1}^{\infty} u_n$ 绝对收敛，则它一定收敛. 但是，级数 $\sum\limits_{n=1}^{\infty} u_n$ 收敛不一定绝对收敛. 由此结论得知，绝对收敛性是一个比收敛性更强的性质. 也就是说，在收敛级数之中，有一部分具有绝对收敛的性质.

不具有绝对收敛性的收敛级数，称之为**条件收敛**，即有

定义 3 若级数 $\sum\limits_{n=1}^{\infty} u_n$ 收敛，但 $\sum\limits_{n=1}^{\infty}|u_n|$ 发散，则称级数 $\sum\limits_{n=1}^{\infty} u_n$ 为**条件收敛级数**.

例如，交错级数 $\sum\limits_{n=1}^{\infty} \frac{(-1)^{n+1}}{n}$ 是条件收敛级数.

讨论级数 $\sum\limits_{n=1}^{\infty} u_n$ 的绝对收敛性时，要研究的是级数 $\sum\limits_{n=1}^{\infty}|u_n|$ 的收敛性. 于是，正项级数的各种收敛判别法都可以应用了.

例 11 讨论级数 $\sum\limits_{n=1}^{\infty} \frac{\sin nx}{n^2}$ 的收敛性与绝对收敛性.

解 因为这个级数的一般项的绝对值满足不等式

$$\left|\frac{\sin nx}{n^2}\right| \leqslant \frac{1}{n^2},$$

而级数 $\sum_{n=1}^{\infty} \frac{1}{n^2}$ 收敛,由定理 1,级数 $\sum_{n=1}^{\infty} \left|\frac{\sin nx}{n^2}\right|$ 也收敛,即原级数绝对收敛.从而原级数收敛.

习 题 10.1

1. 写出下列级数的一般项:

(1) $1 + \frac{1}{3} + \frac{1}{5} + \frac{1}{7} + \cdots$; (2) $1 - \frac{1}{2} + \frac{1}{3} - \frac{1}{4} + \cdots$;

(3) $-\frac{1}{2} + 0 + \frac{1}{4} + \frac{2}{5} + \frac{3}{6} + \cdots$;

(4) $\frac{1}{2} + \frac{1 \cdot 3}{2 \cdot 4} + \frac{1 \cdot 3 \cdot 5}{2 \cdot 4 \cdot 6} + \cdots$;

(5) $\frac{\sqrt{x}}{2} + \frac{x}{2 \cdot 4} + \frac{x\sqrt{x}}{2 \cdot 4 \cdot 6} + \frac{x^2}{2 \cdot 4 \cdot 6 \cdot 8} + \cdots$;

(6) $\frac{a^2}{3} - \frac{a^3}{5} + \frac{a^4}{7} - \frac{a^5}{9} + \cdots$.

2. 写出下列级数的前四项:

(1) $\sum_{n=1}^{\infty} \frac{2^{n-1}}{\sqrt{n}}$; (2) $\sum_{n=1}^{\infty} \frac{n+2}{2n-1}$;

(3) $\sum_{n=1}^{\infty} \frac{1}{(2n-1)2^{2n-1}}$; (4) $\sum_{n=1}^{\infty} \frac{x^{n-1}}{\sqrt{n}}$;

(5) $\sum_{n=1}^{\infty} \frac{(-1)^{n-1}}{\sqrt{n(n+1)}}$; (6) $\sum_{n=1}^{\infty} \frac{(-1)^{n-1} x^{2n-1}}{(2n-1)!}$.

3. 根据定义判断下列级数是否收敛:

(1) $\sum_{n=1}^{\infty} (\sqrt{n+1} - \sqrt{n})$;

(2) $\sum_{n=1}^{\infty} (\sqrt{n+2} - 2\sqrt{n+1} + \sqrt{n})$;

(3) $\sum_{n=1}^{\infty} \frac{1}{(5n-4)(5n+1)}$;

(4) $\dfrac{1}{1\cdot 3}+\dfrac{1}{3\cdot 5}+\dfrac{1}{5\cdot 7}+\cdots+\dfrac{1}{(2n-1)(2n+1)}+\cdots$;

(5) $\dfrac{1}{2}+\dfrac{1}{3}+\dfrac{1}{2^2}+\dfrac{1}{3^2}+\cdots+\dfrac{1}{2^n}+\dfrac{1}{3^n}+\cdots$;

(6) $\sum\limits_{n=1}^{\infty}\ln\left(1+\dfrac{1}{n}\right)$.

4. 判断下列级数是否收敛:

(1) $-\dfrac{8}{9}+\dfrac{8^2}{9^2}-\dfrac{8^3}{9^3}+\cdots$;   (2) $\dfrac{1}{3}+\dfrac{1}{6}+\dfrac{1}{9}+\dfrac{1}{12}+\cdots$;

(3) $\dfrac{1}{3}+\dfrac{1}{\sqrt{3}}+\dfrac{1}{\sqrt[3]{3}}+\dfrac{1}{\sqrt[4]{3}}+\cdots$;

(4) $1!+2!+3!+4!+\cdots$;

(5) $\dfrac{2}{3}+\dfrac{3}{4}+\dfrac{4}{5}+\dfrac{5}{6}+\cdots$;   (6) $\dfrac{\ln 2}{2}+\dfrac{\ln^2 2}{2^2}+\dfrac{\ln^3 2}{2^3}+\cdots$;

(7) $1+\dfrac{2}{3}+\dfrac{3}{5}+\dfrac{4}{7}+\dfrac{5}{9}+\cdots$;   (8) $\dfrac{1}{4}+\dfrac{1}{5}+\dfrac{1}{6}+\dfrac{1}{7}+\cdots$;

(9) $\left(\dfrac{1}{6}+\dfrac{8}{9}\right)+\left(\dfrac{1}{6^2}+\dfrac{8^2}{9^2}\right)+\left(\dfrac{1}{6^3}+\dfrac{8^3}{9^3}\right)+\cdots$;

(10) $\dfrac{1}{2}+\dfrac{1}{10}+\dfrac{1}{4}+\dfrac{1}{20}+\cdots+\dfrac{1}{2^n}+\dfrac{1}{10\cdot n}+\cdots$;

(11) $0.001+\sqrt{0.001}+\sqrt[3]{0.001}+\cdots+\sqrt[n]{0.001}+\cdots$.

5. 判断下列正项级数是否收敛:

(1) $\dfrac{1}{1}+\dfrac{1}{\sqrt{2^3}}+\dfrac{1}{\sqrt{3^3}}+\cdots+\dfrac{1}{\sqrt{n^3}}+\cdots$;

(2) $\dfrac{1}{1}+\dfrac{1}{\sqrt[3]{2}}+\dfrac{1}{\sqrt[3]{3}}+\cdots+\dfrac{1}{\sqrt[3]{n}}+\cdots$;

(3) $\dfrac{2}{1}+\dfrac{2}{2^2}+\dfrac{2}{3^3}+\cdots+\dfrac{2}{n^n}+\cdots$;

(4) $\dfrac{3}{1\cdot 2}+\dfrac{3}{2\cdot 3}+\dfrac{3}{3\cdot 4}+\cdots+\dfrac{3}{n(n+1)}+\cdots$;

(5) $\dfrac{4}{2\cdot 3}+\dfrac{8}{3\cdot 4}+\dfrac{12}{4\cdot 5}+\cdots+\dfrac{4n}{(n+1)(n+2)}+\cdots$;

(6) $\dfrac{1}{\sqrt{2\cdot 3\cdot 4}}+\dfrac{1}{\sqrt{3\cdot 4\cdot 5}}+\cdots+\dfrac{1}{\sqrt{(n+1)(n+2)(n+3)}}+\cdots$;

(7) $\dfrac{1}{5}+\dfrac{1}{10}+\dfrac{1}{15}+\cdots+\dfrac{1}{5n}+\cdots$;

(8) $\dfrac{1}{4}+\dfrac{1}{5}+\dfrac{1}{6}+\cdots+\dfrac{1}{n+3}+\cdots$;

(9) $\dfrac{1}{4}+\dfrac{1}{10}+\dfrac{1}{28}+\cdots+\dfrac{1}{3^n+1}+\cdots$;

(10) $\dfrac{1}{4}+\dfrac{1}{7}+\dfrac{1}{12}+\cdots+\dfrac{1}{n^2+3}+\cdots$;

(11) $\dfrac{1}{2}+\dfrac{1}{8}+\dfrac{1}{26}+\cdots+\dfrac{1}{3^n-1}+\cdots$;

(12) $1+\dfrac{1}{2}+\dfrac{1}{6}+\dfrac{1}{12}+\dfrac{1}{20}+\dfrac{1}{30}+\dfrac{1}{42}+\cdots$;

(13) $1+\dfrac{1}{3}+\dfrac{1}{5}+\dfrac{1}{7}+\cdots$;

(14) $\sum\limits_{n=2}^{\infty}\dfrac{1}{(\ln n)^p}$; *(15) $\sum\limits_{n=2}^{\infty}\dfrac{1}{(\ln n)^{\ln n}}$;

(16) $\sum\limits_{n=1}^{\infty}\dfrac{n^{n-1}}{(2n^2+n+1)^{\frac{n+1}{2}}}$; (17) $\sum\limits_{n=1}^{\infty}\dfrac{1}{1+a^n}$ $(a>0)$;

(18) $\sum\limits_{n=1}^{\infty}\dfrac{2^n n!}{n^n}$; (19) $\sum\limits_{n=1}^{\infty}n\tan\dfrac{\pi}{2^{n+2}}$;

(20) $\dfrac{3}{4}+2\left(\dfrac{3}{4}\right)^2+3\left(\dfrac{3}{4}\right)^3+\cdots$;

(21) $\dfrac{1^4}{1!}+\dfrac{2^4}{2!}+\dfrac{3^4}{3!}+\dfrac{4^4}{4!}+\cdots$;

(22) $\dfrac{1}{a+b}+\dfrac{1}{2a+b}+\dfrac{1}{3a+b}+\cdots$ $(a>0,b>0)$;

(23) $\dfrac{2}{3}+\dfrac{3}{6}+\dfrac{4}{11}+\cdots+\dfrac{n+1}{n^2+2}+\cdots$;

(24) $\dfrac{1}{2}+\dfrac{1\cdot 2}{3\cdot 4}+\dfrac{1\cdot 2\cdot 3}{4\cdot 5\cdot 6}+\cdots$;

(25) $\dfrac{1}{1\cdot 2}+\dfrac{1}{3\cdot 2^3}+\dfrac{1}{5\cdot 2^5}+\cdots$;

(26) $\dfrac{1}{2\cdot 1^2}+\dfrac{(2!)^2}{2\cdot 2^2}+\dfrac{(3!)^2}{2\cdot 3^2}+\cdots$;

(27) $\sum\limits_{n=1}^{\infty}\dfrac{3^n\cdot n!}{n^n}$;

(28) $\dfrac{1000}{1} + \dfrac{1000 \cdot 1001}{1 \cdot 3} + \dfrac{1000 \cdot 1001 \cdot 1002}{1 \cdot 3 \cdot 5} + \cdots$;

(29) $\dfrac{3}{2} + \dfrac{4}{2^2} + \dfrac{5}{2^3} + \dfrac{6}{2^4} + \cdots$;

(30) $\dfrac{3}{2} + \dfrac{3^2}{2 \cdot 2^2} + \dfrac{3^3}{3 \cdot 2^3} + \dfrac{3^4}{4 \cdot 2^4} + \cdots$;

(31) $\dfrac{1}{1} + \dfrac{1 \cdot 3}{1 \cdot 4} + \dfrac{1 \cdot 3 \cdot 5}{1 \cdot 4 \cdot 7} + \cdots + \dfrac{1 \cdot 3 \cdot 5 \cdots (2n-1)}{1 \cdot 4 \cdot 7 \cdots (3n-2)} + \cdots$;

(32) $\dfrac{5}{1} + \dfrac{5^2}{2!} + \dfrac{5^3}{3!} + \dfrac{5^4}{4!} + \cdots$; (33) $\dfrac{1}{9} + \dfrac{2!}{9^2} + \dfrac{3!}{9^3} + \dfrac{4!}{9^4} + \cdots$;

(34) $\sum\limits_{n=1}^{\infty} \dfrac{(n!)^2}{2^{n^2}}$; (35) $\sum\limits_{n=1}^{\infty} 2^n \sin \dfrac{\pi}{3^n}$; (36) $\sum\limits_{n=1}^{\infty} \dfrac{n\cos^2 \dfrac{n\pi}{3}}{2^n}$.

6. 判断下列级数是否收敛，绝对收敛还是条件收敛：

(1) $1 - \dfrac{1}{\sqrt{2}} + \dfrac{1}{\sqrt{3}} - \dfrac{1}{\sqrt{4}} + \cdots$; (2) $1 - \dfrac{1}{3^2} + \dfrac{1}{5^2} - \dfrac{1}{7^2} + \cdots$;

(3) $1 - \dfrac{1}{3} + \cdots + (-1)^{n+1} \dfrac{1}{2n-1} + \cdots$;

(4) $\dfrac{1}{\ln 2} - \dfrac{1}{\ln 3} + \dfrac{1}{\ln 4} - \dfrac{1}{\ln 5} + \cdots$; (5) $\sum\limits_{n=1}^{\infty} (-1)^{n-1} \dfrac{n}{3^{n-1}}$;

(6) $\sum\limits_{n=1}^{\infty} (-1)^{n+1} \dfrac{2^{n^2}}{n!}$; (7) $\sum\limits_{n=1}^{\infty} (-1)^{\frac{n(n-1)}{2}} \dfrac{n^{10}}{2^n}$;

(8) $\dfrac{1}{\pi^2} \sin \dfrac{\pi}{2} - \dfrac{1}{\pi^3} \sin \dfrac{\pi}{3} + \dfrac{1}{\pi^4} \sin \dfrac{\pi}{4} - \cdots$;

(9) $\sum\limits_{n=1}^{\infty} \dfrac{(-1)^{n-1}}{n^p}$; (10) $\sum\limits_{n=1}^{\infty} \dfrac{(-1)^n}{n - \ln n}$;

(11) $\sum\limits_{n=2}^{\infty} \dfrac{(-1)^n \sqrt{n}}{n-1}$.

7. 证明：若正项级数 $\sum\limits_{n=1}^{\infty} u_n$ 收敛，则级数 $\sum\limits_{n=1}^{\infty} u_n^2$ 也收敛，反之不一定成立，试举例说明.

8. 证明：若级数 $\sum\limits_{n=1}^{\infty} a_n^2$ 与 $\sum\limits_{n=1}^{\infty} b_n^2$ 都收敛，则级数 $\sum\limits_{n=1}^{\infty} |a_n b_n|$，

$\sum_{n=1}^{\infty}(a_n+b_n)^2$, $\sum_{n=1}^{\infty}\frac{|a_n|}{n}$ 也收敛.

§2 幂级数与泰勒级数

每一项都是常数的级数叫做**数项级数**. 每一项都是函数的级数

$$u_1(x) + u_2(x) + \cdots + u_n(x) + \cdots$$

叫做**函数项级数**. 其实在上一节例 11 中我们已经遇到过函数项级数 $\sum_{n=1}^{\infty}\frac{\sin nx}{n^2}$, 甚至于还知道它对一切 x 都是收敛的. 这一节中,我们不研究一般的函数项级数,只研究每一项都是幂函数的级数:

$$a_0 + a_1(x-x_0) + a_2(x-x_0)^2 + \cdots + a_n(x-x_0)^n + \cdots.$$

我们将它叫做**幂级数**. 不失一般性,我们以后讨论经过平移后化成下面形式的幂级数:

$$a_0 + a_1 x + a_2 x^2 + \cdots + a_n x^n + \cdots, \tag{1}$$

其中 $a_0, a_1, a_2, \cdots, a_n, \cdots$ 都是常数,叫做**幂级数的系数**.

1. 幂级数的收敛半径

显然对于实数轴上任意的 x 幂级数(1)都是有定义的. 但是哪一些 x 使幂级数(1)收敛,哪一些 x 使幂级数(1)发散呢?我们称使得幂级数(1)收敛的 x 的变化域为幂级数(1)的**收敛域**. 下面讨论几个幂级数的收敛域.

例 1 讨论下列幂级数的收敛域

(i) $1 + \frac{x}{2} + \frac{x^2}{4} + \cdots + \frac{x^n}{2^n} + \cdots$;

(ii) $1 + x + \frac{x^2}{2!} + \cdots + \frac{x^n}{n!} + \cdots$;

(iii) $1 + x + 4x^2 + 27x^3 + \cdots + n^n x^n + \cdots$.

解 幂级数(i)是公比为 $x/2$ 的几何级数,当 $|x/2|<1$ 时级

数收敛,不难看出此时幂级数(i)绝对收敛;当 $|x/2|\geqslant 1$ 时幂级数发散.即当 $|x|<2$ 时,幂级数(i)绝对收敛;当 $|x|\geqslant 2$ 时,幂级数(i)发散.幂级数(i)的收敛域是开区间 $(-2,2)$.

对幂级数(ii),因为
$$\lim_{n\to\infty}\frac{|u_{n+1}|}{|u_n|}=\lim_{n\to\infty}\frac{|x|}{n+1}=0<1,$$
根据前一节的定理 3,幂级数(ii)对一切 x 绝对收敛.幂级数(ii)的收敛域是整个数轴 $(-\infty,\infty)$.

对幂级数(iii),因为当 $x\neq 0$ 时,$\lim_{n\to\infty}u_n\neq 0$,即 $x\neq 0$ 时幂级数(iii)的一般项不趋于零.根据 §1 级数的基本性质(5),级数发散.而当 $x=0$ 时,级数显然是收敛的(事实上任意一个幂级数当 $x=0$ 时都是收敛的).于是幂级数(iii)的收敛域只有原点 $x=0$.

上面三个幂级数的收敛域都是以原点为中心的一个区间.包括两种极端情况,即收敛区间是 $(-\infty,\infty)$ 和收敛区间是 $[0,0]$.

事实上可以证明,对任一幂级数存在一个非负数 R(包括 $+\infty$),满足下列三点:

(i) 当 $|x|<R$ 时,幂级数绝对收敛;

(ii) 当 $|x|>R$ 时,幂级数发散;

(iii) 当 $x=R$ 或 $x=-R$ 时,幂级数可能收敛也可能发散.

我们称具有上述性质的非负数 R 为幂级数的**收敛半径**,且称开区间 $(-R,R)$ 为这个幂级数的**收敛区间**.

显然例 1 中讨论过的三个幂级数的收敛半径依次是 $R=2$;$R=+\infty$;$R=0$.下面的定理给出一个常用的根据幂级数的系数确定其收敛半径 R 的方法.

定理 1 对于幂级数 $\sum_{n=0}^{\infty}a_nx^n$,设有
$$\lim_{n\to\infty}\left|\frac{a_{n+1}}{a_n}\right|=\rho.$$

(i) 若 $0<\rho<+\infty$,则 $R=1/\rho$;

(ii) 若 $\rho=0$，则 $R=+\infty$；

(iii) 若 $\rho=\infty$，则 $R=0$.

证明 将幂级数 $\sum_{n=0}^{\infty} a_n x^n$ 的各项取绝对值，得级数

$$|a_0| + |a_1 x| + |a_2 x^2| + \cdots + |a_n x^n| + \cdots. \quad (2)$$

对此正项级数应用比值判别法，计算出

$$\frac{u_{n+1}}{u_n} = \left|\frac{a_{n+1} x^{n+1}}{a_n x^n}\right| = \left|\frac{a_{n+1}}{a_n}\right| |x|.$$

(i) 若 $\lim_{n\to\infty}\left|\frac{a_{n+1}}{a_n}\right|=\rho$ $(0<\rho<+\infty)$，则 $\lim_{n\to\infty}\frac{u_{n+1}}{u_n}=\rho|x|$. 根据比值判别法，当 $\rho|x|<1$，即 $|x|<1/\rho$ 时级数(2)收敛，幂级数(1)绝对收敛. 当 $\rho|x|>1$，即 $|x|>1/\rho$ 时，级数(2)的一般项 $|a_n x^n|$ 不趋于零，当然 $a_n x^n$ 也不趋于零，所以幂级数(1)发散. 于是收敛半径 $R=1/\rho$.

(ii) 若 $\rho=0$，则对一切 x，有 $\lim_{n\to\infty}\frac{u_{n+1}}{u_n}=0$，级数(2)收敛，幂级数(1)绝对收敛. 收敛半径 $R=+\infty$.

(iii) 若 $\rho=+\infty$，则当 $x\neq 0$ 时，级数(2)的一般项 $|a_n x^n|$ 不趋于零，当然 $a_n x^n$ 也不趋于零，于是幂级数(1)发散. 当 $x=0$ 时幂级数(1)收敛. 收敛半径 $R=0$. 证毕.

例2 求级数

$$x - \frac{x^2}{2} + \frac{x^3}{3} - \cdots$$

的收敛域.

解 因为

$$\left|\frac{a_{n+1}}{a_n}\right| = \left|\frac{n}{n+1}\right| \to 1 = \rho,$$

所以由上述定理，收敛半径 $R=1/\rho=1$，收敛区间是 $(-1,1)$. 在右端点 $x=1$ 处，级数成为 $1-\frac{1}{2}+\frac{1}{3}-\frac{1}{4}+\cdots$，是收敛的. 在左端点 $x=-1$ 处，级数成为 $-1-\frac{1}{2}-\frac{1}{3}-\cdots$，把它的每一项都乘常数

-1 得到调和级数.调和级数发散,所以由级数的性质(2),它发散.所以此幂级数的收敛域是$(-1,+1]$.

例3 求幂级数 $x+\dfrac{x^3}{2^3}+\dfrac{x^5}{2^5}+\cdots+\dfrac{x^{2n+1}}{2^{2n+1}}+\cdots$ 的收敛半径与收敛域.

解 因为 $a_{2n}=0\ (n=0,1,2,\cdots)$,所以不能应用定理1.我们直接用比值判别法.因为

$$\lim_{n\to\infty}\dfrac{\left|\dfrac{x^{2n+1}}{2^{2n+1}}\right|}{\left|\dfrac{x^{2n-1}}{2^{2n-1}}\right|}=\lim_{n\to\infty}\dfrac{|x|^2}{2^2}=\dfrac{|x|^2}{4},$$

所以当 $\dfrac{|x|^2}{4}<1$,即当 $|x|<2$ 时此幂级数绝对收敛.另外,当 $|x|>2$ 时,级数的一般项不趋于零,于是级数发散.所以收敛半径 $R=2$.

显然 $x=\pm 2$ 时,级数都发散,所以收敛域为 $(-2,2)$.

幂级数 $\sum\limits_{n=1}^{\infty}a_n x^n$ 在它的收敛域上任一点 x 处,都有一个确定的和 S,这样在幂级数的收敛域上就得到一个函数 $S(x)$,我们称此函数 $S(x)$ 为幂级数的**和函数**.即在收敛域上有

$$a_0+a_1x+a_2x^2+\cdots+a_n x^n+\cdots=S(x).$$

例如在区间 $(-2,2)$ 上有

$$1+\dfrac{x}{2}+\dfrac{x^2}{4}+\cdots+\dfrac{x^n}{2^n}+\cdots=\dfrac{1}{1-\dfrac{x}{2}}=\dfrac{2}{2-x}.$$

在幂级数的收敛域上采用 n 部分和

$$S_n(x)=a_0+a_1x+a_2x^2+\cdots+a_n x^n$$

为和 $S(x)$ 的近似值时,误差是幂级数 n 项后的余项 $r_n(x)$,

$$r_n(x)=S(x)-S_n(x)=a_{n+1}x^{n+1}+a_{n+2}x^{n+2}+\cdots.$$

2. 幂级数的运算

设有两个幂级数,收敛半径分别是 R_1 与 R_2,即有

$$a_0 + a_1x + a_2x^2 + \cdots + a_nx^n + \cdots = f(x), \quad |x| < R_1;$$
$$b_0 + b_1x + b_2x^2 + \cdots + b_nx^n + \cdots = g(x), \quad |x| < R_2.$$

于是在两个收敛区间的公共部分上,即在收敛区间 $|x| < R = \min(R_1, R_2)$ 上,有下列之运算法则:

(i) 可以逐项加或减,即
$$(a_0 \pm b_0) + (a_1 \pm b_1)x + (a_2 \pm b_2)x^2 + \cdots$$
$$+ (a_n \pm b_n)x^n + \cdots = f(x) \pm g(x).$$

(ii) 可以作乘法,即
$$a_0b_0 + (a_0b_1 + a_1b_0)x + (a_0b_2 + a_1b_1 + a_2b_0)x^2 + \cdots$$
$$+ (a_0b_n + a_1b_{n-1} + \cdots + a_nb_0)x^n + \cdots$$
$$= f(x)g(x).$$

设有一个幂级数收敛半径为 R,即有
$$a_0 + a_1x + a_2x^2 + \cdots + a_nx^n + \cdots = f(x), \quad |x| < R,$$
于是在它的收敛区间 $(-R, R)$ 上有下列之运算法则:

(iii) 可以逐项积分,即逐项积分再求和等于和的积分:
$$a_0x + \frac{a_1}{2}x^2 + \frac{a_2}{3}x^3 + \cdots + \frac{a_n}{n+1}x^{n+1} + \cdots = \int_0^x f(t)dt;$$

(iv) 可以逐项微分,即逐项求导再求和等于和的导数:
$$a_1 + 2a_2x + 3a_3x^2 + \cdots + na_nx^{n-1} + \cdots = f'(x).$$

这些运算法则运用起来非常方便,但是除第(i)法则之外证明较难,在这里我们不证明了.下面举两个例子,运用这些性质求所给的幂级数的和函数.

例 4 求级数
$$1 + 2x + 3x^2 + \cdots + nx^{n-1} + \cdots$$
的和.

解 注意此级数可以由级数
$$x + x^2 + x^3 + \cdots + x^n + \cdots$$
逐项微分而得到.又因为在区间 $(-1, 1)$ 上有

$$x + x^2 + x^3 + \cdots + x^n + \cdots = \frac{x}{1-x},$$

所以在区间 $(-1,1)$ 上对该级数逐项求导得

$$1 + 2x + 3x^2 + \cdots + nx^{n-1} + \cdots$$
$$= \left(\frac{x}{1-x}\right)' = \frac{1}{(1-x)^2} \quad (-1 < x < 1).$$

例 5 求级数

$$x - \frac{x^3}{3} + \frac{x^5}{5} - \frac{x^7}{7} + \cdots$$

的和.

解 因为

$$1 - x^2 + x^4 - x^6 + \cdots = \frac{1}{1+x^2} \quad (-1 < x < 1),$$

应用运算法则(iii)逐项积分就得到

$$x - \frac{x^3}{3} + \frac{x^5}{5} - \frac{x^7}{7} + \cdots$$
$$= \int_0^x \frac{1}{1+t^2} dt = \arctan x \quad (-1 < x < 1).$$

3. 初等函数的幂级数展开式——泰勒展开式

在前面我们总是先给定幂级数,然后求它的和函数.现在问,先给定函数 $f(x)$,是否可以找到一个幂级数,它在其收敛区间上以 $f(x)$ 为和函数?若存在这样的幂级数,我们称函数 $f(x)$ **可以展成幂级数**.

如果某个幂级数 $\sum_{n=0}^{\infty} a_n x^n$ 在区间 $(-R,R)$ 上以 $f(x)$ 为和函数,或者说设函数 $f(x)$ 在区间 $(-R,R)$ 上可展成幂级数 $\sum_{n=0}^{\infty} a_n x^n$,即设当 $x \in (-R,R)$ 时,

$$f(x) = a_0 + a_1 x + a_2 x^2 + \cdots + a_n x^n + \cdots,$$

那么这个幂级数的系数 $a_0, a_1, a_2, \cdots$ 与函数 $f(x)$ 的关系很容易得

到.事实上,在上式中令 $x=0$,得 $f(0)=a_0$. 应用逐项微分法得

$$f'(x) = a_1 + 2a_2x + \cdots + na_nx^{n-1} + \cdots,$$
$$f''(x) = 2a_2 + 3\cdot 2a_3x + \cdots + n(n-1)a_nx^{n-2} + \cdots,$$
$$\cdots\cdots\cdots\cdots\cdots\cdots\cdots\cdots\cdots\cdots\cdots\cdots\cdots\cdots$$
$$f^{(n)}(x) = n!a_n + (n+1)!a_{n+1}x + \cdots,$$
$$\cdots\cdots\cdots\cdots\cdots\cdots\cdots\cdots\cdots\cdots\cdots\cdots\cdots\cdots$$

在各式中令 $x=0$,就得到

$$f'(0) = a_1,\ f''(0) = 2a_2,\ \cdots,\ f^{(n)}(0) = n!a_n,\ \cdots,$$

即

$$a_0 = f(0),\ a_1 = f'(0),\ a_2 = \frac{f''(0)}{2!},\ \cdots,\ a_n = \frac{f^{(n)}(0)}{n!},\ \cdots,$$

也就是说,收敛于 $f(x)$ 的幂级数必有以下形式:

$$f(0) + \frac{f'(0)}{1!}x + \frac{f''(0)}{2!}x^2 + \cdots + \frac{f^{(n)}(0)}{n!}x^n + \cdots.$$

我们称这个级数为 $f(x)$ 的**泰勒级数**. 总结以上讨论,得到:

定理 2 若 $f(x)$ 可以在某区间 $(-R,R)$ 上展成幂级数,则此幂级数必是 $f(x)$ 的泰勒级数

$$f(0) + f'(0)x + \frac{f''(0)}{2!}x^2 + \cdots + \frac{f^{(n)}(0)}{n!}x^n + \cdots.$$

显然,当 $f(x)$ 在 $x=0$ 处有任意多阶导数时,就可写出 $f(x)$ 的泰勒级数. 但是,函数 $f(x)$ 的泰勒级数不一定收敛到 $f(x)$. 例如,对于函数

$$f(x) = \begin{cases} e^{-1/x^2}, & x \neq 0, \\ 0, & x = 0. \end{cases}$$

不难算出 $f^{(n)}(0)=0$ $(n=1,2,\cdots)$,于是 $f(x)$ 的泰勒级数为

$$0 + \frac{0}{1!}x + \frac{0}{2!}x^2 + \cdots + \frac{0}{n!}x^n + \cdots,$$

其和函数为 $S(x)\equiv 0$,故当 $x\neq 0$ 时 $f(x)$ 的泰勒级数并不收敛于 $f(x)$.

如果函数 $f(x)$ 的泰勒级数不收敛于 $f(x)$，由定理 2，也不可能有其他幂级数收敛于 $f(x)$，于是 $f(x)$ 就不能展成幂级数。所以 $f(x)$ 能否展开为幂级数的问题就简化为一个完全等价的问题：$f(x)$ 的泰勒级数是否收敛到 $f(x)$ 的问题。也就是问 $f(x)$ 的泰勒级数的 n 部分和是否在其收敛域上以 $f(x)$ 为极限，即问，$f(x)$ 与 $f(x)$ 的泰勒级数的 n 部分和之差

$$f(x) - \left[f(0) + \frac{f'(0)}{1!}x + \frac{f''(0)}{2!}x^2 + \cdots + \frac{f^{(n)}(0)}{n!}x^n \right]$$

是否在泰勒级数的收敛域上趋于零。根据一元函数微分学中学过的泰勒公式，这个差等于

$$R_n(x) = \frac{f^{(n+1)}(\xi)}{(n+1)!}x^{n+1},$$

其中 ξ 在 x 与 0 之间。于是得到以下定理。

定理 3 设函数 $f(x)$ 在某区间 $(-R, R)$ 内有任意阶的导数，又对区间 $(-R, R)$ 内的 x, ξ（ξ 在 0 与 x 之间）有

$$\lim_{n \to \infty} R_n(x) = \lim_{n \to \infty} \frac{f^{(n+1)}(\xi)}{(n+1)!}x^{n+1} = 0,$$

则 $f(x)$ 可以在 $(-R, R)$ 上展为 $f(x)$ 的泰勒级数。

例6 展开 $f(x) = e^x$ 为幂级数。

解 先求 e^x 的泰勒级数。因为 $f^{(n)}(x) = e^x (n = 0, 1, \cdots)$，于是 $f^{(n)}(0) = 1 \ (n = 0, 1, \cdots)$，所以 e^x 的泰勒级数是

$$1 + x + \frac{x^2}{2!} + \cdots + \frac{x^n}{n!} + \cdots.$$

因为这个级数的收敛半径是 $+\infty$（见例 1）。所以我们对任意实数 x, ξ（ξ 在 0 与 x 之间）考察余项 $R_n(x)$。

$$|R_n(x)| = \left| e^\xi \frac{x^{n+1}}{(n+1)!} \right| \leqslant e^{|x|} \frac{|x|^{n+1}}{(n+1)!}.$$

因为级数 $\sum\limits_{n=0}^{\infty} \frac{|x|^n}{n!}$ 对任意 x 收敛，所以当 $n \to \infty$ 时，它的一般项 $\frac{|x|^{n+1}}{(n+1)!} \to 0$；而 $e^{|x|}$ 当 $n \to \infty$ 时是常数，于是对任意 x，当 $n \to \infty$ 时

$$|R_n(x)| \to 0.$$

由定理 3，e^x 可以在 $(-\infty,\infty)$ 上展成它的泰勒级数，也说在 $(-\infty,\infty)$ 上 e^x 可以作泰勒展开，即

$$e^x = 1 + x + \frac{x^2}{2!} + \cdots + \frac{x^n}{n!} + \cdots \quad (-\infty < x < +\infty).$$

例 7 展开 $f(x) = \sin x$ 为幂级数.

解 先求 $\sin x$ 的泰勒级数. 因为 $f^{(n)}(x) = \sin\left(x + n\frac{\pi}{2}\right)$ $(n=0,1,\cdots)$，于是 $f^{(n)}(0) = \sin\left(n\frac{\pi}{2}\right)$ $(n=0,1,\cdots)$，所以 $\sin x$ 的泰勒级数是

$$x - \frac{x^3}{3!} + \frac{x^5}{5!} - \frac{x^7}{7!} + \cdots.$$

因为这个幂级数的收敛半径是 ∞，所以对任意实数 x, ξ (ξ 在 0 与 x 之间) 考察余项 $R_n(x)$. 因为对任意 x

$$|R_n(x)| = \left|\sin\left[\xi + (n+1)\frac{\pi}{2}\right]\frac{x^{n+1}}{(n+1)!}\right|$$

$$\leq \frac{|x|^{n+1}}{(n+1)!} \to 0,$$

所以在 $(-\infty,\infty)$ 上 $\sin x$ 有泰勒展开式：

$$\sin x = x - \frac{x^3}{3!} + \frac{x^5}{5!} + \cdots + \frac{(-1)^n x^{2n+1}}{(2n+1)!} + \cdots$$

$$(-\infty < x < \infty).$$

例 8 展开函数 $(1+x)^m$ 为幂级数，其中 m 为任意常数.

解 先求 $(1+x)^m$ 的各阶导数

$$f'(x) = m(1+x)^{m-1},$$

$$f''(x) = m(m-1)(1+x)^{m-2}, \cdots,$$

$$f^{(n)}(x) = m(m-1)\cdots(m-n+1)(1+x)^{m-n}, \cdots.$$

于是

$$f(0) = 1, \quad f'(0) = m, \quad f''(0) = m(m-1), \cdots,$$

$$f^{(n)}(0) = m(m-1)\cdots(m-n+1), \cdots,$$

所以 $(1+x)^m$ 的泰勒级数是

$$1+mx+\frac{m(m-1)}{2!}x^2+\cdots+\frac{m(m-1)\cdots(m-n+1)}{n!}x^n+\cdots.$$

它的收敛半径是 1,这是因为

$$\lim_{n\to\infty}\left|\frac{a_{n+1}}{a_n}\right|=\lim_{n\to\infty}\left|\frac{m(m-1)\cdots(m-n)}{(n+1)!}\cdot\frac{n!}{m(m-1)\cdots(m-n+1)}\right|$$
$$=\lim_{n\to\infty}\left|\frac{m-n}{n+1}\right|=1.$$

可以证明在区间 $(-1,1)$ 上 $(1+x)^m$ 的泰勒级数收敛到 $(1+x)^m$(证明省略).于是我们得到展开式:

$$(1+x)^m=1+mx+\frac{m(m-1)}{2!}x^2+\cdots$$
$$+\frac{m(m-1)\cdots(m-n+1)}{n!}x^n+\cdots \quad (-1<x<1).$$

这个展开式也叫做**牛顿二项展开式**.注意,当 m 是正整数时,展开式只有有限项.其中一些是我们很熟悉的.如

$$(1+x)^2=1+2x+\frac{2\cdot 1}{2!}x^2=1+2x+x^2,$$
$$(1+x)^3=1+3x+\frac{3\cdot 2}{2\cdot 1}x^2+\frac{3\cdot 2\cdot 1}{3!}x^3=1+3x+3x^2+x^3,$$
$$\cdots\cdots\cdots\cdots\cdots\cdots\cdots\cdots\cdots\cdots\cdots\cdots\cdots\cdots\cdots$$
$$(1+x)^n=1+nx+\frac{n(n-1)}{2!}x^2+\frac{n(n-1)(n-2)}{3!}x^3+\cdots$$
$$+\frac{n\cdot(n-1)\cdots 2\cdot 1}{n!}x^n.$$

上面这种求函数的泰勒展开式的方法是直接考察余项 $R_n(x)$.事实上可以用任何其他的方法来求函数的幂级数展开式.因为由定理 2 可知,用任何方法求得的幂级数展开式必是泰勒展开式.

例9 展开 $\cos x$ 为幂级数.

解 将例 7 中求得的 $\sin x$ 的展开式逐项微分立刻得到

$$\cos x=1-\frac{x^2}{2!}+\frac{x^4}{4!}-\cdots+\frac{(-1)^n x^{2n}}{(2n)!}+\cdots \quad (-\infty<x<\infty).$$

例 10 展开 $\ln(1+x)$ 为幂级数.

解 因为

$$\frac{1}{1+x}=1-x+x^2-x^3+\cdots+(-1)^n x^n+\cdots \quad (-1<x<1),$$

在收敛区间内逐项积分立刻得到

$$\ln(1+x)=x-\frac{x^2}{2}+\frac{x^3}{3}+\cdots+(-1)^n\frac{x^{n+1}}{n+1}+\cdots \quad (-1<x<1).$$

事实上,上面的展开式在 $x=1$ 处也成立,也就是说

$$\ln 2 = 1-\frac{1}{2}+\frac{1}{3}-\frac{1}{4}+\cdots+\frac{(-1)^{n+1}}{n}+\cdots.$$

这一点这里不证明了.

下面介绍一个公式——欧拉公式:

$$e^{ix} = \cos x + i\sin x.$$

首先需要说明等式左端符号 e^{ix} 的定义,为此考虑一般的复数项级数

$$\sum_{n=1}^{\infty} z_n = \sum_{n=1}^{\infty}(u_n+iv_n).$$

如果此级数各项的实部所成的实数项级数 $\sum_{n=1}^{\infty} u_n$ 收敛,和为 u;同时此级数各项的虚部所成的实数项级数 $\sum_{n=1}^{\infty} v_n$ 收敛,和为 v,则称此复数项级数收敛,其和为 $u+iv$,记作

$$\sum_{n=1}^{\infty} z_n = \sum_{n=1}^{\infty}(u_n+iv_n) = u+iv.$$

显然,级数 $\sum_{n=1}^{\infty} z_n$ 的各项的模所作成的正项级数

$$\sum_{n=1}^{\infty} |z_n|$$

收敛时,级数 $\sum_{n=1}^{\infty} u_n$ 与 $\sum_{n=1}^{\infty} v_n$ 都绝对收敛(因为 $|u_n|\leqslant |z_n|$,$|v_n|\leqslant$

$|z_n|$),从而都收敛,于是复数项级数 $\sum_{n=1}^{\infty} z_n$ 收敛. 也就是说,若 $\sum_{n=1}^{\infty}|z_n|$ 收敛,则 $\sum_{n=1}^{\infty} z_n$ 收敛.

将以上讨论应用于具体的复数项幂级数:
$$1 + z + \frac{z^2}{2!} + \cdots + \frac{z^n}{n!} + \cdots \quad (z = x + \mathrm{i}y).$$

因为对任意复数 z,级数 $\sum_{n=0}^{\infty}\left|\frac{z^n}{n!}\right| = \sum_{n=0}^{\infty}\frac{|z|^n}{n!}$ 收敛,所以上述级数 $\sum_{n=0}^{\infty}\frac{z^n}{n!}$ 收敛. 显然,当取 z 为实数 x 时,级数 $\sum_{n=0}^{\infty}\frac{z^n}{n!}$ 化为实级数 $\sum_{n=0}^{\infty}\frac{x^n}{n!}$,已知它的和为 e^x. 于是,我们在整个复平面上将级数 $\sum_{n=0}^{\infty}\frac{z^n}{n!}$ 的和记作 e^z. 也就是说,复变量指数函数 e^z 定义为:
$$\mathrm{e}^z = 1 + z + \frac{z^2}{2!} + \cdots + \frac{z^n}{n!} + \cdots.$$

它是实变量指数函数 e^x 在复平面上的开拓.

我们取复数 z 为纯虚数,即取 $z = \mathrm{i}x$,就得到所要证明的欧拉公式:
$$\begin{aligned}
\mathrm{e}^{\mathrm{i}x} &= 1 + \mathrm{i}x + \frac{(\mathrm{i}x)^2}{2!} + \frac{(\mathrm{i}x)^3}{3!} + \cdots + \frac{(\mathrm{i}x)^{2n}}{(2n)!} + \frac{(\mathrm{i}x)^{2n+1}}{(2n+1)!} + \cdots \\
&= 1 + \mathrm{i}x - \frac{x^2}{2!} - \mathrm{i}\frac{x^3}{3!} + \cdots + (-1)^n \frac{x^{2n}}{(2n)!} \\
&\quad + \mathrm{i}(-1)^n \frac{x^{2n+1}}{(2n+1)!} + \cdots \\
&= \left(1 - \frac{x^2}{2!} + \cdots + (-1)^n \frac{x^{2n}}{(2n)!} + \cdots\right) \\
&\quad + \mathrm{i}\left(x - \frac{x^3}{3!} + \cdots + (-1)^n \frac{x^{2n+1}}{(2n+1)!} + \cdots\right) \\
&= \cos x + \mathrm{i}\sin x.
\end{aligned}$$

在欧拉公式中用 $-x$ 代 x 就得到公式:
$$\mathrm{e}^{-\mathrm{i}x} = \cos x - \mathrm{i}\sin x.$$

联立上两式可以解得：

$$\cos x = \frac{e^{ix} + e^{-ix}}{2}, \quad \sin x = \frac{e^{ix} - e^{-ix}}{2i}.$$

这几个公式在下一节傅氏级数和下一章微分方程里都要用.

4. 应用函数的幂级数展开作近似计算

幂级数的应用比较广泛，下一章中有微分方程的幂级数解法，这里我们只给出几个作近似计算的例子.

例 11 计算 e 的近似值，使误差小于 10^{-4}.

解 在 e^x 的展开式中取 $x=1$，得

$$e = 1 + 1 + \frac{1}{2!} + \frac{1}{3!} + \frac{1}{4!} + \cdots,$$

而

$$|R_n(1)| = \left|\frac{f^{(n+1)}(\xi)}{(n+1)!}\right| = \frac{e^\xi}{(n+1)!},$$

ξ 在 0 与 1 之间. 不难看出

$$|R_8(1)| = \frac{e^\xi}{9!} < \frac{3}{9!} = \frac{1}{120960} < 0.00001,$$

所以取级数的前面 9 项作和，并控制每一项的计算误差小于 0.00001，就能达到要求.

$$1 = 1.00000, \quad 1 = 1.00000, \quad \frac{1}{2!} = 0.50000,$$

$$\frac{1}{3!} = 0.16667, \quad \frac{1}{4!} = 0.04167, \quad \frac{1}{5!} = 0.00833,$$

$$\frac{1}{6!} = 0.00139, \quad \frac{1}{7!} = 0.00020, \quad \frac{1}{8!} = 0.00002.$$

所以
$$e \approx 2.7182.$$

例 12 计算 ln2 的近似值，使误差小于 10^{-4}.

解 若应用例 10 中的展开式

$$\ln 2 = 1 - \frac{1}{2} + \frac{1}{3} - \frac{1}{4} + \cdots$$

来计算 ln2 的近似值，至少需要取 10000 项才能使误差小于 10^{-4}，

所以我们选取一个收敛得较快的级数.

在 $\ln(1+x)$ 的展开式

$$\ln(1+x) = x - \frac{x^2}{2} + \frac{x^3}{3} - \frac{x^4}{4} + \cdots$$

中,以 $-x$ 代 x 得到

$$\ln(1-x) = -x - \frac{x^2}{2} - \frac{x^3}{3} - \frac{x^4}{4} - \cdots.$$

上面两式相减就得到

$$\ln\frac{1+x}{1-x} = 2\left(x + \frac{x^3}{3} + \frac{x^5}{5} + \cdots + \frac{x^{2n+1}}{2n+1} + \cdots\right).$$

为计算 $\ln 2$,令 $\frac{1+x}{1-x} = 2$,得 $x = \frac{1}{3}$. 将 $\frac{1}{3}$ 代入上式得

$$\ln 2 = 2\left(\frac{1}{3} + \frac{1}{3}\frac{1}{3^3} + \frac{1}{5}\frac{1}{3^5} + \cdots + \frac{1}{2n+1}\frac{1}{3^{2n+1}} + \cdots\right).$$

如果取前 n 项作 $\ln 2$ 的近似值,则误差为

$$\begin{aligned}
R_n &= 2\left(\frac{1}{2n+1}\frac{1}{3^{2n+1}} + \frac{1}{2n+3}\frac{1}{3^{2n+3}} + \cdots\right) \\
&< \frac{2}{(2n+1)3^{2n+1}}\left(1 + \frac{1}{3^2} + \frac{1}{3^4} + \cdots\right) \\
&= \frac{2}{(2n+1)3^{2n+1}}\frac{1}{1-\frac{1}{3^2}} = \frac{1}{4(2n+1)3^{2n-1}}.
\end{aligned}$$

当 $n=4$ 时,有

$$R_4 < \frac{1}{4\cdot 9\cdot 3^7} = \frac{1}{78732} < 0.2\times 10^{-4}.$$

取前 4 项作近似值,且使计算误差小于 0.8×10^{-4},就可达到要求:

$$\ln 2 \approx 2\left(\frac{1}{3} + \frac{1}{3}\frac{1}{3^3} + \frac{1}{5}\frac{1}{3^5} + \frac{1}{7}\frac{1}{3^7}\right) \approx 0.6931.$$

例 13 求 $\sqrt[5]{245}$ 的近似值,使误差小于 10^{-4}.

解 因为

$$\sqrt[5]{245} = (3^5 + 2)^{\frac{1}{5}} = 3\left(1 + \frac{2}{3^5}\right)^{\frac{1}{5}},$$

所以在牛顿二项式中取 $m=\frac{1}{5}, x=\frac{2}{3^5}$，得

$$3\left(1+\frac{2}{3^5}\right)^{\frac{1}{5}} = 3\left(1+\frac{1}{5}\frac{2}{3^5} - \frac{4}{1\cdot 2\cdot 5^2}\frac{2^2}{3^{10}} + \cdots\right).$$

因为这是交错级数，如果取前两项作近似值，则误差小于第 3 项的数值. 而第 3 项的数值是

$$\frac{3\cdot 4}{1\cdot 2\cdot 5^2}\cdot\frac{2^2}{3^{10}} < \frac{1}{50000}.$$

所以取两项来计算就可以满足要求，

$$\sqrt[5]{245} = 3\left(1+\frac{1}{5}\frac{2}{3^5}\right) \approx 3.0049.$$

例 14 计算积分 $\int_0^1 \frac{\sin x}{x}dx$，使误差小于 10^{-4}.

解 因为 $\lim\limits_{x\to 0}\frac{\sin x}{x}=1$，所以令 $x=0$ 时的函数值为 1，被积函数是连续的，并非广义积分. 但我们在前面指出过，$\sin x/x$ 的原函数不是初等函数，所以我们不能通过求原函数的方法来解这个问题. 现在展开被积函数，得到

$$\frac{\sin x}{x} = 1 - \frac{x^2}{3!} + \frac{x^4}{5!} - \frac{x^6}{7!} + \cdots,$$

然后从 0 到 1 逐项积分，就得到：

$$\int_0^1 \frac{\sin x}{x}dx = 1 - \frac{1}{3\cdot 3!} + \frac{1}{5\cdot 5!} - \frac{1}{7\cdot 7!} + \cdots.$$

因为 $\frac{1}{7\cdot 7!} < \frac{1}{30000}$，

所以取前 3 项来计算即可.

$$\int_0^1 \frac{\sin x}{x}dx \approx 1 - \frac{1}{3\cdot 3!} + \frac{1}{5\cdot 5!} \approx 0.9461.$$

习 题 10.2

1. 求下列级数的收敛区间，并讨论端点是否收敛：

(1) $x - \frac{x^2}{2} + \frac{x^3}{3} - \frac{x^4}{4} + \cdots$；   (2) $x + x^4 + x^9 + x^{16} + \cdots$；

(3) $x+\dfrac{x^2}{\sqrt{2}}+\dfrac{x^3}{\sqrt{3}}+\cdots$;   (4) $1-\dfrac{\theta^2}{2!}+\dfrac{\theta^4}{4!}-\dfrac{\theta^6}{6!}+\cdots$;

*(5) $x+\dfrac{1}{2}\cdot\dfrac{x^3}{3}+\dfrac{1\cdot3}{2\cdot4}\cdot\dfrac{x^5}{5}+\dfrac{1\cdot3\cdot5}{2\cdot4\cdot6}\cdot\dfrac{x^7}{7}+\cdots$;

(6) $\dfrac{x}{1\cdot2}-\dfrac{x^2}{2\cdot2^2}+\dfrac{x^3}{3\cdot2^3}-\dfrac{x^4}{4\cdot2^4}+\cdots$;

(7) $x+\dfrac{2x^2}{2!}+\dfrac{3x^3}{3!}+\dfrac{4x^4}{4!}+\cdots$;

*(8) $1+\dfrac{x^2}{2\cdot2^2}+\dfrac{1\cdot3\cdot x^4}{2\cdot4\cdot2^4}+\dfrac{1\cdot3\cdot5 x^6}{2\cdot4\cdot6\cdot2^6}+\cdots$;

(9) $\dfrac{ax}{2}+\dfrac{a^2 x^2}{5}+\dfrac{a^3 x^3}{10}+\cdots+\dfrac{a^n x^n}{n^2+1}+\cdots\ (a>0)$;

(10) $1+\dfrac{x}{a}+\dfrac{x^2}{2a^2}+\dfrac{x^3}{3a^3}+\cdots\ (a>0)$;

(11) $\sum\limits_{n=1}^{\infty}\dfrac{(x-5)^n}{\sqrt{n}}$;   (12) $\sum\limits_{n=1}^{\infty}(-1)^{n-1}\dfrac{(x-1)^n}{5n}$;

(13) $x-\dfrac{x^3}{3\cdot3!}+\dfrac{x^5}{5\cdot5!}-\cdots$;

(14) $(2x+1)+\dfrac{(2x+1)^2}{2}+\dfrac{(2x+1)^3}{3}+\cdots$;

(15) $\ln x+(\ln x)^2+(\ln x)^3+\cdots$;

(16) $\sum\limits_{n=1}^{\infty}\dfrac{n^2}{x^n}$;   (17) $\sum\limits_{n=0}^{\infty}\dfrac{1}{2n+1}\left(\dfrac{1-x}{1+x}\right)^n$;

(18) $\dfrac{x-3}{1-3}+\dfrac{(x-3)^2}{2-3^2}+\cdots+\dfrac{(x-3)^n}{n-3^n}+\cdots$;

(19) $\sum\limits_{n=1}^{\infty}2^n x^{2n-1}$;   (20) $\sum\limits_{n=1}^{\infty}\dfrac{3^n+(-2)^n}{n}(x+1)^n$.

2. 利用逐项微分或逐项积分求级数的和:

(1) $\sum\limits_{n=1}^{\infty}\dfrac{(-1)^{n-1}x^{2n}}{n(2n-1)}\ (|x|<1)$;   (2) $\sum\limits_{n=1}^{\infty}\dfrac{x^{4n+1}}{4n+1}\ (|x|<1)$;

(3) $\sum\limits_{n=1}^{\infty}\dfrac{x^{2n-1}}{(2n-1)}$ 与 $\sum\limits_{n=1}^{\infty}\dfrac{1}{(2n-1)\cdot2^n}\ (|x|<1)$;

(4) $\sum\limits_{n=1}^{\infty}\dfrac{(2n-1)}{2^n}x^{2n-2}$ 与 $\sum\limits_{n=1}^{\infty}\dfrac{(2n-1)}{2^n}\ (|x|<\sqrt{2})$;

(5) $\sum_{n=1}^{\infty} \dfrac{n(n+1)}{2} x^{n-1}$ ($|x|<1$).

3. 求下列函数的幂级数展开式及其收敛区间：

(1) $\dfrac{e^x - e^{-x}}{2}$；　　　　(2) $\ln(a+x)$；

(3) a^x；　　　　　　　(4) $\sin \dfrac{x}{2}$；

(5) $\sin^3 x$；　　　　　(6) $\sin\left(\dfrac{\pi}{4} + x\right)$；

(7) $\ln(1+x-2x^2)$；　　(8) $\sqrt[3]{8-x^3}$；

(9) $\dfrac{x}{\sqrt{1-2x}}$；　　　(10) $\arcsin x$；

(11) $\dfrac{x}{1+x-2x^2}$；　　(12) $\dfrac{1}{2}\arctan x + \dfrac{1}{4}\ln\dfrac{1+x}{1-x}$.

4. 求下列函数在指定点的幂级数展开式及其收敛区间：

(1) x^2+2x+1，在 $x=1$ 处；　(2) $\cos x$，在 $x=-\dfrac{\pi}{3}$ 处；

(3) e^x，在 $x=1$ 处；　　　(4) $\dfrac{1}{x}$，在 $x=3$ 处.

5. 将函数 $f(x) = \dfrac{d}{dx}\left(\dfrac{e^x-1}{x}\right)$ 展开为 x 的幂级数，并证明

$$\sum_{n=1}^{\infty} \dfrac{n}{(n+1)!} = 1.$$

6. 求近似值：

(1) $\ln 3$，误差<0.0001；　　(2) $\sqrt{e}$，误差<0.001；

(3) $\sin 1°$，误差<0.0001；　(4) $\sqrt[5]{250}$，误差<0.001；

(5) $\int_0^1 \cos x^2 \, dx$，误差<0.001；(6) $\int_0^{\frac{1}{2}} e^{-x^2} \, dx$，误差$<0.0001$.

§3 傅氏级数与傅氏积分

§2 中我们讨论了函数的幂级数展开. 由于幂级数可以逐项微分，所以如果一个函数可以展开为幂级数，则此函数必在某区间

上有无穷次导数. 而很多理论或实际问题中需要处理的函数不但不是无穷次可导,甚至不连续. 所以肯定不能用幂级数来表示它们. 但是,它们有另一个特点:周期性. 我们熟悉有周期性的三角函数. 于是,提出一个问题:这些周期函数,是否可以展开为三角函数的级数?

1. 三角函数系的正交性

我们称下列有公共周期 2π 的三角函数系:

$$1, \cos x, \sin x, \cos 2x, \sin 2x, \cdots, \cos nx, \sin nx, \cdots$$

为**基本三角函数系**.

很容易验证下列积分等式:

$$\int_{-\pi}^{\pi} 1 \cdot \cos nx \mathrm{d}x = \int_{-\pi}^{\pi} 1 \cdot \sin nx \mathrm{d}x$$
$$= \int_{-\pi}^{\pi} \cos mx \sin nx \mathrm{d}x = 0,$$
$$(m, n = 1, 2, \cdots);$$

$$\int_{-\pi}^{\pi} \cos mx \cos nx \mathrm{d}x = \int_{-\pi}^{\pi} \sin mx \sin nx \mathrm{d}x = 0,$$
$$(m, n = 1, 2, \cdots, \text{且 } m \neq n).$$

它们表明,三角函数系中任何两个函数的乘积在区间 $[-\pi, \pi]$ 上积分为零. 我们称具有上述性质的三角函数系是区间 $[-\pi, \pi]$ 上的**正交函数系**. $\left(\text{将积分} \int_a^b f(x)g(x)\mathrm{d}x \text{ 看做为函数 } f \text{ 与 } g \text{ 的内积.}\right)$

2. 周期为 2π 的函数的傅氏系数与傅氏级数

设 $f(x)$ 是以 2π 为周期的函数,如果它可以展开成三角函数的级数,即有

$$f(x) = \frac{a_0}{2} + \sum_{n=1}^{\infty} (a_n \cos nx + b_n \sin nx).$$

又假设等式两边乘以 $\cos nx$ 或 $\sin nx$ 后,右边的级数可以逐项求

积分,那么应用基本三角函数系的正交性,容易计算出下列结果:

$$\int_{-\pi}^{\pi} f(x)dx = \int_{-\pi}^{\pi} \frac{a_0}{2}dx = a_0\pi,$$

$$\int_{-\pi}^{\pi} f(x)\cos nxdx = \int_{-\pi}^{\pi} a_n\cos^2 nxdx = a_n\pi,$$

$$\int_{-\pi}^{\pi} f(x)\sin nxdx = \int_{-\pi}^{\pi} b_n\sin^2 nxdx = b_n\pi.$$

从而得知,$f(x)$若能展开为三角函数的级数,其各系数应该是

$$a_0 = \frac{1}{\pi}\int_{-\pi}^{\pi} f(x)dx, \quad a_n = \frac{1}{\pi}\int_{-\pi}^{\pi} f(x)\cos nxdx,$$

$$b_n = \frac{1}{\pi}\int_{-\pi}^{\pi} f(x)\sin nxdx \quad (n=1,2,\cdots).$$

注意,前两个式子可以写到一起,即以上三个式子可表为两个:

$$a_n = \frac{1}{\pi}\int_{-\pi}^{\pi} f(x)\cos nxdx \quad (n=0,1,2,\cdots);$$

$$b_n = \frac{1}{\pi}\int_{-\pi}^{\pi} f(x)\sin nxdx \quad (n=1,2,\cdots).$$

至此可以看出三角函数级数的常数项表示为 $\frac{a_0}{2}$ 带来的方便.

以上结果是作了诸多假设才得到的. 但是它启发我们作如下考虑:

定义 1 设 $f(x)$ 是以 2π 为周期的函数,且在 $[-\pi,\pi]$ 上可积,我们称

$$a_n = \frac{1}{\pi}\int_{-\pi}^{\pi} f(x)\cos nxdx, \quad n=0,1,2,\cdots;$$

$$b_n = \frac{1}{\pi}\int_{-\pi}^{\pi} f(x)\sin nxdx, \quad n=1,2,\cdots$$

为函数 $f(x)$ 的**傅氏系数**,且称以上述傅氏系数为系数构成的三角函数级数

$$\frac{a_0}{2} + \sum_{n=1}^{\infty}(a_n\cos nx + b_n\sin nx)$$

为 $f(x)$ 的**傅氏级数**.

如上定义的函数 $f(x)$ 的傅氏级数在 $[-\pi,\pi]$ 上是否收敛,若收敛是否收敛于 $f(x)$ 都还是尚待讨论的问题,因此,为了表示 $f(x)$ 与 $f(x)$ 的傅氏级数的关系,我们记作

$$f(x) \sim \frac{a_0}{2} + \sum_{n=1}^{\infty}(a_n\cos nx + b_n\sin nx).$$

其间用符号"$\sim$",而不能用"$=$".

例1 设 $f(x)$ 是以 2π 为周期的函数,

$$f(x)=\begin{cases} E_1, & x\in[-\pi,0), \\ E_2, & x\in[0,\pi) \end{cases}$$

(见图 10.1),求 $f(x)$ 的傅氏级数.

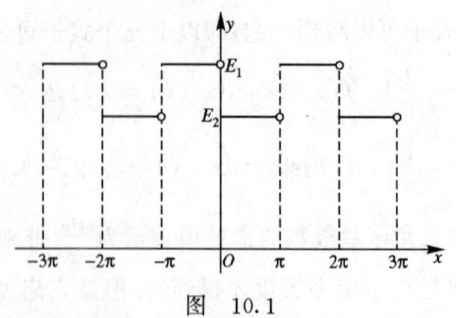

图 10.1

解 先计算傅氏系数:

$$a_0 = \frac{1}{\pi}\int_{-\pi}^{\pi}f(x)\mathrm{d}x = \frac{1}{\pi}\left[\int_{-\pi}^{0}E_1\mathrm{d}x + \int_{0}^{\pi}E_2\mathrm{d}x\right]$$
$$= E_1 + E_2,$$
$$a_n = \frac{1}{\pi}\int_{-\pi}^{\pi}f(x)\cos nx\mathrm{d}x = \frac{1}{\pi}\int_{-\pi}^{0}E_1\cos nx\mathrm{d}x$$
$$\quad + \frac{1}{\pi}\int_{0}^{\pi}E_2\cos nx\mathrm{d}x = 0 \quad (n=1,2,\cdots),$$
$$b_n = \frac{1}{\pi}\int_{-\pi}^{\pi}f(x)\sin nx\mathrm{d}x = \frac{1}{\pi}\int_{-\pi}^{0}E_1\sin nx\mathrm{d}x$$

$$+ \frac{1}{\pi}\int_0^\pi E_2 \sin nx \mathrm{d}x$$

$$= \begin{cases} 0, & n = 偶数, \\ \dfrac{2(E_2 - E_1)}{n\pi}, & n = 奇数. \end{cases} \quad (n = 1, 2, \cdots)$$

由此得到其傅氏级数,即有

$$f(x) \sim \frac{E_1 + E_2}{2} + \frac{2(E_2 - E_1)}{\pi} \sum_{n=1}^{\infty} \frac{\sin(2n - 1)x}{2n - 1}.$$

例 2 设函数 $f(x)$ 以 2π 为周期,它在 $[-\pi, \pi)$ 上之表达式为

$$f(x) = \begin{cases} -\pi, & x \in [-\pi, 0), \\ x, & x \in [0, \pi) \end{cases}$$

(见图 10.2),求其傅氏级数.

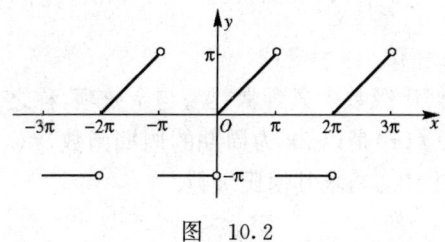

图 10.2

解 先计算傅氏系数:

$$a_0 = \frac{1}{\pi} \int_{-\pi}^{\pi} f(x)\mathrm{d}x = \frac{1}{\pi}\left[\int_{-\pi}^0 (-\pi)\mathrm{d}x + \int_0^\pi x \mathrm{d}x\right] = -\frac{\pi}{2},$$

$$a_n = \frac{1}{\pi} \int_{-\pi}^0 -\pi \cos nx \mathrm{d}x + \frac{1}{\pi} \int_0^\pi x \cos nx \mathrm{d}x$$

$$= \frac{1}{n^2 \pi}[(-1)^n - 1] \quad (n = 1, 2, \cdots),$$

$$b_n = \frac{1}{\pi} \int_{-\pi}^0 -\pi \sin nx \mathrm{d}x + \frac{1}{\pi} \int_0^\pi x \sin nx \mathrm{d}x$$

$$= \frac{1}{n}[1 - 2(-1)^n] \quad (n = 1, 2, \cdots).$$

由此得傅氏级数:

$$f(x) \sim -\frac{\pi}{4} + \sum_{n=1}^{\infty}\left(\frac{(-1)^n-1}{n^2\pi}\cos nx + \frac{1-2(-1)^n}{n}\sin nx\right).$$

3. 奇、偶函数的傅氏系数与傅氏级数

设函数 $f(x)$ 是以 2π 为周期的函数，在 $[-\pi,\pi]$ 上可积.

(1) 若 $f(x)$ 在 $[-\pi,\pi]$ 上为奇函数，则显然有

$$a_n = 0 \quad (n=0,1,2,\cdots);$$
$$b_n = \frac{2}{\pi}\int_0^{\pi}f(x)\sin nx\,dx \quad (n=1,2,\cdots),$$

此时 $f(x)$ 的傅氏级数中只含正弦项，称之为**正弦级数**.

(2) 若 $f(x)$ 在 $[-\pi,\pi]$ 上为偶函数，则显然有

$$a_n = \frac{2}{\pi}\int_0^{\pi}f(x)\cos nx\,dx \quad (n=0,1,2,\cdots);$$
$$b_n = 0 \quad (n=1,2,\cdots),$$

此时 $f(x)$ 的傅氏级数中只含常数项与余弦项，称之为**余弦级数**.

例3 设 $f(x)$ 是以 2π 为周期的周期函数，$f(x)=x^2$，当 $x\in[-\pi,\pi)$ 时(图 10.3)，求其傅氏级数.

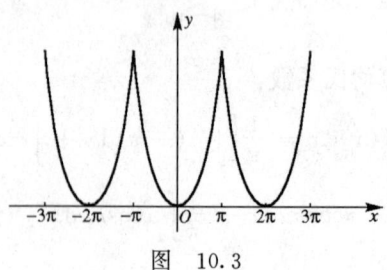

图 10.3

解 显然 $f(x)$ 在 $[-\pi,\pi]$ 上是偶函数，根据上面的结论(2)，其傅氏系数中 $b_n=0$ $(n=1,2,\cdots)$，

$$a_0 = \frac{2}{\pi}\int_0^{\pi}x^2\,dx = \frac{2}{3}\pi^2,$$
$$a_n = \frac{2}{\pi}\int_0^{\pi}x^2\cos nx\,dx = \frac{4}{n^2}(-1)^n \quad (n=1,2,\cdots).$$

其傅氏级数为余弦级数：
$$f(x) \sim \frac{\pi^2}{3} + 4\sum_{n=1}^{\infty} \frac{(-1)^n}{n^2}\cos nx.$$

例 4 $f(x)$是以 2π 为周期的函数，$f(x)=x$，当 $x\in[-\pi,\pi)$ 时(图 10.4)，求其傅氏级数．

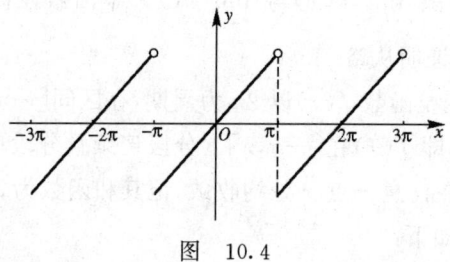

图 10.4

解 显然此函数在$[-\pi,\pi]$上不是奇函数，因为奇函数应满足 $f(-\pi)=-f(\pi)$，而此函数 $f(-\pi)=f(\pi)$．但是，区间$[-\pi,\pi]$上一个点处函数值的改变不会影响傅氏系数的值，所以此函数仍具有(1)中之结论．(今后再遇到这类情况，我们就简单地说在区间$[-\pi,\pi]$上 $f(x)$可以看做奇函数．)于是

$$a_n = 0 \quad (n=0,1,2,\cdots),$$
$$b_n = \frac{2}{\pi}\int_0^{\pi} x\sin nx \mathrm{d}x = (-1)^{n+1}\frac{2}{n} \quad (n=1,2,\cdots).$$

$f(x)$的傅氏级数为正弦级数
$$f(x) \sim 2\sum_{n=1}^{\infty} \frac{(-1)^{n+1}}{n}\sin nx.$$

4. 傅氏级数的收敛性与傅氏展开式

为了答复什么条件之下傅氏级数收敛，收敛时有怎样的和函数，需要先明确几个概念．

我们称 $f(x)$在区间$[a,b]$上**分段连续**，是指 $f(x)$在$[a,b]$上除去有限个第一类间断点之外，处处连续；我们称 $f(x)$在区间

$[a,b]$ 上**分段单调**,是指 $f(x)$ 在 $[a,b]$ 上只有有限个单调区间.

例如,函数 $\dfrac{1}{x}$ 并非在 $[-\pi,\pi]$ 上分段连续;函数 $x\sin\dfrac{1}{x}$ 并非在 $[-\pi,\pi]$ 上分段单调.

另外引用符号 $f(x_0+0)$ 与 $f(x_0-0)$ 分别表示 $f(x)$ 在点 x_0 处的右、左极限 $\lim\limits_{x\to x_0+0}f(x)$ 与 $\lim\limits_{x\to x_0-0}f(x)$. 下面叙述傅氏级数的一个收敛定理,证明从略.

定理 1 设函数 $f(x)$ 以 2π 为周期,在区间 $[-\pi,\pi]$ 上满足狄利克雷条件,即 $f(x)$ 在 $[-\pi,\pi]$ 上分段连续且分段单调,则 $f(x)$ 的傅氏级数在任意一点 x 处均收敛,记其和函数为 $S(x)$, $S(x)$ 与 $f(x)$ 的关系如下:

$$\dfrac{a_0}{2}+\sum_{n=1}^{\infty}(a_n\cos nx+b_n\sin nx)=S(x)$$

$$=\begin{cases}f(x), & x\text{ 为 }f(x)\text{ 的连续点},\\ \dfrac{f(x+0)+f(x-0)}{2}, & x\text{ 为 }f(x)\text{ 的间断点}.\end{cases}$$

定理 1 说明,当 $f(x)$ 在 $[-\pi,\pi]$ 上满足狄利克雷条件时,在 $f(x)$ 的连续点处,$f(x)$ 的傅氏级数**收敛到** $f(x)$.

若在某个区间上,$f(x)$ 的傅氏级数收敛到 $f(x)$,则称在此区间上,$f(x)$**可展开为傅氏级数**,并称此傅氏级数为 $f(x)$ 的**傅氏展开式**.

下面应用定理 1 研究前面四个例子中的函数的傅氏级数的和函数. 由于四个函数都满足狄利克雷条件,所以有下列结果:

(1) $\dfrac{E_1+E_2}{2}+\dfrac{2(E_2-E_1)}{\pi}\sum\limits_{n=1}^{\infty}\dfrac{\sin(2n-1)x}{2n-1}$

$=\begin{cases}E_1, & x\in((2k-1)\pi,2k\pi),\\ E_2, & x\in(2k\pi,(2k+1)\pi),\\ \dfrac{E_1+E_2}{2}, & x=k\pi;\end{cases}$ $(k=0,\pm1,\pm2,\cdots)$

(2) $-\dfrac{\pi}{4}+\sum\limits_{n=1}^{\infty}\left(\dfrac{(-1)^n-1}{n^2\pi}\cos nx+\dfrac{1-2(-1)^n}{n}\sin nx\right)$

$=\begin{cases} f(x), & x\neq k\pi, \\ -\dfrac{\pi}{2}, & x=2k\pi, \\ 0, & x=(2k+1)\pi; \end{cases}$ $(k=0,\pm 1,\pm 2,\cdots)$

(3) $\dfrac{\pi^2}{3}+4\sum\limits_{n=1}^{\infty}\dfrac{(-1)^n}{n^2}\cos nx=f(x),\quad x\in(-\infty,\infty);$

(4) $2\sum\limits_{n=1}^{\infty}\dfrac{(-1)^{n+1}}{n}\sin nx=\begin{cases} f(x), & x\neq(2k+1)\pi, \\ 0, & x=(2k+1)\pi. \end{cases}$

由上看出,例 3 中的函数在区间 $(-\infty,+\infty)$ 上可展开为傅氏级数.应用(3)中得到的函数 $f(x)$ 的傅氏级数展开式,令其中 $x=0$ 与 $x=\pi$,分别得到两个数项级数之和:

$$\sum_{n=1}^{\infty}\dfrac{(-1)^{n+1}}{n^2}=\dfrac{\pi^2}{12},\quad \sum_{n=1}^{\infty}\dfrac{1}{n^2}=\dfrac{\pi^2}{6}.$$

定理 1 还说明,当 $f(x)$ 在 $[-\pi,\pi]$ 上满足狄利克雷条件时,在 $f(x)$ 的间断点处,傅氏级数收敛到 $f(x)$ 在该点的左、右极限的平均值.这个结论当然对区间 $[-\pi,\pi]$ 的端点也适用,即当 $f(x)$ 在 $x=\pm\pi$ 处间断时,就有 $S(-\pi)=\dfrac{1}{2}[f(-\pi-0)+f(-\pi+0)]$,$S(\pi)=\dfrac{1}{2}[f(\pi-0)+f(\pi+0)]$.再注意 $f(x)$ 以 2π 为周期,应有 $f(-\pi-0)=f(\pi-0),f(\pi+0)=f(-\pi+0)$,将它们分别代入前面两个式子,即得 $S(-\pi)$ 与 $S(\pi)$ 的统一的表示式:

$$S(\pm\pi)=\dfrac{1}{2}[f(-\pi+0)+f(\pi-0)].$$

上面例 1、例 2、例 4 中的结果,都符合这个公式.

5. 周期为 $2l$ 的函数的傅氏级数

若 $f(x)$ 是以 $2l$ 为周期的函数,在 $[-l,l]$ 上可积,经过自变量替换 $x=\dfrac{l}{\pi}t$ 后,得到自变量 t 的函数 $f\left(\dfrac{l}{\pi}t\right)$.此函数以 2π 为周

期,且在$[-\pi,\pi]$上可积,于是有其傅氏级数:

$$f\left(\frac{l}{\pi}t\right) \sim \frac{a_0}{2} + \sum_{n=1}^{\infty}(a_n\cos nt + b_n\sin nt),$$

其中系数

$$a_n = \frac{1}{\pi}\int_{-\pi}^{\pi} f\left(\frac{l}{\pi}t\right)\cos nt\,dt \quad (n=0,1,2,\cdots),$$

$$b_n = \frac{1}{\pi}\int_{-\pi}^{\pi} f\left(\frac{l}{\pi}t\right)\sin nt\,dt \quad (n=1,2,\cdots).$$

再作自变量替换$t = \frac{\pi}{l}x$,换回到自变量x,就得到$f(x)$的傅氏级数:

$$f(x) \sim \frac{a_0}{2} + \sum_{n=1}^{\infty}\left(a_n\cos n\frac{\pi}{l}x + b_n\sin n\frac{\pi}{l}x\right),$$

其中系数

$$a_n = \frac{1}{l}\int_{-l}^{l} f(x)\cos n\frac{\pi}{l}x\,dx \quad (n=0,1,2,\cdots),$$

$$b_n = \frac{1}{l}\int_{-l}^{l} f(x)\sin n\frac{\pi}{l}x\,dx \quad (n=1,2,\cdots).$$

下面是与定理 1 相应的收敛定理.

定理 2 设函数$f(x)$以 $2l$ 为周期,在区间$[-l,l]$上分段连续且分段单调,则$f(x)$的傅氏级数在任意一点 x 处均收敛,记其和函数为$S(x)$,$S(x)$与$f(x)$的关系如下:

$$\frac{a_0}{2} + \sum_{n=1}^{\infty}\left(a_n\cos\frac{n\pi}{l}x + b_n\sin\frac{n\pi}{l}x\right) = S(x)$$

$$= \begin{cases} f(x), & x\text{ 为 }f(x)\text{ 的连续点}, \\ \dfrac{f(x+0) + f(x-0)}{2}, & x\text{ 为 }f(x)\text{ 的间断点}. \end{cases}$$

例 5 交流电压$E(t) = E\sin\frac{2\pi}{T}t$经过半波整流后,只剩下正压,表示为$f(t)$,函数$f(t)$以 T 为周期,

$$f(t) = \begin{cases} 0, & t \in \left[-\dfrac{T}{2}, 0\right), \\ E\sin\dfrac{2\pi}{T}t, & t \in \left[0, \dfrac{T}{2}\right) \end{cases}$$

(图 10.5),求 $f(t)$ 的傅氏展开.

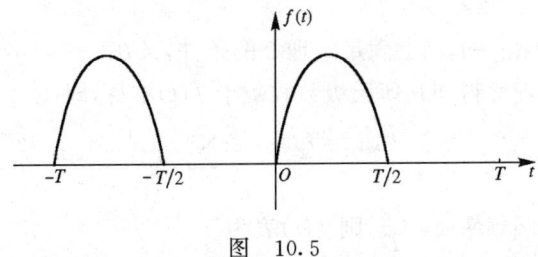

图 10.5

解 因 $f(t)$ 以 $2l=T$ 为周期,即 $l=\dfrac{T}{2}$,所以傅氏系数为

$$a_0 = \frac{2}{T}\int_{-\frac{T}{2}}^{\frac{T}{2}} f(t)\mathrm{d}t = \frac{2}{T}\int_0^{\frac{T}{2}} E\sin\frac{2\pi}{T}t\,\mathrm{d}t = \frac{2E}{\pi},$$

$$a_n = \frac{2}{T}\int_{-\frac{T}{2}}^{\frac{T}{2}} f(t)\cos\frac{2n\pi}{T}t\,\mathrm{d}t = \frac{2}{T}\int_0^{\frac{T}{2}} E\sin\frac{2\pi}{T}t\cos\frac{2n\pi}{T}t\,\mathrm{d}t$$

$$= \frac{E}{T}\int_0^{\frac{T}{2}}\left[\sin(n+1)\frac{2\pi}{T}t + \sin(1-n)\frac{2\pi}{T}t\right]\mathrm{d}t$$

$$= \begin{cases} 0, & n = 2k+1, n \neq 1, \\ \dfrac{2E}{(1-n^2)\pi}, & n = 2k, \end{cases}$$

$$a_1 = \frac{2}{T}\int_{-\frac{T}{2}}^{\frac{T}{2}} f(t)\cos\frac{2\pi}{T}t\,\mathrm{d}t$$

$$= \frac{2}{T}E\int_0^{\frac{T}{2}}\sin\frac{2\pi}{T}t\cos\frac{2\pi}{T}t\,\mathrm{d}t = 0,$$

$$b_n = \frac{2}{T}\int_{-\frac{T}{2}}^{\frac{T}{2}} f(t)\sin\frac{2n\pi}{T}t\,\mathrm{d}t$$

$$= \frac{2}{T}\int_0^{\frac{T}{2}} E\sin\frac{2\pi}{T}t \sin\frac{2n\pi}{T}t \,dt = 0, \quad \text{当 } n \neq 1 \text{ 时},$$

$$b_1 = \frac{2}{T}\int_{-\frac{T}{2}}^{\frac{T}{2}} f(t)\sin\frac{2\pi}{T}t \,dt = \frac{2E}{T}\int_0^{\frac{T}{2}} \sin^2\frac{2\pi}{T}t \,dt$$

$$= \frac{E}{2}.$$

因为 $f(t)$ 在 $[-l,l]$ 上满足定理 2 的条件,又在 $(-\infty,\infty)$ 上连续.由收敛定理 2 得知其傅氏级数收敛于 $f(t)$ 本身,即

$$f(t) = \frac{E}{\pi} + \frac{E}{2}\sin\frac{2\pi}{T}t - \frac{2E}{\pi}\sum_{n=1}^{\infty}\frac{1}{4n^2-1}\cos\frac{4n\pi}{T}t.$$

引入圆频率 $\omega = \frac{2\pi}{T}$,则 $f(t)$ 表为

$$f(t) = \frac{E}{\pi} + \frac{E}{2}\sin\omega t - \frac{2E}{\pi}\sum_{n=1}^{\infty}\frac{1}{4n^2-1}\cos 2n\omega t$$

$$= \frac{E}{\pi} + \frac{E}{2}\sin\omega t - \frac{2E}{3\pi}\cos 2\omega t - \frac{2E}{15\pi}\cos 4\omega t - \cdots,$$

$$t \in (-\infty, +\infty),$$

其中 $\frac{E}{\pi}$ 是直流分量,$\frac{E}{2}\sin\omega t$ 是基波,$-\frac{2E}{3\pi}\cos 2\omega t$ 是二次谐波,等等.

6. 定义在 $[-l,l]$ 或 $[0,l]$ 上的函数的傅氏级数

前面研究的函数 $f(x)$ 是定义在 $(-\infty,\infty)$ 上的周期函数,现在讨论只定义在 $[-l,l]$ 上的函数 $f(x)$. 如果 $f(-l) = f(l)$,那么将它开拓为一个 $2l$ 周期的函数;如果 $f(-l) \neq f(l)$,忽略端点 $x = -l$ 或 $x = l$ 之后,开拓为一个 $2l$ 周期函数,记开拓后的函数为 $F(x)$. 计算 $F(x)$ 的傅氏系数时,当然仍可用 $f(x)$ 在 $[-l,l]$ 上的函数值(因最多只有一个端点上的函数值可能不同). 如果 $f(x)$ 在 $[-l,l]$ 上满足分段连续、分段单调,则所得傅氏级数收敛到和函数 $S(x)$,根据定理 2,再注意到:当 $x \in (-l,l)$ 时,$F(x) = f(x)$,

又有 $F(\pm l+0)=f(-l+0)$ 与 $F(\pm l-0)=f(l-0)$,就得到在 $[-l,l]$ 上 $f(x)$ 与 $S(x)$ 的关系:

$$\frac{a_0}{2}+\sum_{n=1}^{\infty}\left(a_n\cos\frac{n\pi}{l}x+b_n\sin\frac{n\pi}{l}x\right)=S(x)$$

$$=\begin{cases} f(x), & \text{当 } x\in(-l,l), \text{且是 } f(x) \text{ 的连续点}, \\ \dfrac{f(x+0)+f(x-0)}{2}, \\ & \text{当 } x\in(-l,l), \text{是 } f(x) \text{ 的间断点}, \\ \dfrac{f(-l+0)+f(l-0)}{2}, \\ & \text{当 } x=\pm l. \end{cases}$$

例 6 求定义在区间 $[-2,2]$ 上的函数 $f(x)=\dfrac{x}{2}$ 的傅氏级数,并求其和函数.

解 先求傅氏系数.注意到函数 $f(x)$,$f(x)\cos\dfrac{n\pi}{2}x$ 是 $[-2,2]$ 上的奇函数,所以 $a_n=0$ $(n=0,1,2,\cdots)$;因 $f(x)\sin\dfrac{n\pi}{2}x$ 是 $[-2,2]$ 上的偶函数,所以

$$b_n=\frac{2}{2}\int_0^2\frac{x}{2}\sin\frac{n\pi}{2}x\mathrm{d}x=(-1)^{n+1}\frac{2}{n\pi}\quad(n=1,2,\cdots),$$

其傅氏级数为一个只含正弦函数的级数:

$$\frac{2}{\pi}\sum_{n=1}^{\infty}\frac{(-1)^{n+1}}{n}\sin\frac{n\pi}{2}x,$$

其和函数为

$$S(x)=\begin{cases} \dfrac{x}{2}, & \text{当 } x\in(-2,2), \\ 0, & \text{当 } x=\pm 2. \end{cases}$$

由上面的例子看到,$[-l,l]$ 上的奇函数的傅氏级数中只含正弦函数项;同理,$[-l,l]$ 上的偶函数的傅氏级数中只含余弦函数项,分别称之为正弦级数与余弦级数,它们的形式比较简单.

根据以上讨论,如果给定的函数 $f(x)$ 只定义在 $[0,l]$ 上,我们

按偶函数将它开拓到$[-l,l]$上成为偶函数

$$F_1(x)=\begin{cases}f(x), & x\in[0,l],\\ f(-x), & x\in[-l,0],\end{cases}$$

于是,$F_1(x)$在$[-l,l]$上也就是$f(x)$在$[0,l]$上的傅氏级数为一余弦级数:

$$f(x)\sim\frac{a_0}{2}+\sum_{n=1}^{\infty}a_n\cos\frac{n\pi}{l}x,$$

其中

$$a_n=\frac{2}{l}\int_0^l f(x)\cos\frac{n\pi}{l}x\mathrm{d}x\quad(n=0,1,2,\cdots).$$

如果我们按奇函数将$f(x)$开拓到$[-l,l]$上成为奇函数

$$F_2(x)=\begin{cases}f(x), & x\in(0,l],\\ 0, & x=0,\\ -f(-x), & x\in[-l,0),\end{cases}$$

于是,$F_2(x)$在$[-l,l]$上也就是$f(x)$在$[0,l]$上的傅氏级数为一正弦级数:

$$f(x)\sim\sum_{n=1}^{\infty}b_n\sin\frac{n\pi}{l}x,$$

其中

$$b_n=\frac{2}{l}\int_0^l f(x)\sin\frac{n\pi}{l}x\mathrm{d}x\quad(n=1,2,\cdots).$$

例7 将$[0,1]$上的函数$f(x)=x+1$展开为

(1) 余弦级数;

(2) 正弦级数.

解 (1) 开拓$f(x)$至$[-1,1]$上使之成为偶函数:

$$F_1(x)=\begin{cases}x+1, & x\in[0,1],\\ -x+1, & x\in[-1,0]\end{cases}$$

(见图10.6),其傅氏系数为$b_n=0\ (n=1,2,\cdots)$,

$$a_0=\frac{2}{1}\int_0^1(x+1)\mathrm{d}x=3,$$

230

$$a_n = \frac{2}{1}\int_0^1 (x+1)\cos n\pi x \mathrm{d}x = \frac{2}{n^2\pi^2}[(-1)^n - 1]$$
$$= \begin{cases} -\dfrac{4}{(2k-1)^2\pi^2}, & n = 2k-1, \\ 0, & n = 2k, \end{cases} (k=1,2,\cdots)$$

于是得到 $F_1(x)$ 在 $[-1,1]$ 上也就是 $f(x)$ 在 $[0,1]$ 上的傅氏级数为一余弦级数：

$$\frac{3}{2} - \frac{4}{\pi^2}\sum_{n=1}^{\infty}\frac{1}{(2k-1)^2}\cos(2k-1)\pi x.$$

因为 $F_1(x)$ 在 $[-1,1]$ 上连续，且 $F_1(-1+0)=F_1(1-0)$，由收敛定理，余弦级数之和函数 $S(x)=F_1(x)$，当 $x\in[-1,1]$ 时. 从而

$$S(x) = x+1, \quad x\in[0,1].$$

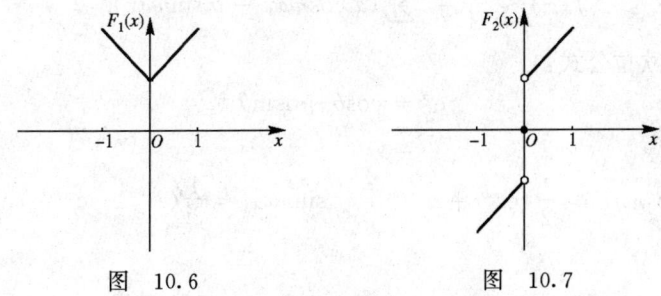

图 10.6 图 10.7

(2) 开拓 $f(x)$ 至 $[-1,1]$ 上使成为奇函数：

$$F_2(x)=\begin{cases} x+1, & x\in(0,1], \\ 0, & x=0, \\ x-1, & x\in[-1,0) \end{cases}$$

(见图 10.7)，其傅氏系数为：$a_n=0\ (n=0,1,2,\cdots)$，

$$b_n = \frac{2}{1}\int_0^1 (x+1)\sin n\pi x \mathrm{d}x = \frac{2}{n\pi}[1-2(-1)^n]$$
$$(n=1,2,\cdots).$$

于是 $F_2(x)$ 在 $[-1,1]$ 上也就是 $f(x)$ 在 $[0,1]$ 上的傅氏级数为一正弦级数：

$$\frac{2}{\pi}\sum_{n=1}^{\infty}\frac{1-2(-1)^n}{n}\sin n\pi x.$$

根据收敛定理，其和函数 $S(x)$ 在 $[0,1]$ 上为

$$S(x) = \begin{cases} x+1, & x \in (0,1), \\ 0, & x = 0, 1. \end{cases}$$

7. 傅氏级数的复数形式与频谱分析

前面得到周期为 T 的函数 $f(x)$ 的傅氏级数形式如下

$$f(x) \sim \frac{a_0}{2} + \sum_{n=1}^{\infty}\left(a_n\cos\frac{2\pi n}{T}x + b_n\sin\frac{2\pi n}{T}x\right).$$

引进圆频率 $\omega = \dfrac{2\pi}{T}$，则傅氏级数有形式

$$f(x) \sim \frac{a_0}{2} + \sum_{n=1}^{\infty}(a_n\cos n\omega x + b_n\sin n\omega x).$$

应用欧拉公式：

$$e^{i\theta} = \cos\theta + i\sin\theta$$

得到

$$\cos n\omega x = \frac{1}{2}(e^{in\omega x} + e^{-in\omega x}), \quad \sin n\omega x = \frac{1}{2i}(e^{in\omega x} - e^{-in\omega x}),$$

于是

$$a_n\cos n\omega x + b_n\sin n\omega x = \frac{a_n - ib_n}{2}e^{in\omega x} + \frac{a_n + ib_n}{2}e^{-in\omega x}.$$

将常数 $\dfrac{a_0}{2}$ 与 $\dfrac{a_n-ib_n}{2}$ 分别记作 c_0 与 c_n，即有

$$c_0 = \frac{a_0}{2}, \quad c_n = \frac{a_n - ib_n}{2}.$$

将以上各等式代入上面的傅氏级数，其形式变化为

$$f(x) \sim c_0 + \sum_{n=1}^{\infty}c_n e^{in\omega x} + \bar{c}_n e^{-in\omega x},$$

其中各系数为

$$c_0 = \frac{a_0}{2} = \frac{1}{T}\int_{-\frac{T}{2}}^{\frac{T}{2}}f(x)\mathrm{d}x,$$

$$c_n = \frac{1}{2}(a_n - \mathrm{i}b_n)$$

$$= \frac{1}{T}\int_{-\frac{T}{2}}^{\frac{T}{2}} f(x)\cos n\omega x \mathrm{d}x - \frac{\mathrm{i}}{T}\int_{-\frac{T}{2}}^{\frac{T}{2}} f(x)\sin n\omega x \mathrm{d}x$$

$$= \frac{1}{T}\int_{-\frac{T}{2}}^{\frac{T}{2}} f(x)\mathrm{e}^{-\mathrm{i}n\omega x}\mathrm{d}x \ (n=1,2,\cdots),$$

$$\overline{c_n} = \frac{1}{2}(a_n + \mathrm{i}b_n)$$

$$= \frac{1}{T}\int_{-\frac{T}{2}}^{\frac{T}{2}} f(x)\mathrm{e}^{\mathrm{i}n\omega x}\mathrm{d}x \ (n=1,2,\cdots).$$

只要将 $\overline{c_n}$ 记作 c_{-n}，以上三个式子可以统一记作

$$c_n = \frac{1}{T}\int_{-\frac{T}{2}}^{\frac{T}{2}} f(x)\mathrm{e}^{-\mathrm{i}n\omega x}\mathrm{d}x \quad (n=0,\pm 1,\pm 2,\cdots)$$

且得到复数形式的傅氏级数：

$$f(x) \sim \sum_{n=-\infty}^{\infty} c_n \mathrm{e}^{\mathrm{i}n\omega x}.$$

再强调一下复系数 c_n 与 a_n, b_n 的关系：

$$c_0 = \frac{a_0}{2}, \quad c_n = \frac{1}{2}(a_n - \mathrm{i}b_n), \quad c_{-n} = \frac{1}{2}(a_n + \mathrm{i}b_n),$$

且注意有

$$|c_n| = |c_{-n}| = \frac{1}{2}\sqrt{a_n^2 + b_n^2}.$$

例 8 设矩形波 $f(t)$ 之周期为 T，宽度为 τ，高度为 E，求 $f(t)$ 的复数形式的傅氏级数.

解 先写出 $f(t)$ 在 $\left[-\frac{T}{2}, \frac{T}{2}\right)$ 上的表达式：

$$f(t) = \begin{cases} 0, & t \in \left[-\frac{T}{2}, -\frac{\tau}{2}\right), \\ E, & t \in \left[-\frac{\tau}{2}, \frac{\tau}{2}\right], \\ 0, & t \in \left(\frac{\tau}{2}, \frac{T}{2}\right) \end{cases}$$

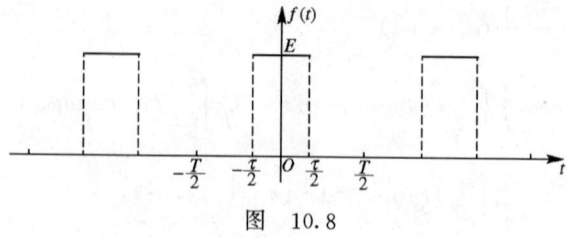

图 10.8

(见图 10.8). 再计算复的傅氏系数：

$$c_0 = \frac{1}{T}\int_{-\frac{T}{2}}^{\frac{T}{2}} f(t)\mathrm{d}t = \frac{1}{T}\int_{-\frac{\tau}{2}}^{\frac{\tau}{2}} E\mathrm{d}t = \frac{E\tau}{T},$$

$$c_n = \frac{1}{T}\int_{-\frac{T}{2}}^{\frac{T}{2}} f(t)\mathrm{e}^{-\mathrm{i}n\omega t}\mathrm{d}t = \frac{1}{T}\int_{-\frac{\tau}{2}}^{\frac{\tau}{2}} E\mathrm{e}^{-\mathrm{i}n\omega t}\mathrm{d}t$$

$$= \frac{E}{T}\frac{1}{-\mathrm{i}n\omega}(\mathrm{e}^{-\mathrm{i}n\omega\frac{\tau}{2}} - \mathrm{e}^{\mathrm{i}n\omega\frac{\tau}{2}}).$$

注意 $\omega T = 2\pi$，代入上式得到

$$c_n = \frac{E}{n\pi}\sin\frac{n\omega\tau}{2} \quad (n = \pm 1, \pm 2, \cdots).$$

于是得到傅氏级数

$$f(t) \sim \frac{E\tau}{T} + \frac{E}{\pi}\sum_{\substack{n=-\infty\\n\neq 0}}^{\infty}\frac{1}{n}\sin\frac{n\omega\tau}{2}\mathrm{e}^{\mathrm{i}n\omega t}.$$

根据收敛定理，在 $f(t)$ 的连续点处有

$$f(t) = \frac{E\tau}{T} + \frac{E}{\pi}\sum_{\substack{n=-\infty\\n\neq 0}}^{\infty}\frac{1}{n}\sin\frac{n\omega\tau}{2}\mathrm{e}^{\mathrm{i}n\omega t}.$$

特别的，当波宽是周期的 $\frac{1}{3}$ 时，即 $\tau = \frac{T}{3}$，矩形波之展开式为：

$$f(t) = \frac{E}{3} + \frac{E}{\pi}\sum_{\substack{n=-\infty\\n\neq 0}}^{\infty}\frac{1}{n}\sin\frac{n\pi}{3}\mathrm{e}^{\mathrm{i}n\omega t}.$$

函数 $f(t)$ 以 T 为周期，则 $\omega = \frac{2\pi}{T}$ 是其圆频率，也称之为**基频**. 在 $f(t)$ 的傅氏展开式

$$f(t) = \frac{a_0}{2} + \sum_{n=1}^{\infty}(a_n\cos n\omega t + b_n\sin n\omega t)$$

中,将相同频率的余弦波与正弦波迭加起来成为谐波,得到展开式:

$$f(t) = \frac{a_0}{2} + \sum_{n=1}^{\infty}A_n\sin(n\omega t + \varphi_n),$$

其中 $A_n = \sqrt{a_n^2 + b_n^2}$,称为 n 次谐波 $A_n\sin(n\omega t + \varphi_n)$ 的**振幅**;$\varphi_n = \arctan\frac{a_n}{b_n}$ 称为 n 次谐波的**相位**.

这样我们除了知道波的外形,即它在时间域上的图像之外,根据上面的展开式我们还知道了波的内部结构,它的直流成分与它的各次谐波,从而掌握了它在频率域上的图像.

这种图像的表示方法先是列表. 在第一行按大小顺序列出频率,第二行列出相应的谐波振幅:

频率	0	ω	2ω	$\cdots$	$n\omega$	$\cdots$
振幅	$\frac{a_0}{2}$	A_1	A_2	$\cdots$	A_n	$\cdots$

称之为 $f(t)$ 的**振幅频谱**. 将表中的频率表示在横轴上,振幅表示在纵轴上做出的图,称之为**振幅频谱图**. 有了振幅频谱与其图,就可知道波的主要频率范围了,这就是所谓**频谱分析**.

下面作例 5 中之半波整流函数 $f(t)$ 的振幅频谱与其图. 根据例 5 中得到的 $f(t)$ 的展开式,其振幅频谱表与其图如下.

频率	0	ω	2ω	3ω	4ω	5ω	$\cdots$	$2n\omega$	$(2n+1)\omega$	$\cdots$
振幅	$\frac{E}{\pi}$	$\frac{E}{2}$	$\frac{2E}{3\pi}$	0	$\frac{2E}{15\pi}$	0	$\cdots$	$\frac{2E}{(4n^2-1)\pi}$	0	$\cdots$

不同频率上方的垂直线段其长度为该频率对应的振幅,称这些直线段为**谱线**. 振幅为零的频率称为谱线的零点. 图 10.9 中谱线的零点是频率 $3\omega, 5\omega, \cdots, (2n+1)\omega, \cdots$.

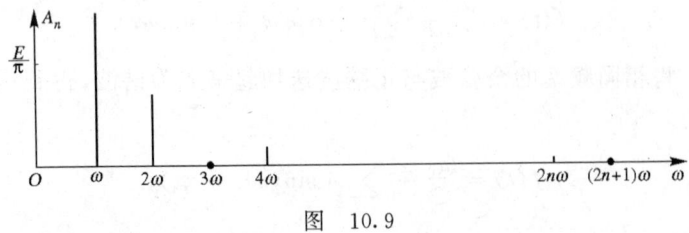

图 10.9

求得复数形式的傅氏级数后求振幅频谱更为方便.因为,$|c_n|$ = $|c_{-n}|$ = $\frac{1}{2}\sqrt{a_n^2+b_n^2}$ = $\frac{1}{2}A_n$,即 $|c_n|$,$|c_{-n}|$ 是 n 次谐波的振幅 A_n 之半,而作频谱分析时,关心的只是各谐波振幅之比,差一个常数倍数时对比值没有影响,因此也可以用 $|c_n|$ 作振幅频谱图.下面以例 8 中波宽为周期的 $\frac{1}{3}$ 的矩形波为例,作振幅频谱表与其图(为了区别于频率轴的 ω,记基频 $2\pi/T$ 为 ω_1)如下.

频率	0	ω_1	$2\omega_1$	$3\omega_1$	$4\omega_1$	$5\omega_1$	$6\omega_1$	...	$n\omega_1$	...
振幅	$\frac{E}{3}$	$\frac{\sqrt{3}}{2}\frac{E}{\pi}$	$\frac{1}{2}\frac{\sqrt{3}}{2}\frac{E}{\pi}$	0	$\frac{1}{4}\frac{\sqrt{3}}{2}\frac{E}{\pi}$	$\frac{1}{5}\frac{\sqrt{3}}{2}\frac{E}{\pi}$	0	...	$\frac{1}{n}\left|\sin\frac{n\pi}{3}\right|\frac{E}{\pi}$	...

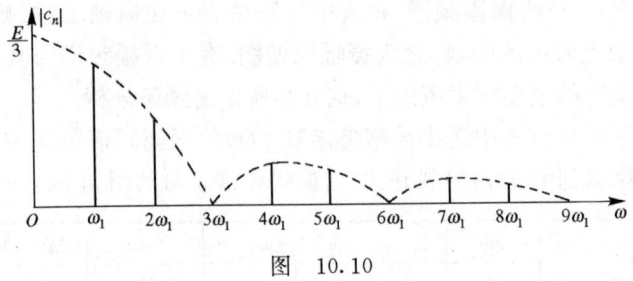

图 10.10

由图 10.10 可见谱线零点是频率 $3\omega_1,6\omega_1,\cdots$.第一个零点是 $3\omega_1 = 3\frac{2\pi}{T} = \frac{2\pi}{\tau}$.第一个零点之后振幅相对较小,因此,认为第一个零点内的频率范围是信号 $f(t)$ 的主要频率范围.主要频率范围也称为**频带宽度**(或**频带宽**),记作 $\Delta\omega$. 此例之频带宽 $\Delta\omega = \dfrac{2\pi}{\tau}$.

当某些信号的振幅衰减较慢时,有时也规定第三个或第五个零点以内的频率范围为信号的频带宽,视具体情况而定.

我们还看到,周期性矩形波的谱线是离散的,每两条之间距离为 $\omega_1 = \dfrac{2\pi}{T}$,如果脉冲宽度 τ 不变,而加大周期 T,显然谱线间距离 $\dfrac{2\pi}{T}$ 会缩小,当 $T \to +\infty$,即 $f(t)$ 变成单个矩形脉冲时,谱线将连续分布,离散谱变成连续谱. 这一点下面讨论.

8. 傅氏积分与傅氏变换

由上面看到很多周期函数或定义在有限区间上的函数可以展开成傅氏级数,这使得对它们的研究多了一条途径. 但是有些函数定义在整个数轴上,没有周期性,对于它们是否也可以有类似于傅氏级数的一种表达式呢?

设函数 $f(x)$ 定义在 $(-\infty, \infty)$ 上,不以任何实数 T 为周期,为了能应用傅氏级数的结果,我们将它看做是周期函数的极限函数. 例如,定义一个以 T 为周期的函数 $f_T(x)$,当 $x \in \left(-\dfrac{T}{2}, \dfrac{T}{2}\right)$ 时有 $f_T(x) = f(x)$,那么函数 $f(x)$ 可以看做是 $T \to \infty$ 时,周期函数 $f_T(x)$ 的极限.

既然 $f_T(x)$ 是以 T 为周期的函数,很容易写出它的傅氏级数,令 $\omega = \dfrac{2\pi}{T}$,有

$$f_T(x) \sim \sum_{n=-\infty}^{\infty} c_n \mathrm{e}^{in\omega x},$$

其中 $c_n = \dfrac{1}{T} \displaystyle\int_{-\frac{T}{2}}^{\frac{T}{2}} f_T(x) \mathrm{e}^{-in\omega x} \mathrm{d}x.$

如果就限于这一形式,我们无法得到 $T \to \infty$ 时右端级数的极限. 于是对右端的傅氏级数作一些形式上的变化,将它化成积分的形式,

然后求其极限,得到一个含有参变量的无穷积分,就是所谓的傅氏积分了.下面引进傅氏积分的概念.

设 $f(x)$ 在任意有限区间上连续且分段单调,由傅氏级数的收敛定理,在 $\left(-\dfrac{T}{2},\dfrac{T}{2}\right)$ 上有

$$f(x)=\sum_{n=-\infty}^{\infty}c_n\mathrm{e}^{\mathrm{i}n\omega x},$$

其中
$$c_n=\frac{1}{T}\int_{-\frac{T}{2}}^{\frac{T}{2}}f(x)\mathrm{e}^{-\mathrm{i}n\omega x}\mathrm{d}x.$$

将系数 c_n 的表示式代入级数,得到在 $\left(-\dfrac{T}{2},\dfrac{T}{2}\right)$ 上有

$$f(x)=\sum_{n=-\infty}^{\infty}\frac{1}{T}\int_{-\frac{T}{2}}^{\frac{T}{2}}f(t)\mathrm{e}^{-\mathrm{i}n\omega t}\mathrm{d}t\mathrm{e}^{\mathrm{i}n\omega x}$$

$$=\sum_{n=-\infty}^{\infty}\frac{1}{T}\int_{-\frac{T}{2}}^{\frac{T}{2}}f(t)\mathrm{e}^{-\mathrm{i}n\omega(t-x)}\mathrm{d}t.$$

令 $\omega_0=0,\omega_n=n\dfrac{2\pi}{T}=n\omega,\Delta\omega_n=\omega_n-\omega_{n-1}=\dfrac{2\pi}{T},(n=0,\pm 1,\pm 2,\cdots)$,上式右端化为

$$\sum_{n=-\infty}^{\infty}\frac{1}{2\pi}\int_{-\frac{T}{2}}^{\frac{T}{2}}f(t)\mathrm{e}^{-\mathrm{i}\omega_n(t-x)}\mathrm{d}t\cdot\Delta\omega_n.$$

这形式上与一个积分和类似,并且 $T\to\infty$ 时,$\Delta\omega_n\to 0$.于是我们认为 $T\to\infty$ 时,上式的极限为

$$\frac{1}{2\pi}\int_{-\infty}^{\infty}\mathrm{d}\omega\int_{-\infty}^{\infty}f(t)\mathrm{e}^{-\mathrm{i}\omega(t-x)}\mathrm{d}t,$$

从而得到 $x\in(-\infty,\infty)$ 时,有

$$f(x)=\frac{1}{2\pi}\int_{-\infty}^{\infty}\mathrm{d}\omega\int_{-\infty}^{\infty}f(t)\mathrm{e}^{-\mathrm{i}\omega(t-x)}\mathrm{d}t.$$

显然,上面不是严格的推导,只是为了引入傅氏积分的概念.

定义 2 称积分 $\dfrac{1}{2\pi}\displaystyle\int_{-\infty}^{\infty}\mathrm{d}\omega\int_{-\infty}^{\infty}f(t)\mathrm{e}^{-\mathrm{i}\omega(t-x)}\mathrm{d}t$ 为函数 $f(x)$ 的**傅氏积分**.

下面的定理相当于傅氏级数中的收敛定理,我们也是只叙述而不证明.

定理 3 若函数在任意有限区间上满足狄利克雷条件,且在区间$(-\infty,\infty)$上绝对可积,即$\int_{-\infty}^{\infty}|f(x)|\mathrm{d}x=A$存在,则$f(x)$的傅氏积分在$(-\infty,\infty)$上处处收敛,且

$$\frac{1}{2\pi}\int_{-\infty}^{\infty}\mathrm{d}\omega\int_{-\infty}^{\infty}f(t)\mathrm{e}^{-\mathrm{i}\omega(t-x)}\mathrm{d}t=\frac{f(x+0)+f(x-0)}{2}.$$

此式称为**傅氏积分公式**.

下面将傅氏积分公式写成实数形式.应用欧拉公式

$$\mathrm{e}^{-\mathrm{i}\omega(t-x)}=\cos\omega(t-x)-\mathrm{i}\sin\omega(t-x),$$

得等式

$$\int_{-\infty}^{\infty}f(t)\mathrm{e}^{-\mathrm{i}\omega(t-x)}\mathrm{d}t=\int_{-\infty}^{\infty}f(t)\cos\omega(t-x)\mathrm{d}t$$
$$-\mathrm{i}\int_{-\infty}^{\infty}f(t)\sin\omega(t-x)\mathrm{d}t.$$

右端的两个积分作为ω的函数,前者是偶函数,后者是奇函数,于是等式两端在$(-\infty,\infty)$上对ω积分就得到

$$\int_{-\infty}^{\infty}\mathrm{d}\omega\int_{-\infty}^{\infty}f(t)\mathrm{e}^{-\mathrm{i}\omega(t-x)}\mathrm{d}t=2\int_{0}^{\infty}\mathrm{d}\omega\int_{-\infty}^{\infty}f(t)\cos\omega(t-x)\mathrm{d}t.$$

所以实数形式的傅氏积分公式如下:

$$\frac{1}{\pi}\int_{0}^{\infty}\mathrm{d}\omega\int_{-\infty}^{\infty}f(t)\cos\omega(t-x)\mathrm{d}t=\frac{f(x+0)+f(x-0)}{2}.$$

当$f(x)$满足定理 3 的条件,且在$(-\infty,\infty)$上连续时,有等式

$$f(x)=\frac{1}{2\pi}\int_{-\infty}^{\infty}\mathrm{d}\omega\int_{-\infty}^{\infty}f(t)\mathrm{e}^{-\mathrm{i}\omega(t-x)}\mathrm{d}t,$$

即

$$f(x)=\frac{1}{2\pi}\int_{-\infty}^{\infty}\left(\int_{-\infty}^{\infty}f(t)\mathrm{e}^{-\mathrm{i}\omega t}\mathrm{d}t\right)\mathrm{e}^{\mathrm{i}\omega x}\mathrm{d}\omega.$$

若令

$$F(\omega)=\int_{-\infty}^{\infty}f(t)\mathrm{e}^{-\mathrm{i}\omega t}\mathrm{d}t,$$

则上式可表为

$$f(x) = \frac{1}{2\pi}\int_{-\infty}^{\infty} F(\omega)e^{i\omega x}d\omega.$$

定义 3 对于任意给定的函数 $f(x)$,若无穷积分

$$\int_{-\infty}^{\infty} f(x)e^{-i\omega x}dx$$

对任意 $\omega \in (-\infty, \infty)$ 都收敛,则称它定义出的函数 $F(\omega) = \int_{-\infty}^{\infty} f(x)e^{-i\omega x}dx$ 为 $f(x)$ 的(或 f 的)**傅氏变换**,记作 $\mathscr{F}(f(x))$(或 $\mathscr{F}(f)$);对于任意给定的函数 $F(\omega)$,若无穷积分

$$\frac{1}{2\pi}\int_{-\infty}^{\infty} F(\omega)e^{i\omega x}d\omega$$

对任意 $x \in (-\infty, \infty)$ 都收敛,则称它定义出的函数 $f(x) = \frac{1}{2\pi}\int_{-\infty}^{\infty} F(\omega)e^{i\omega x}d\omega$ 为 $F(\omega)$ 的**傅氏逆变换**,记作 $\mathscr{F}^{-1}(F(\omega))$(或 $\mathscr{F}^{-1}(F)$).

引进傅氏变换与傅氏逆变换的概念之后,定理 3 可以表述为:当 $f(x)$ 满足定理的条件时,$f(x)$ 的傅氏变换 $F(\omega)$ 的傅氏逆变换就是

$$\frac{1}{2}[f(x+0) + f(x-0)];$$

如果 $f(x)$ 连续,就是 $f(x)$ 本身.

对于非周期信号 $f(x)$,称 $F(\omega)$ 为其**频谱函数**. $F(\omega)$ 是复值的,$F(\omega) = |F(\omega)|e^{i\varphi(\omega)}$,$\varphi(\omega)$ 是 $F(\omega)$ 的幅角,称 $|F(\omega)|$ 为**振幅频谱**,称 $\varphi(\omega)$ 为**相位频谱**,如果笼统地说 $f(x)$ 的频谱,那么指的是振幅频谱 $|F(\omega)|$. 周期函数的频谱 $|c_n|$ 是离散谱;非周期函数的频谱 $|F(\omega)|$ 是连续谱.

例 9 求单个矩形脉冲 $\Pi_a(t) = \begin{cases} 1, & |t| \leqslant a, \\ 0, & |t| > a \end{cases}$ 的频谱图.

解 $F(\omega) = \int_{-\infty}^{\infty} \Pi_a(t)e^{-i\omega t}dt = \int_{-a}^{a} e^{-i\omega t}dt = \frac{2}{\omega}\sin\omega a$. 于是频谱

$$|F(\omega)| = 2a\left|\frac{\sin\omega a}{\omega a}\right|,$$

其零点为 $\omega = \dfrac{n\pi}{a}$ $(n=\pm 1, \pm 2, \cdots)$. 频谱图见图 10.11.

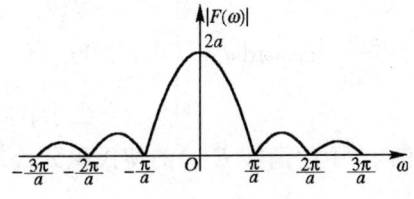

图 10.11

例 10 求函数 $E(t) = \begin{cases} e^{-\alpha t}, & t \geqslant 0, \\ 0, & t < 0 \end{cases}$ $(\alpha > 0)$ 之频谱图.

解 $F(\omega) = \displaystyle\int_{-\infty}^{\infty} E(t)e^{-i\omega t}dt = \int_{0}^{+\infty} e^{-\alpha t}e^{-i\omega t}dt = \frac{1}{\alpha + i\omega} = \frac{\alpha - i\omega}{\alpha^2 + \omega^2},$

频谱 $|F(\omega)| = \dfrac{1}{\sqrt{\alpha^2 + \omega^2}}$. 频谱图见图 10.12.

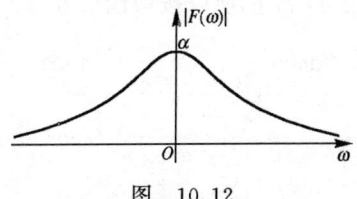

图 10.12

常用的一些函数的傅氏变换及其频谱图可在数学手册中查得. 由下面的例子可以看到, 傅氏积分公式帮我们计算出某些无穷积分.

例 11 求例 9 中函数 $\Pi_a(t)$ 的傅氏积分.

解 由例 9 已知 $\Pi_a(t)$ 的傅氏变换 $F(\omega) = \dfrac{2}{\omega}\sin\omega a$, 于是 $\Pi_a(t)$ 的傅氏积分为

$$\frac{1}{2\pi}\int_{-\infty}^{\infty} F(\omega)e^{i\omega t}d\omega = \frac{1}{2\pi}\int_{-\infty}^{\infty} 2\frac{\sin\omega a}{\omega}e^{i\omega t}d\omega$$

$$= \frac{2}{\pi} \int_0^\infty \frac{\sin\omega a}{\omega} \cos\omega t \, d\omega.$$

因 $\Pi_a(t)$ 满足定理 3 中的条件,所以有傅氏积分公式

$$\frac{2}{\pi}\int_0^{+\infty} \frac{\sin\omega a}{\omega}\cos\omega t\,d\omega = \begin{cases} 1, & \text{当 } |t| < a, \\ \frac{1}{2}, & \text{当 } |t| = a, \\ 0, & \text{当 } |t| > a. \end{cases}$$

例 12 求例 10 中的函数 $E(t)$ 的傅氏积分公式,并求无穷积分

$$\int_0^{+\infty} \frac{1}{\alpha^2 + \omega^2}(\alpha\cos\omega + \omega\sin\omega)d\omega$$

之值.

解 由例 10 知 $E(t)$ 的傅氏变换 $F(\omega)$ 如下:

$$F(\omega) = \frac{1}{\alpha + i\omega} = \frac{\alpha - i\omega}{\alpha^2 + \omega^2},$$

因 $E(t)$ 满足定理 3 的条件,所以按傅氏积分公式得

$$\frac{1}{2\pi}\int_{-\infty}^{\infty} F(\omega)e^{i\omega t}d\omega = \frac{1}{2\pi}\int_{-\infty}^{\infty} \frac{\alpha - i\omega}{\alpha^2 + \omega^2}(\cos\omega t + i\sin\omega t)d\omega$$

$$= \frac{1}{\pi}\int_0^{\infty} \frac{1}{\alpha^2 + \omega^2}(\alpha\cos\omega t + \omega\sin\omega t)d\omega$$

$$= \begin{cases} e^{-\alpha t}, & \text{当 } t > 0, \\ \frac{1}{2}, & \text{当 } t = 0, \\ 0, & \text{当 } t < 0. \end{cases}$$

在上式中令 $t=1$,就得到所要求的积分的值,即

$$\int_0^{+\infty} \frac{1}{\alpha^2 + \omega^2}(\alpha\cos\omega + \omega\sin\omega)d\omega = \pi e^{-\alpha}.$$

下面列出傅氏变换的一些性质,不加证明,设其中出现的函数 $f(x)$ 与 $g(x)$ 在任意有限区间上满足狄利克雷条件且在 $(-\infty, \infty)$ 上绝对可积,并设 $\mathscr{F}(f(x)) = F(\omega)$,$\mathscr{F}(g(x)) =$

$G(\omega)$.

(i) **有界性** $F(\omega)$ 在 $(-\infty, \infty)$ 上连续,且 $\lim\limits_{\omega \to \pm\infty} F(\omega) = 0$.

(ii) **线性性质** 设 k_1, k_2 为常数,则
$$\mathscr{F}(k_1 f(x) + k_2 g(x)) = k_1 F(\omega) + k_2 G(\omega).$$

(iii) **时延性质**
$$\mathscr{F}(f(x - x_0)) = \mathrm{e}^{-\mathrm{i}x_0\omega} F(\omega).$$

(iv) **频移性质**
$$\mathscr{F}(f(x) \mathrm{e}^{-\mathrm{i}\omega_0 x}) = F(\omega + \omega_0).$$

(v) **微商性质** 若 $\int_{-\infty}^{+\infty} |f^{(n)}(x)| \mathrm{d}x$ 收敛,n 为自然数,则
$$\mathscr{F}(f^{(n)}(x)) = (\mathrm{i}\omega)^n F(\omega).$$

(vi) **积分性质**
$$\mathscr{F}\left(\int_{-\infty}^{x} f(t)\mathrm{d}t\right) = \frac{1}{\mathrm{i}\omega} F(\omega).$$

(vii) **卷积定理** 定义无穷积分 $\int_{-\infty}^{+\infty} f(u) g(x - u) \mathrm{d}u$ 为函数 $f(x)$ 与 $g(x)$ 的卷积,记作 $f * g(x)$,即
$$f * g(x) = \int_{-\infty}^{+\infty} f(u) g(x - u) \mathrm{d}u,$$
那么有 $f(x)$ 与 $g(x)$ 的卷积的傅氏变换公式:
$$\mathscr{F}(f * g(x)) = F(\omega) \cdot G(\omega).$$

习 题 10.3

1. 求下列函数在区间 $[-\pi, \pi)$ 上的傅氏级数,并写出其和函数

(1) $f(x) = x$;

(2) $f(x) = x^2$;

(3) $f(x) = |x|$;

(4) $f(x) = \begin{cases} -2, & -\pi \leqslant x < 0; \\ 1, & 0 \leqslant x < \pi; \end{cases}$

(5) $f(x) = \sin^4 x$;

(6) $f(x) = \begin{cases} \mathrm{e}^x, & -\pi \leqslant x < 0; \\ 1, & 0 \leqslant x < \pi. \end{cases}$

2. 将函数 $f(x)=\cos\dfrac{x}{2}$ $(0\leqslant x\leqslant\pi)$ 展开成正弦级数.

3. 将函数 $f(x)=\dfrac{1}{2}-\dfrac{\pi}{4}\sin x$ $(0\leqslant x\leqslant\pi)$ 展开成余弦级数.

4. 将函数 $f(x)=\dfrac{\pi}{2}-x$ $(0\leqslant x\leqslant\pi)$ 展开成余弦级数,并求数项级数 $\sum\limits_{k=1}^{\infty}\dfrac{1}{(2k-1)^2}$ 之和.

5. 将函数 $f(x)=\dfrac{\pi}{4}$ $(0\leqslant x\leqslant\pi)$ 展开成正弦级数,并验证

(1) $1-\dfrac{1}{3}+\dfrac{1}{5}-\dfrac{1}{7}+\cdots=\dfrac{\pi}{4}$;

(2) $1-\dfrac{1}{5}+\dfrac{1}{7}-\dfrac{1}{11}+\dfrac{1}{13}-\dfrac{1}{17}+\cdots=\dfrac{\sqrt{3}}{6}\pi$;

(3) $1+\dfrac{1}{5}-\dfrac{1}{7}-\dfrac{1}{11}+\dfrac{1}{13}+\dfrac{1}{17}+\cdots=\dfrac{\pi}{3}$.

6. 全波整流的波形在一个周期内的表达式为

$$u(t)=\begin{cases}-U_m\sin\omega t,&-\dfrac{T}{2}\leqslant t<0,\\ U_m\sin\omega t,&0\leqslant t<\dfrac{T}{2},\end{cases}$$

求出它的傅氏展开 $\left(\text{其中}\ \omega=\dfrac{2\pi}{T}\right)$.

7. 将周期为 2π、高为 h 的锯齿形波: $y(x)=\dfrac{h}{2\pi}x$ $(0\leqslant x<2\pi)$ 展为复数形式的傅氏级数.

8. 将周期为 π 的矩形波

$$f(x)=\begin{cases}E,&\text{当}\ 0\leqslant x<\dfrac{\pi}{2},\\ 0,&\text{当}\ \dfrac{\pi}{2}\leqslant x<\pi\end{cases}$$

展成复数形式的傅氏级数,并求出第 5 次与第 7 次谐波的振幅.

9. 对下列周期信号分别求:1° 信号的直流分量;2° 信号的基频 ω;3° 信号一次谐波的振幅.

(1) 信号 $y(t)$ 以 2π 为周期，$y(t) = \begin{cases} 1, & 0 \leqslant t < \pi, \\ -1, & -\pi \leqslant t < 0; \end{cases}$

(2) 信号 $y(t)$ 以 2 为周期，$y(t) = \begin{cases} t, & 0 \leqslant t < 1, \\ 0, & -1 \leqslant t < 0. \end{cases}$

10. 求下列函数的傅氏积分：

(1) $f(x) = \begin{cases} 1, & |x| < x_0, \\ \dfrac{1}{2}, & x = \pm x_0, \\ 0, & |x| > x_0; \end{cases}$

(2) $f(x) = \begin{cases} 1 - x^2, & |x| \leqslant 1, \\ 0, & |x| > 1; \end{cases}$

(3) $f(x) = \begin{cases} e^{-x} \sin 2x, & x \geqslant 0, \\ 0, & x < 0; \end{cases}$

(4) $f(x) = \begin{cases} \sin x, & |x| \leqslant \pi, \\ 0, & |x| > \pi. \end{cases}$

11. 设函数 $f(x) = e^{-\beta x} (0 \leqslant x < +\infty)$，其中 $\beta > 0$，

(1) 将 $f(x)$ 偶开拓； (2) 将 $f(x)$ 奇开拓，求其傅氏积分.

12. 利用傅氏变换证明

(1) $\displaystyle\int_0^{+\infty} \dfrac{\sin\omega \cos\omega x}{\omega} d\omega = \begin{cases} \dfrac{\pi}{2}, & |x| < 1, \\ \dfrac{\pi}{4}, & |x| = 1, \\ 0, & |x| > 1; \end{cases}$

(2) $\displaystyle\int_0^{+\infty} \dfrac{\sin\omega\pi \sin\omega t}{1 - \omega^2} d\omega = \begin{cases} \dfrac{\pi}{2} \sin t, & |t| \leqslant \pi, \\ 0, & |t| > \pi; \end{cases}$

(3) $\displaystyle\int_0^{+\infty} \dfrac{1}{\beta^2 + \omega^2} (\beta\cos\omega - \omega\sin\omega) d\omega = 0$.

13. 求下列无穷积分的值

(1) $\displaystyle\int_0^{+\infty} \dfrac{\omega \sin\omega}{\beta^2 + \omega^2} d\omega$； (2) $\displaystyle\int_0^{+\infty} \dfrac{\cos\omega}{\beta^2 + \omega^2} d\omega$.

14. 求高斯分布函数 $f(t) = \dfrac{1}{\sqrt{2\pi}\sigma} e^{-\frac{t^2}{2\sigma^2}}$ 的频谱函数.

第十一章 常微分方程

§1 基本概念

研究科学、技术问题时,常需要找出问题中有关变量之间的函数关系,下面我们来看两个例子:

例1 已知自由落体下落时的加速度是常数 g,求下落距离 S 与时间 t 之间的关系 $S(t)$.

解 按题意取开始下落处为原点,作 S 轴铅直向下(图 11.1).因为加速度是距离 S 对时间 t 的二阶微商,所以根据题意得到 S 作为 t 的函数所应满足的方程:

$$\frac{d^2 S}{d t^2} = g,$$

图 11.1

由坐标轴的取法,应该有 $S(0)=0$;又因为是自由落体运动,即初速度为零,所以还有 $S'(0)=0$.

现在根据上面得到的一个方程及两个条件来求未知的函数 $S(t)$.先在方程两端对 t 求一次积分,得到函数的一阶微商所满足的方程

$$\frac{dS}{dt} = gt + C_1,$$

再求一次积分就得到函数本身

$$S(t) = \frac{1}{2} g t^2 + C_1 t + C_2,$$

其中 C_1, C_2 是任意常数.下面根据两个条件来确定这两个任意常数.因为 $S(0)=0$,由上式得

$$\frac{1}{2}g \cdot 0^2 + C_1 \cdot 0 + C_2 = 0,$$

所以 $C_2=0$. 又因为 $S'(0)=0$，由一阶微商所满足的方程得

$$g \cdot 0 + C_1 = 0,$$

所以 $C_1=0$. 于是自由落体下落距离 S 与时间 t 之间的关系是

$$S = \frac{1}{2}gt^2.$$

例 2 已知镭的衰变速率与镭的现存量成正比(比例常数为 k). 设开始时镭的量为 a. 问 t 时刻镭的量 $x(t)$ 为多少？

解 由题意有等式

$$\text{镭的衰变速率} = k \cdot \text{镭的现存量}.$$

而镭的衰变速率 $= -\dfrac{\mathrm{d}x}{\mathrm{d}t}$（因为镭的量随时间的增加而减少，$\dfrac{\mathrm{d}x}{\mathrm{d}t}$ 是负的，所以加负号），镭的现存量为 x，于是得到 x 应满足的方程

$$-\frac{\mathrm{d}x}{\mathrm{d}t} = kx.$$

另外，x 还应满足条件 $x(0)=a$. 下面求解方程. 不难看出，函数

$$x = C\mathrm{e}^{-kt}$$

满足方程，其中 C 是任意常数. 因为我们所要求的函数还要满足条件 $x(0)=a$，所以 $C\mathrm{e}^{-k \cdot 0}=a$，即 $C=a$. 于是所要求的镭的量为

$$x = a\mathrm{e}^{-kt}.$$

上面两个例子中，未知函数的微商所满足的方程：

$$\frac{\mathrm{d}^2 S}{\mathrm{d}t^2} = g, \tag{1}$$

与

$$-\frac{\mathrm{d}x}{\mathrm{d}t} = kx \tag{2}$$

都叫微分方程.

一般地，我们将含有自变量、未知函数及其微商的方程式

$$F(x, y, y', \cdots, y^{(n)}) = 0$$

叫做微分方程. 严格地说，这种未知函数只含一个自变量的叫做**常**

微分方程,相对于未知函数有多个自变量的叫做**偏微分方程**.方程中未知函数的各阶导数的最高阶数 n 叫做这个**方程的阶**.如方程(1)是二阶的;方程(2)是一阶的.

微分方程的解是指代入方程使方程成为恒等式的函数.例如经过代入验算下列函数

$$S = \frac{1}{2}gt^2 + C_1 t + C_2, \quad S_2 = \frac{1}{2}gt^2 + S_0, \quad S = \frac{1}{2}gt^2$$

都是方程(1)的解;而函数 $x=Ce^{-kt}, x=3e^{-kt}, x=ae^{-kt}$ 都是方程(2)的解.微分方程的解中,不含有任意常数的解叫**特解**;含有与方程的阶数同样多个独立的任意常数的解叫**通解**.也就是说,一阶微分方程的通解中有一个任意常数;n 阶微分方程的通解中有 n 个独立的任意常数.例如

$$S = \frac{1}{2}gt^2 + C_1 t + C_2 \quad 与 \quad x = Ce^{-kt}$$

分别是方程(1)与(2)的通解.由微分方程的通解确定特解所用的条件叫**初始条件**,简称**初条件**.例如,$x(0)=a$(或写成 $t=0$ 时 $x=a$)是由一阶方程

$$-\frac{dx}{dt} = kx$$

的通解 $x=Ce^{-kt}$ 确定特解 $x=ae^{-kt}$ 的初始条件;$S(0)=0, S'(0)=0$(或写成 $t=0$ 时,$S=0, S'=0$)是由二阶方程

$$\frac{d^2 S}{dt^2} = g$$

的通解 $S=(gt^2/2)+C_1 t+C_2$ 确定特解 $S=gt^2/2$ 的初始条件.

根据实际问题建立未知函数所满足的微分方程的过程叫**列方程**.求微分方程的解的过程叫**解方程**.

§2 一阶微分方程

先介绍几种基本而又常见的一阶微分方程的解法;然后通过

举例介绍如何建立微分方程.

1. 可分离变量的微分方程

如果微分方程中的变量可以分离到等号的两端,即化为以下形式
$$f(x)\mathrm{d}x = g(y)\mathrm{d}y,$$
就叫做**可分离变量的微分方程**,方程化为以上形式后两边同时积分就得到通解.

例 1 求微分方程 $x+yy'=0$ 的通解和满足初条件:$x=3$ 时,$y=4$ 的特解.

解 方程分离变量为
$$x\mathrm{d}x = -y\mathrm{d}y,$$
两边积分,得到
$$\frac{1}{2}x^2 = -\frac{1}{2}y^2 + C_1.$$
故方程之通解为
$$x^2 + y^2 = C.$$
因为 $x=3$ 时,$y=4$,所以 $3^2+4^2=C$,即 $C=25$. 故所求之特解为
$$x^2 + y^2 = 25.$$

例 2 求微分方程 $xy\mathrm{d}x+(x^2+1)\mathrm{d}y=0$ 的通解.

解 方程可分离变量为
$$\frac{x\mathrm{d}x}{x^2+1} = -\frac{\mathrm{d}y}{y} \quad (y \neq 0).$$
两边积分得
$$\frac{1}{2}\ln(x^2+1) = -\ln|y| + C_1 \quad (C_1 \text{ 是任意常数}),$$
即
$$\ln|y|\sqrt{x^2+1} = C_1,$$
即
$$y\sqrt{x^2+1} = \pm e^{C_1} \quad (e^{C_1}>0).$$
又 $y \equiv 0$ 显然也是原方程的一个解,这个解可看成上式中等号右端

取常数"0"对应的解. 综合起来, 得方程之通解为
$$y\sqrt{x^2+1} = C,$$
其中 C 是任意常数.

例3 求方程 $\dfrac{\mathrm{d}y}{\mathrm{d}x} = \dfrac{y}{x+y}$ 的通解.

解 此方程不可分离. 但是它可以化为方程
$$\frac{\mathrm{d}y}{\mathrm{d}x} = \frac{\dfrac{y}{x}}{1+\dfrac{y}{x}},$$
其右端是一个 y/x 的函数. 对于这种方程, 作变量替换 $z = y/x$, 右端成为 z 的函数, 左端由于 $y = xz$ 而有
$$\frac{\mathrm{d}y}{\mathrm{d}x} = z + x\frac{\mathrm{d}z}{\mathrm{d}x},$$
于是方程化为变量 x 与 z 的可分离变量的微分方程:
$$z + x\frac{\mathrm{d}z}{\mathrm{d}x} = \frac{z}{1+z},$$
即
$$x\frac{\mathrm{d}z}{\mathrm{d}x} = \frac{z}{1+z} - z = \frac{-z^2}{1+z}.$$
分离变量得
$$\frac{1+z}{z^2}\mathrm{d}z = -\frac{\mathrm{d}x}{x} \quad (z \neq 0).$$
两边积分得
$$-\frac{1}{z} + \ln|z| = -\ln|x| + C_1.$$
由此可得
$$xz = C\mathrm{e}^{\frac{1}{z}}, \quad C \neq 0.$$
又显然 $z(x) \equiv 0$ 也是方程
$$z + x\frac{\mathrm{d}z}{\mathrm{d}x} = \frac{z}{1+z}$$
的一个解. 综合起来, 得方程的通解为
$$xz = C\mathrm{e}^{\frac{1}{z}},$$

其中 C 为任意常数.

将原变量代回,得所求之通解
$$y = Ce^{\frac{x}{y}}, \quad C \text{ 为任意常数}.$$

不难看出,凡是可以化为 $\dfrac{dy}{dx} = f\left(\dfrac{y}{x}\right)$ 形状的微分方程,都可以通过变量替换 $y/x = z$ 化为可以分离变量的微分方程. 我们称上述方程为**齐次方程**.

2. 一阶线性微分方程

设 P, Q 是 x 的已知函数. 方程
$$\frac{dy}{dx} + Py = Q \tag{3}$$

关于未知函数 y 和它的一阶微商 $\dfrac{dy}{dx}$ 是线性的,所以称方程(3)为**一阶线性微分方程**. 如果其中 $Q \equiv 0$,就叫做**齐次线性微分方程**,如果 $Q \not\equiv 0$ 叫**非齐次线性微分方程**,Q 叫做**非齐次项**.

为解方程(3),在方程的两端同乘一个非零函数 $e^{\int P dx}$(其中 $\int P dx$ 是已知函数 P 的一个原函数,从而 $e^{\int P dx}$ 也是一个 x 的已知函数.),方程化为
$$e^{\int P dx} \frac{dy}{dx} + P e^{\int P dx} y = Q e^{\int P dx},$$
即
$$\frac{d}{dx}(y e^{\int P dx}) = Q e^{\int P dx}.$$

两端对 x 积分,得
$$y e^{\int P dx} = \int Q e^{\int P dx} dx + C,$$

其中 C 是任意常数. 于是,得一阶线性微分方程之通解公式
$$y = e^{-\int P dx}\left(\int Q e^{\int P dx} dx + C\right).$$

例 4 求解方程 $\dfrac{dy}{dx} - y\cot x = 2x\sin x$.

解 这是一阶线性微分方程,为应用上面求得之公式,比较出 $P=-\cot x, Q=2x\sin x$. 于是

$$e^{\int P dx} = e^{\int -\cot x dx} = e^{-\ln \sin x} = \frac{1}{\sin x}.$$

代入公式,得方程之通解

$$y = \sin x \left(\int 2x\sin x \frac{1}{\sin x} dx + C \right)$$
$$= (x^2 + C)\sin x.$$

若不直接代公式,可以用下面介绍的常数变易法来解这个方程.用这个方法解一阶线性微分方程总是有效的.

先解所给线性方程相应的齐次线性方程

$$\frac{dy}{dx} - y\cot x = 0,$$

它是可分离变量的微分方程,即可化为

$$\frac{dy}{y} = \cot x dx,$$

其通解为
$$y = Ce^{\int \cot x dx} = C\sin x,$$
其中 C 是任意常数.

为求原非齐次线性方程之通解,作变量替换 $y=v\sin x$.(即将齐次线性方程通解中的任意常数 C 改为新的未知函数 v.)因为

$$\frac{dy}{dx} = \frac{dv}{dx}\sin x + v\cos x,$$

所以方程化为

$$\frac{dv}{dx}\sin x + v\cos x - v\sin x\cot x = 2x\sin x,$$

即
$$\frac{dv}{dx} = 2x.$$

积分得
$$v = x^2 + C.$$

所以原方程之通解为

$$y = (x^2 + C)\sin x.$$

例5 求方程 $\dfrac{\mathrm{d}y}{\mathrm{d}x}-\dfrac{4}{x}y=x\sqrt{y}$ 的通解.

解 如果方程右端的非齐次项中没有 $\sqrt{y}$ 这个因子,那么就是一个线性方程了. 我们在方程的两端同除以 $\sqrt{y}$,方程就化为

$$\frac{1}{\sqrt{y}}\frac{\mathrm{d}y}{\mathrm{d}x}-\frac{4}{x}\sqrt{y}=x.$$

再令 $z=\sqrt{y}$,注意这时

$$\frac{\mathrm{d}z}{\mathrm{d}x}=\frac{1}{2}\frac{1}{\sqrt{y}}\frac{\mathrm{d}y}{\mathrm{d}x},$$

于是方程化为 z 的线性方程

$$2\frac{\mathrm{d}z}{\mathrm{d}x}-\frac{4}{x}z=x.$$

它的通解是

$$z=\mathrm{e}^{\int\frac{2}{x}\mathrm{d}x}\left(\int\frac{x}{2}\mathrm{e}^{-\int\frac{2}{x}\mathrm{d}x}\mathrm{d}x+C\right)$$

$$=x^2\left(\int\frac{1}{2x}\mathrm{d}x+C\right)=x^2(\ln\sqrt{|x|}+C).$$

原方程的通解是

$$y=z^2=x^4(\ln\sqrt{|x|}+C)^2.$$

我们称以下形式的方程

$$\frac{\mathrm{d}y}{\mathrm{d}x}+Py=Qy^a \quad (a\neq 0,1)$$

为**伯努利方程**. 解伯努利方程用上面的方法总是有效的. 也就是说,将方程两边同除以 y^a,化为

$$y^{-a}\frac{\mathrm{d}y}{\mathrm{d}x}+Py^{1-a}=Q,$$

再令 $z=y^{1-a}$. 因为 $\dfrac{\mathrm{d}z}{\mathrm{d}x}=(1-a)y^{-a}\dfrac{\mathrm{d}y}{\mathrm{d}x}$,所以伯努利方程就化为关于 z 的线性方程:

$$\frac{1}{1-a}\frac{\mathrm{d}z}{\mathrm{d}x}+Pz=Q.$$

3. 全微分方程

先看例 1 的另一种解法. 将 $y' = \dfrac{\mathrm{d}y}{\mathrm{d}x}$ 代入例 1 中的方程 $x + yy' = 0$, 方程化为对称的形式

$$x\mathrm{d}x + y\mathrm{d}y = 0.$$

显然方程左端是函数 $\dfrac{x^2}{2} + \dfrac{y^2}{2}$ 的全微分, 即方程为

$$\mathrm{d}\left(\dfrac{x^2}{2} + \dfrac{y^2}{2}\right) = 0,$$

于是方程的通解为

$$\dfrac{x^2}{2} + \dfrac{y^2}{2} = C.$$

一般地, 如果方程

$$P(x,y)\mathrm{d}x + Q(x,y)\mathrm{d}y = 0$$

的左端是某个函数 $u(x,y)$ 的全微分, 即存在 u 使

$$\mathrm{d}u = P\mathrm{d}x + Q\mathrm{d}y,$$

则方程叫**全微分方程**. 它的通解是

$$u(x,y) = C.$$

判别 $P\mathrm{d}x + Q\mathrm{d}y$ 是否为全微分, 以及对全微分 $P\mathrm{d}x + Q\mathrm{d}y$ 求出函数 $u(x,y)$ 使 $\mathrm{d}u = P\mathrm{d}x + Q\mathrm{d}y$ 的方法, 在第九章 §2 中都已介绍过. 另外, 建议大家熟记一些全微分公式, 如

$$x\mathrm{d}y + y\mathrm{d}x = \mathrm{d}(xy), \quad \dfrac{x\mathrm{d}y - y\mathrm{d}x}{x^2} = \mathrm{d}\left(\dfrac{y}{x}\right),$$

$$\dfrac{y\mathrm{d}x - x\mathrm{d}y}{y^2} = \mathrm{d}\left(\dfrac{x}{y}\right), \quad \dfrac{y\mathrm{d}x - x\mathrm{d}y}{xy} = \mathrm{d}\left(\ln\dfrac{x}{y}\right),$$

$$\dfrac{y\mathrm{d}x - x\mathrm{d}y}{x^2 + y^2} = \mathrm{d}\left(\arctan\dfrac{x}{y}\right) = \mathrm{d}\left(-\arctan\dfrac{y}{x}\right).$$

在解全微分方程时灵活地运用它们会带来方便.

例 6 求方程 $\left(\cos x + \dfrac{1}{y}\right)\mathrm{d}x + \left(\dfrac{1}{y} - \dfrac{x}{y^2}\right)\mathrm{d}y = 0$ 的通解.

解 不难判别出这是全微分方程. 为求解, 我们将方程左端明

显地是全微分的两项 $\cos x\mathrm{d}x$ 与 $1/y\,\mathrm{d}y$ 分出来,化为

$$\cos x\mathrm{d}x + \frac{1}{y}\mathrm{d}y + \left(\frac{1}{y}\mathrm{d}x - \frac{x}{y^2}\mathrm{d}y\right) = 0,$$

应用上面提到的第三个公式,方程化为

$$\mathrm{d}\sin x + \mathrm{d}\ln|y| + \mathrm{d}\frac{x}{y} = 0,$$

即

$$\mathrm{d}\left(\sin x + \ln|y| + \frac{x}{y}\right) = 0.$$

于是方程的通解为

$$\sin x + \ln|y| + \frac{x}{y} = C.$$

例 7 求方程 $(y-x^2)\mathrm{d}x - x\mathrm{d}y = 0$ 的通解.

解 显然这不是全微分方程. 但其中 $(-x^2\mathrm{d}x)$ 一项是全微分. 于是将方程写为

$$y\mathrm{d}x - x\mathrm{d}y - x^2\mathrm{d}x = 0.$$

方程左端前两项不是全微分, 但根据上面的全微分公式, 乘以因子 $1/y^2, 1/x^2$ 或 $1/xy$ 或 $1/(x^2+y^2)$ 后将成为全微分. 为保持第三项仍是全微分, 我们将方程乘以因子 $1/x^2$, 得到方程

$$\frac{y\mathrm{d}x - x\mathrm{d}y}{x^2} - \mathrm{d}x = 0,$$

这是全微分方程

$$\mathrm{d}\left(-\frac{y}{x}\right) - \mathrm{d}x = 0.$$

于是方程的通解为

$$\frac{y}{x} + x = C.$$

一般的, 当方程

$$P\mathrm{d}x + Q\mathrm{d}y = 0$$

不是全微分方程时, 可能有适当的非零函数 $\mu(x,y)$ 使方程

$$\mu P\mathrm{d}x + \mu Q\mathrm{d}y = 0$$

成为全微分方程, 那么就称有如此性质之函数 μ 为原方程的**积分**

因子. 如例 7 中的方程以函数 $1/x^2$ 为积分因子. 又如, 例 4 中的方程写成对称形式

$$\sin x \mathrm{d}y - y\cos x \mathrm{d}x = 2x\sin^2 x \mathrm{d}x$$

后, 乘以积分因子 $1/\sin^2 x$, 就成为全微分方程:

$$\frac{\sin x \mathrm{d}y - y\mathrm{d}\sin x}{\sin^2 x} = 2x\mathrm{d}x.$$

从而得到方程的通解

$$\frac{y}{\sin x} = x^2 + C.$$

另外, 线性微分方程

$$\frac{\mathrm{d}y}{\mathrm{d}x} + Py = Q$$

写成对称形式

$$\mathrm{d}y + Py\mathrm{d}x - Q\mathrm{d}x = 0$$

后, 乘以积分因子 $\mathrm{e}^{\int P \mathrm{d}x}$, 成为全微分方程

$$\mathrm{e}^{\int P \mathrm{d}x}\mathrm{d}y + yP\mathrm{e}^{\int P \mathrm{d}x}\mathrm{d}x - Q\mathrm{e}^{\int P \mathrm{d}x}\mathrm{d}x = 0.$$

得通解公式

$$y\mathrm{e}^{\int P \mathrm{d}x} - \int Q\mathrm{e}^{\int P \mathrm{d}x}\mathrm{d}x = C.$$

4. 应用举例

例 8 光线通过溶液, 强度逐渐减弱, 强度 I 的减弱与强度成正比, 同时还与液层的厚度成正比, 试求溶液中不同深度 h 处的光线强度

$$I = I(h).$$

解 由题意有等量关系

强度的减弱 $= k \times$ 光线强度 $\times$ 液层厚度.

取溶液中深度为 h 到深度为 $h+\mathrm{d}h$ 的一层. 这液层的厚度为 $\mathrm{d}h$ (图 11.2); 由于液层很薄, 取 h 处光线强度 $I(h)$ 代替液层中各深度的光线强度; 通过这一薄层后光线强度的减弱为 $-\Delta I \approx -\mathrm{d}I$. 将它们代入上述关系式得微分方程

$$-dI = kI dh.$$

这是可分离变量的微分方程. 将它化为

$$\frac{dI}{I} = -k dh,$$

得通解

$$\ln I = -kh + C.$$

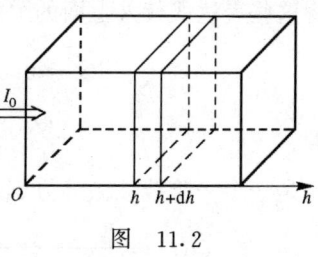

图 11.2

设入射光线强度为 I_0，即 $h=0$ 时 $I=I_0$. 定出任意常数 C：

$$\ln I_0 = C.$$

于是所求之特解为

$$\ln I = -kh + \ln I_0.$$

即深度 h 处光线强度为：

$$I = I_0 e^{-kh}.$$

例9 开始时容器内有 100 L 盐水，其中含有 10 kg 的盐. 现以每分钟 3 L 的速度注入每升含 0.01 kg 盐的淡盐水，同时以每分钟 2 L 的速度抽出混合均匀的盐水，求容器内盐量变化情况；又问一小时后容器内所含之盐量？

解 设容器内之盐量为 $Q=Q(t)$. 考虑由 t 到 $t+dt$ 一小段时间内的一个等量关系：

容器内盐的增量 = 注入盐水中所含的盐量
    — 抽出盐水中所含的盐量.

容器内盐的增量为 $\Delta Q \approx dQ$；注入盐水中所含盐量为 $0.01 \times 3 dt$ kg；至于抽出的盐水，不同时刻有不同的浓度，但因时间很短，取 t 时刻的浓度

$$\frac{Q(t)}{100 + (3-2)t}$$

作为 t 到 $t+dt$ 这段时间内每一时刻的浓度. 于是抽出盐水中所含盐量为

$$\frac{Q(t)}{100 + t} \times 2 dt.$$

将这些表达式代入上面的关系式得到微分方程

$$dQ = 0.03dt - \frac{2Q}{100+t}dt,$$

即
$$\frac{dQ}{dt} + \frac{2Q}{100+t} = 0.03.$$

这是一个一阶线性微分方程,解为

$$Q(t) = \frac{1}{(100+t)^2}\left(\int 0.03(100+t)^2 dt + C\right)$$

$$= \frac{1}{(100+t)^2}[0.01(100+t)^3 + C]$$

$$= 0.01(100+t) + \frac{C}{(100+t)^2}.$$

根据初始条件 $t=0$ 时,$Q=10$ kg 来定 C:由

$$10 = 1 + \frac{C}{10^4}$$

得 $C = 9 \times 10^4$ kg. 所以容器内的盐量为

$$Q(t) = 0.01(100+t) + \frac{9 \times 10^4}{(100+t)^2}.$$

为求一小时后容器中的含盐量,以 $t=60$ 代入上式得

$$Q(60) = 5.1 \text{ kg}.$$

例 10 已知 $A+B \to C$ 是二级反应,即反应速度与两种反应物的浓度的乘积成正比. 设开始时反应物 A,B 的浓度分别是 a,b;生成物 C 的浓度是 0,求 t 时刻 C 的浓度 $x=x(t)$.

解 分别以 $(A),(B),(C)$ 记 A,B,C 的克分子浓度. 由题意有等量关系:

$$\frac{d(C)}{dt} = k(A)(B).$$

因 t 时刻生成物 C 的浓度 $(C) = x = x(t)$,所以

$$\frac{d(C)}{dt} = \frac{dx}{dt};$$

t 时刻反应物 A,B 的浓度 $(A),(B)$ 分别为 $(a-x),(b-x)$. 将这

些量代入上面的关系式得到微分方程:
$$\frac{\mathrm{d}x}{\mathrm{d}t} = k(a-x)(b-x).$$

这是一个可分离变量的微分方程. 先考虑 $a \neq b$, 此时通解为
$$\frac{1}{b-a}\ln\frac{b-x}{a-x} = kt + C.$$

由题意, 初始条件为 $t=0$ 时, $x=0$. 故得特解
$$\frac{1}{b-a}\ln\frac{b-x}{a-x} = kt + \frac{1}{b-a}\ln\frac{b}{a},$$
即
$$k(b-a)t = \ln\frac{(b-x)a}{(a-x)b}.$$

由此得到, t 时刻 C 的浓度为
$$x = \frac{ab(\mathrm{e}^{kat} - \mathrm{e}^{kbt})}{a\mathrm{e}^{kat} - b\mathrm{e}^{kbt}}.$$

当 $a=b$ 时, 通解为 $\frac{1}{a-x} = kt + C$, 特解为 $x = \frac{a^2 kt}{akt+1}$.

例 11 探照灯的反射镜面能够将点光源射出的光线平行地反射出去. 求反射镜面的几何形状.

解 将坐标原点取在点光源处, 令 x 轴平行于光的反射方向. 设反射镜面由曲线 $y = f(x)$ ($y > 0$) 绕 x 轴旋转而成 (图 11.3), 于是求反射镜面的形状的问题就化为求曲线方程 $y = f(x)$ 的问题.

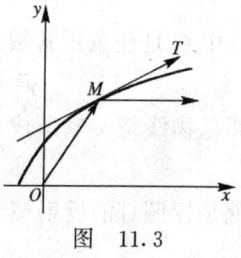

图 11.3

设点 $M(x, y)$ 是曲线 $y = f(x)$ 上的任一点. 由光的反射定律, 得等量关系:

向量 $\overrightarrow{OM}$ 与 $\overrightarrow{MT}$ 的夹角 = 向量 $\overrightarrow{MT}$ 与 x 轴方向的夹角. 因向量 $\overrightarrow{OM} = \{x, y\}$, $\overrightarrow{MT} = \left\{1, \frac{\mathrm{d}y}{\mathrm{d}x}\right\}$, x 轴方向单位向量 = $\{1, 0\}$, 应用数量积的性质, 代入等量关系就得到 $y = f(x)$ 应满足的微分方程:
$$\frac{1}{\sqrt{x^2 + y^2}}\left(x + y\frac{\mathrm{d}y}{\mathrm{d}x}\right) = 1.$$

建立起的微分方程是齐次方程,对它经常作变量替换 $y/x=u$,但是这里我们采用另一种对齐次方程也有效的变量替换:$x/y=v$. 由于此时 $x=yv$,所以

$$\frac{dx}{dy} = v + y\frac{dv}{dy},$$

上述方程表为

$$\frac{dx}{dy} = \frac{1}{\sqrt{1+\left(\frac{x}{y}\right)^2} - \frac{x}{y}},$$

经过这一变量替换化为

$$v + y\frac{dv}{dy} = \frac{1}{\sqrt{1+v^2} - v} = \sqrt{1+v^2} + v,$$

即

$$\frac{dv}{\sqrt{1+v^2}} = \frac{dy}{y}.$$

两端积分,得

$$\ln(v + \sqrt{1+v^2}) = \ln y - \ln C,$$

即

$$\sqrt{1+v^2} = \frac{y}{C} - v,$$

其中 C 是任意正常数. 代回原变量就得到曲线方程

$$y^2 = C(C + 2x) \quad (C > 0).$$

此抛物线绕 x 轴所成之旋转曲面

$$y^2 + z^2 = C(C + 2x)$$

就是探照灯的反射镜面的形状.

习 题 11.1

1. 求下列微分方程的通解:

(1) $\dfrac{dy}{dx} = \dfrac{1+y^2}{(1+x^2)xy}$;   (2) $a\left(x\dfrac{dy}{dx} + 2y\right) = xy\dfrac{dy}{dx}$;

(3) $y - xy' = a(y^2 + y')$;   (4) $\dfrac{dy}{dx} = 10^{x+y}$;

(5) $\sqrt{1+x^2}\,dy - \sqrt{1-y^2}\,dx = 0$;

(6) $d\rho + \rho\tan\theta d\theta = 0$;   (7) $(1-x)dy - y^2 dx = 0$;
(8) $(x+2y)dx + (2x-3y)dy = 0$;
(9) $(3x+5y)dx + (4x+6y)dy = 0$;
(10) $y' = xy + x + y + 1$;   (11) $2(x+y)dx + ydy = 0$;
(12) $2xdz - 2zdx = \sqrt{x^2 + 4z^2}\, dx\ (x>0)$;
(13) $(x+4y)dx + 2xdy = 0$;
(14) $(2x^2 + y^2)dx + (2xy + 3y^2)dy = 0$;
(15) $(e^{x+y} - e^x)dx + (e^{x+y} + e^y)dy = 0$;
(16) $(x^2 - y^2)dy - 2xy dx = 0$; (17) $\dfrac{dy}{dx} = \dfrac{2x^3 y - y^4}{x^4 - 2xy^3}$;
(18) $(2x+3y)y' - y = 0$;   (19) $x\dfrac{dy}{dx} - 2y = 2x$;
(20) $\dfrac{dy}{dx} - y = -2e^{-x}$;   (21) $\dfrac{ds}{dt} - s\cot t = 1 - (t+2)\cot t$;
(22) $x\dfrac{dy}{dx} - y = (x-1)e^x$;   (23) $\dfrac{ds}{dt} + \dfrac{s}{t} = \cos t + \dfrac{\sin t}{t}$;
(24) $\dfrac{dy}{dx} - \dfrac{2y}{x+1} = (x+1)^{\frac{5}{2}}$;
(25) $(x+1)\dfrac{dy}{dx} - ny = e^x (x+1)^{n+1}$;
(26) $\dfrac{dy}{dx} + \dfrac{y}{x} = y^3$;   (27) $x\dfrac{dy}{dx} + y = 2\sqrt{xy}$;
(28) $nx\dfrac{dy}{dx} + 2y = xy^{n+1}$;   (29) $3xy' - y - 3xy^4 \ln x = 0$;
(30) $\dfrac{dy}{dx} - 3xy - xy^2 = 0$;   (31) $(y^2 - 6x)dy + 2ydx = 0$;
(32) $(\sin^2 y + x\cot y)y' = 1$;
(33) $(x - 2xy - y^2)dy + y^2 dx = 0$;
(34) $\dfrac{xdy}{x^2 + y^2} = \left(\dfrac{y}{x^2+y^2} - 1\right)dx$; (35) $e^y dx + (xe^y - 2y)dy = 0$;
(36) $yx^{y-1}dx + x^y \ln x dy = 0$;   (37) $\dfrac{xdx + ydy}{\sqrt{x^2+y^2}} = \dfrac{ydx - xdy}{x^2}$;
(38) $\dfrac{y + \sin x \cdot \cos^2(xy)}{\cos^2(xy)} dx + \dfrac{x}{\cos^2(xy)} dy + \sin y dy = 0$;

(39) $(1+x\sqrt{x^2+y^2})dx+(-1+\sqrt{x^2+y^2})ydy=0$;

(40) $\left(\dfrac{1}{y}\sin\dfrac{x}{y}-\dfrac{y}{x^2}\cos\dfrac{y}{x}+1\right)dx$
$+\left(\dfrac{1}{x}\cos\dfrac{y}{x}-\dfrac{x}{y^2}\sin\dfrac{x}{y}+\dfrac{1}{y^2}\right)dy=0$;

(41) $y(1+xy)dx-xdy=0$;

(42) $(x^2+y^2+2x)dx+2ydy=0$;

(43) $\dfrac{y}{x}dx+(y^3-\ln x)dy=0$;

(44) $(x\cos y-y\sin y)dy+(x\sin y+y\cos y)dx=0$.

2. 求下列微分方程满足初始条件的特解：

(1) $\dfrac{dx}{y}+\dfrac{4dy}{x}=0$, 当 $x=4$ 时, $y=2$;

(2) $(x^2+y^2)dx=2xydy$, 当 $x=1$ 时, $y=0$;

(3) $xdy-ydx=\sqrt{x^2+y^2}dx$, 当 $x=\dfrac{1}{2}$ 时, $y=0$;

(4) $\sin y\cdot\cos x dy=\cos y\cdot\sin x dx$, 当 $x=0$ 时, $y=\dfrac{\pi}{4}$.

(5) $\dfrac{dy}{dx}-\dfrac{2y}{x}=x^2 e^x$, 当 $x=1$ 时, $y=0$;

(6) $\dfrac{dy}{dx}+\dfrac{2y}{x}=\dfrac{1}{x^2}$, 当 $x=1$ 时, $y=2$;

(7) $\dfrac{dy}{dx}+y\tan x=\sec x$, 当 $x=0$ 时, $y=-1$;

(8) $\dfrac{dy}{dx}-\dfrac{2y}{x+1}=(x+1)^3$, 当 $x=0$ 时, $y=1$;

(9) $x(1+y^2)dx-y(1+x^2)dy=0$, 当 $x=0$ 时, $y=2$;

(10) $y(x)=\displaystyle\int_0^x y(t)dt+x+1$.

3. 一曲线在任一点的斜率均等于 $\dfrac{2y+x+1}{x}$, 且通过点 $(1,0)$, 试求此曲线的方程式.

4. 有一直径为 $2R=1.8$ m, 高为 $H=2.45$ m 的圆柱形水槽. 柱轴竖直放着, 柱底有一直径为 $2r=6$ cm 的小圆孔. 问在多长时间内可使全槽中的水经小圆孔全部流尽？(液体从容器中流出的速

度等于 $0.6\sqrt{2gh}$,其中 $g=10$ m/s² 为重力加速度,h 为流孔上方水平面的高度.)

5. 放射性物质在 30 天中衰变原有数量的 50%,问经过多长时间将剩下原有数量的 1%?(放射性物质在单位时间内衰变的数量与在研究时所具有的这种物质的数量成比例.)

6. 一曲线通过点 $(2,3)$,它在两坐标轴间的任意切线线段均被切点所平分,求这曲线方程.

7. 求曲线的方程,此曲线上任一点 (x,y) 处之切线垂直于此点与原点的连线.

8. 汽艇以 $(1/0.36)$m/s 的速度在静水上运动.停止了发动机,经过 20 秒钟,艇的速度减至 $(1/0.6)$m/s,问发动机停止 2 min 后艇的速度(假定水的阻力与艇速成正比).

9. 已知物体的冷却速度正比于物体的温度与环境温度之差,求 T_0 度的物体放到保持 a 度的环境中($T_0>a$),物体的温度 T 与时间 t 的关系.

10. 室温 20℃时,一物体由 100℃冷却到 60℃需经过 20 min,问要从 100℃冷却到 30℃需经过多少分钟?

11. 有一 $30\times30\times12$ m³ 的车间,空气中有 1.12%的 CO_2.现用一台通风能力为每分钟 1500 m³ 的鼓风机通入只含 0.04%的 CO_2 的新鲜空气,同时把混合后的空气排出(排出去的速度也是每分钟 1500 m³).问鼓风机开动 10 分钟后,车间中 CO_2 的百分比降到多少?

12. 一氧化氮氧化为二氧化氮的反应
$$2NO + O_2 \rightarrow 2NO_2$$
满足微分方程 $\frac{d}{dt}[NO_2]=10^{10}[NO]^2[O_2]$. 设开始时 $[O_2]=a$,$[NO]=2a$,$[NO_2]=0$,求 t 时刻 NO_2 的浓度.

13. CH_3CHO 的分解反应 $CH_3CHO \rightarrow CH_4+CO$ 满足微分方程 $\frac{d}{dt}[CH_4]=k[CH_3CHO]^{\frac{3}{2}}$. 若 $t=0$ 时,$[CH_3CHO]=0.01$,问 t

时刻$[CH_3CHO]=$?

14. 自催化反应 $A \to B + \cdots$ 满足方程 $\dfrac{d}{dt}[A] = -k[A][B]$,若 $t=0$ 时,$[A]=a$,$[B]=b$,求 t 时刻 A 的浓度. 问 A 与 B 的浓度有什么关系时反应进行最快?

15. 5 kg 肥皂溶于 300 L 水中后,以每分钟 10 L 的速度向内注入清水向外抽出混合均匀之肥皂水,问什么时候余下的肥皂水中只有 1 kg 肥皂?

16. 雪球以正比于它表面积的速度在融化,设开始时体积是 V_0,求 t 时刻雪球的体积 V.

17. 某池塘没有 A 鱼的天然敌人,但是池塘规模最多只能供 1000 尾 A 鱼生存,即鱼的增加速度与鱼的尾数 p 成正比,同时也与 $1000-p$ 成正比. 若开始时有鱼 20 尾,当时的增加速度是 9.8,求 t 时刻 A 鱼的尾数.

§3 二阶线性微分方程

二阶方程
$$y'' + p(x)y' + q(x)y = f(x)$$
(其中 $p(x),q(x),f(x)$ 是 x 的已知函数)因为其中未知函数 y 及其一阶微商 y' 和二阶微商 y'' 都是一次的,即线性的,所以叫做**二阶线性微分方程**. 如果系数 $p(x),q(x)$ 恒等于常数,就叫做**常系数线性微分方程**;否则叫做**非常系数线性微分方程**. 等式右端的函数 $f(x)$ 叫做**非齐次项**. 如果 $f(x) \equiv 0$,就叫做**齐次线性微分方程**;否则叫做**非齐次线性微分方程**.

1. 二阶线性微分方程解的结构

定理 1 若 y_1, y_2 是二阶齐次线性方程
$$y'' + p(x)y' + q(x)y = 0 \tag{1}$$

的两个特解,则 y_1, y_2 的线性组合 $C_1 y_1 + C_2 y_2$(C_1, C_2 为任意常数)也是方程(1)的解.

证明 因为 y_1, y_2 是方程(1)的解,所以代入方程后,方程成为恒等式

$$y_1'' + p y_1' + q y_1 \equiv 0, \quad y_2'' + p y_2' + q y_2 \equiv 0.$$

现在将 $C_1 y_1 + C_2 y_2$ 代入方程(1)的左边,得

$$(C_1 y_1 + C_2 y_2)'' + p(C_1 y_1 + C_2 y_2)' + q(C_1 y_1 + C_2 y_2)$$
$$= C_1 y_1'' + C_2 y_2'' + p(C_1 y_1' + C_2 y_2') + q(C_1 y_1 + C_2 y_2)$$
$$= C_1 (y_1'' + p y_1' + q y_1) + C_2 (y_2'' + p y_2' + q y_2) \equiv 0,$$

即 $C_1 y_1 + C_2 y_2$ 也使方程(1)成为恒等式,也是方程(1)的解. 证毕.

一般地,两个函数 $f(x)$ 与 $g(x)$ 的**线性组合**是指 $f(x)$ 与 $g(x)$ 的一次式之和,即指

$$A f(x) + B g(x),$$

其中 A, B 是两个常数.

二阶微分方程的含有两个独立的任意常数的解就叫做**通解**,而定理1证明了二阶齐次线性方程的两个特解 y_1, y_2 的线性组合

$$C_1 y_1 + C_2 y_2$$

是这个齐次方程的解,它是否就是通解呢?关键是要看两个任意常数 C_1, C_2 是否独立?而这与两个特解 y_1 与 y_2 的取法有关. 我们来看一个例子. e^x 与 $3e^x$ 是齐次方程 $y'' - y = 0$ 的两个解,它们的线性组合

$$C_1 e^x + C_2 3 e^x$$

形式上虽含有两个任意常数,但是

$$C_1 e^x + C_2 3 e^x = (C_1 + 3 C_2) e^x = C_3 e^x.$$

即两个任意常数可合并为一个,这时称这两个任意常数是**不独立的**,所以 $C_1 e^x + C_2 3 e^x$ 就不是通解. 因此,为了使线性组合 $C_1 y_1 + C_2 y_2$ 是通解,必须对函数 y_1, y_2 加一些条件. 从例子看到,如果 $y_1(x) = k y_2(x)$(k 是常数),则线性组合 $C_1 y_1 + C_2 y_2$ 不是通解. 可

以证明(我们不证了)只要对任意常数 k, $y_1(x) \neq ky_2(x)$ 且 $y_2(x) \neq 0$, 线性组合 $C_1y_1+C_2y_2$ 中的两个任意常数就是独立的, 从而这个线性组合就是通解. 也就是说, 我们有以下定理.

定理 2　如果 y_1, y_2 是齐次线性方程
$$y'' + p(x)y' + q(x)y = 0$$
的两个不恒为零的特解, 并且对任意常数 k, $y_1(x) \neq ky_2(x)$, 则 y_1, y_2 的线性组合 $C_1y_1+C_2y_2$ (C_1, C_2 是任意常数) 是方程的通解.

根据这个定理, 求二阶齐次线性方程的通解的问题就化为求该方程的两个比值不是常数的非零特解的问题了.

例 1　求方程 $y''-y=0$ 的通解.

解　将方程写成: $y''=y$, 很容易看出 e^x 与 e^{-x} 都是它的特解, 因为
$$\frac{e^x}{e^{-x}} = e^{2x} \neq 常数,$$
所以由定理 2, $C_1e^x+C_2e^{-x}$ 就是方程的通解.

定理 3　如果非齐次线性方程
$$y'' + p(x)y' + q(x)y = f(x) \qquad (2)$$
的一个特解是 y^*, 其相应的齐次方程
$$y'' + p(x)y' + q(x)y = 0 \qquad (3)$$
的通解是 $C_1y_1+C_2y_2$, 则方程(2)的通解是
$$y = C_1y_1 + C_2y_2 + y^*.$$

证　因为 y^* 是非齐次方程的解, 所以满足(2)式, 即有
$$y^{*''} + py^{*'} + qy^* \equiv f(x).$$
而 $C_1y_1+C_2y_2$ 是齐次方程的解. 所以使(3)满足, 即有
$$(C_1y_1 + C_2y_2)'' + p(C_1y_1 + C_2y_2)' + q(C_1y_1 + C_2y_2) \equiv 0.$$
将这两个恒等式左右分别相加, 就看到 $C_1y_1+C_2y_2+y^*$ 使方程(2)满足, 所以 $C_1y_1+C_2y_2+y^*$ 是非齐次方程的解. 又因为 $C_1y_1+C_2y_2$ 是齐次方程通解, 其中两个任意常数 C_1 与 C_2 是独立的, 所以 $C_1y_1+C_2y_2+y^*$ 是非齐次方程的通解. 证毕.

例2 求方程 $y''-y=x$ 之通解.

解 由例1,此方程相应的齐次方程 $y''-y=0$ 有通解 $C_1 e^x + C_2 e^{-x}$. 不难看出,非齐次方程有一个特解是 $y^* = -x$. 由定理3非齐次方程之通解为

$$y = C_1 e^x + C_2 e^{-x} - x.$$

2. 二阶常系数线性微分方程的解法

先考虑常系数齐次线性方程. 受到例1的启示,我们问:二阶常系数齐次线性方程

$$y'' + py' + qy = 0 \quad (p, q \text{ 是常数}) \tag{4}$$

是否有形如

$$e^{\lambda x}$$

的特解呢?若有,其中的 λ 又等于什么数呢?

为了回答这个问题,只要将 $e^{\lambda x}$ 代入方程(4),看是否为恒等式. 因为 $e^{\lambda x}$ 代入方程(4)左边得

$$(e^{\lambda x})'' + p(e^{\lambda x})' + q(e^{\lambda x}) = (\lambda^2 + p\lambda + q) e^{\lambda x},$$

而 $e^{\lambda x} \neq 0$,所以上式是否恒等于零,就看 λ 是否是方程

$$\lambda^2 + p\lambda + q = 0 \tag{5}$$

的根. 总之 $e^{\lambda x}$ 是否是微分方程(4)的解,决定于 λ 是否是代数方程(5)的根.

我们将代数方程(5)叫做微分方程(4)的**特征方程**. 它的根叫做**特征根**. 于是求微分方程(4)的通解的问题化为求其特征方程(5)的根的问题.

特征方程是二次代数方程,它有两个根,以下分别对它的根的不同情况加以讨论.

(1) 特征方程有相异实根 λ_1, λ_2

这时 $e^{\lambda_1 x}, e^{\lambda_2 x}$ 是微分方程(4)的两个非零解,并且因为 $\lambda_1 - \lambda_2 \neq 0$,所以

$$\frac{e^{\lambda_1 x}}{e^{\lambda_2 x}} = e^{(\lambda_1-\lambda_2)x} \neq 常数.$$

由定理 2，$C_1 e^{\lambda_1 x}+C_2 e^{\lambda_2 x}$ 是微分方程(4)的通解.

例 3 求方程 $y''-y'-2y=0$ 之通解.

解 此方程之特征方程为
$$\lambda^2 - \lambda - 2 = 0.$$
它有两个相异实根 2 与 -1，所以 e^{2x} 与 e^{-x} 是微分方程的两个特解. 方程的通解为
$$y = C_1 e^{2x} + C_2 e^{-x}.$$

例 4 求方程 $y''+4y'=0$ 之通解.

解 此方程之特征方程为
$$\lambda^2 + 4\lambda = 0.$$
它有两个相异实根 -4 与 0，所以 e^{-4x} 与 $e^{0x}=1$ 是微分方程的两个特解，方程的通解为
$$y = C_1 e^{-4x} + C_2.$$

(2) 特征方程有重根 λ_1.

此时根据特征方程的根只能找到微分方程(4)的一个特解 $y_1 = e^{\lambda_1 x}$. 为了求通解需要再找一个与 y_1 之比不是常数的特解 y，于是设 $y_2 = u(x) e^{\lambda_1 x}$，其中 $u(x)$ 是等待我们确定的函数. 将它代入方程. 因为
$$y_2' = u' e^{\lambda_1 x} + \lambda_1 u e^{\lambda_1 x},$$
$$y_2'' = u'' e^{\lambda_1 x} + 2\lambda_1 u' e^{\lambda_1 x} + \lambda_1^2 u e^{\lambda_1 x},$$
所以将 y_2 代入方程后得知待定函数 $u(x)$ 需满足方程
$$(u'' + 2\lambda_1 u' + \lambda_1^2 u) e^{\lambda_1 x} + p(u' + \lambda_1 u) e^{\lambda_1 x}$$
$$+ q u e^{\lambda_1 x} = 0,$$
消去非零因子 $e^{\lambda_1 x}$，得 $u(x)$ 需满足方程
$$u'' + (2\lambda_1 + p) u' + (\lambda_1^2 + p\lambda_1 + q) u = 0.$$
由于 λ_1 是特征方程的根，所以 $\lambda_1^2 + p\lambda_1 + q = 0$；又因为 λ_1 是重根，

所以 $\lambda_1=-p/2$,即 $2\lambda_1+p=0$.这样一来,u 需满足方程
$$u''=0,$$
也就是
$$u=Ax+B,$$
其中 A,B 是任意常数.因为我们只需要找一个不是常数的 $u(x)$,所以取
$$u(x)=x$$
即可.这样就找到微分方程(4)的另一个特解 $y_2=xe^{\lambda_1 x}$,它与 y_1 之比不是常数,从而微分方程(4)的通解为
$$y=C_1 e^{\lambda_1 x}+C_2 xe^{\lambda_1 x}=(C_1+C_2 x)e^{\lambda_1 x}.$$

例 5 求方程 $y''+2y'+y=0$ 之通解.

解 此时特征方程为
$$\lambda^2+2\lambda+1=0.$$
$\lambda=-1$ 是它的重根,所以 e^{-x} 与 xe^{-x} 是微分方程的两个特解,通解是
$$y=C_1 e^{-x}+C_2 xe^{-x}=(C_1+C_2 x)e^{-x}.$$

(3) 特征方程有共轭复根 $\lambda_1,\lambda_2=\alpha\pm i\beta$

此时微分方程有两个特解:
$$y_1=e^{(\alpha+i\beta)x}, \quad y_2=e^{(\alpha-i\beta)x},$$
它们之比
$$\frac{y_1}{y_2}=\frac{e^{(\alpha+i\beta)x}}{e^{(\alpha-i\beta)x}}=e^{i2\beta x}=\cos 2\beta x+i\sin 2\beta x\neq 常数.$$

因此通解为
$$y=C_1 e^{(\alpha+i\beta)x}+C_2 e^{(\alpha-i\beta)x}.$$

但是,一般说来我们希望有实数形式的解,所以需要找两个相比不是常数的实解.为此,先将 y_1,y_2 的实部、虚部分开
$$y_1=e^{\alpha x}e^{i\beta x}=e^{\alpha x}(\cos\beta x+i\sin\beta x);$$
$$y_2=e^{\alpha x}e^{-i\beta x}=e^{\alpha x}(\cos\beta x-i\sin\beta x).$$

由此看到函数

$$\frac{y_1+y_2}{2}=\mathrm{e}^{\alpha x}\cos\beta x,\quad \frac{y_1-y_2}{2\mathrm{i}}=\mathrm{e}^{\alpha x}\sin\beta x$$

都是实函数,又因为它们都是 y_1, y_2 的线性组合,由定理 1 它们也是微分方程(4)的解. 并且它们之比

$$\frac{\mathrm{e}^{\alpha x}\cos\beta x}{\mathrm{e}^{\alpha x}\sin\beta x}=\cot\beta x\neq 常数.$$

由定理 2 可知,

$$y=C_1\mathrm{e}^{\alpha x}\cos\beta x+C_2\mathrm{e}^{\alpha x}\sin\beta x=(C_1\cos\beta x+C_2\sin\beta x)\mathrm{e}^{\alpha x}$$

是微分方程(4)的通解.

例 6 求方程 $y''-2y'+5y=0$ 之通解.

解 此方程之特征方程为

$$\lambda^2-2\lambda+5=0$$

有共轭复根 $1\pm 2\mathrm{i}$,于是 $\mathrm{e}^x\cos 2x, \mathrm{e}^x\sin 2x$ 是微分方程的两个相比不是常数的解. 所求之通解为

$$y=\mathrm{e}^x(C_1\cos 2x+C_2\sin 2x).$$

总结以上的讨论看到,对于二阶线性常系数齐次方程,只要求出它的特征方程之根,立刻就可以写出微分方程之通解. 现在将其中之关系列成下表:

特征方程 $\lambda^2+p\lambda+q=0$ 的根	微分方程 $y''+py'+qy=0$ 之通解
两个不等实根 λ_1,λ_2	$C_1\mathrm{e}^{\lambda_1 x}+C_2\mathrm{e}^{\lambda_2 x}$
一个重根 λ	$(C_1+C_2 x)\mathrm{e}^{\lambda x}$
共轭复根 $\alpha\pm\mathrm{i}\beta$	$\mathrm{e}^{\alpha x}(C_1\cos\beta x+C_2\sin\beta x)$

事实上,对于任意阶数的常系数线性微分方程都可以通过求出其特征方程之根来求解.

例 7 求方程 $y^{(4)}-2y'''+2y''-2y'+y=0$ 之通解.

解 此方程之特征方程为

$$\lambda^4-2\lambda^3+2\lambda^2-2\lambda+1=0,$$

有重根 1 与共轭复根 $\pm\mathrm{i}$. 于是微分方程之通解为

$$y = (C_1 + C_2 x)e^x + C_3\cos x + C_4\sin x.$$

下面进一步考虑常系数非齐次线性方程

$$y'' + py' + qy = f(x) \tag{6}$$

的求解问题. 由于方程(6)相应的齐次方程

$$y'' + py' + qy = 0$$

是常系数的齐次方程,求它的通解问题上面已经解决了. 所以根据定理 3, 为求(6)的通解, 只要求得(6)的一个特解.

有了相应的齐次方程的通解,求二阶非齐次线性方程的特解也有一个常数变易法,我们在后面介绍. 下面先介绍一种待定系数法. 当非齐次项 $f(x)$ 是某几种函数时,这一方法使用起来很方便.

例 8 求下列三个非齐次方程的通解:

(i) $y'' - y = 4e^{2x}$;

(ii) $y'' - 2y' = 3e^{2x}$;

(iii) $y'' - 4y' + 4y = 5e^{2x}$.

解 (i) 所相应的齐次方程有通解 $C_1 e^x + C_2 e^{-x}$. 注意到(i)的非齐次项是 e^{2x} 的倍数,我们设(i)有形式为 ae^{2x} 的特解. 将它代入方程得恒等式,

$$(ae^{2x})'' - (ae^{2x}) = 4ae^{2x} - ae^{2x} = 4e^{2x},$$

由此比较出系数 $a=4/3$, 所以非齐次方程(i)的一个特解是 $\frac{4}{3}e^{2x}$, 通解为

$$C_1 e^x + C_2 e^{-x} + \frac{4}{3}e^{2x}.$$

(ii) 所相应的齐次方程有通解 $C_1 + C_2 e^{2x}$. 此时虽然非齐次项也是 e^{2x} 的倍数,但 e^{2x} 是相应的齐次方程的解,所以 ae^{2x} 不可能也是非齐次方程的特解. 我们设非齐次方程的特解为 axe^{2x}, 将它代入方程得

$$(axe^{2x})'' - 2(axe^{2x})' = 2ae^{2x} = 3e^{2x},$$

由此比较出系数 $a=3/2$, 所以非齐次方程(ii)有特解 $\frac{3}{2}xe^{2x}$, 通解

为
$$C_1 + C_2 e^{2x} + \frac{3}{2} x e^{2x}.$$

(iii) 所相应的齐次方程有通解 $(C_1+C_2 x)e^{2x}$. 因为 e^{2x}, xe^{2x} 都是齐次方程的解,所以不可能是非齐次方程的解. 设非齐次方程的一个特解为 $ax^2 e^{2x}$,将它代入方程得

$$(ax^2 e^{2x})'' - 4(ax^2 e^{2x})' + 4(ax^2 e^{2x}) = 2ae^{2x} = 5e^{2x}.$$

由此定出系数 $a=5/2$. 所以非齐次方程(iii)有特解 $\frac{5}{2} x^2 e^{2x}$. 通解为

$$\left(C_1 + C_2 x + \frac{5}{2} x^2 \right) e^{2x}.$$

上述三个方程的非齐次项虽有同一的形式:Ae^{2x}(A 为常数),但非齐次方程的特解由于相应的齐次方程之通解不同而有不同的形式,下面总结出它们的规律.

考虑常系数非齐次方程

$$y'' + py' + qy = Ae^{\alpha x}.$$

设它相应的齐次方程的特征方程 $\lambda^2+p\lambda+q=0$ 的根是 λ_1, λ_2.

(1) 如果 $\alpha \neq \lambda_1, \alpha \neq \lambda_2$,则设非齐次方程特解为 $ae^{\alpha x}$,代入方程得

$$\alpha^2 a e^{\alpha x} + p\alpha a e^{\alpha x} + qae^{\alpha x} = (\alpha^2 + p\alpha + q)ae^{\alpha x} = Ae^{\alpha x}.$$

比较两边的系数,因为 $\alpha^2+p\alpha+q \neq 0$ (α 不是特征根!) 所以 $a = \frac{A}{\alpha^2+p\alpha+q}$,即非齐次方程有特解 $\frac{A}{\alpha^2+p\alpha+q} e^{\alpha x}$.

(2) 如果 $\alpha=\lambda_1, \alpha \neq \lambda_2$,则设非齐次方程特解为 $axe^{\alpha x}$,代入方程得

$$[(\alpha^2 + p\alpha + q)x + (2\alpha + p)]ae^{\alpha x} = Ae^{\alpha x}.$$

因为 $\alpha^2+p\alpha+q=0$,而 $2\alpha+p \neq 0$ (α 是特征根,但不是重根),所以可比较出系数 $a=A/(2\alpha+p)$,即非齐次方程有特解

$$\frac{A}{2\alpha + p} x e^{\alpha x}.$$

(3) 如果 $\alpha=\lambda_1=\lambda_2$,则设非齐次方程的特解为 $ax^2\mathrm{e}^{\alpha x}$. 代入方程得
$$[(\alpha^2+p\alpha+q)x^2+(2\alpha+p)x+2]a\mathrm{e}^{\alpha x}=A\mathrm{e}^{\alpha x}.$$
因为 α 是特征方程的重根,所以 $\alpha^2+p\alpha+q=0, 2\alpha+p=0$,于是比较出系数 $a=A/2$,即非齐次方程有特解为
$$\frac{A}{2}x^2\mathrm{e}^{\alpha x}.$$

总之,我们证明了:当非齐次方程的非齐次项为 $A\mathrm{e}^{\alpha x}$ 时,有形如 $ax^k\mathrm{e}^{\alpha x}$ 的特解,其中系数 a 待定,常数 k 是 α 作为相应的齐次方程的特征方程的根的重根(α 不是根时,$k=0$).

当非齐次方程的非齐次项是另外几种常遇见的函数时,作类似的讨论可以得到非齐次方程的特解的形式,现在将结果列表如下:

非齐次方程的非齐次项	相应齐次方程的特征方程	非齐次方程特解的形式
$A\mathrm{e}^{\alpha x}$	α 不是根	$a\mathrm{e}^{\alpha x}$
	α 是单根	$ax\mathrm{e}^{\alpha x}$
	α 是重根	$ax^2\mathrm{e}^{\alpha x}$
$P_n(x)$(x 的 n 次多项式)	0 不是根	$Q_n(x)$(x 的 n 次多项式)
	0 是单根	$xQ_n(x)$
	0 是重根	$x^2Q_n(x)$
$A\sin\beta x$(或 $B\cos\beta x$)	$\pm\beta\mathrm{i}$ 不是根	$a\cos\beta x+b\sin\beta x$
	$\pm\beta\mathrm{i}$ 是根	$x(a\cos\beta x+b\sin\beta x)$
$\mathrm{e}^{\alpha x}[P_m(x)\cos\beta x$ $+\widetilde{P}_n(x)\sin\beta x]$	$\alpha\pm\mathrm{i}\beta$ 不是根	$\mathrm{e}^{\alpha x}[Q_k(x)\cos\beta x+\widetilde{Q}_k(x)\sin\beta x]$ $k=\max\{m,n\}$
	$\alpha\pm\mathrm{i}\beta$ 是根	$x\mathrm{e}^{\alpha x}[Q_k(x)\cos\beta x+\widetilde{Q}_k(x)\sin\beta x]$

例 9 求方程 $y''+y'+y=4+3x$ 的通解.

解 相应的齐次方程有特征根 $(-1\pm\sqrt{3}\,\mathrm{i})/2$,所以齐次方程有通解

$$e^{-\frac{1}{2}x}\left(C_1\cos\frac{\sqrt{3}}{2}x + C_2\sin\frac{\sqrt{3}}{2}x\right).$$

非齐次项是一次多项式. 因为 0 不是齐次方程的特征根,根据上表,非齐次方程有特解形如 $a+bx$,其中 a,b 为待定常数,代入方程得

$$b + (a+bx) = 4+3x,$$

确定出系数 $b=3, a=1$. 所以非齐次方程有特解 $1+3x$,非齐次方程的通解为:

$$e^{-\frac{1}{2}x}\left(C_1\cos\frac{\sqrt{3}}{2}x + C_2\sin\frac{\sqrt{3}}{2}x\right) + 1 + 3x.$$

例 10 求方程 $y''+4y=\sin 2x$ 的通解.

解 齐次方程的特征根为 $\pm i2$,故通解为

$$C_1\cos 2x + C_2\sin 2x.$$

非齐次项是 $\sin 2x$. 因为 $\pm 2i$ 是根,根据上表,非齐次方程有特解形如 $x(a\cos 2x + b\sin 2x)$,其中 a,b 为待定常数. 代入方程得

$$2(2b\cos 2x - 2a\sin 2x) = \sin 2x.$$

比较出系数 $b=0, a=-1/4$,于是非齐次方程有特解

$$-\frac{x}{4}\cos 2x.$$

所求通解为

$$C_1\cos 2x + C_2\sin 2x - \frac{x}{4}\cos 2x.$$

定理 4 若非齐次方程

$$y'' + py' + qy = f_1(x)$$

与

$$y'' + py' + qy = f_2(x)$$

分别有特解 y_1^* 与 y_2^*,则非齐次方程

$$y'' + py' + qy = f_1(x) + f_2(x)$$

有特解 $y_1^* + y_2^*$.(请读者自己证明这一定理.)

例 11 求方程 $y''+y'+y=4+3x+e^x$ 的通解.

解 由例 9,方程 $y''+y'+y=4+3x$ 有特解 $1+3x$. 不难得出方程 $y''+y'+y=e^x$ 有特解 $e^x/3$. 根据定理 4,原方程有特解

$$1 + 3x + \frac{1}{3}e^x;$$

通解为

$$e^{-\frac{1}{2}x}\left(C_1\cos\frac{\sqrt{3}}{2}x + C_2\sin\frac{\sqrt{3}}{2}x\right) + 1 + 3x + \frac{1}{3}e^x.$$

当非齐次项不是以上几类函数时,可用下面介绍的常数变易法解二阶线性微分方程.(§2 中曾应用常数变易法解过一阶线性微分方程.)

设二阶线性微分方程

$$y'' + p(x)y' + q(x)y = f(x),$$

所相应的齐次方程之通解已求得,为

$$C_1y_1(x) + C_2y_2(x),$$

其中 C_1, C_2 为任意常数. 则我们改常数 C_1, C_2 为变数 $C_1(x)$, $C_2(x)$,即设非齐次方程有特解为

$$y = C_1(x)y_1(x) + C_2(x)y_2(x),$$

其中函数 $C_1(x), C_2(x)$ 待定. 为将 y 代入方程,先求 y'.

$$y' = C_1(x)y_1'(x) + C_2(x)y_2'(x) \\ + C_1'(x)y_1(x) + C_2'(x)y_2(x).$$

因为有两个待定函数,所以可以要求它们满足两个条件. 我们令 y' 中含 C_1', C_2' 的两项之和为零,即令 $C_1'(x), C_2'(x)$ 满足方程

$$C_1'(x)y_1(x) + C_2'(x)y_2(x) = 0.$$

于是

$$y' = C_1(x)y_1'(x) + C_2(x)y_2'(x),$$

从而

$$y'' = C_1(x)y_1''(x) + C_2(x)y_2''(x)$$

$$+ C_1'(x)y_1'(x) + C_2'(x)y_2'(x).$$

将它们代入方程,得 $C_1'(x), C_2'(x)$ 需满足的另一个方程
$$C_1'(x)y_1'(x) + C_2'(x)y_2'(x) = f(x).$$

总之,函数 C_1, C_2 需满足联立方程组:
$$\begin{cases} C_1'y_1 + C_2'y_2 = 0, \\ C_1'y_1' + C_2'y_2' = f(x). \end{cases}$$

由此解出 C_1', C_2',再积分就得出 C_1, C_2.

例 12 求方程 $y''+y=\dfrac{1}{\cos x}$ 之通解.

解 此方程相应的齐次方程之通解为
$$C_1 \cos x + C_2 \sin x.$$

设此非齐次方程有特解
$$C_1(x)\cos x + C_2(x)\sin x,$$

则其中 C_1, C_2 应满足方程组
$$\begin{cases} C_1'\cos x + C_2'\sin x = 0, \\ -C_1'\sin x + C_2'\cos x = \dfrac{1}{\cos x}. \end{cases}$$

由此方程组解得
$$C_1' = -\frac{\sin x}{\cos x}, \quad C_2'(x) = 1.$$

于是
$$C_1(x) = \ln|\cos x|, \quad C_2(x) = x.$$

得所求之通解为
$$y = C_1\cos x + C_2\sin x + \cos x \ln|\cos x| + x\sin x.$$

注意,常数变易法对常系数与变系数的非齐次线性方程都适用. 当然,都要先求出相应齐次方程的通解.

例 13 求方程 $xy'' - y' = x^2$ 的通解.

解 这是变系数的线性方程. 相应的齐次方程
$$xy'' - y' = 0$$

没有一般的解法,但对于此方程,不难看出有特解 1 与 x^2. 由定理

1 知,此齐次方程之通解为
$$C_1 + C_2 x^2.$$
设非齐次方程之特解为
$$C_1(x) + C_2(x)x^2,$$
则其中 C_1, C_2 应满足方程组
$$\begin{cases} C_1'(x) + C_2'(x)x^2 = 0, \\ C_2'(x) 2x = x. \end{cases}$$
(得到此方程组时 y'' 的系数为 1,故 $f(x) = x$。)解方程组得
$$C_1'(x) = -\frac{x^2}{2}, \quad C_2'(x) = \frac{1}{2}.$$
于是
$$C_1(x) = -\frac{x^3}{6}, \quad C_2(x) = \frac{x}{2}.$$
故所求之通解为
$$y = C_1 + C_2 x^2 - \frac{x^3}{6} + \frac{x}{2} x^2 = C_1 + C_2 x^2 + \frac{x^3}{3}.$$

习 题 11.2

1. 求下列微分方程的通解:

(1) $\dfrac{d^2 x}{dt^2} - \dfrac{dx}{dt} - 2x = 0$; (2) $\dfrac{d^2 y}{dx^2} - 4 \dfrac{dy}{dx} + 3y = 0$;

(3) $\dfrac{d^2 s}{dt^2} - 2 \dfrac{ds}{dt} + s = 0$; (4) $\dfrac{d^2 s}{dt^2} + 2 \dfrac{ds}{dt} + 2s = 0$;

(5) $\dfrac{d^2 s}{dt^2} - 2 \dfrac{ds}{dt} + 5s = 0$; (6) $y'' - 4y' = 0$;

(7) $y'' - 2y' + (1 - a^2)y = 0 \ (a > 0)$;

(8) $y'' - 10y' + 34y = 0$; (9) $y'' - 4y' + 5y = 0$;

(10) $y'' - 6y' + 11y = 0$; (11) $y''' - y = 0$;

(12) $y^{(4)} + 8y'' + 16y = 0$; (13) $y''' - 3y'' + 9y' + 13y = 0$;

(14) $y^{(4)} - 8y' = 0$.

2. 求下列微分方程的特解:

(1) $\dfrac{d^2s}{dt^2}+3\dfrac{ds}{dt}+2s=0$,当 $t=0$ 时,$s=0$,$\dfrac{ds}{dt}=1$;

(2) $\dfrac{d^2x}{dt^2}+n^2x=0$,当 $t=0$ 时,$x=a$,$\dfrac{dx}{dt}=0$;

(3) $\dfrac{d^2x}{dt^2}-n^2x=0$,当 $t=0$ 时,$x=2$,$\dfrac{dx}{dt}=0$;

(4) $\dfrac{d^2x}{dt^2}-a\dfrac{dx}{dt}=0$,当 $t=0$ 时,$x=0$,$\dfrac{dx}{dt}=a$;

(5) $\dfrac{d^2s}{dt^2}+8\dfrac{ds}{dt}+25s=0$,当 $t=0$ 时,$s=4$,$\dfrac{ds}{dt}=-16$;

(6) $\dfrac{d^2x}{dt^2}-6\dfrac{dx}{dt}+10x=0$,当 $t=0$ 时,$x=1$,$\dfrac{dx}{dt}=4$;

(7) $2y''+3y=2\sqrt{6}\,y'$,$y\big|_{x=0}=0$,$y'\big|_{x=0}=1$.

3. 求下列微分方程的通解:

(1) $y''+y=ae^{bx}$;　　　(2) $y''+y=4\cos x$;

(3) $y''+y=4\sin 2x$;　　(4) $y''+9y=5x^2$;

(5) $y''-7y'+6y=\sin x$;　(6) $2y''+5y'=5x^2-2x-1$;

(7) $y''+3y'+2y=e^{-x}\cos x$;　(8) $y''-6y'+9y=e^{3x}$;

(9) $y''-8y'+16y=x+e^{4x}$;　(10) $y''+y=x^2+\cos x$;

(11) $y''+2y=x^2+\cos 3x$;　(12) $y''+3y'+2y=3xe^{-x}$;

(13) $y''+4y=2x\cos^2 x$;

(14) $y'''-3y''+4y=12x^2+48\cos x+14\sin x$.

4. 求下列方程的特解:

(1) $\dfrac{d^2s}{dt^2}+9s=9e^{3t}$,当 $t=0$ 时,$s=1$,$\dfrac{ds}{dt}=\dfrac{3}{2}$;

(2) $\dfrac{d^2s}{dt^2}+9s=5\cos 2t$,当 $t=0$ 时,$s=1$,$\dfrac{ds}{dt}=3$;

(3) $\dfrac{d^2x}{dt^2}-2\dfrac{dx}{dt}-3x=2t+1$,当 $t=0$ 时,$x=\dfrac{1}{3}$,$\dfrac{dx}{dt}=-\dfrac{4}{9}$;

(4) $\dfrac{d^2x}{dt^2}-6\dfrac{dx}{dt}+13x=39$,当 $t=0$ 时,$x=4$,$\dfrac{dx}{dt}=3$;

(5) $y''+8y=8\sin 2x$,$y(0)=y\left(\dfrac{\pi}{2}\right)=0$.

(6) $y''' + 2y'' + y' + 2e^{-2x} = 0$,当 $x=0$ 时,$y=2, y'=1, y''=1$.

§4 微分方程的幂级数解法

很多方程的解不能用初等函数表示,也有很多方程我们不会求解,对于这些方程可以试用幂级数解法.

例 1 求方程 $y'' - xy = 0$ 满足初始条件 $y(0)=0, y'(0)=1$ 的特解.

解 这是二阶变系数齐次线性方程,没有一般的解法.设其解 y 可表为幂级数

$$y = a_0 + a_1 x + \cdots + a_n x^n + \cdots.$$

将它代入方程,得恒等式

$$2a_2 + 3 \cdot 2a_3 x + \cdots + n(n-1)a_n x^{n-2} + \cdots$$
$$- x(a_0 + a_1 x + a_2 x^2 + \cdots + a_n x^n + \cdots) \equiv 0.$$

整理得

$$2a_2 + (3 \cdot 2a_3 - a_0)x + \cdots$$
$$+ [n(n-1)a_n - a_{n-3}]x^{n-2} + \cdots \equiv 0.$$

幂级数恒为零时各项系数应都为零,即有

$$2a_2 = 0, \ 6a_3 - a_0 = 0, \cdots, n(n-1)a_n - a_{n-3} = 0, \cdots.$$

由此得 $a_2 = 0$ 与递推公式

$$a_n = \frac{a_{n-3}}{n(n-1)} \quad (n = 3, 4, \cdots).$$

由初条件 $y(0)=0$ 得 $a_0 = 0$,然后应用递推公式就得到

$$a_3 = a_6 = \cdots = a_{3k} = \cdots = 0.$$

由初条件 $y'(0)=1$ 得 $a_1=1$,从而

$$a_4 = \frac{1}{4 \cdot 3}, \quad a_7 = \frac{a_4}{7 \cdot 6} = \frac{1}{7 \cdot 6 \cdot 4 \cdot 3}, \quad \cdots$$

$$a_{3n+1} = \frac{1}{(3n+1) \cdot 3n \cdot (3n-2) \cdot (3n-3) \cdot \cdots \cdot 4 \cdot 3}, \quad \cdots,$$

上面又定出了 $a_2=0$,从而
$$a_5 = a_8 = \cdots = a_{3n+2} = \cdots = 0.$$
代入 y 的表达式得幂级数
$$y = x + \frac{x^4}{4 \cdot 3} + \cdots$$
$$+ \frac{x^{3n+1}}{(3n+1) \cdot 3n \cdot (3n-2) \cdot (3n-3) \cdots 4 \cdot 3} + \cdots.$$
由于这个级数在 $(-\infty, +\infty)$ 内收敛,它就是所给方程的一个幂级数解.

若需要求通解,则根据递推公式可得出通解
$$y = a_0 \Big(1 + \frac{x^3}{3 \cdot 2} + \frac{x^6}{6 \cdot 5 \cdot 3 \cdot 2} + \cdots$$
$$+ \frac{x^{3n}}{3n \cdot (3n-1) \cdot (3n-3) \cdot (3n-4) \cdots 3 \cdot 2} + \cdots \Big)$$
$$+ a_1 \Big(x + \frac{x^4}{4 \cdot 3} + \frac{x^7}{7 \cdot 6 \cdot 4 \cdot 3} + \cdots$$
$$+ \frac{x^{3n+1}}{(3n+1) \cdot 3n \cdot (3n-2) \cdot (3n-3) \cdots 4 \cdot 3} + \cdots \Big).$$
其中 a_0, a_1 为任意常数.

幂级数解法适用于怎样的微分方程呢?事实上,如果变系数齐次线性方程
$$y'' + p(x)y' + q(x)y = 0$$
的系数 $p(x)$ 与 $q(x)$ 可展为 x 的幂级数,则方程有幂级数解.

进而若方程
$$y'' + p(x)y' + q(x)y = 0$$
的系数 $p(x)$ 与 $q(x)$ 满足条件:函数 $xp(x)$ 与 $x^2q(x)$ 可展为 x 的幂级数,则方程有级数解
$$y = x^c(a_0 + a_1 x + \cdots + a_n x^n + \cdots),$$
其中 $a_0 \neq 0$, c 是某个常数.

例 2 方程
$$x^2y'' + xy' + (x^2 - n^2)y = 0$$
叫 n **级贝塞尔方程**. 试求零级贝塞尔方程
$$x^2y'' + xy' + x^2y = 0$$
的一个特解.

解 零级贝塞尔方程中 $p(x)=1/x$ 不能展为 x 的幂级数,但是 $xp(x)=1, x^2q(x)=x^2$ 都可展为 x 的幂级数,于是方程有解
$$y = x^c(a_0 + a_1x + \cdots + a_nx^n + \cdots),$$
其中 $a_0 \neq 0, c$ 为常数. 将 y 与
$$y' = ca_0x^{c-1} + (c+1)a_1x^c + \cdots + (c+n)a_nx^{c+n-1} + \cdots,$$
$$y'' = c(c-1)a_0x^{c-2} + (c+1)ca_1x^{c-1} + \cdots$$
$$\quad + (c+n)(c+n-1)a_nx^{c+n-2} + \cdots$$
代入方程,比较系数得
$$c^2a_0 = 0,$$
$$(c+1)^2a_1 = 0,$$
$$(c+2)^2a_2 + a_0 = 0,$$
$$\cdots\cdots\cdots\cdots\cdots\cdots\cdots$$
$$(c+n)^2a_n + a_{n-2} = 0,$$
$$\cdots\cdots\cdots\cdots\cdots\cdots\cdots.$$

因为 $a_0 \neq 0$,由第一式得 $c=0$. 因 $c=0$,由第二式得 $a_1=0$. 由第三式得 $a_2 = -a_0/2^2$. …… 由第 n 式得递推公式
$$a_n = -\frac{a_{n-2}}{n^2} \quad (n = 2, 3, \cdots).$$
于是得到级数解
$$y = a_0\left(1 - \frac{x^2}{2^2} + \frac{x^4}{2^2 4^2} + \cdots + \frac{(-1)^n x^{2n}}{2^2 4^2 \cdots (2n)^2} + \cdots\right),$$
其中 a_0 是任意非零常数.

如果取 $a_0 = 1$,就得到方程的一个特解

$$y = 1 - \frac{x^2}{2^2} + \frac{x^4}{(4 \cdot 2)^2} + \cdots + (-1)^n \frac{x^{2n}}{(2n!!)^2} + \cdots$$

$$= \sum_{n=0}^{\infty} \frac{(-1)^n}{(n!)^2} \left(\frac{x}{2}\right)^{2n}.$$

这个幂级数在 $(-\infty, \infty)$ 内收敛,它定义了一个特殊函数(非初等函数),叫做**零级贝塞尔函数**,记作 $J_0(x)$.

习 题 11.3

用幂级数解法求解下列微分方程:

(1) $y' = x + y$;   (2) $y' + y = e^x$;

(3) $y'' = x^2 y$;   (4) $y'' - xy' + y = 0$;

(5) $(1-x)y' + y = 1 + x$, $y|_{x=0} = 0$;

(6) $xy'' + y' + xy = 0$, 当 $x = 0$ 时, $y = 1, y' = 0$.

§5 微分方程的应用

前几节主要介绍几种微分方程的解法,这一节通过例子介绍如何建立微分方程.

例1 液体中一质量为 m 的固体颗粒在重力作用下缓慢下沉,下沉过程中受到与下沉速率成正比的阻力,设初始时刻质点到容器底的距离为 H,初始速度为零,求颗粒的运动过程.

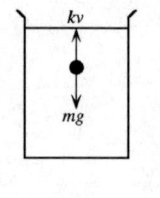

图 11.4

解 (1) 取坐标系. 因质点将在铅直线方向运动,故取 x 轴自初始位置铅直向下(见图 11.4). 设 t 时刻颗粒的坐标为 x, $x = x(t)$ 就是运动方程.

(2) 列方程. 根据牛顿第二定律有等量关系:

力 = 质量 × 加速度.

由题设,质量 $= m$,加速度 $= \ddot{x}(t)$ ($\ddot{x}$ 表示 x 对时间 t 的二阶微

商).颗粒在运动中受两个力的作用:(i)重力.大小为 mg,方向同 x 轴,所以重力 $=mg$.(ii)阻力.大小为 $k|\dot{x}(t)|$,方向与速度方向相反,所以阻力 $=-k\dot{x}(t)$.总起来颗粒受力 $=mg-k\dot{x}(t)$.

将这些量代入等量关系就得到微分方程:
$$mg-k\dot{x}=m\ddot{x}.$$

(3) 写出初始条件 $x(0)=0, \dot{x}(0)=0$.

(4) 解方程.这是一个常系数非齐次线性微分方程:
$$\ddot{x}+\frac{k}{m}\dot{x}=g.$$

它相应的齐次方程 $\ddot{x}+\frac{k}{m}\dot{x}=0$ 有通解 $C_1+C_2 e^{-\frac{k}{m}t}$.不难求出非齐次方程有一个特解为 $\frac{m}{k}gt$.于是此方程有通解

$$x(t)=C_1+C_2 e^{-\frac{k}{m}t}+\frac{m}{k}gt.$$

将初始条件代入通解得
$$\begin{cases} C_1+C_2=0, \\ -\dfrac{k}{m}C_2+\dfrac{m}{k}g=0. \end{cases}$$

于是 $C_2=\left(\dfrac{m}{k}\right)^2 g, C_1=-\left(\dfrac{m}{k}\right)^2 g$.所以 t 时刻颗粒下沉距离为:

$$x(t)=\frac{m}{k}gt-\left(\frac{m}{k}\right)^2 g(1-e^{-\frac{k}{m}t}).$$

或者说 t 时刻颗粒到容器底的距离为:

$$H-\frac{m}{k}gt+\left(\frac{m}{k}\right)^2 g(1-e^{-\frac{k}{m}t}).$$

例 2 弹簧一端固定在顶板上,下端挂一质量为 m 的重物(图 11.5),将重物自平衡位置 O 拉至 x_0 处,然后给以速度 v_0,求弹簧的运动方程 $x=x(t)$.

解 当重物处于平衡状态时,弹簧因挂重物而产生的弹性恢复力与重物所受之重力抵消,所以在考虑重物相对于平衡位置的运动时,可以不考虑这两个力,而只考虑使重物回到平衡位置的那

部分弹性力 F_1 和物体在运动中所受的阻力 F_2.

弹性力 F_1 的大小与弹簧的伸长 x 成正比,方向与重物的位移方向相反,所以

$$F_1 = -kx,$$

其中比例常数 k 叫做弹性系数.

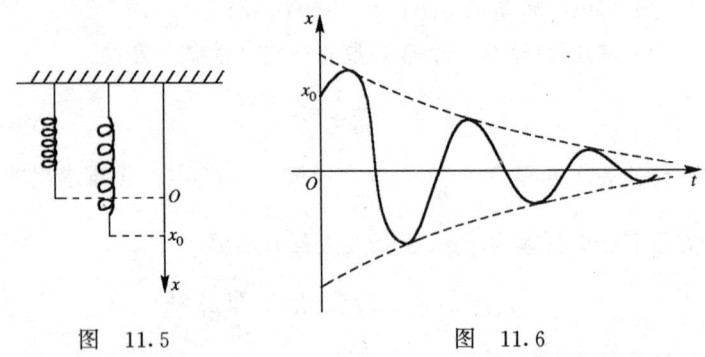

图 11.5　　　　　　　　图 11.6

设阻力 F_2 的大小与重物的运动速度成正比,方向与速度的方向相反,所以

$$F_2 = -r\dot{x},$$

其中比例常数 r 叫阻尼系数.

根据牛顿第二定律 $F=ma$,得出弹簧的振动方程:

$$m\ddot{x} = -kx - r\dot{x}.$$

引入参数 ω 与 δ,$\omega^2 = \dfrac{k}{m}$,$\delta = \dfrac{r}{2m}$,于是方程成为以下的形式:

$$\ddot{x} + 2\delta\dot{x} + \omega^2 x = 0.$$

初始条件为

$$x(0) = x_0, \quad \dot{x}(0) = v_0.$$

这是一个二阶常系数齐次线性方程,它的特征方程为:

$$\lambda^2 + 2\delta\lambda + \omega^2 = 0.$$

特征根为

$$\lambda_1 = -\delta + \sqrt{\delta^2 - \omega^2} \quad 与 \quad \lambda_2 = -\delta - \sqrt{\delta^2 - \omega^2}.$$

以下分别对特征根的三种情形进行讨论.

(i) $\delta > \omega$：过阻尼情形. 这时 λ_1,λ_2 是不同的负实数，方程的通解为：
$$x(t) = C_1 e^{\lambda_1 t} + C_2 e^{\lambda_2 t}.$$

(ii) $\delta = \omega$：临界阻尼情形. 这时 $\lambda_1 = \lambda_2 = -\delta$，方程的通解为：
$$x(t) = (C_1 + C_2 t) e^{-\delta t}.$$

(iii) $\delta < \omega$：小阻尼情形. 这时 λ_1,λ_2 是共轭复根：$\lambda_{1,2} = -\delta \pm i\sqrt{\omega^2 - \delta^2}$，所以方程的通解为：
$$x(t) = e^{-\delta t}(C_1 \cos\sqrt{\omega^2 - \delta^2}\,t + C_2 \sin\sqrt{\omega^2 - \delta^2}\,t).$$

也可以令 $C_1 = A\sin\varphi, C_2 = A\cos\varphi$，其中
$$A = \sqrt{C_1^2 + C_2^2}, \quad \varphi = \arctan\frac{C_1}{C_2},$$

将通解改写为
$$x(t) = A e^{-\delta t} \sin(\sqrt{\omega^2 - \delta^2}\,t + \varphi),$$

其中 A,φ 是两个任意常数.

显然上面三个通解都有性质
$$\lim_{t \to +\infty} x(t) = 0.$$

说明以上三种情况下运动最终都趋于平衡位置. 但前(i)和(ii)与(iii)趋于平衡位置的方式有很大的不同. (iii)是振幅逐渐衰减的振动(如图 11.6). 而前(i)和(ii)都是最多经过一次平衡位置($x(t) = 0$ 在 $t > 0$ 时最多有一个根)(如图 11.7，图 11.8).

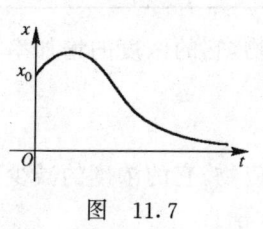

图 11.7

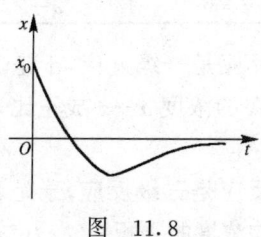

图 11.8

如果忽略阻尼，令 $r = 0$ 即 $\delta = 0$，那么运动所满足的微分方程

是
$$\ddot{x}+\omega^2 x=0.$$

通解为
$$x(t)=C_1\cos\omega t+C_2\sin\omega t=A\sin(\omega t+\varphi).$$

这是一个周期性的振动,叫做**无阻尼的自由振动**或叫做**简谐振动**.

如果在弹性力和阻力之外再有一个周期性的外力 $f(t)$,那么这种运动叫做**强迫振动**,所满足的微分方程是:
$$\ddot{x}+2\delta\dot{x}+\omega^2 x=\frac{1}{m}f(t),$$

它叫做**强迫振动的微分方程**.

例3 考虑可逆反应
$$A \underset{\mu}{\overset{\lambda}{\rightleftharpoons}} B+2C,$$

其中 λ,μ 分别为正向反应速度常数与逆向反应速度常数. 若初始时,即 $t=0$ 时,物质 A 的浓度为 a,B 和 C 的浓度为零,求物质 B 的浓度所满足的微分方程.

解 设物质 B 在 t 时刻的浓度是 $x=x(t)$. 则按反应式有以下浓度关系:

浓度\物质 时间	A	B	C
$t=0$	a	0	0
$t=t$	$a-x$	x	$2x$

设正反应是一级反应,于是 B 作为产物,它的浓度的增加率与反应物 A 的浓度 $a-x$ 成正比,等于
$$\lambda(a-x).$$

设逆反应是三级反应,于是 B 作为反应物,它的浓度的减少率与反应物浓度的乘积 $x(2x)(2x)$ 成正比,等于
$$\mu x(2x)^2.$$

于是 B 的浓度的变化率 $\dfrac{\mathrm{d}x}{\mathrm{d}t}$ 是上面两个变化率的差,即 B 的浓度 x 满足微分方程

$$\dfrac{\mathrm{d}x}{\mathrm{d}t} = \lambda(a-x) - 4\mu x^3.$$

例 4 设有两个连串的一级反应

$$\mathrm{A} \xrightarrow{\lambda} \mathrm{B} \xrightarrow{\mu} \mathrm{C},$$

其中 λ, μ 分别表示第一个反应的速度常数及第二个反应的速度常数. 设开始时物质 A, B 与 C 的浓度分别是 a, b 与 0,求物质 A 与 C 的浓度变化情况.

解 设物质 A, B 与 C 在 t 时刻的浓度分别是 x, y 与 z. 物质 A 是反应物. 它的浓度变化率 $\dfrac{\mathrm{d}x}{\mathrm{d}t}$ 是反应速度的反号,由题意正比于物质 A 的浓度 x,即

$$\dfrac{\mathrm{d}x}{\mathrm{d}t} = -\lambda x.$$

物质 B 是中间产物. 由题意它的浓度变化率 $\dfrac{\mathrm{d}y}{\mathrm{d}t}$ 是它作为第一个反应的产物的浓度增加率与它作为第二个反应的反应物的浓度的减少率之差,即

$$\dfrac{\mathrm{d}y}{\mathrm{d}t} = \lambda x - \mu y.$$

物质 C 是第二个反应的产物,由题意它的浓度的变化率 $\dfrac{\mathrm{d}z}{\mathrm{d}t}$ 正比于第二个反应的反应物浓度,即

$$\dfrac{\mathrm{d}z}{\mathrm{d}t} = \mu y.$$

于是我们得到了三种物质的浓度满足的微分方程组:

$$\begin{cases} \dfrac{\mathrm{d}x}{\mathrm{d}t} = -\lambda x, & (1) \\ \dfrac{\mathrm{d}y}{\mathrm{d}t} = \lambda x - \mu y, & (2) \\ \dfrac{\mathrm{d}z}{\mathrm{d}t} = \mu y. & (3) \end{cases}$$

初始条件是 $x(0)=a, y(0)=b, z(0)=0$.

方程组中(1)只含未知函数 x,分离变量求积分得通解:
$$x = C_1 e^{-\lambda t}.$$
由初始条件 $x(0)=a$,得特解
$$x = a e^{-\lambda t}. \tag{4}$$
将(4)式代入(2)得
$$\frac{dy}{dt} + \mu y = \lambda a e^{-\lambda t}.$$
这是一阶线性方程,可求得通解:
$$y = C_2 e^{-\mu t} + \frac{\lambda a}{\mu - \lambda}(e^{-\lambda t} - e^{-\mu t}).$$
由初始条件 $y(0)=b$,得特解
$$y = b e^{-\mu t} + \frac{\lambda a}{\mu - \lambda}(e^{-\lambda t} - e^{-\mu t}), \tag{5}$$
将(5)式代入(3)得:
$$\frac{dz}{dt} = \mu b e^{-\mu t} + \frac{\lambda \mu a}{\mu - \lambda}(e^{-\lambda t} - e^{-\mu t}),$$
积分得通解
$$z = C_3 - b e^{-\mu t} - \frac{a}{\mu - \lambda}(\mu e^{-\lambda t} - \lambda e^{-\mu t}).$$
由初始条件 $z(0)=0$,得特解
$$z = (a+b)(1 - e^{-\mu t}) - \frac{a\mu}{\mu - \lambda}(e^{-\lambda t} - e^{-\mu t}). \tag{6}$$
(4)式与(6)式就是物质 A 与 C 的浓度随时间的变化情况.

例 5 B 鱼只以 A 鱼为食物. A 鱼的食物是小虫,设小虫总是充分的. 问两种鱼共同生活时数量的变化情况.

解 鱼的尾数是非负整数,但是为了应用微分的方法,将鱼的数量看成是时间的连续函数. 分别以 x, y 表示 A, B 鱼的数量($x \geqslant 0, y \geqslant 0$). 研究生态问题时,有一个经常遇到的基本概念是物种的增长率,即物种的增长速度与物种的量之比. 例如 A 鱼之增长率

是 $\frac{1}{x}\frac{dx}{dt}$. 下面先考虑两种鱼各自单独地生活. 因 A 鱼无天敌, 又食物充分, 于是 A 鱼的增长率为一正常数, 记作 λ. 得方程

$$\frac{1}{x}\frac{dx}{dt} = \lambda. \tag{7}$$

独自生活的 B 鱼没有食物, 逐渐减少, 增长率是一负常数, 记作 $-\mu$. 得方程

$$\frac{1}{y}\frac{dy}{dt} = -\mu, \tag{8}$$

其中 λ, μ 分别是 A 鱼, B 鱼的品种所决定的常数. 现在两种鱼共同生活. A 鱼将有一部分被 B 鱼吃掉, 于是 A 鱼之增长率将减小, 减小多少当然与 B 鱼的量 y 有关, 设正比于 B 鱼的量 y, 即方程(7)应修改为

$$\frac{1}{x}\frac{dx}{dt} = \lambda - \alpha y.$$

类似地, B 鱼有了食物 A 鱼, 增长率将加大, 加大多少与 A 鱼的量 x 有关, 设正比于 A 鱼的量 x, 即(8)应改为

$$\frac{1}{y}\frac{dy}{dt} = \beta x - \mu.$$

这个微分方程组是著名的沃耳特拉-洛特卡(Volterra-Lotka)的捕-食方程:

$$\begin{cases} \dfrac{dx}{dt} = (\lambda - \alpha y)x, & (9) \\ \dfrac{dy}{dt} = (\beta x - \mu)y, & (10) \end{cases}$$

其中 $\alpha, \beta, \lambda, \mu$ 都是正常数.

对这个方程组, 以(9)式除(10)式就消去了变量 t, 得微分方程式

$$\frac{dy}{dx} = \frac{(\beta x - \mu)y}{(\lambda - \alpha y)x}.$$

分离变量积分得通解

$$\alpha y + \beta x - \lambda \ln y - \mu \ln x = C.$$

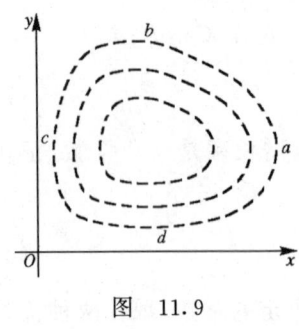

图 11.9

对不同的 C，解是不同的闭曲线（如图 11.9）．曲线的 ab 段表示 B 鱼有较多的食物 x，所以数量在增加；bc 段表示 B 鱼多到一定程度相对地 A 鱼较少，食物不充分，B 鱼逐渐减少，cd 段表示 B 鱼少到一定程度，A 鱼得以增长，da 段表示 A 鱼增长到一定多，B 鱼有较多的食物也逐渐增长，然后又进入 ab 段．如此重复，A, B 鱼种能长期地共同生存下去，没有一种会死光．

习 题 11.4

1. 质量为 m 的子弹，进入沙箱时的速度为 v_0，所受之阻力与速度成正比（比例系数 $k>0$），问能打入多深？

2. 一子弹以速度 $v_0 = 200$ m/s 打进一块厚度为 10 cm 的板，穿透板时速度 $v_1 = 80$ m/s. 设板对子弹的阻力与速度的平方成正比，求子弹穿过板所用的时间？

3. 一质量为 m 的物体从离地面高为 H 处沿一斜板下滑，斜板与地平面夹角为 α，滑动中的摩擦系数为 μ，求物体的运动方程．

4. 长为 6 m 的链条自桌上无摩擦地向下滑动．若运动开始时链条自桌上下垂 1 m 长，问多少时间链条才全部滑过桌子？

5. 一链条挂在一个无摩擦的钉子上，若运动开始时链自一边垂下 8 m，自另一边垂下 10 m，求整个链条滑过钉子所需时间．

6. 如果运动是无阻力的，求出挂在弹簧上质量为 m 的物体自由振动的周期．

7. 有一半径为 10 cm 的圆柱体漂浮在水面上，圆柱的轴垂直于水平面．把它轻轻按下再放开时，浮体开始作周期为 2 s 的上下振动．试求浮体重量．

8. 一个质量为 m 的质点,沿着 Ox 轴在 $3mr_0$ 力的作用下离开点 $x=0$,又在 $4mr_1$ 力的作用下接近点 $x=1$ 运动,其中 r_0 和 r_1 是质点到这两点的距离. 试确定以 $x(0)=2, x'(0)=0$ 为初始条件的质点运动.

9. 火车沿水平直线轨道运动,设火车的重量为 P,机车的牵引力为 F,阻力为 $a+bv$,其中 a,b 为常数,v 是火车的速度,且火车的初位移和初速度均为 0,求火车的运动规律.

10. 一质量为 m 的质点,受常力 F 作用. 设质点由静止开始运动,求质点的运动规律. 如果移动一分钟后,在反方向有一常力 F_1 作用,求质点在一分钟以后的运动规律.

习题答案与提示

第 七 章

习 题 7.1

1. (1) 半平面 $y \geqslant 0$。　(2) $|x| \leqslant 1, |y| \geqslant 1$。　(3) 环 $1 \leqslant x^2+y^2 \leqslant 4$。
   (4) $-|x| \leqslant y \leqslant |x|$, $x \neq 0$。
   (5) 同心环族 $2k\pi \leqslant x^2+y^2 \leqslant 2k\pi+\pi$ $(k=0,1,2,\cdots)$。
   (6) $\left(x-\dfrac{1}{2}\right)^2+y^2 \geqslant \dfrac{1}{4}$ 且 $(x-1)^2+y^2<1$。
   (7) 位于正的横坐标半轴和半支抛物线 $x=\sqrt{y}$ 间的闭域：$x \geqslant 0; y \geqslant 0;$ $x^2 \geqslant y$。
   (8) 只是圆周 $x^2+y^2=R^2$ 上的点。　(9) $x>0; y>0; z>0$。
   (10) 界于二球体 $x^2+y^2+z^2=r^2$ 和 $x^2+y^2+z^2=R^2$ 之间的空间部分, 外球面包括在内, 内球面除外。

2. (9) 是区域；(1), (3) 与 (7) 是闭区域，其中 (3) 是有界闭区域；(2) 是两个闭区域；(5) 是一族环形闭区域；(4), (6) 与 (10) 是不开不闭区域；(8) 不是任何一种区域。

3. (1) 平行直线族 $x+y=k$, 其中 k 为一切实数；
   (2) 以坐标原点为束心点的直线束，但顶点除外, 又 y 轴除外, 即 $y=kx$ $(x \neq 0), k$ 为任意实数；
   (3) 相似椭圆族：$\dfrac{x^2}{a^2}+\dfrac{2y^2}{a^2}=1, a$ 为任意正数；
   (4) 平行直线族：$x-y=k, k$ 为任意实数；
   (5) 曲线族：$y=\dfrac{C}{\ln x}, C$ 为任意实数；
   (6) 位于 I 和 III 象限内且以坐标轴为渐近线的等轴双曲线族及坐标轴。

5. (1) 2；(2) $\ln 2$；(3) -1；(4) 1；(5) 2；(6) 0。

6. 因函数 $d(x,y)=\sqrt{(x-x_0)^2+(y-y_0)^2}$ 在有界闭区域 D 上连续, 由定理

3,在 D 上有点 (x_1,y_1) 与 (x_2,y_2) 使它们的函数值达到最大与最小.

7. 若 n 个函数值:$f(x_1,y_1),f(x_2,y_2),\cdots,f(x_n,y_n)$ 皆相同,则取 (ξ,η) 为某个 (x_i,y_i) 即可;否则,设 $f(x_1,y_1),f(x_2,y_2)$ 分别为 n 个函数值中之最大、最小者,于是 $f(x_2,y_2)<\dfrac{f(x_1,y_1)+\cdots+f(x_n,y_n)}{n}<f(x_1,y_1)$,因 $f(x,y)$ 在 D 上连续,由定理 4,存在 (ξ,η) 使 $f(\xi,\eta)=\dfrac{f(x_1,y_1)+\cdots+f(x_n,y_n)}{n}$.

习 题 7.2

1. (1) $\dfrac{\partial z}{\partial x}=3x^2+6xy;\dfrac{\partial z}{\partial y}=3x^2-3y^2.$ (2) $\dfrac{\partial z}{\partial x}=\dfrac{2x}{x^2+y^2};\dfrac{\partial z}{\partial y}=\dfrac{2y}{x^2+y^2}.$

(3) $\dfrac{\partial z}{\partial x}=\dfrac{-y^2}{(x-y)^2};\dfrac{\partial z}{\partial y}=\dfrac{x^2}{(x-y)^2}.$

(4) $\dfrac{\partial z}{\partial x}=\dfrac{-\sqrt[3]{y}}{3x(\sqrt[3]{y}-\sqrt[3]{x})};\dfrac{\partial z}{\partial y}=\dfrac{\sqrt[3]{x}}{3y(\sqrt[3]{y}-\sqrt[3]{x})}.$

(5) $\dfrac{\partial u}{\partial x}=\dfrac{\sqrt{y}}{\sqrt{1-x^2y}};\dfrac{\partial u}{\partial y}=\dfrac{x}{2\sqrt{y(1-x^2y)}}.$

(6) $\dfrac{\partial u}{\partial x}=e^{-xy}(1-xy);\dfrac{\partial u}{\partial y}=-x^2e^{-xy}.$ (7) $\dfrac{\partial u}{\partial x}=\dfrac{5t}{(x+2t)^2};\dfrac{\partial u}{\partial t}=\dfrac{-5x}{(x+2t)^2}.$

(8) $\dfrac{\partial z}{\partial x}=y^2(1+xy)^{y-1};\dfrac{\partial z}{\partial y}=xy(1+xy)^{y-1}+(1+xy)^y\ln(1+xy).$

(9) $\dfrac{\partial u}{\partial x}=-\dfrac{y}{x^2}-\dfrac{1}{z};\dfrac{\partial u}{\partial y}=\dfrac{1}{x}-\dfrac{z}{y^2};\dfrac{\partial u}{\partial z}=\dfrac{1}{y}+\dfrac{x}{z^2}.$

(10) $\dfrac{\partial u}{\partial x}=\dfrac{z}{y}x^{\frac{z}{y}-1};\dfrac{\partial u}{\partial y}=-\dfrac{z}{y^2}x^{\frac{z}{y}}\ln x;\dfrac{\partial u}{\partial z}=\dfrac{1}{y}x^{\frac{z}{y}}\ln x.$

(11) $\dfrac{\partial u}{\partial x}=-a\sin(ax-by);\dfrac{\partial u}{\partial y}=b\sin(ax-by).$

(12) $\dfrac{\partial z}{\partial x}=-\dfrac{y\operatorname{sgn}x}{x\sqrt{x^2-y^2}};\dfrac{\partial z}{\partial y}=\dfrac{\operatorname{sgn}x}{\sqrt{x^2-y^2}}.$

(13) $\dfrac{\partial u}{\partial x}=\cot(x-2t);\dfrac{\partial u}{\partial t}=-2\cot(x-2t).$

(14) $\dfrac{\partial z}{\partial x}=\sin2(x+y)-\sin2x;\dfrac{\partial z}{\partial y}=\sin2(x+y)-\sin2y.$

(15) $\dfrac{\partial u}{\partial x}=\dfrac{2(5z+y)}{(3y-2x)^2};\dfrac{\partial u}{\partial y}=\dfrac{-2x-15z}{(3y-2x)^2};\dfrac{\partial u}{\partial z}=\dfrac{5}{3y-2x}.$

(16) $\dfrac{\partial u}{\partial x}=\dfrac{z}{y}e^{\frac{xz}{y}}\ln y;\dfrac{\partial u}{\partial y}=\dfrac{1}{y}e^{\frac{xz}{y}}\left(1-\dfrac{xz\ln y}{y}\right);\dfrac{\partial u}{\partial z}=\dfrac{x}{y}e^{\frac{xz}{y}}\ln y.$

(17) $\dfrac{\partial z}{\partial x}=x^{x^y}x^{y-1}(1+y\ln x);\dfrac{\partial z}{\partial y}=x^yx^{x^y}\ln^2x.$

(18) $\dfrac{\partial u}{\partial x}=2x\cos(x^2+y^2+z^2)$; $\dfrac{\partial u}{\partial y}=2y\cos(x^2+y^2+z^2)$;

$\dfrac{\partial u}{\partial z}=2z\cos(x^2+y^2+z^2)$.

(19) $\dfrac{\partial z}{\partial x}=2(2x+y)^{2x+y}[1+\ln(2x+y)]$;

$\dfrac{\partial z}{\partial y}=(2x+y)^{2x+y}[1+\ln(2x+y)]$.

(20) $\dfrac{\partial z}{\partial x}=\dfrac{1-x^2-y^2-\sqrt{x^2+y^2}}{(1+\sqrt{x^2+y^2})^2}2x$; $\dfrac{\partial z}{\partial y}=\dfrac{1-x^2-y^2-\sqrt{x^2+y^2}}{(1+\sqrt{x^2+y^2})^2}2y$.

(21) $\dfrac{\partial u}{\partial x}=-\dfrac{4kx}{(x^2+y^2+z^2)^3}$; $\dfrac{\partial u}{\partial y}=-\dfrac{4ky}{(x^2+y^2+z^2)^3}$;

$\dfrac{\partial u}{\partial z}=-\dfrac{4kz}{(x^2+y^2+z^2)^3}$.

2. $\dfrac{2}{5}$.　3. $\dfrac{1}{2}$.　4. 4.　5. 0,0.　6. 不存在.

7. $f_x(x,y)=\begin{cases}\dfrac{y^3}{(x^2+y^2)^{3/2}},&(x,y)\neq(0,0),\\ 0,&(x,y)=(0,0);\end{cases}$

$f_y(x,y)=\begin{cases}\dfrac{x^3}{(x^2+y^2)^{3/2}},&(x,y)\neq(0,0),\\ 0,&(x,y)=(0,0).\end{cases}$

8. ρ.　9. $\rho^2\sin\varphi$.　13. (1) $\dfrac{0.02}{3}\pi$ m^3/s; (2) 0.04π m^3/s.

14. (1) 0.06 m/s;　(2) $\sqrt{117}\times 10^{-2}=0.108167$ m/s;　(3) $\{3,0,2\}$.

15. (1) $\dfrac{\partial^2 z}{\partial x^2}=6x+6y$; $\dfrac{\partial^2 z}{\partial y^2}=-12x-6y$; $\dfrac{\partial^2 z}{\partial y\partial x}=6x-12y$.

(2) $\dfrac{\partial^2 z}{\partial x^2}=\dfrac{4y}{(x-y)^3}$; $\dfrac{\partial^2 z}{\partial y^2}=\dfrac{4x}{(x-y)^3}$; $\dfrac{\partial^2 z}{\partial y\partial x}=\dfrac{-2(x+y)}{(x-y)^3}$.

(3) $\dfrac{\partial^2 z}{\partial x^2}=e^x\cos y+e^y\cos x$; $\dfrac{\partial^2 z}{\partial y^2}=-e^x\cos y-e^y\cos x$;

$\dfrac{\partial^2 z}{\partial x\partial y}=-e^x\sin y+e^y\sin x$.

(4) $\dfrac{\partial^2 z}{\partial x^2}=0$; $\dfrac{\partial^2 z}{\partial y^2}=\dfrac{2x}{y^3}$; $\dfrac{\partial^2 z}{\partial x\partial y}=-\dfrac{1}{y^2}$.

(5) $\dfrac{\partial^2 z}{\partial x^2}=y^2e^{xy}+ye^x$; $\dfrac{\partial^2 z}{\partial y^2}=x^2e^{xy}+xe^y$; $\dfrac{\partial^2 z}{\partial x\partial y}=e^{xy}(1+xy)+e^x+e^y$.

(6) $\dfrac{\partial^2 u}{\partial x^2}=6(x^2+2y^2+3z^2)^2+24x^2(x^2+2y^2+3z^2)$;

$\dfrac{\partial^2 u}{\partial y^2} = 12(x^2+2y^2+3z^2)^2 + 96y^2(x^2+2y^2+3z^2)$;

$\dfrac{\partial^2 u}{\partial z^2} = 18(x^2+2y^2+3z^2)^2 + 216z^2(x^2+2y^2+3z^2)$;

$\dfrac{\partial^2 u}{\partial x \partial y} = 48xy(x^2+2y^2+3z^2)$;

$\dfrac{\partial^2 u}{\partial z \partial x} = 72xz(x^2+2y^2+3z^2)$; $\dfrac{\partial^2 u}{\partial z \partial y} = 144yz(x^2+2y^2+3z^2)$.

19. $\dfrac{\partial^3 z}{\partial x^3} = 6$; $\dfrac{\partial^3 z}{\partial y^3} = 6$; $\dfrac{\partial^3 z}{\partial x \partial y^2} = 0$, $\dfrac{\partial^3 z}{\partial y \partial x^2} = 2$.

20. $\dfrac{\partial^3 z}{\partial x^3} = \dfrac{3}{8} y^2 x^{-\frac{5}{2}}$; $\dfrac{\partial^3 z}{\partial y^3} = 0$; $\dfrac{\partial^3 z}{\partial y \partial x^2} = -\dfrac{1}{2} y x^{-\frac{3}{2}}$; $\dfrac{\partial^3 z}{\partial x \partial y^2} = \dfrac{1}{\sqrt{x}}$.

21. $(x^2 y^2 z^2 + 3xyz + 1)e^{xyz}$. 22. $-x(2\sin xy + xy\cos xy)$.

23. $mn(n-1)(n-2)p(p-1) x^{m-1} y^{n-3} z^{p-2}$.

24. (1) $2xy\mathrm{d}x + x^2 \mathrm{d}y$. (2) $\dfrac{-y^2}{(x-y)^2}\mathrm{d}x + \dfrac{x^2}{(x-y)^2}\mathrm{d}y$.

(3) $-\dfrac{y}{x^2} e^{\frac{y}{x}} \mathrm{d}x + \dfrac{1}{x} e^{\frac{y}{x}} \mathrm{d}y$. (4) $\dfrac{x\mathrm{d}x + y\mathrm{d}y + z\mathrm{d}z}{\sqrt{x^2+y^2+z^2}}$.

(5) $y^{\sin x}\cos x \ln y \mathrm{d}x + y^{\sin x - 1}\sin x \mathrm{d}y$. (6) $\dfrac{2z}{(z-y)^2}\mathrm{d}y - \dfrac{2y}{(z-y)^2}\mathrm{d}z$.

25. $x^4 + 5x^2 y^3 - 3xy^4 + y^5 + C$. 26. $\dfrac{x^2+y^2}{2} + \arctan\dfrac{y}{x} + C$.

27. $f_x(0,0) = f_y(0,0) = 0$, 若在点$(0,0)$处可微, 则应有 $\Delta z = f(\Delta x, \Delta y) - f(0,0) = 0\cdot\Delta x + 0\cdot\Delta y + 0(\rho = \sqrt{\Delta x^2 + \Delta y^2})$, 但 $\dfrac{\sqrt{|\Delta x \cdot \Delta y|}}{\sqrt{\Delta x^2 + \Delta y^2}} \not\to 0$.

28. (1) 108.972. (2) 1.0541667. (3) 2.95. (4) 0.5023383. (5) 0.97.

29. 110πg. 30. $1.2\pi\mathrm{m}^3$. 31. $-0.014, -0.0028$.

32. $-\dfrac{1}{6}$mm. 33. $33.2(\mathrm{mm})^3$. 34. 0.8%.

35. $3.25\pi\mathrm{m}^3$; 13%. 36. 7.585 m. 37. $5.5\,\Omega, 4.3\%$.

习 题 7.3

1. $\dfrac{19\sqrt{2}}{2}$. 2. 0. 3. $\dfrac{5}{3\sqrt{17}}$.

4. $\dfrac{2}{3}\boldsymbol{i} + \dfrac{1}{3}\boldsymbol{j}$. 5. $6\boldsymbol{i} + 6\boldsymbol{j}$. 6. $\dfrac{-y}{x^2+y^2}\boldsymbol{i} + \dfrac{x}{x^2+y^2}\boldsymbol{j}$.

7. $2\cos\alpha$; 最大是 2, 方向为 $\{1,0\}$; 最小是 -2, 方向为 $\{-1,0\}$.

8. $\frac{1}{2}i+2j$; $i+j$; $y_0 i+x_0 j$. 9. $-\frac{y_0}{x_0^2+y_0^2}i+\frac{x_0}{x_0^2+y_0^2}j$; 0.

10. $\frac{r}{|r|}$. 11. $\pm\frac{2}{\sqrt{x_0^2+y_0^2}}$. 12. $\frac{3}{\sqrt{17}}$.

13. $\frac{3}{2\sqrt{5}}$ 14. 0. 15. $\frac{\partial u}{\partial l}=\frac{\mathrm{grad}u \cdot \mathrm{grad}v}{|\mathrm{grad}v|}$.

习 题 7.4

1. (1) $\frac{\mathrm{d}z}{\mathrm{d}t}=\frac{x}{\sqrt{x^2+y^2}}\cos t+\frac{y}{\sqrt{x^2+y^2}}e^t$. (2) $\frac{\mathrm{d}z}{\mathrm{d}t}=-(e^{-t}+e^t)$.

   (3) $\frac{\mathrm{d}z}{\mathrm{d}x}=e^y+xe^y\frac{\mathrm{d}\varphi(x)}{\mathrm{d}x}$. (4) $\frac{\partial z}{\partial u}=\frac{2x}{y}\left(1-\frac{x}{y}\right)$; $\frac{\partial z}{\partial v}=-\frac{x}{y}\left(4+\frac{x}{y}\right)$.

   (5) $\frac{\partial z}{\partial x}=\frac{\partial F}{\partial u}y+\frac{\partial F}{\partial v}\left(-\frac{y}{x^2}\right)$; $\frac{\partial z}{\partial y}=\frac{\partial F}{\partial u}x+\frac{\partial F}{\partial v}\frac{1}{x}$.

   (6) $\frac{\partial z}{\partial x}=\frac{\mathrm{d}F}{\mathrm{d}u}\cdot 2x$; $\frac{\partial z}{\partial y}=1-\frac{\mathrm{d}F}{\mathrm{d}u}\cdot 2y$.

   (7) $\frac{\partial z}{\partial x}=\frac{\partial f}{\partial u}\frac{y}{2\sqrt{xy}}+\frac{\partial f}{\partial v}$; $\frac{\partial z}{\partial y}=\frac{\partial f}{\partial u}\frac{x}{2\sqrt{xy}}+\frac{\partial f}{\partial v}$.

   (8) $\frac{\partial z}{\partial x}=nu^{n-1}v^m+mu^n v^{m-1}$; $\frac{\partial z}{\partial y}=2nu^{n-1}v^m-mu^n v^{m-1}$.

   (9) $\frac{\partial z}{\partial x}=\frac{\partial f}{\partial \xi}+\frac{\partial f}{\partial \eta}$; $\frac{\partial z}{\partial y}=\frac{\partial f}{\partial \xi}-\frac{\partial f}{\partial \eta}$.

   (10) $\frac{\partial z}{\partial x}=\left(\frac{\partial f}{\partial x}\right)_u+\frac{\partial f}{\partial u}\frac{1}{y}$, $\frac{\partial z}{\partial y}=-\frac{x}{y^2}\frac{\partial f}{\partial u}$,其中 $u=\frac{x}{y}$.

   (11) $\frac{\partial z}{\partial u}=2\frac{u}{v^2}\ln(3u-2v)+\frac{3u^2}{v^2(3u-2v)}$;

   $\frac{\partial z}{\partial v}=-\frac{2u^2}{v^3}\ln(3u-2v)-\frac{2u^2}{v^2(3u-2v)}$.

   (12) $\frac{\partial u}{\partial x}=\frac{e^x}{e^x+e^y}$; $\frac{\mathrm{d}u}{\mathrm{d}x}=\frac{e^x+3e^{x^3}x^2}{e^x+e^{x^3}}$.

   (13) $\frac{\partial z}{\partial y}=\frac{e^{\frac{x^2+y^2}{xy}}}{x^2y^2}(y^4-x^4+2xy^3)x$; $\frac{\partial z}{\partial x}=\frac{e^{\frac{x^2+y^2}{xy}}}{x^2y^2}(x^4-y^4+2x^3y)y$.

   (14) $\frac{\partial z}{\partial x}=2x\frac{\partial f}{\partial u}+ye^{xy}\frac{\partial f}{\partial v}$; $\frac{\partial z}{\partial y}=-2y\frac{\partial f}{\partial u}+xe^{xy}\frac{\partial f}{\partial v}$,

   其中 $u=x^2-y^2, v=e^{xy}$.

2. (1) $-\frac{x-2}{y+3}$. (2) $\frac{2ye^{2x}-e^{2y}}{2xe^{2y}-e^{2x}}$.

   (3) $-\frac{2x(x^2+y^2)-a^2x}{2y(x^2+y^2)+a^2y}$. (4) $-\frac{y\cos(xy)-ye^{xy}-2xy}{x\cos(xy)-xe^{xy}-x^2}$.

3. (1) $\dfrac{\partial z}{\partial x}=\dfrac{3-x}{z}$; $\dfrac{\partial z}{\partial y}=-\dfrac{y}{z}$.　(2) $\dfrac{\partial z}{\partial x}=1$; $\dfrac{\partial z}{\partial y}=1$.

　(3) $\dfrac{\partial z}{\partial x}=\dfrac{z}{x(z-1)}$; $\dfrac{\partial z}{\partial y}=\dfrac{z}{y(z-1)}$.

　(4) $\dfrac{\partial z}{\partial x}=\dfrac{-x}{z-e^z\sqrt{x^2+y^2+z^2}}$; $\dfrac{\partial z}{\partial y}=\dfrac{-y}{z-e^z\sqrt{x^2+y^2+z^2}}$.

4. (1) $\dfrac{\partial^2 z}{\partial x^2}=-\dfrac{1}{z}\left(1+\dfrac{x^2}{z^2}\right)$; $\dfrac{\partial^2 z}{\partial y^2}=-\dfrac{1}{z}\left(1+\dfrac{y^2}{z^2}\right)$; $\dfrac{\partial^2 z}{\partial y \partial x}=-\dfrac{xy}{z^3}$.

　(2) $\dfrac{\partial^2 z}{\partial x^2}=-\dfrac{2xy^3z}{(z^2-xy)^3}$; $\dfrac{\partial^2 z}{\partial y^2}=-\dfrac{2x^3yz}{(z^2-xy)^3}$;

　　　$\dfrac{\partial^2 z}{\partial x \partial y}=\dfrac{z(z^4-2xyz^2-x^2y^2)}{(z^2-xy)^3}$.

　(3) $\dfrac{\partial^2 z}{\partial x^2}=\dfrac{\partial^2 z}{\partial x \partial y}=\dfrac{\partial^2 z}{\partial y^2}=-\dfrac{x+y+z}{(x+y+z-1)^3}$.

　(4) $\dfrac{\partial^2 z}{\partial x^2}=-\dfrac{y^2z}{(x^2-y^2)^2}$; $\dfrac{\partial^2 z}{\partial x \partial y}=\dfrac{xyz}{(x^2-y^2)^2}$; $\dfrac{\partial^2 z}{\partial y^2}=-\dfrac{x^2z}{(x^2-y^2)^2}$.

　(5) $\dfrac{\partial^2 z}{\partial x^2}=\dfrac{\partial^2 z}{\partial x \partial y}=\dfrac{\partial^2 z}{\partial y^2}=0$.

　(6) $\dfrac{\partial^2 z}{\partial x^2}=\dfrac{-z^2}{(x+z)^3}$; $\dfrac{\partial^2 z}{\partial y^2}=-\dfrac{x^2z^2}{y^2(x+z)^3}$; $\dfrac{\partial^2 z}{\partial y \partial x}=\dfrac{xz^2}{y(x+z)^3}$.

5. $\dfrac{\partial u}{\partial x}=\dfrac{v}{v-u}$; $\dfrac{\partial v}{\partial x}=\dfrac{-u}{v-u}$; $\dfrac{\partial u}{\partial y}=\dfrac{1}{2(u-v)}$; $\dfrac{\partial v}{\partial y}=\dfrac{1}{2(v-u)}$.

8. $\dfrac{\partial z}{\partial x}=-3uv$; $\dfrac{\partial z}{\partial y}=\dfrac{3}{2}(u+v)$.

11. (1) $dz=\dfrac{zf'_1 dx - f'_2 dy}{1-xf'_1-f'_2}$;　(2) $dz=\dfrac{(f'_1-f'_3)dx+(f'_2-f'_1)dy}{f'_2-f'_3}$.

12. $\dfrac{\partial^2 u}{\partial x^2}=\dfrac{55}{32}$; $\dfrac{\partial^2 v}{\partial x \partial y}=\dfrac{25}{32}$.　15. $-4\dfrac{\partial^2 z}{\partial u \partial v}$.　16. $\dfrac{\partial^2 z}{\partial x^2}+\dfrac{\partial^2 z}{\partial y^2}$.

17. $\dfrac{dz}{dx}=\dfrac{2x^2-2y^2}{x-2y}$; $\dfrac{d^2 z}{dx^2}=\dfrac{10x^3-24x^2y+30xy^2-8y^3}{(x-2y)^3}$.

18. $\alpha=\dfrac{Rv^2}{pv^3-av+2ab}$; $\beta=-\dfrac{(b-v)v^2}{pv^3-av+2ab}$.

习 题 7.5

1. $\dfrac{x-\dfrac{\pi}{2}+1}{1}=\dfrac{y-1}{1}=\dfrac{z-2\sqrt{2}}{\sqrt{2}}$; $x+y+\sqrt{2}\,z-\dfrac{\pi}{2}-4=0$.

2. $\dfrac{x-\dfrac{1}{2}}{\dfrac{1}{4}}=\dfrac{y-2}{-1}=\dfrac{z-1}{2}$; $\dfrac{1}{4}x-y+2z-\dfrac{1}{8}=0$.

3. $\dfrac{x-\dfrac{\sqrt{2}}{2}a}{-\dfrac{\sqrt{2}}{2}a}=\dfrac{y-\dfrac{\sqrt{2}}{2}a}{\dfrac{\sqrt{2}}{2}a}=\dfrac{z-\dfrac{\pi b}{4}}{b}$; $-\dfrac{\sqrt{2}}{2}ax+\dfrac{\sqrt{2}}{2}ay+bz-\dfrac{\pi}{4}b^2=0$.

4. $(-1,1,-1)$; $\left(-\dfrac{1}{3},\dfrac{1}{9},-\dfrac{1}{27}\right)$.

5. $\dfrac{x-\dfrac{\sqrt{2}}{2}a\cdot\cos\alpha}{-\cos\alpha}=\dfrac{y-\dfrac{\sqrt{2}}{2}a\cdot\sin\alpha}{\sin\alpha}=\dfrac{z-\dfrac{\sqrt{2}}{2}a}{1}$;
$x\cos\alpha-y\sin\alpha-z+\sqrt{2}\,a\sin^2\alpha=0$.

7. $x+2y-4=0$; $\dfrac{x-2}{1}=\dfrac{y-1}{2}=\dfrac{z-0}{0}$.

8. $9x+y-z-27=0$; $\dfrac{x-3}{9}=\dfrac{y-1}{1}=\dfrac{z-1}{-1}$.

9. (1) $x+2y-z+5=0$; $\dfrac{x-2}{-1}=\dfrac{y+3}{-2}=\dfrac{z-1}{1}$.

   (2) $ax_0(x-x_0)+by_0(y-y_0)+cz_0(z-z_0)=0$; $\dfrac{x-x_0}{ax_0}=\dfrac{y-y_0}{by_0}=\dfrac{z-z_0}{cz_0}$.

   (3) $2ax_0(x-x_0)+2by_0(y-y_0)-(z-z_0)=0$; $\dfrac{x-x_0}{2ax_0}=\dfrac{y-y_0}{2by_0}=\dfrac{z-z_0}{-1}$.

   (4) $x-y+2z-\dfrac{\pi}{2}=0$; $\dfrac{x-1}{-\dfrac{1}{2}}=\dfrac{y-1}{\dfrac{1}{2}}=\dfrac{z-\dfrac{\pi}{4}}{-1}$.

10. $x-y+2z\pm\dfrac{\sqrt{22}}{2}=0$. 11. $\arccos\dfrac{3}{\sqrt{22}}$ 或 $\arctan\dfrac{\sqrt{13}}{3}$.

12. $\arccos\dfrac{8}{\sqrt{77}}$.

习 题 7.6

1. (1) $z(0,0)=0$,极小值;$z(1,0)=0$ 极小值;驻点 $\left(\dfrac{1}{2},0\right)$ 处无极值;

   (2) 驻点 $(0,1)$ 处无极值. (3) $z(1,1)=-1$,极小值;驻点 $(0,0)$ 处无极值.

   (4) $z\left(\dfrac{\pi}{3},\dfrac{\pi}{6}\right)=\dfrac{3}{2}\sqrt{3}$,极大值;

   (5) $z(1,1)=z(-1,-1)=-2$,极小值;驻点 $(0,0)$ 处无极值;

   (6) $z_1(1,1)=6$,极大值;$z_2(1,1)=-2$,极小值.

2. $\dfrac{a^2b^2}{a^2+b^2}$.   3. $\left(-\dfrac{3}{5},-\dfrac{6}{5}\right)$.

4. $\dfrac{7}{8}\sqrt{2}$.

5. $\dfrac{|Ax_0+By_0+Cz_0+D|}{\sqrt{A^2+B^2+C^2}}$.

6. 最近点：$\left(9,\dfrac{1}{8},\dfrac{3}{8}\right)$，最远点：$\left(-9,\dfrac{-1}{8},\dfrac{-3}{8}\right)$.

7. $\sqrt[3]{2V},\sqrt[3]{2V},\dfrac{1}{2}\sqrt[3]{2V}$.

8. $H=2R=2\sqrt{\dfrac{S}{3\pi}}$，其中 R 为圆柱面的半径，H 为母线.

9. 边长为 $\dfrac{p}{2},\dfrac{3p}{4},\dfrac{3p}{4}$.

10. 长方体高等于 $\dfrac{1}{3}$ 圆锥的高，底面边长为 $\dfrac{2\sqrt{2}}{3}R$.

11. 长 56.9104，宽 28.45512，高 21.34134.

12. $x=\dfrac{2}{3}a,\theta=\dfrac{\pi}{3}$. 13. $\dfrac{C}{n}$.

第 八 章

习 题 8.1

1. (1) 1； (2) $(e-1)^2$； (3) $\ln\dfrac{2+\sqrt{2}}{1+\sqrt{3}}$；(4) $\pi-2$； (5) $-\dfrac{\pi}{16}$.

2. (1) $\int_0^1 dx \int_0^x f(x,y)dy = \int_0^1 dy \int_y^1 f(x,y)dx$.

   (2) $\int_0^a dy \int_y^{y+2a} f(x,y)dx = \int_0^a dx \int_0^x f(x,y)dy$
   $+ \int_a^{2a} dx \int_0^a f(x,y)dy + \int_{2a}^{3a} dx \int_{x-2a}^a f(x,y)dy$.

   (3) $\int_{-1}^1 dy \int_{-\sqrt{1-y^2}}^{\sqrt{1-y^2}} f(x,y)dx = \int_{-1}^1 dx \int_{-\sqrt{1-x^2}}^{\sqrt{1-x^2}} f(x,y)dy$.

   (4) $\int_{-\frac{1}{2}}^{\frac{1}{2}} dx \int_{\frac{1}{2}-\sqrt{\frac{1}{4}-x^2}}^{\frac{1}{2}+\sqrt{\frac{1}{4}-x^2}} f(x,y)dy = \int_0^1 dy \int_{-\sqrt{y-y^2}}^{\sqrt{y-y^2}} f(x,y)dx$.

   (5) $\int_{-1}^1 dx \int_{x^2}^1 f(x,y)dy = \int_0^1 dy \int_{-\sqrt{y}}^{\sqrt{y}} f(x,y)dx$.

   (6) $\int_{-\sqrt{2}}^{\sqrt{2}} dx \int_{x^2}^{4-x^2} f(x,y)dy = \int_0^2 dy \int_{-\sqrt{y}}^{\sqrt{y}} f(x,y)dx$
   $+ \int_2^4 dy \int_{-\sqrt{4-y}}^{\sqrt{4-y}} f(x,y)dx$.

(7) $\int_0^1 dx \int_{\frac{1}{2}x}^{2x} f(x,y)dy + \int_1^2 dx \int_{\frac{1}{2}x}^{\frac{2}{x}} f(x,y)dy$

$= \int_0^1 dy \int_{\frac{y}{2}}^{2y} f(x,y)dx + \int_1^2 dy \int_{\frac{y}{2}}^{\frac{2}{y}} f(x,y)dx.$

(8) $\int_0^2 dx \int_x^{2x} f(x,y)dy + \int_2^3 dx \int_x^{6-x} f(x,y)dy$

$= \int_0^3 dy \int_{\frac{y}{2}}^{y} f(x,y)dx + \int_3^4 dy \int_{\frac{y}{2}}^{6-y} f(x,y)dx.$

3. (1) $\int_0^1 dx \int_{x^2}^{x} f(x,y)dy.$ (2) $\int_0^1 dy \int_{-\sqrt{1-y^2}}^{\sqrt{1-y^2}} f(x,y)dx.$

(3) $\int_0^a dy \int_{a-\sqrt{a^2-y^2}}^{y} f(x,y)dx.$ (4) $\int_1^2 dy \int_1^{y} f(x,y)dx + \int_2^4 dy \int_{\frac{y}{2}}^{2} f(x,y)dx.$

(5) $\int_0^4 dy \int_0^{\frac{y}{2}} f(x,y)dx + \int_4^6 dy \int_0^{6-y} f(x,y)dx.$ (6) $\int_0^1 dy \int_{e^y}^{e} f(x,y)dx.$

4. (1) $\frac{2}{3}a^{\frac{3}{2}}$; (2) 9; (3) $\frac{1}{2}(e^{a^2}-1)$; (4) $\frac{1}{6}$;

(5) $\int_0^1 dx \int_{x^2}^{\sqrt{x}} (x^2+y)dy = \frac{33}{140}$; (6) $\int_1^2 dx \int_{\frac{1}{x}}^{x} \frac{x^2}{y^2} dy = \frac{9}{4}$;

(7) $\int_0^\pi dy \int_0^y \cos(x+y)dx = -2$;

(8) $\int_0^1 dx \int_0^{\sqrt[3]{1-x^3}} x^2 y^2 \sqrt{1-x^3-y^3} dy = \frac{4}{135}$;

(9) $4\int_0^{\frac{\pi}{2}} d\theta \int_0^a r^3 \cos\theta \sin\theta dr = \frac{1}{2}a^4$; (10) $\int_{-\frac{1}{2}}^1 dy \int_{y^2}^{\frac{y+1}{2}} y^2 dx = \frac{63}{640}.$

5. (1) $\int_0^{2\pi} d\theta \int_0^R f(r\cos\theta, r\sin\theta) r dr$;

(2) $\int_{-\frac{\pi}{2}}^{\frac{\pi}{2}} d\theta \int_0^{a\cos\theta} f(r\cos\theta, r\sin\theta) r dr \ (a>0)$;

(3) $\int_0^\pi d\theta \int_0^{b\sin\theta} f(r\cos\theta, r\sin\theta) r dr$; (4) $\int_0^{\frac{\pi}{4}} d\theta \int_0^{\frac{1}{\cos\theta}} f(r\cos\theta, r\sin\theta) r dr$;

(5) $\int_{\frac{\pi}{4}}^{\arctan 2} d\theta \int_{4\cos\theta}^{8\cos\theta} f(r\cos\theta, r\sin\theta) r dr$;

(6) $\left[\int_0^{\frac{\pi}{4}} d\theta \int_0^{a\sin\theta} + \int_{\frac{\pi}{4}}^{\frac{\pi}{2}} d\theta \int_0^{a\cos\theta}\right] f(r\cos\theta, r\sin\theta) r dr.$

6. (1) $4\int_0^{\frac{\pi}{2}} d\theta \int_0^a r^2 dr = \frac{2\pi a^3}{3}$; (2) $4\int_0^{\frac{\pi}{2}} d\theta \int_\pi^{2\pi} r\sin r dr = -6\pi^2$;

(3) $4\int_0^{\frac{\pi}{2}}d\theta\int_0^1 re^{-r^2}dr=\pi\left(1-\frac{1}{e}\right)$; (4) $\int_{\frac{\pi}{6}}^{\frac{\pi}{3}}d\theta\int_0^3 \theta r dr=\frac{\pi^2}{6}$;

(5) $2\int_0^{\frac{\pi}{2}}d\theta\int_0^{R\cos\theta}\sqrt{R^2-r^2}r dr=\frac{1}{3}R^3\left(\pi-\frac{4}{3}\right)$;

(6) $\int_0^{\frac{\pi}{2}}d\theta\int_0^R r\ln(1+r^2)dr=\frac{\pi}{4}[(1+R^2)\ln(1+R^2)-R^2]$;

(7) $\int_{\arctan\alpha}^{\arctan\beta}d\theta\int_a^b r^2\sin\theta dr=\frac{1}{3}(b^3-a^3)\left(\frac{1}{\sqrt{1+\alpha^2}}-\frac{1}{\sqrt{1+\beta^2}}\right)$.

7. $\frac{1}{2}\int_{-\frac{\pi}{2}}^{\frac{\pi}{2}}f(\tan\theta)\cos^2\theta d\theta$.   **8.** $2\int_0^{\pi}\frac{1}{2}a^2(1+\cos\theta)^2d\theta=\frac{3}{2}\pi a^2$.

9. $4\int_0^{\frac{\pi}{4}}\frac{1}{2}4\cos 2\theta d\theta=4$.

10. (1) $\int_0^1 dx\int_0^{1-x}(1+x+y)dy=\frac{5}{6}$;

(2) $4\int_0^{\frac{\pi}{2}}d\theta\int_0^{\sqrt{3}}\left(\sqrt{4-r^2}-\frac{r^2}{3}\right)r dr=\frac{19}{6}\pi$;

(3) $2\int_0^1 dx\int_{x^2}^1(x^2+y^2)dy=\frac{88}{105}$;

(4) $\int_0^{\frac{\pi}{2}}d\theta\int_0^R (a-r(\cos\theta+\sin\theta))r dr=\frac{\pi aR^2}{4}-\frac{2R^3}{3}$;

(5) $2\int_0^{\frac{\pi}{2}}d\theta\int_{\cos\theta}^{2\cos\theta}r^2\cdot r dr=\frac{45}{32}\pi$;   (6) $\int_0^1 dx\int_{x^2}^x(x^2+y^2)dy=\frac{3}{35}$;

(7) $\int_0^1 dx\int_0^{1-x}(x+y-xy)dy=\frac{7}{24}$; (8) $4\int_0^{\frac{\pi}{2}}d\theta\int_0^a\left(r-\frac{r^2}{a}\right)r dr=\frac{\pi}{6}a^3$;

(9) $4\int_0^{\frac{\pi}{2}}d\theta\int_0^a(a+\sqrt{a^2-r^2}-r)r dr=\pi a^3$.

*11. $\int_0^1 du\int_0^{+\infty}f\left(\frac{u}{1+v},\frac{uv}{1+v}\right)\frac{u}{(1+v)^2}dv$.

*12. 令 $\begin{cases}y^2=ux,\\x^2=vy,\end{cases}$ 即令 $\begin{cases}x=u^{\frac{1}{3}}v^{\frac{2}{3}},\\y=u^{\frac{2}{3}}v^{\frac{1}{3}},\end{cases}$ 面积 $=\int_p^q du\int_a^b\frac{1}{3}dv=\frac{1}{3}(b-a)(q-p)$.

*13. (1) 令 $\begin{cases}x+y=u,\\y=vx,\end{cases}$ 即令 $\begin{cases}x=\dfrac{u}{1+v},\\y=\dfrac{uv}{1+v},\end{cases}$ 积分 $=\int_1^2 du\int_1^2\dfrac{u^2}{1+v}\cdot\dfrac{u}{(1+v)^2}dv=\dfrac{25}{96}$;

(2) 变换同 12 题,积分 $=\int_{\frac{1}{2}}^1 du\int_2^3(uv^2+u^2v)\frac{1}{3}dv=\frac{149}{144}$;

(3) 令 $\begin{cases} x = \dfrac{1}{2} + r\cos\theta, \\ y = \dfrac{1}{2} + r\sin\theta, \end{cases}$ 积分 $= \int_0^{2\pi} d\theta \int_0^{\frac{\sqrt{2}}{2}} (1 + r\cos\theta + r\sin\theta) r dr = \dfrac{\pi}{2}$;

(4) 用极坐标系,积分 $= 4\int_0^{\frac{\pi}{2}} d\theta \int_0^{(\cos^4\theta + \sin^4\theta)^{-1/4}} r^3 dr = \int_0^{\frac{\pi}{2}} \dfrac{d\theta}{\cos^4\theta + \sin^4\theta}$,令 $\tan\theta = u$,积分 $= \int_0^{+\infty} \dfrac{1+u^2}{1+u^4} du = \dfrac{\sqrt{2}}{2}\pi$.

习 题 8.2

1. $\int_0^1 dx \int_0^{1-x} dy \int_0^{xy} xy\, dz = \dfrac{1}{180}$.

2. $\int_0^1 dx \int_0^{1-x} dy \int_0^{1-x-y} \dfrac{dz}{(x+y+z+1)^3} = \dfrac{1}{2}\left(\ln 2 - \dfrac{5}{8}\right)$.

3. $\int_0^{\frac{\pi}{2}} dx \int_0^{\sqrt{x}} dy \int_0^{\frac{\pi}{2}-x} y\cos(z+x) dz = \dfrac{1}{2}\left(\dfrac{\pi^2}{8} - 1\right)$.

4. $\int_0^1 dx \int_0^x dy \int_0^{xy} xy^2 z^3 dz = \dfrac{1}{364}$.

5. $\int_{\frac{\pi}{2}}^{\pi} d\theta \int_0^{\frac{\pi}{2}} d\varphi \int_0^1 \rho^5 \sin^3\varphi \cos\varphi \sin\theta \cos\theta\, d\rho = -\dfrac{1}{48}$.

6. $4\int_0^{\frac{\pi}{2}} d\theta \int_0^1 r dr \int_r^1 r dz = \dfrac{\pi}{6}$. 　　7. $4\int_0^{\frac{\pi}{2}} d\theta \int_0^2 r dr \int_{\frac{r}{2}}^2 r^4 \cos^2\theta \sin^2\theta z dz = \dfrac{32}{15}\pi$.

8. $4\int_0^{\frac{\pi}{2}} d\theta \int_0^{\frac{\pi}{2}} d\varphi \int_0^{2a\cos\varphi} \rho\sin\varphi\, d\rho = \dfrac{4}{3}\pi a^2$. 　　9. $4\int_0^{\frac{\pi}{2}} d\theta \int_0^{\frac{\pi}{2}} d\varphi \int_0^{\cos\varphi} \rho^3 \sin\varphi\, d\rho = \dfrac{\pi}{10}$.

10. $4\int_0^{\frac{\pi}{2}} d\theta \int_0^2 r dr \int_{\frac{r}{2}}^2 r^2 dz = \dfrac{16}{3}\pi$. 　　11. $4\int_0^{\frac{\pi}{2}} d\theta \int_0^{\frac{\pi}{2}} d\varphi \int_a^b \rho^4 \sin^3\varphi\, d\rho = \dfrac{4\pi}{15}(b^5 - a^5)$.

12. $4\int_{-1}^1 dz \int_0^{\frac{\pi}{2}} d\theta \int_0^1 \dfrac{r dr}{\sqrt{r^2 + (z-2)^2}}$
$= \pi[3\sqrt{10} - \sqrt{2} - 8 + \ln(\sqrt{2} - 1) - \ln(\sqrt{10} - 3)]$.

13. $4\int_{-1}^1 dz \int_0^{\frac{\pi}{2}} d\theta \int_0^{\sqrt{1-z^2}} \dfrac{r dr}{\sqrt{r^2 + (z-2)^2}} = \dfrac{2\pi}{3}$.

14. $4\int_0^{\frac{\pi}{2}} d\theta \int_0^{R\cos\theta} r dr \int_0^{\sqrt{R^2 - r^2}} z^2 dz = \dfrac{2}{15} R^5 \left(\pi - \dfrac{16}{15}\right)$.

15. $\iiint_\Omega z dv = 4\int_0^{\frac{\pi}{2}} d\theta \int_0^a r dr \int_r^{a+\sqrt{a^2-r^2}} z dz = \dfrac{7}{6}\pi a^4$.

16. 被积函数是 x 的奇函数,又积分区域关于 Oyz 平面对称,故积分值为 0.

17. (1) $4\int_0^{\frac{\pi}{2}}d\theta\int_0^a rdr\int_{\frac{r^2}{a}}^{2a-r}dz = \frac{5}{6}\pi a^3$.

   *(2) 令 $\begin{cases} x=au, \\ y=br\cos\theta, \\ z=cr\sin\theta. \end{cases}$

   积分 $= 4\int_0^{\frac{\pi}{2}}d\theta\int_0^1 abcrdr\int_r^{\sqrt{2-r^2}}du = 2\pi abc\left(\frac{2}{3}\sqrt{2} - \frac{7}{12}\right)$.

   (3) $2\int_0^{\frac{\pi}{2}}d\theta\int_0^{a\cos\theta}rdr\int_0^{a-\frac{r^2}{a}\sin^2\theta}dz = \frac{15}{64}\pi a^3$;

   (4) $16\int_0^{\frac{\pi}{4}}d\theta\int_0^a rdr\int_0^{\sqrt{a^2-r^2\cos^2\theta}}dz = 16a^3\left(1 - \frac{\sqrt{2}}{2}\right)$.

18. 下部分体积 $= 4\int_0^{\frac{\pi}{2}}d\theta\int_0^{\sqrt{3}}rdr\int_{2-\sqrt{4-r^2}}^{4-r^2}dz = \frac{37}{6}\pi$,

   上部分体积 $= \frac{4}{3}\pi\cdot 2^3 - \frac{37}{6}\pi = \frac{27}{6}\pi$,体积之比 $= \frac{27}{37}$.

19. $\int_0^{2\pi}d\theta\int_0^{\frac{\pi}{6}}d\varphi\int_0^{\cos\varphi}f(\rho)\rho^2\sin\varphi d\rho$; $\int_0^{2\pi}d\theta\int_{\frac{\sqrt{3}}{3}r}^{\frac{\sqrt{3}}{3}}rdr\int_{\frac{1}{2}+\sqrt{\frac{1}{4}-r^2}}^{\frac{1}{2}+\sqrt{\frac{1}{4}-r^2}}f(\sqrt{r^2+z^2})dz$.

20. $\int_0^a f(z)dz\int_z^a dx\int_z^x dy$.

*21. 作变换 $x=a+u, y=b+v, z=c+w$,积分化为

   $\iiint_{\Omega'}[(a+b+c) + (u+v+w)]dudvdw$, $\Omega': u^2+v^2+w^2 \leq R^2$.

   由对称性 $\iiint_{\Omega'}(u+v+w)dudvdw = 0$,所以原积分 $= \frac{4}{3}\pi R^3(a+b+c)$.

*22. 作变换:$x=au, y=bv, z=cw$,积分化为

   $\iiint_{\Omega'}(au+1)(bv+1)\cdot abcdudvdw$, $\Omega': u^2+v^2+w^2 \leq 1$.

   由对称性,原积分 $= \frac{4}{3}\pi abc$.

*23. $\int_1^2 dx\int_0^{\frac{2}{x}}dy\int_0^1(x^2y+3xyz)dz = 2+3\ln 2$,或作变换 $u=x, v=xy, w=3z$,

   即 $x=u, y=\frac{v}{u}, z=\frac{w}{3}$,有 $\frac{D(x,y,z)}{D(u,v,w)} = \frac{1}{3u}$,

   原积分 $= \int_0^3 dw\int_0^2 dv\int_1^2(uv+vw)\frac{1}{3u}du = 2+3\ln 2$.

习 题 8.3

1. $\iint\limits_{D}\sqrt{1+\dfrac{x^2+y^2}{a^2}}\,dxdy(D: x^2+y^2\leqslant a^2)=\dfrac{2\pi}{3}a^2(2\sqrt{2}-1).$

2. $2\iint\limits_{D}\sqrt{\dfrac{a^2}{a^2-x^2-y^2}}\,dxdy(D: x^2+y^2\leqslant ax)=2a^2(\pi-2).$

3. $4\iint\limits_{D_{zx}}\dfrac{a}{2\sqrt{ax-x^2}}\,dzdx(D_{zx}: z=\sqrt{a^2-ax}\ \text{与}\ x\ \text{轴},z\ \text{轴所围})=4a^2.$

4. $2\iint\limits_{D}\sqrt{1+\dfrac{x}{2y}+\dfrac{y}{2x}}\,dxdy(D: \text{直线}\ x=0,y=0,x+y=1\ \text{所围})=\dfrac{\pi}{\sqrt{2}}.$

5. $4\iint\limits_{D_{yz}}\dfrac{a}{\sqrt{a^2-y^2-z^2}}\,dydz\left(D_{yz}: \dfrac{a}{4}\leqslant y\leqslant \dfrac{a}{2},0\leqslant z\leqslant\sqrt{a^2-y^2}\right)=\dfrac{\pi a^2}{2},$ 或按 旋转曲面,用定积分计算.

6. $\iint\limits_{D}c\sqrt{\dfrac{1}{a^2}+\dfrac{1}{b^2}+\dfrac{1}{c^2}}\,dxdy\left(D: \text{直线}\ x=0,y=0,\dfrac{x}{a}+\dfrac{y}{b}=1\ \text{所围}\right)$
$=\dfrac{abc}{2}\sqrt{\dfrac{1}{a^2}+\dfrac{1}{b^2}+\dfrac{1}{c^2}}.$

7. $\iint\limits_{D}\dfrac{\sqrt{3}a}{\sqrt{3a^2-x^2-y^2}}\,dxdy+\iint\limits_{D}\dfrac{1}{a}\sqrt{a^2+x^2+y^2}\,dxdy(D: x^2+y^2\leqslant 2a^2)$
$=\dfrac{16}{3}\pi a^2.$

8. $2\iint\limits_{D_{zx}}\dfrac{\sqrt{2}z}{\sqrt{z^2-x^2}}\,dzdx(D_{zx}: x=z\ \text{与}\ z^2=2x\ \text{所围})=\sqrt{2}\pi.$

9. 质量$=\iint\limits_{D}\dfrac{\sqrt{2}\rho_0}{a}\sqrt{x^2+y^2}\,dxdy(D: 0\leqslant x\leqslant a,0\leqslant y\leqslant a)$（用极坐标）
$=\dfrac{\rho_0 a^2}{3}[2+\sqrt{2}\ln(1+\sqrt{2})].$

$\bar{x}=\bar{y}=\dfrac{a}{8}\cdot\dfrac{14-2\sqrt{2}+3\sqrt{2}\ln(1+\sqrt{2})}{2+\sqrt{2}\ln(1+\sqrt{2})}.$

10. $M=\iiint\limits_{\Omega}(x+y+z)dv(\Omega: 0\leqslant x\leqslant 1,0\leqslant y\leqslant 1,0\leqslant z\leqslant 1)=3\iiint\limits_{\Omega}zdv=\dfrac{3}{2}.$

$\bar{x}=\bar{y}=\bar{z}=\dfrac{5}{9}.$

11. $M = \iiint\limits_{\Omega}(x^2+y^2+z^2)\mathrm{d}v(\Omega: x^2+y^2+z^2 \leqslant 2Rz) = \frac{2^5 \pi R^5}{15}$,由对称性 $\bar{x} = \bar{y} = 0, \bar{z} = \frac{1}{M}\iiint\limits_{\Omega}z(x^2+y^2+z^2)\mathrm{d}v = \frac{5}{4}R.$

12. (1) 显然 $m = \frac{\mu}{6}\pi abc$,用广义球坐标 $x = a\rho\sin\varphi\cos\theta, y = b\rho\sin\varphi\sin\theta, z = c\rho\cos\varphi, m\bar{z} = \mu\iiint\limits_{\Omega}z\mathrm{d}v = \mu\int_0^{\frac{\pi}{2}}\mathrm{d}\theta\int_0^{\frac{\pi}{2}}\mathrm{d}\varphi\int_0^1 abc^2\rho^3\cos\varphi\sin\varphi\,\mathrm{d}\rho = \frac{\mu}{16}\pi abc^2$,

$\bar{z} = \frac{3}{8}c.$ 同理 $\bar{x} = \frac{3}{8}a, \bar{y} = \frac{3}{8}b.$

(2) $m = \frac{1}{3}\pi abc$,又 $\bar{x} = \bar{y} = 0, m\bar{z} = \iiint\limits_{\Omega}z\mathrm{d}v.$

作变换 $x = ar\cos\theta, y = br\sin\theta, z = ch,$
$m\bar{z} = \int_0^1 ch\mathrm{d}h\int_0^{2\pi}\mathrm{d}\theta\int_0^h abcr\mathrm{d}r = \frac{1}{4}\pi abc^2, \bar{z} = \frac{3}{4}c.$

13. (1) $I_{xy} = \iiint\limits_{\Omega}z^2\mathrm{d}v$,用 12. (1)中之变换,

$I_{xy} = \int_0^{2\pi}\mathrm{d}\theta\int_0^{\pi}\mathrm{d}\varphi\int_0^1 abc^3\rho^4\cos^2\varphi\sin\varphi\,\mathrm{d}\rho = \frac{4}{15}\pi abc^3,$

类似地 $I_{yz} = \frac{4}{15}\pi a^3 bc, I_{zx} = \frac{4}{15}\pi ab^3 c;$

(2) $I_z = \iiint\limits_{\Omega}(x^2+y^2)\mathrm{d}v$,用柱坐标系,

$I_z = \int_0^{2\pi}\mathrm{d}\theta\int_0^1 r^2 r\mathrm{d}r\int_r^{\sqrt{2-r^2}}\mathrm{d}z = \left[\frac{16\sqrt{2}}{15} - \frac{4}{3}\right]\pi;$

(3) $I_{xy} = \iiint\limits_{\Omega}z^2\mathrm{d}v = \int_0^c z^2\mathrm{d}z\iint\limits_{D(z)}\mathrm{d}x\mathrm{d}y\left(D(z):\text{直线 }x=0, y=0, \frac{x}{a}+\frac{y}{b} = 1 - \frac{z}{c}\text{ 所围}\right),$

$I_{xy} = \frac{abc^3}{60}$,类似地有 $I_{yz} = \frac{a^3 bc}{60}, I_{zx} = \frac{ab^3 c}{60}.$

14. $M = \iiint\limits_{\Omega}k\sqrt{x^2+y^2+z^2}\mathrm{d}v(\Omega: x^2+y^2+z^2 \leqslant R^2)$ 取球坐标系,$M = k\pi R^4.$

$I_z = \iiint\limits_{\Omega}k\sqrt{x^2+y^2+z^2}(x^2+y^2)\mathrm{d}v = k\frac{4}{9}\pi R^6 = \frac{4}{9}MR^2.$

15. 设垂直轴穿过平面上点 (a,b),对此轴之转动惯量为 $I(a,b)$,则 $I(a,b) =$

305

$$\iint_D \rho[(x-a)^2+(y-b)^2]dxdy. \text{ 求点}(a,b)\text{使 }I(a,b)\text{最小，得点}$$

$$\left(\frac{\iint_D \rho x dxdy}{\iint_D \rho dxdy}, \frac{\iint_D \rho y dxdy}{\iint_D \rho dxdy}\right), \text{即重心处.}$$

17. 设引力 $F=\{F_x, F_y, F_z\}$，由对称性 $F_x=F_y=0$，

$$F_z = \iiint_\Omega \frac{km\rho}{x^2+y^2+z^2} \frac{z}{(x^2+y^2+z^2)^{1/2}}dv(\text{用柱坐标})=2\pi km\rho[\sqrt{20}-4].$$

18. $F_x=F_y=0, F_z = \iiint_\Omega \frac{km\rho z}{(x^2+y^2+z^2)^{3/2}}dv(\text{用球坐标系})=km\rho\pi(R-r).$

第 九 章

习 题 9.1

1. (1) $\int_0^4 \frac{1}{x-\left(\frac{x}{2}-2\right)}\sqrt{1+\left(\frac{1}{2}\right)^2}dx=\sqrt{5}\ln 2;$

(2) $\int_0^2 4y dy + \int_0^4 2x dx = 24;$

(3) $\int_0^a xb\sqrt{1-\frac{x^2}{a^2}}\sqrt{1+\frac{b^2}{a^2}\frac{x^2}{(a^2-x^2)}}dx = \frac{ab(a^2+ab+b^2)}{3(a+b)};$

(4) $\int_0^{2\pi} a^{2n} \cdot a dt = 2\pi a^{2n+1};$

(5) $\int_0^{2\pi} a^2(1+t^2) \cdot at\, dt = 2\pi^2 a^3(1+2\pi^2);$

(6) $\int_0^{2\pi} a^2(1-\cos t)^2 \sqrt{a^2(1-\cos t)^2+a^2\sin^2 t}\, dt = \frac{256}{15}a^3;$

(7) $\int_{OA} + \int_{AB} + \int_{OB} = \int_0^1 x dx + \int_0^1 \sqrt{2}\, dx + \int_0^1 y dy = 1+\sqrt{2};$

(8) 取曲线之参数方程 $\begin{cases} x=\frac{a}{2}+\frac{a}{2}\cos\theta, \\ y=\frac{a}{2}\sin\theta, \end{cases} \theta\in[0,2\pi],$

$\int_0^{2\pi} \sqrt{\frac{a^2}{2}+\frac{a^2}{2}\cos\theta}\frac{a}{2}d\theta = 2a^2;$

(9) $\int_{\frac{1}{2}}^{1} x\sqrt{1+\frac{1}{x^4}}dx = \frac{\sqrt{2}}{2} - \frac{\sqrt{17}}{8} - \frac{1}{2}\ln\frac{1+\sqrt{2}}{4+\sqrt{17}}$;

(10) $\int_{0}^{y_0} y\sqrt{1+\frac{y^2}{p^2}}dy = \frac{1}{3p}[(p^2+y_0^2)^{\frac{3}{2}} - p^3]$;

(11) 取参数方程: $\begin{cases} x = a\cos^3\theta, \\ y = a\sin^3\theta, \end{cases} \theta \in [0, 2\pi]$,

积分 $= 4\int_{0}^{\frac{\pi}{2}} a^{\frac{4}{3}}(\cos^4\theta + \sin^4\theta) \cdot 3a\cos\theta\sin\theta d\theta = 4a^{\frac{7}{3}}$;

(12) $\int_{0}^{2\pi} \frac{a^2 t^2}{a^2}\sqrt{2a^2}dt = \frac{8\sqrt{2}}{3}a\pi^3$.

2. $\int_{0}^{\pi} a\sin t \cdot a dt = 2a^2$.

3. $\int_{0}^{a} \frac{a\delta}{\frac{a}{2}(e^{\frac{x}{a}} + e^{-\frac{x}{a}})} \cdot \sqrt{1+\frac{1}{4}(e^{\frac{x}{a}} - e^{-\frac{x}{a}})^2} dx = a\delta$.

4. $m = \int_{0}^{\pi} \rho\sqrt{a^2(1-\cos t)^2 + a^2\sin^2 t}\, dt = 4a\rho$.

$m\bar{x} = \int_{0}^{\pi} \rho a(t-\sin t) \cdot 2a\sin\frac{t}{2} dt = \frac{16}{3}a^2\rho$, $\bar{x} = \frac{4}{3}a$;

$m\bar{y} = \int_{0}^{\pi} \rho a(1-\cos t) 2a\sin\frac{t}{2} dt = \frac{16}{3}a^2\rho$, $\bar{y} = \frac{4}{3}a$.

5. (1) $\int_{-1}^{0}[(x^2+x^2)+(x^2+x)(-1)]dx + \int_{0}^{2}[(x^2+x^2)+(x^2-x)]dx = \frac{41}{6}$;

(2) (i) $\int_{-1}^{1}[(x^2-2x^3)+(x^4-2x^3)(2x)]dx = -\frac{14}{15}$,

(ii) $\int_{-1}^{1}(x^2-2x)dx = \frac{2}{3}$;

(3) $\int_{OP} + \int_{PQ} = \int_{0}^{2} -y^2 dy + \int_{0}^{2} 4x dx = \frac{16}{3}$;

(4) $\int_{OP} + \int_{PQ} + \int_{QO} = 0 + \int_{0}^{3} 2\left(1 - \frac{y}{3}\right)dy + 0 = 3$;

(5) (i) $\int_{0}^{1} x^2 dx = \frac{1}{3}$; (ii) $\int_{0}^{1}[x^3+(x^2-x)(2x)]dx = \frac{1}{12}$;

(iii) $\int_{0}^{1}(y^3 \cdot 2y + y - y^2)dy = \frac{17}{30}$;

(iv) $\int_{0}^{1}[x^4 + (x^3-x)3x^2]dx = -\frac{1}{20}$;

(6) $\int_{0}^{\pi}[\sin(\pi-x)+(-1)\sin x]dx = 0$;

(7) $\int_0^{2\pi} [(a+a\cos t)(a-a\cos t)-a\cos t \cdot a\sin t]dt = \pi a^2$;

(8) $\int_{M_1M_2} + \int_{M_2M_3} + \int_{M_3M_4} + \int_{M_4M_1} = \int_0^2 (x^2+2x)dx + \int_{-1}^2 (y^2-4y)dy$
$+ \int_2^0 (x^2-4x)dx + \int_2^{-1} y^2 dy = 6$;

(9) $\int_{AB} \dfrac{dx+dy}{x+y} + \int_{BC} \dfrac{dx+dy}{-x+y} + \int_{CD} \dfrac{dx+dy}{-x-y} + \int_{DA} \dfrac{dx+dy}{x-y} = 0$;

(10) $\int_{OA} + \int_{AB} + \int_{BO} = \int_0^3 (2x+4)dx + \int_0^2 (5y+3)dy + \int_3^0 \dfrac{50}{9}x\,dx = 12$;

(11) $\int_0^1 [2t^2 + 4t^2 + 2t^3(t-1)]dt = \dfrac{19}{10}$;

(12) $\int_0^{2\pi} (-a^2\sin^2 t + abt\cos t + ab\cos t)dt = -\pi a^2$;

(13) 直线段 $x=2+t, y=3+t, z=4+t, t$ 由 0 到 1,
$\int_0^1 [(3+t)+(2+t)+(9+3t)]dt = \dfrac{33}{2}$;

(14) 曲线之参数方程：$x=a\cos\alpha\cos\theta, y=a\sin\alpha\cos\theta, z=a\sin\theta, \theta$ 由 0 到 2π, $\int_0^{2\pi} a^2(\cos\alpha-\sin\alpha)d\theta = 2\pi a^2(\cos\alpha-\sin\alpha)$.

6. 功 $= \int_{AB} -x^2 dy = \int_0^1 -(1-y^2)^2 dy = -\dfrac{8}{15}$.

7. 力 $= \dfrac{-k}{|z|\sqrt{x^2+y^2+z^2}}\{x,y,z\}$,
$W = \int_{AB} -k\dfrac{xdx+ydy+zdz}{|z|\sqrt{x^2+y^2+z^2}} = -\dfrac{k\ln 2}{|c|}\sqrt{a^2+b^2+c^2}$.

8. (1) $\int_{\widehat{AB}} ydx - xdy + (x+y+z)dz = \dfrac{c^2}{2} - 2\pi a^2$;

(2) $\int_{\overline{AB}} ydx - xdy + (x+y+z)dz = \dfrac{c^2}{2} + ac$.

习 题 9.2

1. (1) $\iint\limits_D (-1-1)dxdy = -2\pi ab$; (2) $\iint\limits_D (y^2+x^2)dxdy = \dfrac{1}{2}\pi a^4$;

(3) $\iint\limits_D (2x-2y)dxdy = -2$;

(4) $\int_{\widehat{AO}} + \int_{\overline{OA}} = \iint\limits_D m\,dxdy = \dfrac{\pi}{8}ma^2$, 又 $\int_{\overline{OA}} = 0$.

2. $\widehat{AmB}$: $y=5x-4$, x: $1\to 2$; $\widehat{AnB}$: $y=2x^2-x$, x: $1\to 2$.
   $I_1-I_2 = \oint_{\widehat{AmBnA}} = \iint_D 4x\,dx\,dy = 2$.

3. (1) πab； (2) $\dfrac{3}{8}\pi a^2$； (3) $6\pi a^2$；

   (4) 双纽线之极坐标方程：
   $$r=a\sqrt{\cos 2\theta},\quad \theta\in\left[-\dfrac{\pi}{4},\dfrac{\pi}{4}\right],\quad \theta\in\left[\dfrac{3}{4}\pi,\dfrac{5}{4}\pi\right].$$

   双纽线之参数方程：$\begin{cases} x=a\sqrt{\cos 2\theta}\cos\theta, \\ y=a\sqrt{\cos 2\theta}\sin\theta, \end{cases}$

   面积＝两倍右半平面之面积＝a^2.

5. (1) $u(x,y)=\dfrac{x^2}{2}+xy-\dfrac{y^2}{2}$ 使 $du=(x+y)dx+(x-y)dy$，故
   $$\int_{(0,0)}^{(1,1)}(x+y)dx+(x-y)dy=u(1,1)-u(0,0)=1;$$

   (2) $u(x,y)=\dfrac{x^5}{5}+2x^2y^3-y^5$ 使 $du=(x^4+4xy^3)dx+(6x^2y^2-5y^4)dy$，

   所给积分＝$u(3,0)-u(0,-1)=\dfrac{238}{5}$；

   (3) $u(x,y)=\dfrac{x^2}{2}y(1+y)$，所给积分＝$\dfrac{1}{2}[a_2^2 b_2(1+b_2)-a_1^2 b_1(1+b_1)]$；

   (4) $u(x,y)=e^x\cos y$，所给积分＝$e^a\cos b-1$.

6. (1) $u(x,y)=\dfrac{x^3}{3}+x^2y-xy^2-\dfrac{y^3}{3}$； (2) $u(x,y)=x^2\cos y+y^2\cos x$；

   (3) $u(x,y)=\dfrac{e^y-1}{1+x^2}$； (4) $u(x,y)=\dfrac{1}{2\sqrt{2}}\arctan\dfrac{3x-y}{2\sqrt{2}y}$.

7. $n=1$, $u(x,y)=\dfrac{1}{2}\ln(x^2+y^2)+\arctan\dfrac{y}{x}$.

8. $a=-1$, $b=-1$ 时 $u(x,y)=\dfrac{x-y}{x^2+y^2}$.

9. 力＝$\{-x,-y\}$，(1) 功＝$\dfrac{1}{2}(a^2-b^2)$； (2) 功＝0.

10. 因 $\dfrac{\partial P}{\partial y}=2y=\dfrac{\partial Q}{\partial x}$，或因 $u(x,y)=\dfrac{x^2}{2}+xy^2-8y$ 使 $du=Pdx+Qdy$.

11. 因 $P=\dfrac{-kx}{(x^2+y^2)^{3/2}}$, $Q=\dfrac{-ky}{(x^2+y^2)^{3/2}}$ 有 $\dfrac{\partial P}{\partial y}=\dfrac{\partial Q}{\partial x}$ 在右半平面.

12. 力＝$\dfrac{k}{x^2+y^2}\{-x,-y,0\}$，功＝$\dfrac{k}{2}\ln 2$.

13. 注意：区域 D 之边界曲线之外法线矢量 $\{\cos\alpha,\cos\beta\}$ 依逆时针方向转 $\dfrac{\pi}{2}$

到达边界曲线正方向之切矢量$\{\cos\varphi,\cos\psi\}$；故有：$\cos\alpha=\cos\psi,\cos\beta=-\cos\varphi$. 再应用两种曲线积分间的关系。

习 题 9.3

1. (1) $4\iint\limits_{S}\mathrm{d}S=4\sqrt{61}$；

   (2) $(\sqrt{3}+1)\iint\limits_{\substack{x+y\leqslant 1\\x\geqslant 0,y\geqslant 0}}\dfrac{\mathrm{d}\sigma}{(1+x+y)^2}+2\iint\limits_{\substack{x+z\leqslant 1\\x\geqslant 0,z\geqslant 0}}\dfrac{\mathrm{d}\sigma}{(1+x)^2}$
   $=\dfrac{3-\sqrt{3}}{2}+(\sqrt{3}-1)\ln 2$；

   (3) $a\iint\limits_{x^2+y^2\leqslant a^2}\left(\dfrac{x+y}{\sqrt{a^2-x^2-y^2}}+1\right)\mathrm{d}\sigma=\pi a^3$；   (4) $\iint\limits_{x^2+y^2\leqslant R^2}R\mathrm{d}\sigma=\pi R^3$；

   (5) $\iint\limits_{x^2+y^2\leqslant R^2}x^2y^2\dfrac{R}{\sqrt{R^2-x^2-y^2}}\mathrm{d}\sigma=\dfrac{2}{15}\pi R^6$；

   (6) $(1+\sqrt{2})\iint\limits_{x^2+y^2\leqslant 1}(x^2+y^2)\mathrm{d}\sigma=(1+\sqrt{2})\dfrac{\pi}{2}$；

   (7) $\iint\limits_{x^2+y^2\leqslant 2ax}[xy+(x+y)\sqrt{x^2+y^2}]\sqrt{2}\,\mathrm{d}\sigma=\dfrac{64}{15}\sqrt{2}\,a^4$.

2. $\iint\limits_{S}z\mathrm{d}S=\left(\dfrac{4}{5}\sqrt{3}+\dfrac{2}{15}\right)\pi$.   3. $\rho_0\iint\limits_{S}(x^2+y^2)\mathrm{d}S=\dfrac{4}{3}\pi a^4\rho_0$.

4. $F_x=F_y=0,F_z=\iint\limits_{S}\dfrac{kz}{(x^2+y^2+z^2)^{3/2}}\mathrm{d}S=2k\pi\left(1-\dfrac{R}{\sqrt{R^2+h^2}}\right)$.

5. $\bar{x}=\bar{y}=\bar{z}=\iint\limits_{S}z\mathrm{d}S\Big/\iint\limits_{S}\mathrm{d}S=\dfrac{a}{2}$.

6. (1) $4\iint\limits_{\substack{-z\leqslant y\leqslant z\\0\leqslant z\leqslant h}}\sqrt{z^2-y^2}\,\mathrm{d}y\mathrm{d}z-\iint\limits_{x^2+y^2\leqslant h^2}\sqrt{x^2+y^2}\,\mathrm{d}x\mathrm{d}y=0$；

   (2) $\iint\limits_{x^2+y^2\leqslant R^2}x^2y^2\sqrt{R^2-x^2-y^2}\,\mathrm{d}x\mathrm{d}y=\dfrac{2\pi}{105}R^7$；   (3) $\iint\limits_{\substack{0\leqslant x\leqslant 1\\0\leqslant y\leqslant 1}}\mathrm{d}x\mathrm{d}y=1$；

   (4) $\mathrm{e}^2\iint\limits_{x^2+y^2\leqslant 4}\dfrac{\mathrm{d}x\mathrm{d}y}{\sqrt{x^2+y^2}}-\iint\limits_{1\leqslant x^2+y^2\leqslant 4}\dfrac{\mathrm{e}^{\sqrt{x^2+y^2}}}{\sqrt{x^2+y^2}}\mathrm{d}x\mathrm{d}y-\mathrm{e}\iint\limits_{x^2+y^2\leqslant 1}\dfrac{\mathrm{d}x\mathrm{d}y}{\sqrt{x^2+y^2}}$
   $=2\pi\mathrm{e}^2$；

(5) $3\iint\limits_{\substack{0\leqslant y\leqslant 1-x \\ 0\leqslant x\leqslant 1}} x(1-x-y)\mathrm{d}x\mathrm{d}y = \dfrac{1}{8}$； (6) $4\iint\limits_{\substack{-1\leqslant y\leqslant 1 \\ 0\leqslant z\leqslant 3}} \sqrt{1-y^2}\mathrm{d}y\mathrm{d}z = 6\pi$；

(7) $h\iint\limits_{\substack{0\leqslant x\leqslant\sqrt{R^2-y^2} \\ 0\leqslant y\leqslant R}} y\mathrm{d}x\mathrm{d}y + \iint\limits_{\substack{0\leqslant z\leqslant h \\ 0\leqslant y\leqslant R}} z\sqrt{R^2-y^2}\mathrm{d}y\mathrm{d}z + \iint\limits_{\substack{0\leqslant z\leqslant h \\ 0\leqslant x\leqslant R}} x\sqrt{R^2-x^2}\mathrm{d}z\mathrm{d}x$

$= \dfrac{2}{3}hR^3 + \dfrac{\pi}{8}h^2R^2.$

7. (1) $\iint\limits_{S_1} yz\mathrm{d}y\mathrm{d}z + zx\mathrm{d}z\mathrm{d}x + xy\mathrm{d}x\mathrm{d}y = 0$；

   (2) $\iint\limits_{S_2} yz\mathrm{d}y\mathrm{d}z + zx\mathrm{d}z\mathrm{d}x + xy\mathrm{d}x\mathrm{d}y = 0.$

8. $\iint\limits_{S} (x-2z)\mathrm{d}y\mathrm{d}z + (x+3y+z)\mathrm{d}z\mathrm{d}x + (5x+y)\mathrm{d}x\mathrm{d}y = \dfrac{5}{3}.$

9. $\iint\limits_{S_1+S_2} x^2\mathrm{d}y\mathrm{d}z + y^2\mathrm{d}z\mathrm{d}x + xyz\mathrm{d}x\mathrm{d}y = \dfrac{a^2b^2c}{4} - ab^2c.$

10. $\iint\limits_{S} \mathrm{d}y\mathrm{d}z - \mathrm{d}z\mathrm{d}x + xyz\mathrm{d}x\mathrm{d}y = \sqrt{2}\,\pi R^2.$

11. $\iint\limits_{S} xy\mathrm{d}y\mathrm{d}z + yz\mathrm{d}z\mathrm{d}x + zx\mathrm{d}x\mathrm{d}y = \dfrac{3}{16}\pi.$

习题 9.4

1. (1) $\iiint\limits_{\Omega}(x^2+y^2+z^2)\mathrm{d}v = \dfrac{2}{5}\pi a^5$, $\Omega: z=\sqrt{a^2-x^2-y^2}$ 与 $z=0$ 所围；

   (2) $\iiint\limits_{\Omega} 2(x+y+z)\mathrm{d}v = \dfrac{\pi}{2}R^4$, $\Omega: z=\sqrt{R^2-x^2-y^2}$ 与 $z=0$ 所围；

   (3) $\iiint\limits_{\Omega} 2(x+y+z)\mathrm{d}v = 3a^4$, $\Omega: 0\leqslant x\leqslant a, 0\leqslant y\leqslant a, 0\leqslant z\leqslant a$；

   (4) $\iiint\limits_{\Omega}(y-z)\mathrm{d}v = -\dfrac{9}{2}\pi$, $\Omega: x^2+y^2\leqslant 1, 0\leqslant z\leqslant 3$；

   (5) $\iint\limits_{x^2+y^2\leqslant 1}(-1)\mathrm{d}x\mathrm{d}y = -\pi$；

   (6) $\iiint\limits_{\Omega} 2(x+y+z)\mathrm{d}v - \iint\limits_{S_1} z^2\mathrm{d}x\mathrm{d}y = -\dfrac{\pi}{2}h^4$, Ω 是 $z=\sqrt{x^2+y^2}$ 与 $z=h$ 所围, S_1 是平面 $z=h$ 上 $x^2+y^2\leqslant h^2$ 的部分之上侧；

(7) $\iiint\limits_{\Omega} 4\sqrt{x^2+y^2+z^2}\mathrm{d}v = 12\pi$, Ω: $1 \leqslant x^2+y^2+z^2 \leqslant 2$.

2. (1) $-\iint\limits_{S} \mathrm{d}y\mathrm{d}z + \mathrm{d}z\mathrm{d}x + \mathrm{d}x\mathrm{d}y = -\iint\limits_{S}(\cos\alpha+\cos\beta+\cos\gamma)\mathrm{d}S = -\sqrt{3}\pi a^2$,

S 是平面 $x+y+z=0$ 在球面 $x^2+y^2+z^2=a^2$ 中的一部分方向与 C 成右手系;

(2) $0 + \int_{\overline{AB}}(x^2-yz)\mathrm{d}x+(y^2-zx)\mathrm{d}y+(z^2-xy)\mathrm{d}z = \dfrac{h^3}{3}$,

$\overline{AB}$: $x=a, y=0, z=t, t \in [0,h]$;

(3) 0;

(4) $\iint\limits_{S} -z\mathrm{d}z\mathrm{d}x - y\mathrm{d}x\mathrm{d}y = 0$, S 是平面 $y=z$ 在圆柱面 $x^2+y^2=2y$ 中的部分,方向与 L 成右手系;

(5) $2\iint\limits_{S}(y-z)\mathrm{d}y\mathrm{d}z+(z-x)\mathrm{d}z\mathrm{d}x+(x-y)\mathrm{d}x\mathrm{d}y = 2\iint\limits_{S}z\mathrm{d}S = 2R\pi r^2$, S 为球面 $z=\sqrt{2Rx-x^2-y^2}$ 在柱面 $x^2+y^2=2rx$ 中的部分的上侧;

(6) $-\dfrac{4}{\sqrt{3}}\iint\limits_{S}(x+y+z)\mathrm{d}S = -\dfrac{9}{2}a^3$, S 为平面 $x+y+z=\dfrac{3}{2}a$ 在立方体 $0 \leqslant x \leqslant a, 0 \leqslant y \leqslant a, 0 \leqslant z \leqslant a$ 中的部分的上侧.

3. (1) $1+2z$; (2) $2x^8y^9z^{10}(45y^2z^2+55x^2z^2+66x^2y^2)$. **4.** (1) 8; (2) 6.

5. (1) $(xz-3z^2)\boldsymbol{i}+(y\mathrm{e}^z-yz)\boldsymbol{j}+(3x^2-\mathrm{e}^z)\boldsymbol{k}$; (2) $\{0,0,0\}$;

(3) $\{-y\cos z, xy\cos(yz)-\cos x, -xz\cos(yz)\}$.

9. $\dfrac{\partial^2 u}{\partial x^2}+\dfrac{\partial^2 u}{\partial y^2}+\dfrac{\partial^2 u}{\partial z^2}$.

第 十 章

习 题 10.1

1. (1) $\dfrac{1}{2n-1}$. (2) $\dfrac{(-1)^{n-1}}{n}$. (3) $\dfrac{n-2}{n+1}$.

(4) $\dfrac{(2n-1)!!}{(2n)!!}$. (5) $\dfrac{x^{n/2}}{(2n)!!}$. (6) $\dfrac{(-a)^{n+1}}{2n+1}$.

2. (1) $1+\dfrac{2}{\sqrt{2}}+\dfrac{4}{\sqrt{3}}+\dfrac{8}{\sqrt{4}}+\cdots$. (2) $3+\dfrac{4}{3}+\dfrac{5}{5}+\dfrac{6}{7}+\cdots$.

(3) $\dfrac{1}{2}+\dfrac{1}{3\cdot 2^3}+\dfrac{1}{5\cdot 2^5}+\dfrac{1}{7\cdot 2^7}+\cdots$.

(4) $1 + \dfrac{x}{\sqrt{2}} + \dfrac{x^2}{\sqrt{3}} + \dfrac{x^3}{\sqrt{4}} + \cdots$.

(5) $\dfrac{1}{\sqrt{1\cdot 2}} - \dfrac{1}{\sqrt{2\cdot 3}} + \dfrac{1}{\sqrt{3\cdot 4}} - \dfrac{1}{\sqrt{4\cdot 5}} + \cdots$.

(6) $x - \dfrac{x^3}{3!} + \dfrac{x^5}{5!} - \dfrac{x^7}{7!} + \cdots$.

3. (1) 发散;(2) 收敛;(3) 收敛;(4) 收敛;(5) 收敛;(6) 发散.

4. (1) 收敛;(2) 发散;(3) 发散;(4) 发散;(5) 发散;(6) 收敛;(7) 发散;(8) 发散;(9) 收敛;(10) 发散;(11) 发散.

5. (1) 收敛;(2) 发散;(3) 收敛;(4) 收敛;(5) 收敛;(6) 收敛;(7) 发散;(8) 发散;(9) 收敛;(10) 收敛;(11) 收敛;(12) 收敛;(13) 发散;(14) 发散;(15) 收敛;(先证明:当 $\ln(\ln n) > 2$ 时有不等式 $(\ln n)^{\ln n} > n^2$)(16) 收敛;(17) $a > 1$ 收敛,$0 < a \leqslant 1$ 发散;(18) 收敛;(19) 收敛;(20) 收敛;(21) 收敛;(22) 发散;(23) 收敛;(24) 发散;(25) 收敛;(26) 收敛;(27) 发散;(28) 收敛;(29) 收敛;(30) 发散;(31) 收敛;(32) 收敛;(33) 发散;(34) 收敛;(35) 收敛;(36) 收敛.

6. (1) 条件收敛;(2) 绝对收敛;(3) 条件收敛;(4) 条件收敛;(5) 绝对收敛;(6) 发散;(7) 绝对收敛;(8) 绝对收敛;(9) $p > 1$ 绝对收敛,$0 < p \leqslant 1$ 条件收敛,$p \leqslant 0$ 发散;(10) 条件收敛;(11) 条件收敛.

习 题 10.2

1. (1) $-1 < x \leqslant 1$; (2) $-1 < x < 1$;

(3) $-1 \leqslant x < 1$; (4) $-\infty < \theta < +\infty$;

(5) $-1 \leqslant x \leqslant 1$;$\left(\text{先证明不等式 } \dfrac{(2n-1)!!}{(2n)!!} \leqslant \dfrac{1}{\sqrt{2n+1}}\right)$

(6) $-2 < x \leqslant 2$; (7) $-\infty < x < +\infty$;

(8) $-2 < x < 2$;$\left(\text{先证明 Wallis 公式}: \lim\limits_{n\to\infty}\left[\dfrac{(2n)!!}{(2n-1)!!}\right]^2 \dfrac{1}{2n+1} = \dfrac{\pi}{2}.\right)$

(9) $-1/a \leqslant x \leqslant 1/a$; (10) $-a \leqslant x < a$;

(11) $4 \leqslant x < 6$; (12) $0 < x \leqslant 2$;

(13) $-\infty < x < +\infty$; (14) $-1 \leqslant x < 0$;

(15) $1/e \leqslant x < e$; (16) $|x| > 1$;

(17) $0 < x < +\infty$; (18) $0 < x < 6$;

(19) $-1/\sqrt{2} < x < 1/\sqrt{2}$; (20) $-4/3 \leqslant x < -2/3$.

2. (1) $2x\arctan x - \ln(1+x^2)$;   (2) $\frac{1}{4}\ln\frac{1+x}{1-x} + \frac{1}{2}\arctan x - x$;

(3) $\frac{1}{2}\ln\left|\frac{1+x}{1-x}\right|$, $\frac{1}{2\sqrt{2}}\ln\left|\frac{1+\sqrt{2}}{1-\sqrt{2}}\right|$;

(4) $\frac{2+x^2}{(2-x^2)^2}$, 3;   (5) $\frac{1}{(1-x)^3}$.

3. (1) $\sum\limits_{n=0}^{\infty}\frac{x^{2n+1}}{(2n+1)!}$ $(-\infty,+\infty)$;

(2) $\ln a + \sum\limits_{n=1}^{\infty}(-1)^{n-1}\frac{1}{n}\left(\frac{x}{a}\right)^n$ $(-a,a]$;

(3) $\sum\limits_{n=0}^{\infty}\frac{(x\ln a)^n}{n!}$ $(-\infty,+\infty)$;

(4) $\sum\limits_{n=1}^{\infty}\frac{(-1)^{n-1}\left(\frac{x}{2}\right)^{2n-1}}{(2n-1)!}$ $(-\infty,+\infty)$;

(5) $\frac{3}{4}\sum\limits_{n=1}^{\infty}(-1)^n\frac{1-3^{2n}}{(2n+1)!}x^{2n+1}$ $(-\infty,+\infty)$;

(6) $\frac{\sqrt{2}}{2}\sum\limits_{n=0}^{\infty}(-1)^n\left[\frac{x^{2n}}{(2n)!}+\frac{x^{2n+1}}{(2n+1)!}\right]$ $(-\infty,+\infty)$;

(7) $\sum\limits_{n=1}^{\infty}\frac{(-1)^{n-1}2^n-1}{n}x^n$ $\left(-\frac{1}{2},\frac{1}{2}\right]$;

(8) $2\left[1-\frac{x^3}{24}-\sum\limits_{n=2}^{\infty}\frac{2\cdot 5\cdot\cdots\cdot(3n-4)}{3^n\cdot n!}\left(\frac{x}{2}\right)^{3n}\right]$ $(-2\leqslant x\leqslant 2)$;

(9) $x+\sum\limits_{n=1}^{\infty}\frac{1\cdot 3\cdot 5\cdot\cdots\cdot(2n-1)}{n!}x^{n+1}$ $\left(-\frac{1}{2}\leqslant x<\frac{1}{2}\right)$;

(10) $x+\sum\limits_{n=1}^{\infty}\frac{1\cdot 3\cdot 5\cdot\cdots\cdot(2n-1)}{2^n\cdot n!\,(2n+1)}x^{2n+1}$ $(-1\leqslant x\leqslant 1)$;

(11) $\frac{1}{3}\sum\limits_{n=1}^{\infty}[1+(-1)^{n+1}2^n]x^n$ $\left(-\frac{1}{2}<x<\frac{1}{2}\right)$;

(12) $\sum\limits_{n=0}^{\infty}\frac{x^{4n+1}}{4n+1}$ $(-1<x<1)$.

4. (1) $(x-1)^2+4(x-1)+4$ $(-\infty<x<+\infty)$;

(2) $\frac{1}{2}\sum\limits_{n=0}^{\infty}(-1)^n\left[\frac{\left(x+\frac{\pi}{3}\right)^{2n}}{(2n)!}+\sqrt{3}\frac{\left(x+\frac{\pi}{3}\right)^{2n+1}}{(2n+1)!}\right]$ $(-\infty<x<+\infty)$;

(3) $e\sum\limits_{n=0}^{\infty}\dfrac{(x-1)^n}{n!}$ $(-\infty<x<+\infty)$;

(4) $\dfrac{1}{3}\sum\limits_{n=0}^{\infty}(-1)^n\left(\dfrac{x-3}{3}\right)^n$ $(0<x<6)$.

5. $\sum\limits_{n=1}^{\infty}\dfrac{n}{(n+1)!}x^{n-1}$.

6. (1) 1.0986;   (2) 1.648;   (3) 0.0175;
   (4) 3.017;   (5) 0.905;   (6) 0.4613.

习 题 10.3

1. (1) $2\left(\sin x-\dfrac{1}{2}\sin 2x+\cdots+\dfrac{(-1)^{n-1}}{n}\sin nx+\cdots\right)=\begin{cases}x,&-\pi<x<\pi,\\0,&x=\pm\pi;\end{cases}$

(2) $\dfrac{\pi^2}{3}+4\sum\limits_{n=1}^{\infty}(-1)^n\dfrac{\cos nx}{n^2}=x^2$, $x\in[-\pi,\pi]$;

(3) $\dfrac{\pi}{2}-\dfrac{4}{\pi}\left(\dfrac{\cos x}{1^2}+\dfrac{\cos 3x}{3^2}+\cdots\right)=|x|$, $x\in[-\pi,\pi]$;

(4) $-\dfrac{1}{2}+\dfrac{6}{\pi}\left(\sin x+\dfrac{\sin 3x}{3}+\cdots\right)=\begin{cases}-2,&-\pi<x<0,\\1,&0<x<\pi,\\-\dfrac{1}{2},&x=0,\pm\pi;\end{cases}$

(5) $\dfrac{3}{8}-\dfrac{1}{2}\cos 2x+\dfrac{1}{8}\cos 4x$;

(6) $\dfrac{1+\pi-e^{-\pi}}{2\pi}+\dfrac{1}{\pi}\sum\limits_{n=1}^{\infty}\left[\dfrac{1-(-1)^ne^{-\pi}}{n^2+1}\cos nx+\left(\dfrac{-n(1-(-1)^ne^{-\pi})}{n^2+1}\right.\right.$

$\left.\left.+\dfrac{1-(-1)^n}{n}\right)\sin nx\right]=\begin{cases}e^x,&-\pi<x<0,\\1,&0\leqslant x<\pi,\\\dfrac{1}{2}(e^{-\pi}+1),&x=\pm\pi.\end{cases}$

2. $\dfrac{8}{\pi}\sum\limits_{n=1}^{\infty}\dfrac{n}{4n^2-1}\sin nx=\begin{cases}\cos\dfrac{x}{2},&0<x\leqslant\pi,\\0,&x=0.\end{cases}$

3. $\dfrac{\cos 2x}{1\cdot 3}+\dfrac{\cos 4x}{3\cdot 5}+\cdots=\dfrac{1}{2}-\dfrac{\pi}{4}\sin x$, $0\leqslant x\leqslant\pi$.

4. $\dfrac{4}{\pi}\sum\limits_{n=1}^{\infty}\dfrac{\cos(2n-1)x}{(2n-1)^2}=\dfrac{\pi}{2}-x$, $0\leqslant x\leqslant\pi$; $\sum\limits_{n=1}^{\infty}\dfrac{1}{(2n-1)^2}=\dfrac{\pi^2}{8}$.

5. $\sum_{k=1}^{\infty} \frac{1}{2k-1}\sin(2k-1)x = \frac{\pi}{4}$, $0 < x < \pi$.

6. $\frac{2}{\pi}U_m - \frac{4U_m}{\pi}\sum_{k=1}^{\infty}\frac{\cos 2k\omega t}{(2k)^2-1}$.

7. $\sum_{n=-\infty}^{\infty} c_n e^{int}$, 其中 $c_0 = \frac{h}{2}$, $c_n = \frac{hi}{2n\pi}$.

8. $\frac{E}{2} + \frac{E}{i\pi}\sum_{k=-\infty}^{\infty}\frac{1}{2k-1}e^{i2(2k-1)t}$, $A_5 = 2|c_5| = \frac{2E}{5\pi}$, $A_7 = \frac{2E}{7\pi}$.

9. (1) $c_0 = 0$, $\omega = 1$, $A_1 = \frac{4}{\pi}$; (2) $c_0 = \frac{1}{4}$, $\omega = \pi$, $A_1 = \frac{1}{\pi^2}\sqrt{4+\pi^2}$.

10. (1) $\frac{2}{\pi}\int_0^{+\infty}\frac{\sin x_0 \omega \cos\omega x}{\omega}d\omega = f(x)$, $x \in (-\infty, +\infty)$;

    (2) $\frac{4}{\pi}\int_0^{+\infty}\frac{\sin\omega - \omega\cos\omega}{\omega^3}\cos\omega x \, d\omega = f(x)$, $x \in (-\infty, +\infty)$;

    (3) $\frac{2}{\pi}\int_0^{+\infty}\frac{(5-\omega^2)\cos\omega x + 2\omega\sin\omega x}{25-6\omega^2+\omega^4}d\omega = f(x)$, $x \in (-\infty, +\infty)$;

    (4) $\frac{2}{\pi}\int_0^{+\infty}\frac{\sin\omega\pi\sin\omega x}{1-\omega^2}d\omega = f(x)$, $x \in (-\infty, +\infty)$.

11. (1) $\frac{2}{\pi}\int_0^{+\infty}\frac{\beta\cos\omega x}{\beta^2+\omega^2}d\omega = f(x)$, $x \in (-\infty, +\infty)$;

    (2) $\frac{2}{\pi}\int_0^{+\infty}\frac{\omega\sin\omega x}{\beta^2+\omega^2}d\omega = \begin{cases} f(x), & x \neq 0, \\ 0, & x = 0. \end{cases}$

12. 分别参看 10 题之(1)与(4), 第 11 题.

13. (1) $\frac{\pi}{2}e^{-\beta}$; (2) $\frac{\pi}{2\beta}e^{-\beta}$. 14. $F(\omega) = e^{-\frac{1}{2}\sigma^2\omega^2}$.

第 十 一 章

习 题 11.1

1. (1) $(1+x^2)(1+y^2) = Cx^2$; (2) $x^2 y = Ce^{\frac{y}{a}}$;

    (3) $\frac{y}{1-ay} = C(a+x)$; (4) $10^x + 10^{-y} = C$;

    (5) $\arcsin y = \ln C(x+\sqrt{1-x^2})$;

    (6) $\rho = C\cos\theta$; (7) $y\ln C(1-x) = 1$;

    (8) $x^2 + 4xy - 3y^2 = C$; (9) $(x+y)^2(x+2y) = C$;

    (10) $y = Ce^{\frac{(x+1)^2}{2}} - 1$;

(11) $\frac{1}{2}\ln(2x^2+2xy+y^2)-\arctan\left(\frac{x+y}{x}\right)=C$;

(12) $1+4Cz-C^2x^2=0$;

(13) $x^3+6x^2y=C$;

(14) $2x^3+3xy^2+3y^3=C$;

(15) $(e^x+1)(e^y-1)=C$;

(16) $y=C(x^2+y^2)$;

(17) $x^3+y^3=Cxy$;

(18) $\frac{y^2}{x+3y}=C$;

(19) $y=Cx^2-2x$;

(20) $y=e^{-x}+Ce^x$;

(21) $s=t+2+C\sin t$;

(22) $y=e^x+Cx$;

(23) $s=\sin t+\frac{C}{t}$;

(24) $y=\frac{2(x+1)^{\frac{7}{2}}}{3}+C(x+1)^2$;

(25) $y=(e^x+C)(x+1)^n$;

(26) $Cx^2y^2+2xy^2-1=0$;

(27) $x-\sqrt{xy}=C$;

(28) $Cx^2y^n+xy^n-1=0$;

(29) $xy^{-3}+\frac{3}{4}x^2(2\ln x-1)=C$;

(30) $\left(1+\frac{3}{y}\right)e^{\frac{3}{2}x^2}=C$;

(31) $y^2-2x=Cy^3$;

(32) $x=\sin y(C-\cos y)$;

(33) $x=y^2(1+Ce^{\frac{1}{y}})$;

(34) $x+\arctan\frac{y}{x}=C$;

(35) $xe^y-y^2=C$;

(36) $x^y=C$;

(37) $\sqrt{x^2+y^2}+\frac{y}{x}=C$;

(38) $\tan(xy)-\cos x-\cos y=C$;

(39) $\frac{1}{3}\sqrt{(x^2+y^2)^3}+x-\frac{1}{2}y^2=C$;

(40) $\sin\frac{y}{x}-\cos\frac{x}{y}+x-\frac{1}{y}=C$;

(41) $x^2+\frac{2x}{y}=C$;

(42) $(x^2+y^2)e^x=C$;

(43) $\frac{y^2}{2}+\frac{\ln|x|}{y}=C$;

(44) $(x\sin y+y\cos y-\sin y)e^x=C$.

2. (1) $x^2+4y^2=32$;

(2) $y^2=x^2-x$;

(3) $1+4y-4x^2=0$;

(4) $\cos x-\sqrt{2}\cos y=0$;

(5) $y=x^2(e^x-e)$;

(6) $y=\frac{x+1}{x^2}$;

(7) $y=\sin x-\cos x$;

(8) $2y=(x+1)^4+(x+1)^2$;

(9) $5x^2-y^2+4=0$；　　　　(10) $y=2e^x-1$.

3. $2y=3x^2-2x-1$.

4. 水平面的高为 $h(t)$，满足微分方程：

$$-dh = \frac{r^2}{R^2} 0.6\sqrt{2gh}\, dt$$

与初条件：$t=0$ 时 $h=H$. 解得 $\sqrt{H}-\sqrt{h}=0.3\sqrt{2g}\frac{r^2}{R^2}t$，当

$$t = \frac{R^2}{0.3r^2}\sqrt{\frac{H}{2g}} \approx 1050 \text{ s} = 17.5 \text{ min 时}, h(t)=0.$$

5. 剩下物质的数量 $x(t)=x(0) \cdot 2^{-\frac{t}{30}}$，当 $t=\frac{60}{\lg 2}\approx 200$ 天时，
$$x(t)=0.01x(0).$$

6. $xy=6$.　　　　7. $x^2+y^2=C$.

8. 设速度 $v=v(t)$，满足微分方程 $-kv=m\frac{dv}{dt}$，初条件 $t=0$ 时，$v=\frac{1}{0.36}$，得
$$v(t)=\frac{1}{0.36}e^{-\frac{k}{m}t}. \text{ 因 } v(20)=\frac{1}{0.36}e^{-\frac{k}{m}20}=\frac{1}{0.6}, \text{ 得 } v(120)=12.96 \text{ cm/s}.$$

9. $T=a+(T_0-a)e^{-kt}$.　　　　10. 60 min.

11. CO_2 百分比 $x=x(t)$，满足微分方程 $Vdx=(0.04\%-x)1500\, dt (V=30 \times 30\times 12)$ 与初条件 $t=0$ 时，$x=1.12\%$. 10 分钟后 $x\approx 0.31\%$.

12. 浓度 $x=x(t)$，满足微分方程 $\frac{dx}{dt}=10^{10}(2a-x)^2\left(a-\frac{x}{2}\right)$，与初条件 $t=0$ 时，$x=0$，解得 $x(t)=2a-\left(10^{10}t+\frac{1}{4}a^{-2}\right)^{-\frac{1}{2}}$.

13. t 时刻 $[CH_3CHO]=x(t)$，$\frac{d}{dt}(0.01-x)=kx^{\frac{3}{2}}$，$t=0$ 时，$x=0.01$. 解得
$$x(t)=\left(\frac{1}{2}kt+10\right)^{-2}.$$

14. t 时刻 A 的浓度 $y=y(t)$，$\frac{dy}{dt}=-ky(a+b-y)$，$t=0$ 时，$y=a$. 得 $y=\frac{a(a+b)e^{-(a+b)kt}}{b+ae^{-(a+b)kt}}$；当 $y=\frac{a+b}{2}$ 时，即 $[B]=[A]$ 时.

15. 溶液中含肥皂量 $Q=Q(t)$，$dQ=-\frac{Q}{300}10\, dt$，$t=0$ 时，$Q=5$. 解得 $Q=1$ 需时 48.282 min.

16. $\frac{dV}{dt}=-k\sqrt[3]{36\pi}V^{\frac{2}{3}}$，$t=0$ 时，$V=V_0$. 解得 $V=\left(V_0^{\frac{1}{3}}-\frac{1}{3}\sqrt[3]{36\pi}kt\right)^3$.

17. $\frac{dp}{dt}=\lambda p(1000-p)$，$t=0$ 时，$p=20$，$\frac{dp}{dt}=9.8$. 解得 $p=1000\left(\frac{1}{49e^{-\frac{t}{2}}+1}\right)$.

习 题 11.2

1. (1) $x=C_1e^{-t}+C_2e^{2t}$; (2) $y=C_1e^x+C_2e^{3x}$;
   (3) $s=C_1e^t+C_2te^t$; (4) $s=e^{-t}(C_1\cos t+C_2\sin t)$;
   (5) $s=e^t(C_1\cos 2t+C_2\sin 2t)$; (6) $y=C_1+C_2e^{4x}$;
   (7) $y=C_1e^{(1+a)x}+C_2e^{(1-a)x}(a>0)$;
   (8) $y=e^{5x}(C_1\cos 3x+C_2\sin 3x)$; (9) $y=e^{2x}(C_1\cos x+C_2\sin x)$;
   (10) $y=e^{3x}(C_1\cos\sqrt{2}\,x+C_2\sin\sqrt{2}\,x)$;
   (11) $y=C_1e^x+e^{-\frac{1}{2}x}\left(C_2\cos\dfrac{\sqrt{3}}{2}x+C_3\sin\dfrac{\sqrt{3}}{2}x\right)$;
   (12) $y=(C_1+C_2x)\cos 2x+(C_3+C_4x)\sin 2x$;
   (13) $y=C_1e^{-x}+e^{2x}(C_2\cos 3x+C_3\sin 3x)$;
   (14) $y=C_1+C_2e^{2x}+e^{-x}(C_3\cos\sqrt{3}\,x+C_4\sin\sqrt{3}\,x)$.

2. (1) $s=e^{-t}-e^{-2t}$; (2) $x=a\cos nt$;
   (3) $x=e^{nt}+e^{-nt}$; (4) $x=e^{at}-1$;
   (5) $s=4e^{-4t}\cos 3t$; (6) $x=e^{3t}(\cos t+\sin t)$;
   (7) $y=xe^{\frac{\sqrt{6}}{2}x}$.

3. (1) $y=C_1\cos x+C_2\sin x+\dfrac{ae^{bx}}{1+b^2}$;
   (2) $y=C_1\cos x+C_2\sin x+2x\sin x$;
   (3) $y=C_1\cos x+C_2\sin x-\dfrac{4}{3}\sin 2x$;
   (4) $y=C_1\cos 3x+C_2\sin 3x+\dfrac{5}{9}x^2-\dfrac{10}{81}$;
   (5) $y=C_1e^{6x}+C_2e^x+\dfrac{5}{74}\sin x+\dfrac{7}{74}\cos x$;
   (6) $y=C_1+C_2e^{-\frac{5}{2}x}+\dfrac{1}{3}x^3-\dfrac{3}{5}x^2+\dfrac{7}{25}x$;
   (7) $y=C_1e^{-x}+C_2e^{-2x}+\dfrac{e^{-x}}{2}(\sin x-\cos x)$;
   (8) $y=(C_1+C_2x)e^{3x}+\dfrac{1}{2}x^2e^{3x}$;
   (9) $y=(C_1+C_2x)e^{4x}+\dfrac{1}{16}x+\dfrac{1}{32}+\dfrac{1}{2}x^2e^{4x}$;
   (10) $y=C_1\cos x+C_2\sin x+x^2-2+\dfrac{1}{2}x\sin x$;

(11) $y=C_1\cos\sqrt{2}\,x+C_2\sin\sqrt{2}\,x+\dfrac{1}{2}x^2-\dfrac{1}{2}-\dfrac{1}{7}\cos 3x$;

(12) $y=C_1e^{-2x}+C_2e^{-x}+x\left(\dfrac{3}{2}x-3\right)e^{-x}$;

(13) $y=C_1\cos 2x+C_2\sin 2x+\dfrac{1}{4}x+\dfrac{1}{8}x^2\sin 2x+\dfrac{x}{16}\cos 2x$;

(14) $y=C_1e^{-x}+C_2e^{2x}+C_3xe^{2x}+3x^2+\dfrac{9}{2}+7\cos x+\sin x$.

4. (1) $s=\dfrac{1}{2}(\cos 3t+e^{3t})$; (2) $s=\sin 3t+\cos 2t$;

(3) $x=\dfrac{1}{9}(e^{3t}+e^{-t}-6t+1)$; (4) $x=e^{3t}\cos 2t+3$;

(5) $y=2\sin 2x$; (6) $y=4-3e^{-x}+e^{-2x}$.

习 题 11.3

(1) $y=(a_0+1)\left\{1+x+\dfrac{x^2}{2!}+\dfrac{x^3}{3!}+\dfrac{x^4}{4!}+\cdots\right\}-x-1$ 或
$y=Ce^x-x-1$(其中$C=a_0+1$);

(2) $y=a_0\left\{1-\dfrac{x}{1!}+\dfrac{x^2}{2!}-\dfrac{x^3}{3!}+\dfrac{x^4}{4!}-\cdots\right\}+\dfrac{x}{1!}+\dfrac{x^3}{3!}+\dfrac{x^5}{5!}+\dfrac{x^7}{7!}+\cdots$;

(3) $y=a_0\left(1+\dfrac{1}{3\cdot 4}x^4+\dfrac{1}{3\cdot 4\cdot 7\cdot 8}x^8+\cdots\right)$
$\quad+a_1\left(x+\dfrac{1}{4\cdot 5}x^5+\dfrac{1}{4\cdot 5\cdot 8\cdot 9}x^9+\cdots\right)$;

(4) $y=a_0\left(1-\dfrac{1}{2!}x^2-\dfrac{1}{4!}x^4-\dfrac{3}{6!}x^6-\dfrac{3\cdot 5}{8!}x^8-\cdots\right)+a_1x$;

(5) $y=x+\dfrac{1}{1\cdot 2}x^2+\dfrac{1}{2\cdot 3}x^3+\dfrac{1}{3\cdot 4}x^4+\cdots\ (-1\leqslant x\leqslant 1)$;

(6) $y=1-\dfrac{x^2}{2^2}+\dfrac{x^4}{2^2\cdot 4^2}-\dfrac{x^6}{2^2\cdot 4^2\cdot 6^2}+\cdots$.

习 题 11.4

1. $m\ddot{s}=-k\dot{s}, t=0$ 时, $s=0, \dot{s}=v_0$. $s=\dfrac{mv_0}{k}$.

2. $m\ddot{s}=-k\dot{s}^2, t=0$ 时, $s=0, \dot{s}=200$. $t=8.185\times 10^{-4}$ s.

3. $\ddot{x}=g(\sin\alpha-\mu\cos\alpha), t=0$ 时, $x=0, \dot{x}=0$. $x=\dfrac{g}{2}(\sin\alpha-\mu\cos\alpha)t^2$,
$T=\sqrt{\dfrac{2H}{g\sin\alpha(\sin\alpha-\mu\cos\alpha)}}\ (0\leqslant t\leqslant T)$.

4. $6\ddot{x}=gx, t=0$ 时,$x=1, \dot{x}=0. t=\sqrt{\dfrac{6}{g}}\ln(6+\sqrt{35})$.

5. $18\ddot{x}=g(2x-18), t=0$ 时,$x=10, \dot{x}=0. t=\dfrac{3}{\sqrt{g}}\ln(9+4\sqrt{5})$.

6. $2\pi\sqrt{\dfrac{m}{k}}$.   7. $m\ddot{x}=-\pi 10^2 x.$ 由周期为 2 s 得 $m=31.8$ g.

8. $\ddot{x}=-x+4, t=0$ 时,$x=2, \dot{x}=0.$ $x=4-2\cos t$.

9. $\dfrac{P}{g}\ddot{x}=F-a-b\dot{x}, x(0)=\dot{x}(0)=0.$ $x(t)=\dfrac{P(F-a)}{b^2 g}[e^{-\frac{bg}{P}t}-1]+\dfrac{F-a}{b}t.$

10. $t\in[0,1]$时,$\ddot{s}=\dfrac{F}{m}, t=0$ 时,$s=0, \dot{s}=0$;$t>1$ 时,$\ddot{s}=\dfrac{F-F_1}{m}, t=1$ 时,$s=\dfrac{F}{2m}, \dot{s}=\dfrac{F}{m}.$ $S=\begin{cases}\dfrac{Ft^2}{2m}, & 0<t\leqslant 1 \\ \dfrac{F-F_1}{2m}t^2+\dfrac{F_1}{m}t-\dfrac{F_1}{2m}, & t>1.\end{cases}$

北京大学出版社数学重点教材书目

1. 大学生基础课教材

书　名	编著者	定价（元）
数学分析新讲（第一册）	张筑生	12.50
数学分析新讲（第二册）	张筑生	15.00
数学分析新讲（第三册）	张筑生	17.00
高等数学简明教程（第一册）（教育部2000优秀教学成果二等奖）	李　忠等	13.50
高等数学简明教程（第二册）（获奖同第一册）	李　忠等	15.00
高等数学简明教程（第三册）（获奖同第一册）	李　忠等	14.00
高等数学（物理类）（第一册）	文　丽等	20.00
高等数学（物理类）（第二册）	文　丽等	16.00
高等数学（物理类）（第三册）	文　丽等	14.00
高等数学习题课教材（物理类）上、下册	邵士敏等	25.20
高等数学（生化医农类）上册（第二版）	周建莹等	13.50
高等数学（生化医农类）下册（第二版）	张锦炎等	13.50
高等数学习题课讲义（生化类）	周建莹　李正元	24.50
高等数学解题指南	周建莹　李正元	24.50
大学文科基础数学（第一册）	姚孟臣	16.50
大学文科基础数学（第二册）	姚孟臣	11.00
数学的思想、方法和应用（教育部"九五"重点教材）	张顺燕	17.50
高等代数简明教程（上下）（教育部"十五"规划教材）	蓝以中	32.00
线性代数引论（第二版）	蓝以中等	16.50
简明线性代数（理工、师范、财经类）	丘维声	16.00
解析几何（第二版）	丘维声	15.00

书　　名	编著者	定价（元）
微分几何初步（95 教育部优秀教材一等奖）	陈维桓	12.00
基础拓扑学	M. A. Armstrong	11.00
基础拓扑学讲义	尤承业	13.50
初等数论（95 教育部优秀教材二等奖）	潘承洞　潘承彪	25.00
简明数论	潘承洞　潘承彪	14.50
模形式导引	潘承彪	18.00
模曲线导引	黎景辉　赵春来	17.00
实变函数论（教育部"九五"重点教材）	周民强	16.00
复变函数教程	方企勤	13.50
简明复分析	龚昇	10.00
常微分方程几何理论与分支问题（第三版）	张锦炎等	19.50
调和分析讲义（实变方法）	周民强	13.00
傅里叶分析及其应用	潘文杰	13.00
泛函分析讲义（上册）（91 国优教材）	张恭庆等	11.00
泛函分析讲义（下册）（91 国优教材）	张恭庆等	12.00
有限群和紧群的表示论	丘维声	15.50
微分拓扑新讲（教育部 99 科技进步教材二等奖）	张筑生	18.00
数值线性代数	徐树方等	13.00
数学模型讲义（教育部"九五"重点教材）	雷功炎	15.00
概率论引论	汪仁官	11.50
新编概率论与数理统计（工科类）	肖筱南等	19.00
高等统计学	郑忠国	15.00
随机过程论（第二版）	钱敏平等	20.00
应用随机过程	钱敏平等	20.00
随机微分方程引论（第二版）	龚光鲁	25.00
非参数统计讲义	孙山泽	12.50
实用统计方法与 SAS 系统	高惠璇	18.00
统计计算	高惠璇	15.00
数学与文化	邓东皋等	16.50

2. 高职高专、学历文凭考试和自考教材

书 名	编著者	定价（元）
高等数学(上、下册)(高职高专)	刘书田	29.00
高等数学学习辅导(上、下册)(高职高专)	刘书田	24.00
线性代数(高职高专)	胡显佑	9.00
线性代数学习辅导(高职高专)	胡显佑	9.00
概率统计(高职高专)	高旅端	12.00
概率统计学习辅导(高职高专)	高旅端	10.00
高等数学(学历文凭考试)	姚孟臣	10.50
高等数学(学习指导书)(学历文凭考试)	姚孟臣等	9.50
高等数学(同步练习册)(学历文凭考试)	姚孟臣等	12.00
高等数学(一)考试指导与模拟试题(自考)（财经类、经济管理类专科段用书）	姚孟臣	18.00
高等数学(二)考试指导与模拟试题(自考)（财经类、经济管理类专升本用书）	姚孟臣	20.00
组合数学(自考)	屈婉玲	11.00
离散数学(上)(自考)	陈进元等	10.00
离散数学(下)(自考)	耿素云等	11.50
概率统计(第二版)(自考)	耿素云等	16.00
概率统计题解(自考)	耿素云等	16.00

3. 研究生基础课教材

书 名	编著者	定价（元）
微分几何讲义(北京大学数学丛书)(第二版)	陈省身等	21.00
黎曼几何初步(北京大学数学丛书)	伍鸿熙等	13.50
黎曼几何选讲(北京大学数学丛书)	伍鸿熙等	8.50
代数学(上册)(北京大学数学丛书)	莫宗坚等	16.00
代数学(下册)(北京大学数学丛书)	莫宗坚等	12.80
代数曲线(北京大学数学丛书)	P·格列菲斯	12.00

书　　名	编著者	定价(元)
二阶矩阵群的表示与自守形式(北京大学数学丛书)	黎景辉等	12.50
微分动力系统导引(北京大学数学丛书)	张锦炎等	10.50
无限元方法(北京大学数学丛书)	应隆安	8.50
H^p空间论(北京大学数学丛书)	邓东皋	13.40
李群讲义(北京大学数学丛书)	项武义等	12.50
矩阵计算的理论与方法(北京大学数学丛书)	徐树方	19.30
位势论(北京大学数学丛书)	张鸣镛	16.50
数论及其应用(北京大学数学丛书)	李文卿	20.00
模形式与迹公式(北京大学数学丛书)	叶扬波	15.00
复半单李代数引论(天元研究生数学丛书)	孟道骥	18.00
群表示论(天元研究生数学丛书)	曹锡华等	12.50
模形式讲义(天元研究生数学丛书)	陆洪文等	20.00
高等概率论(天元研究生数学丛书)	程士宏	20.00
近代分析引论(天元研究生数学丛书)	苏维宜	15.50

4. 研究生入学考试应试指导丛书

书　　名	编著者	定价(元)
高等数学(工学类)	徐兵、刘书田	26.00
微积分(经济学类)	范培华、刘书田	25.00
线性代数	李永乐	17.00
概率论与数理统计	姚孟臣	18.00
概率统计讲义	姚孟臣	14.00
数学模拟试卷(经济学类)	范培华等	16.00

邮购说明 读者如购买北京大学出版社出版的数学重点教材,请将书款(另加15%的邮挂费)汇至:北京大学出版社展示厅胡冠群同志收,邮政编码:100871,联系电话:(010)62752019。款到立即用挂号邮书。

北京大学出版社展示厅
2001年7月